核工程
基本原理

⊛ ················· 俞冀阳 编著

清华大学出版社
北京

内 容 简 介

本书第 1 章是数理基础,介绍高等数学最核心的概念——微分和积分,以及物理学里最基本的单位制。第 2 章是热力学,介绍热力学所涉及的一些基本物理量和基本定律。第 3 章是传热学,讨论热传导、对流换热和热辐射的基本原理,以及核反应堆内发热源的特点。第 4 章是流体流动,介绍流动的一些基本概念,以及伯努利方程的应用和各种流动阻力的计算。第 5 章是电气学,介绍电磁学的基础、交流电和直流电等基本原理。第 6 章是仪表与控制,介绍温度、压力、水位、流量、位置和各种放射性的基本测量原理,还讨论了基于 PID 的过程控制理论。第 7 章是化学化工,介绍化学基础原理和腐蚀、铀的提取和转化等。第 8 章是材料学,介绍金属结构、属性、各种应力以及辐照效应、反应堆内使用的各种材料等。第 9 章是通用机械,介绍内燃机、换热器、泵、阀门、蒸汽发生器、稳压器等设备的原理以及特点。第 10 章是核物理,介绍原子核、质量亏损、各种放射性衰变以及中子与原子核的相互作用等基本原理。第 11 章是核反应堆理论,除了基本概念外,还涉及反应堆临界理论和动态的行为、同位素的分离和核燃料的循环等。第 12 章是辐射防护,介绍辐射防护的基本物理量以及辐射防护的方法和原则。

本书内容全面,讲解深入浅出,既可以作为高等院校高年级本科生或研究生(特别是工程硕士研究生)的教材,也可以作为核电厂员工培训的参考书,还可以作为帮助读者全面了解核工程相关知识的科技读物。

图书在版编目(CIP)数据

核工程基本原理/俞冀阳编著. --北京:清华大学出版社,2016(2024.4重印)
ISBN 978-7-302-43345-3

Ⅰ. ①核… Ⅱ. ①俞… Ⅲ. ①核工程 Ⅳ. ①TL

中国版本图书馆 CIP 数据核字(2016)第 062865 号

责任编辑: 朱红莲
封面设计: 傅瑞学
责任校对: 赵丽敏
责任印制: 刘 菲

出版发行: 清华大学出版社
      网　　址: https://www.tup.com.cn, https://www.wqxuetang.com
      地　　址: 北京清华大学学研大厦 A 座　　　　　　　　　**邮　　编:** 100084
      社 总 机: 010-83470000　　　　　　　　　　　　　　**邮　　购:** 010-62786544
      投稿与读者服务: 010-62776969, c-service@tup.tsinghua.edu.cn
      质量反馈: 010-62772015, zhiliang@tup.tsinghua.edu.cn

印 装 者: 涿州市般润文化传播有限公司
经　　销: 全国新华书店
开　　本: 185mm×260mm　　**印　张:** 27.25　　　　　　**字　　数:** 664 千字
版　　次: 2016 年 6 月第 1 版　　　　　　　　　　　　　**印　　次:** 2024 年 4 月第 8 次印刷
定　　价: 82.00 元

产品编号:067387-02

前言

由于核能是一种清洁、安全、经济的能源,是人类最具希望的未来能源之一。对于经济发展迅速、环境压力较大的中国来说,发展核电为一合适选择。在全世界,约 15% 的电力是由核能供应。核工业的发展是朝向经济性、安全性与防止核扩散的方向迈进。目前中国正在加大能源结构调整力度,积极发展核电、风电、水电等清洁优质能源。到 2050 年,根据不同部门的估算,中国核电装机容量可以分为高、中、低三种方案:高方案为 3.6 亿 kW(相当于 360 台百万千瓦机组),中方案为 2.4 亿 kW,低方案为 1.2 亿 kW。

若如此,在今后的很长一段时间内,对核电人才将保持持续的强烈需求。核工程所涉及的知识面非常宽,知识基础除了数学、物理和化学以外,还涉及热力学、传热、流体、电气、仪控、材料、化工、机械、核物理、反应堆理论、辐射防护等诸多领域。不但对于那些原本从其他领域转入核工程领域的人来说,要全面掌握这些知识点是十分困难的,即便对于那些本科就读于核工程专业的学生,由于现在大学的自由选课体系,使得很多学生没有能够全面修习核工程所涉及的所有基础知识,从而使知识体系有所欠缺。当然读者也可以购买各个领域的专著然后加以研习,获得全面的知识。但是如何快速补充所需的基本知识和基本原理的脉络,全面掌握核工程领域的知识基础,这在当前追求节奏和效率的年代,已经是一个十分突出的问题了。

另一方面,如若大量的知识面不全面的人员进入核工程领域,对核安全无疑是一个重大的隐患。核电厂也在想方设法对人员进行培训,在培训过程中,也凸显了目前高校输送的本科生甚至研究生,知识面不全面的弊端。而对于学生或者刚参加工作的年轻人而言,一方面极需要快速补充核工程方面全面的知识,另外一方面又没有充足的时间进行系统的学习,因此需要有一本通俗易懂的对核工程领域所涉及的基本原理进行全面论述的书,以方便对核工程知识点进行全面系统的梳理,并可以随时翻阅有关的基本概念、基本知识。因此本书的编写无疑是十分必要而且大有益处的。

本书力求用通俗易懂的方式对基本原理进行讲解,尽可能通过图形直观地讲解基本概念和原理,尽量避免复杂的数学推导和计算。本着这样的出发点,本书作者根据在清华大学多年的教学经验,提炼概括出核工程领域所涉及的一些主要的基本概念和知识点,编辑成为《核工程基本原理》一书,供大家阅读和使用。本书围绕着核工程的应用范围,对十分基础的和重要的原理性的知识点进行全面、系统的介绍,形成一个全面的知识体系。

　　本书编写过程中尽量采用"零基础"可阅读的理念,当然绝对的"零"基础是做不到的,即具有高中毕业文化程度的读者就可以基本上无障碍阅读本书。本书既可以作为大专院校核工程相关专业的本科生或研究生的教材,也可作为核电厂员工培训的参考书,当然也可以作为帮助读者全面了解核工程相关知识的读物。

俞冀阳

2016 年 3 月

目录

第 1 章

数 理 基 础

········

　　根据我国《民用核设施安全监督管理条例》的规定,民用核设施采取许可证管理制度。核电厂的安全许可证件可分为两大类:设施和人员。其中对人员而言,安全许可证件有操纵员执照和高级操纵员执照。其中关于操纵员执照,法规明确规定:"具备下列条件的,方可批准发给操纵员执照:身体健康,无职业禁忌证;具有大专以上文化程度或同等学力;经过运行操作培训,并经考核合格。"这其中规定了必须具有大专以上的文化程度。一般地,大专生和高中生在知识体系里的一个重要差别就是有没有学过微积分,因此本书从微积分谈起。微积分里面的最重要的三个概念是:微分、导数和积分。微积分的方法和传统的算术、代数一样,也有加、减、乘、除、方程、函数,但是引进了新的微分和积分的操作。

　　为了引入微积分,我们适当地回顾一下数学的发展也是十分有意义的。数学(mathematics)是研究现实世界的空间形式和数量关系的一门高度抽象的学科。这里的核心关键词是"空间""数量"和"抽象"。因此数学是从对现实世界的抽象开始的,例如从"一个苹果"的客观事实中抽象出了数量"1"和空间形式"球形",然后发展出了关于数量的运算:加、减、乘、除和关于空间的基本概念:点、线、面、体。很快数就突破了自然数的范围,人们发现了零和负数、分数、小数、有理数、无理数等。并逐步建立了实数轴的概念。这大体就是从算术到实数分析的过程。进一步就是牛顿和莱布尼茨创立的微积分。微积分引入了两个重要的"量":无穷小和无穷大。虽然关于无穷小和无穷大到底是不是"数"到目前还有争议,但基于其创立的微积分却无疑成为了现代工业革命的理论基石。

　　现代数学分支越来越多,包括分析、代数、几何、数理逻辑、集合论等。本章只对理解核工程基本原理必备的一些基本的数学工具进行必要的介绍。

1.1　微积分

　　很多实际工程问题可以通过算术运算或者代数运算来求解,但也有不少工程问题无法通过算术或者代数求解,需要用到微积分的知识。

　　例如,当一个物体下落的时候,速度发生连续变化;震荡电路内的电流连续周期性地变化。这两个例子里面的速度和电流,都不再是常数,而是连续变化的量。我们把涉及某个物理量随时间变化的系统称为动力学系统。动力学系统的求解通常要用到微积分的方法。

1.1.1 微分和导数

在数学中,微分(differential)是对函数的局部变化的一种线性描述。设函数 $y = f(x)$ 在某区间内有定义,x_0 和 $x_0 + \Delta x$ 都在这区间内,如果函数的增量

$$\Delta y = f(x_0 + \Delta x) - f(x_0) \tag{1-1}$$

可以表示为

$$\Delta y = A \cdot \Delta x + o(\Delta x) \tag{1-2}$$

其中,A 是不依赖于 Δx 的常数,$o(\Delta x)$ 是 Δx 的高阶无穷小。那么称函数 $y = f(x)$ 在点 x_0 是可微的,其中 $A \cdot \Delta x$ 叫做函数 $y = f(x)$ 在点 x_0 相应于自变量增量 Δx 的微分,记作 dy。自变量 x 的增量 Δx 称为自变量 x 的微分,记为 dx,因此有

$$\mathrm{d}y = A\mathrm{d}x \tag{1-3}$$

下面举一个实际例子来理解什么是微分。假如某一物体在 t_1 时刻处于 P_1 点的位置,如图 1-1 所示。该物体作直线运动,t_2 时刻到了 P_2 点,假设 P_1 点离原点 O 的位移是 S_1,P_2 点离 O 的位移是 S_2。那么这段时间内物体的平均速度(average velocity)为

$$v_{\mathrm{av}} = \frac{S_2 - S_1}{t_2 - t_1} \tag{1-4}$$

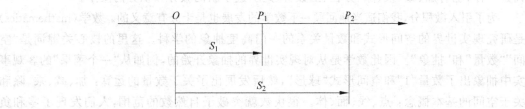

图 1-1　两点之间的运动

如果 P_1 和 P_2 两点十分靠近,平均速度表示为

$$v_{\mathrm{av}} = \frac{\Delta S}{\Delta t} = \frac{S_2 - S_1}{t_2 - t_1} \tag{1-5}$$

虽然这样得到的平均速度很有用,但很多时候我们希望得到某一时刻的瞬时速度。瞬时速度和平均速度不同,除非速度不随时间而变化。当速度随时间在变化的时候,瞬时速度不等于平均速度,这是十分显然的事实。如果我们把某一运动的位移和时间画在一个图上,如图 1-2 所示,那么如果我们采用式(1-5)来计算 S_1 到 S_2 之间的平均速度,就会发现得到的实际上是连接两点的直线的斜率。这样得到的平均速度并不能很好地反映两点之间的速度。而如果缩小两点之间的距离,例如 S_3 和 S_4 之间的平均速度却能够比较好地近似这两点之间的速度。这给了我们一个很好的启发,如果缩短两点之间的距离,得到的平均速度会更加接近瞬时速度。那么我们能不能够设定一个很小的距离来获得瞬时速度呢? 数

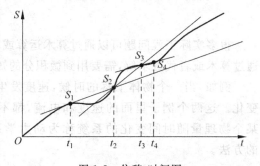

图 1-2　位移-时间图

学上认为这个距离要趋于零才可以。即

$$v = \lim_{\Delta t \to 0} \frac{\Delta S}{\Delta t} \tag{1-6}$$

我们习惯上用微分符号 d 来表示趋于零量,即

$$v = \frac{dS}{dt} = \lim_{\Delta t \to 0} \frac{\Delta S}{\Delta t} \tag{1-7}$$

其中,dS 就是位移的微分,dt 是时间的微分。而 dS/dt 称为位移对时间的导数,也称为微商。

导数的导数就是二阶导数,例如 d^2S/dt^2。二阶导数的导数就是三阶导数,以此类推。下面我们举几个例子。

例 1-1:若 v 表示速度,解释 $\Delta v / v$ 含义,并写出它的微分形式。

解:$\Delta v / v$ 表示速度的变化量和总速度的比例,微分的形式是 dv/v。

例 1-2:给出功和力之间的下述关系的物理解释:$dW = Fdx$。

解:W 表示功,F 表示力,dW 表示功的微分,dx 是位移的微分,因此可以理解为在力 F 的作用下移动了 dx 的距离做的功是 dW。

例 1-3:某一物体的质量是 m,解释下式的物理含义:

$$F = m \frac{dv}{dt} \tag{1-8}$$

解:式(1-8)包含了速度对时间的导数,即加速度。这个式子表示在外力 F 的作用下,物体的加速度与质量有反比关系,即质量越大,加速度越小,反之亦然。式(1-8)是牛顿第二定律的微分表达。由于速度是位移随时间的导数,因此也可以表示成位移随时间的二阶导数的形式:

$$F = m \frac{dv}{dt} = m \frac{d^2S}{dt^2} \tag{1-9}$$

有了导数的基本概念后,再理解偏导数就不难了。导数是针对一元函数的,而偏导数是针对多元函数的。若 f 为一个多元函数,例如 $f(x, y, z)$,则把函数 f 在 (x_0, y_0, z_0) 点关于 x 的偏导数定义为

$$\left. \frac{\partial f}{\partial x} \right|_{\substack{x=x_0 \\ y=y_0 \\ z=z_0}} = \lim_{\Delta x \to 0} \frac{f(x_0 + \Delta x, y_0, z_0) - f(x_0, y_0, z_0)}{\Delta x} \tag{1-10}$$

1.1.2　积分

导数是用来求某一物理量的变化率的。而有的时候变化率是被直接测量到的,这时候就需要运用积分的方法来求解问题了。

例如,图 1-3 是不同时间测到的运动物体的瞬时速度随时间的变化图。如果要计算某两个时刻点 t_A 和 t_B 之间物体运动的位移(图中的阴影部分的面积),我们就需要用到积分的方法了。

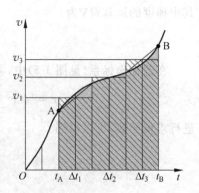

图 1-3　速度-时间图

假设我们可以把 t_A 和 t_B 之间的时间切分成三个小段 $\Delta t_1,\Delta t_2,\Delta t_3$，并假设在每一个小段时间上速度分别为 v_1,v_2,v_3。那么在 t_A 和 t_B 之间，物体运动的位移为

$$S = v_1\Delta t_1 + v_2\Delta t_2 + v_3\Delta t_3 = \sum_{i=1}^{3} v_i\Delta t_i \tag{1-11}$$

这种表达方法称为累加求和。从图 1-3 中可以看到，这种累加的方法是对位移的一个近似。如果能够把时间间隔分割成无穷多段，则每一段的间隔都趋于零，则式(1-11)变为

$$S = \sum_{i=1}^{\infty} v_i\Delta t_i \tag{1-12}$$

这个表达式就是积分的意思，积分的定义为

$$S = \sum_{i=1}^{\infty} v_i\Delta t_i = \int_{t_B}^{t_A} v\mathrm{d}t \tag{1-13}$$

例 1-4：解释以下关于功和力的关系的式子：

$$W = \int_{x_B}^{x_A} F\mathrm{d}x \tag{1-14}$$

解：式(1-14)的物理含义是在力 F 的作用下物体从 x_A 位置移动到 x_B 位置所做的功。要注意的是，在移动过程中，力 F 是可以随着位置不同而变化的。

例 1-5：解释以下关于放射性衰变的式子：

$$\int_{N_0}^{N_1} \frac{\mathrm{d}N}{N} = -\lambda t \tag{1-15}$$

解：式(1-15)的物理含义可以解释为，衰变常数和时间的乘积的负值(右侧)等于 $\mathrm{d}N/N$ 在 N_0 至 N_1 之间的积分。

1.1.3　拉普拉斯算符

拉普拉斯算符是 n 维欧几里得空间中的一个二阶微分算子，定义为梯度(∇)的散度($\nabla\cdot$)。在表达守恒方程时经常会用到，例如流体的质量守恒，反应堆内中子数量平衡等。常用的坐标系有直角坐标系、圆柱坐标系和球坐标系。在直角坐标系(见图 1-4)中，拉普拉斯算符 ∇^2 的形式为

$$\nabla^2 u = \nabla\cdot(\nabla u) = \frac{\partial u}{\partial x^2} + \frac{\partial u}{\partial y^2} + \frac{\partial u}{\partial z^2} \tag{1-16}$$

其中梯度的运算符 ∇ 为

$$\nabla = \frac{\partial}{\partial x}\boldsymbol{i} + \frac{\partial}{\partial y}\boldsymbol{j} + \frac{\partial}{\partial z}\boldsymbol{k} \tag{1-17}$$

在圆柱坐标系(见图 1-5)中，需要进行如下坐标变换：

$$r = \sqrt{x^2+y^2}, \quad \theta = \arctan\left(\frac{y}{x}\right), \quad z = z \tag{1-18}$$

进行求偏导数，可以得到

$$\frac{\partial r}{\partial x} = \frac{x}{r} = \cos\theta \tag{1-19a}$$

$$\frac{\partial r}{\partial y} = \frac{y}{r} = \sin\theta \tag{1-19b}$$

$$\frac{\partial \theta}{\partial x} = -\frac{\sin\theta}{r} \qquad (1\text{-}19c)$$

$$\frac{\partial \theta}{\partial y} = \frac{\cos\theta}{r} \qquad (1\text{-}19d)$$

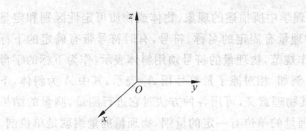

图 1-4　直角坐标系

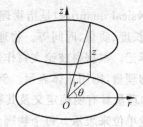

图 1-5　圆柱坐标系

因此,根据复合函数的求导规则,有

$$\frac{\partial u}{\partial x} = \frac{\partial u}{\partial r}\frac{\partial r}{\partial x} + \frac{\partial u}{\partial \theta}\frac{\partial \theta}{\partial x} = \cos\theta \frac{\partial u}{\partial r} - \frac{\sin\theta}{r}\frac{\partial u}{\partial \theta} \qquad (1\text{-}20a)$$

$$\frac{\partial u}{\partial y} = \frac{\partial u}{\partial r}\frac{\partial r}{\partial y} + \frac{\partial u}{\partial \theta}\frac{\partial \theta}{\partial y} = \sin\theta \frac{\partial u}{\partial r} + \frac{\cos\theta}{r}\frac{\partial u}{\partial \theta} \qquad (1\text{-}20b)$$

最后可以得到

$$\frac{\partial^2 u}{\partial x^2} = \left(\cos\theta \frac{\partial}{\partial r} - \frac{\sin\theta}{r}\frac{\partial}{\partial \theta}\right)\left(\cos\theta \frac{\partial u}{\partial r} - \frac{\sin\theta}{r}\frac{\partial u}{\partial \theta}\right)$$

$$= \cos^2\theta \frac{\partial^2 u}{\partial r^2} + \frac{\sin^2\theta}{r}\frac{\partial u}{\partial r} - \frac{2}{r}\sin\theta\cos\theta \frac{\partial^2 u}{\partial r\partial \theta} + \frac{\sin^2\theta}{r^2}\frac{\partial^2 u}{\partial \theta^2} + \frac{2\sin\theta\cos\theta}{r^2}\frac{\partial u}{\partial \theta} \qquad (1\text{-}21)$$

$$\frac{\partial^2 u}{\partial y^2} = \left(\sin\theta \frac{\partial}{\partial r} + \frac{\cos\theta}{r}\frac{\partial}{\partial \theta}\right)\left(\sin\theta \frac{\partial u}{\partial r} + \frac{\cos\theta}{r}\frac{\partial u}{\partial \theta}\right)$$

$$= \sin^2\theta \frac{\partial^2 u}{\partial r^2} + \frac{\cos^2\theta}{r}\frac{\partial u}{\partial r} + \frac{2}{r}\sin\theta\cos\theta \frac{\partial^2 u}{\partial r\partial \theta} + \frac{\cos^2\theta}{r^2}\frac{\partial^2 u}{\partial \theta^2} - \frac{2\sin\theta\cos\theta}{r^2}\frac{\partial u}{\partial \theta} \qquad (1\text{-}22)$$

$$\frac{\partial^2 u}{\partial z^2} = \frac{\partial^2 u}{\partial z^2} \qquad (1\text{-}23)$$

进一步整理后,可以得到

$$\frac{\partial^2 u}{\partial x^2} + \frac{\partial^2 u}{\partial y^2} + \frac{\partial^2 u}{\partial z^2} = \frac{\partial^2 u}{\partial r^2} + \frac{1}{r}\frac{\partial u}{\partial r} + \frac{\sin^2\theta}{r^2}\frac{\partial^2 u}{\partial \theta^2} + \frac{\partial^2 u}{\partial z^2} \qquad (1\text{-}24)$$

最后可得到圆柱坐标系下 ∇^2 的形式为

$$\nabla^2 = \frac{1}{r}\frac{\partial}{\partial r}\left(r\frac{\partial}{\partial r}\right) + \frac{1}{r^2}\frac{\partial^2}{\partial \theta^2} + \frac{\partial^2}{\partial z^2} \qquad (1\text{-}25)$$

对于球坐标系,如图 1-6 所示。

球坐标下的推导过程和圆柱坐标系下的类似。我们作为练习题放在后面,读者可以自己尝试推导。这里仅给出结论:

$$\nabla^2 = \frac{1}{r^2}\frac{\partial}{\partial r}\left(r^2\frac{\partial}{\partial r}\right) + \frac{1}{r^2\sin\theta}\frac{\partial}{\partial \theta}\left(\sin\theta \frac{\partial}{\partial \theta}\right)$$

$$+ \frac{1}{r^2\sin\theta}\frac{\partial}{\partial \phi^2} \qquad (1\text{-}26)$$

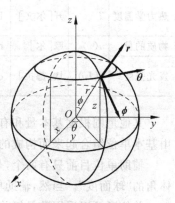

图 1-6　球坐标系

1.2 物理量的单位

物理量(physical quantity)是指物理学中所描述的现象、物体或物质可定性区别和定量确定的属性,如长度、质量、时间等。物理量有固定的名称、符号,有时符号带有确定的下标或其他说明性标记。根据科技论文写作规范,物理量的符号须用斜体表示,作为下标的字母如不表示某一物理量,则用正体表示。例如,相对原子量符号用 A_r 表示,其中 A 为斜体,下标 r 为正体。物理量具有明确定义及其物理意义,可用各种方法对它进行测量,测量的结果用数值和物理量单位来表示。每个物理量的单位有一定的量纲,物理量的量纲就是单位制。

1.2.1 单位制

各种物理量通过描述自然规律的方程及其定义而彼此相互联系。为了方便,选取一组相互独立的物理量,作为基本量(见表 1-1)。国际单位制(SI)是国际计量大会采纳和推荐的一种单位制。在国际单位制中,将单位分成三类:基本单位、导出单位和辅助单位。7 个严格定义的基本单位是:长度(米)、质量(千克)、时间(秒)、电流(安培)、热力学温度(开尔文)、物质的量(摩尔)和发光强度(坎德拉)。基本单位在量纲上彼此独立。

表 1-1 国际单位制(SI)的 7 个基本单位

物理量名称	物理量符号	单位名称	单位符号	单位定义
长度	L	米	m	1m 是光在真空中飞 1/299 792 458s 的时间间隔内的行程
质量	m	千克	kg	1kg 是 5.018×10^{25} 个 ^{12}C 原子的重量
时间	t	秒	s	1s 是 ^{133}Cs 原子基态两个超精细能级之间跃迁所对应的辐射的 9 192 631 770 个周期的持续时间
电流	I	安[培]	A	在真空中相距 1m 的两无限长的直导线内通过一恒定电流,若这恒定电流使得两条导线之间每米长度上产生的力等于 $2 \times 10^{-7}N$,则恒定电流的电流强度就是 1A
热力学温度	T	开[尔文]	K	1K 与 1℃ 大小相等,但计算起点不同。摄氏度以冰水混合物的温度为起点,而开尔文是以绝对零度作为计算起点
物质的量	$n(v)$	摩[尔]	mol	系统中所包含的量与 0.012kg ^{12}C 的原子数目相等时为 1mol
发光强度	$I(I_v)$	坎[德拉]	cd	1cd 为一光源在给定方向的发光强度,光源发出频率为 5.4×10^{14} Hz 的单色辐射,且在此方向上的辐射强度为 1/683 瓦每球面度

其他量则根据基本量和有关方程来表示,称为导出量(见表 1-2)。导出单位很多,都是由基本单位组合起来而构成的。

辅助单位目前只有两个,是纯几何单位。两个辅助单位分别是平面角的"平面度"和立体角的"球面度"。当然,辅助单位也可以再构成导出单位。

单位还可以采用数量级前缀进行放大或缩小(见表 1-3)。

表 1-2　一些常见的国际单位制(SI)的导出单位

物理量名称	物理量符号	单位名称	单位符号	与基本单位的关系
能量	E	焦[耳]	J	$kg \cdot m^2 \cdot s^{-2}$
力	F	牛[顿]	N	$kg \cdot m \cdot s^{-2}$
功率	P	瓦[特]	W	$kg \cdot m^2 \cdot s^{-3}$
电荷	C	库[仑]	C	$A \cdot s$
电压	V	伏[特]	V	$kg \cdot m^2 \cdot s^{-3} \cdot A^{-1}$
电阻	R	欧[姆]	Ω	$kg \cdot m^2 \cdot s^{-3} \cdot A^{-2}$
电容	C	法[拉第]	F	$kg^{-1} \cdot m^{-2} \cdot s^4 \cdot A^2$
电感	L	亨[利]	H	$kg \cdot m^2 \cdot s^{-2} \cdot A^{-2}$
频率	f	赫[兹]	Hz	s^{-1}
磁通量	Φ	韦[伯]	Wb	$kg \cdot m^2 \cdot s^{-2} \cdot A^{-1}$
磁感应强度	B	特[斯拉]	T	$m^{-1} \cdot A$

表 1-3　单位的数量级

符号	英文前缀	中文读音	度量大小
y	yocto-	幺	10^{-24}
z	zepto-	仄	10^{-21}
a	atto-	阿	10^{-18}
f	femto-	飞	10^{-15}
p	pico-	皮	10^{-12}
n	nano-	纳	10^{-9}
u	micro-	微	10^{-6}
m	milli-	毫	10^{-3}
k	kilo-	千	10^3
M	mega-	兆	10^6
G	giga-	吉	10^9
T	tera-	太	10^{12}
P	peta-	拍	10^{15}
E	exa-	艾	10^{18}
Z	zetta-	泽	10^{21}
Y	yotta-	尧	10^{24}

1.2.2　单位转换

除了国际单位制以外,工程上使用的还有英制单位。英制单位的质量用磅,长度用英尺,时间用秒。常用英制单位和国际单位之间的转换如表 1-4 所示。

1.2.3　物理量的图形表示

用图像来描述物理过程是物理学研究的一种重要方法。图像可以是二维图,也可以是三维图,还可能是更高维的图。我们这里主要介绍最常用的二维图的表示方法。

表 1-4　常用的英制单位和国际单位之间的转换

长度	1 英寸(inch)＝25.4 毫米
	1 英尺(foot)＝12 英寸＝0.3048 米
	1 码(yard)＝3 英尺＝0.9144 米
	1 英里(mile)＝1760 码＝1.609 千米
	1 海里(nautical mile)＝1852 米
面积	1 平方英寸＝6.45 平方厘米
	1 平方英尺＝144 平方英寸＝9.29 平方分米
	1 平方码＝9 平方英尺＝0.836 平方米
	1 英亩＝4840 平方码＝0.405 公顷
	1 平方英里＝640 英亩＝259 公顷
体积	1 立方英寸＝16.4 立方厘米
	1 立方英尺＝1728 立方英寸＝0.0283 立方米
	1 立方码＝27 立方英尺＝0.765 立方米
质量	1 磅(pound)＝16 盎司＝0.4536 千克

　　二维图由 x 轴和 y 轴分别表示某一物理量,用来描述在某种情况下两个物理量之间的关系。例如,图 1-2 中,横坐标表示时间,纵坐标表示位移,则描述的是时间和位移的关系。但图 1-2 从严格意义上来讲,只是一个定性的图,因为坐标并没有刻度。一旦把坐标刻度好了以后,就是一个反映定量关系的图。物理学里面表达的大部分图形是定量图,如图 1-7 所示。图 1-7 是根据一些研究者实验测得的数据为基础生成的 UO_2 材料的热导率随温度变化的图形。

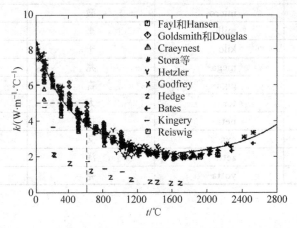

图 1-7　UO_2 热导率与温度的关系

　　作一张这样的图有以下几个要素:
　　(1) 图号与图名。例如"图 1-7"是图号,"UO_2 热导率与温度的关系"是图名。图号和图名称为图题,图题要明确表达出该图的实际内容。图题一般居于图的下方。
　　(2) 图框。图框是 x 轴和 y 轴的坐标。有时候图框不一定是一个矩形框,可以省略右侧和顶部的框线。
　　(3) 坐标刻度。对 x 轴和 y 轴进行刻度。例如图 1-7 中,对 y 轴的刻度为"0,2,4,6,8,

10"。坐标轴上的刻度是纯数,即不带量纲的数字。需要和坐标轴名称组合起来才能构成一个完整意义上的物理量。

（4）坐标轴名称。例如图 1-7 中,y 轴的名称为 $k/(W \cdot m^{-1} \cdot ℃^{-1})$。用斜体字母 k 表示的是物理量的符号,用正体字母表示的 $W \cdot m^{-1} \cdot ℃^{-1}$ 是该物理量的量纲。它们之间用除法运算符"/"连接。表达的意思是:一个物理量把量纲除掉以后就是图表中的一个纯数了。例如,Goldsmith 和 Douglas 测量的 620℃时的 $k=5.0W \cdot m^{-1} \cdot ℃^{-1}$,在图中为一个点(620,5.0)。此时 t 是一个具有量纲的物理量,$t=620℃$。则 $t/℃=620℃/℃=620$,结果是一个纯数。$k=5.0W \cdot m^{-1} \cdot ℃^{-1}$,则 $k/(W \cdot m^{-1} \cdot ℃^{-1})$ 得到 5.0,结果也是一个纯数。这可在坐标图中表示为一个数学意义上的一个点(620,5.0)。因此若坐标轴名称写成"$t(℃)$"、"$t[℃]$"或"$t℃$"等均是不规范的,容易引起歧义。若坐标轴名称不采用物理量的符号,而是采用中文名称,则可以用"距离/m"的方式表达。

（5）图例(Legend)。可以用不同的点或线表示不同的研究者的数据。

例如,图 1-7 的横坐标可以和图 1-8 等价。但是用图 1-9 的表示方法就容易引起歧义。此时阅读者需要来猜横坐标的数值"4"的具体含义是 400 还是 0.04(乘上 10^2 后等于 4)。

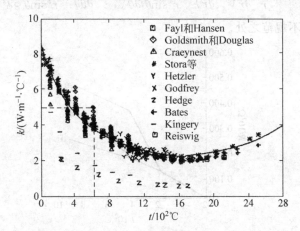

图 1-8　UO_2 热导率与温度的关系(等效的图)

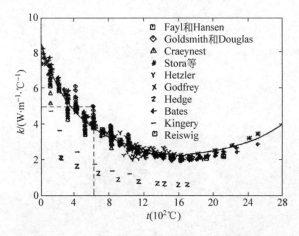

图 1-9　UO_2 热导率与温度的关系(不规范的图)

练习题

1. 一块石头掉入湖面，激起的圆形水波以 0.2m/s 的速度向外传播。试计算半径达到 1m 时，圆面积随时间的导数。

2. 某放射性源的核子数 N 和时间 t 之间有如下关系，试解释该式子表达的物理含义。

$$\int_{N_0}^{N_1} \frac{\mathrm{d}N}{N} = -\lambda t$$

3. 英制单位的压强通常用 psi，意思是 pound-force per square inch，1psi 就是 1 平方英寸面积上承受了 1 磅力。而 1 磅力是 1 磅的质量在重力场中所受到的重力。试计算 1psi 等于多少 Pa？

4. 推导球坐标系下的拉普拉斯算符 ∇^2 的形式为

$$\nabla^2 = \frac{1}{r^2}\frac{\partial}{\partial r}\left(r^2\frac{\partial}{\partial r}\right) + \frac{1}{r^2\sin\theta}\frac{\partial}{\partial\theta}\left(\sin\theta\frac{\partial}{\partial\theta}\right) + \frac{1}{r^2\sin\theta}\frac{\partial^2}{\partial\phi^2}$$

5. 指出下图的不规范之处。

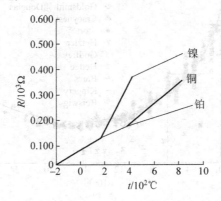

第 2 章

热 力 学

················

热力学(thermodynamics)是从宏观角度研究物质的热运动性质及其规律的学科,是物理学的一个分支。它与统计物理学分别构成了热学理论的宏观和微观两个方面。热力学主要是从能量转化的观点来研究物质的热性质,它揭示了能量从一种形式转换为另一种形式时遵从的宏观规律。通过总结物质的宏观现象而得到一些热学的理论。热力学并不追究由大量微观粒子组成的物质的微观结构,而只关心系统在整体上表现出来的热现象及其变化发展所必须遵循的基本规律。它满足于用少数几个能直接感受和可观测的宏观状态量诸如温度、压强、体积、浓度等描述和确定系统所处的状态。

通过对实践中热现象的大量观测和实验发现,宏观状态量之间是有联系的,它们的变化是互相制约的。制约关系除与物质的性质有关外,还必须遵循一些对任何物质都适用的基本的热学规律,如热力学第零定律、热力学第一定律、热力学第二定律和热力学第三定律等。热力学以这些基本定律为基础和出发点,应用数学方法,通过逻辑演绎,得出有关物质各种宏观性质之间的关系和宏观物理过程进行的方向和限度,由此得出的结论具有高度的可靠性和普遍性。但由热力学得到的结论与物质的具体结构无关,故在实际应用时还必须结合必要的被研究物质物性的实验观测数据,才能得到定量的结果。

2.1 热力性质

描述物质可测量的特征量称为热力性质。了解这些性质对于理解热力学是至关重要的。最常用的热力性质有以下几个量:压力、温度、热量、比体积、密度、比重、湿度等。

1. 压力

在物理学里面,单位面积上所受作用力的法向分量称为压强。对于流体内的压强,工程上通常称为压力。流体内的压力源自于物体内部或者系统边界处分子的碰撞。当分子触碰到边界时,它们会产生把边界由内往外推的力。这些由于碰撞产生的力使得系统在边界处产生压力,用 p 表示,

$$p = \frac{F_n}{A} \tag{2-1}$$

其中,F_n 为作用于单位面积上的作用力的法向分量,单位是 N;A 为面积,单位是 m^2;压力的单位是 Pa,$1Pa = 1N/m^2$。

在英制单位里面,压力的单位是 psi,是 pound-force per square inch 的缩写,即每平方英寸面积上可以承受多少磅力。psi 又有 psia 和 psig,其中前者是绝对压力(absolute),后者是表压(gauge)。

压力还有其他非 SI 单位,例如 bar,atm(标准大气压),at(工程大气压)等。不同单位之间的换算关系如下:

$$1bar = 10^5 Pa \qquad (2-2)$$

$$1atm = 1.013\,25 \times 10^5 Pa \qquad (2-3)$$

$$1at = 1kgf/cm^2 = 98\,066.5 Pa \qquad (2-4)$$

$$1atm = 14.7 psia \qquad (2-5)$$

当以绝对真空为基准来衡量压力时,称之为绝对压力;当以标准大气压为基准时,称之为表压。由于几乎所有的压力表在向大气敞开时示数都为零,因此才有了表压的概念。压力表测量处于大气环境中的液体的压力时,它所测得的是液体和气体产生的压力的差。

如果被测压力低于一个标准大气压,那就称之为真空。绝对的真空相当于压力为 0。所有绝对压力的数值都是正数,因为负的压力在任何流体中都是不可能的。而表压在大于大气压时为正值,小于大气压时为负值。图 2-1 说明了绝对压力、表压、真空度和大气压之间的关系。

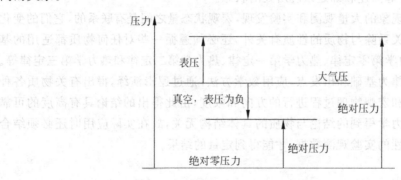

图 2-1　表压、真空与绝对压力

下面举个例子来帮助理解表压和绝对压力的概念。

例 2-1：已知潜水员的手表最多只能承受 6atm 的绝对压力,请问潜水员最多能潜至水下多少米才能避免手表进水? 假设水密度为 $1000kg/m^3$。

解：
$$p_{abs} = 1atm + p_{表}$$
$$6 \times 1.013\,25 \times 10^5 Pa = 1.013\,25 \times 10^5 Pa + p_{表}$$
$$p_{表} = 5 \times 1.013\,25 \times 10^5 Pa = 1000 \times 9.81 \times H$$

得到：$H = 51.54m$

2. 温度

温度(temperature)表示物质的冷热程度的物理量。温度是确定两个系统是否处于热平衡的判据。日常生活中用的温度计就是利用热平衡原理来测量物体温度的。

要进行温度的测量,就需要先建立温标,就好比要测量长度首先要有尺子一样。温标是人为建立的。两种常用的温标是华氏度(℉)和摄氏度(℃)。这两种温标是以一个标准大气压下水的沸点与冰点之间的增量作为基准制定而成的。摄氏量纲把这个增量分为 100 个单位,华氏温度把这个增量分为 180 个单位,0 点的选取是任意的。

摄氏温标把水的冰点设为 0 度,而华氏温度则把海水和冰的混合物所能达到的最低温度设为 0 度。℉与 K 及℃的换算关系为

$$\frac{t_F}{°F} = \frac{9}{5}\frac{t}{°C} + 32 = \frac{9}{5}\frac{t_K}{K} - 459.67 \tag{2-6}$$

例 2-2:用华氏温度计量得某一个人的体温是 100℉,请问转换为摄氏温度是多少?

解:根据式(2-6)可以得到

$$t = \frac{\frac{t_F}{°F} - 32}{1.8} = 37.8℃$$

定义一个绝对的只有正值的温标是有必要的。与摄氏温标相应的绝对温标就是开氏温度,华氏温标对应的绝对温标就是朗肯温标(°R),两种温标下的 0 度代表着相同的物理状态。在这种温度下,物体内部原子停止运动。

摄氏度温标确定的温度称为摄氏温度,摄氏度温度 t 与热力学温度 t_K 之间的关系为

$$\frac{t}{°C} = \frac{t_K}{K} - 273.15 \tag{2-7}$$

绝对温度与相对温度的关系由以下各式表示(工程上,273.15 的小数点后面的几位数字经常被省略):

$$°R = °F + 460 \tag{2-8}$$

$$°K = °C + 273 \tag{2-9}$$

不同温标的对比如图 2-2 所示。

3. 热量

热量和温度是两个容易混淆的概念,两者是有十分明显的区别的。

温度是表示物体冷热程度的物理量,微观上来讲是物体分子热运动的剧烈程度。从分子运动论观点看,温度是物体分子运动平均动能的标志。温度是大量分子热运动的集体表现,含有统计意义。而热量(heat),是指在热力系统与外界之间依靠温差传递的能量,通常用 Q 表示。热量是一种过程量,所以热量只能说"吸收""放出"。不可以说"含有""具有"。而该传递过程称为热交换或热传递。热量的单位为焦[耳](J)。

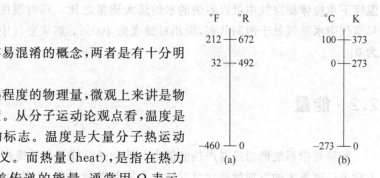

图 2-2 不同温标的对比

热量是能量的一种,也是最重要的一种。在所有的能量形式中,热能是最普遍的一种能量形式,也是最重要的一种能量形式。因为我们发现所有的自然过程都伴随着热能的吸收和释放。几乎所有的能量都在向着热能流动,所以我们才把有关能量流动的物理学分支称为热力学。

热传递是热能流动的一种形式,是过程量。热传递与功一样,都表征了一种能量的流动与转换。只不过功包含着其他形式能之间的转换,往往指机械能之间以及机械能与其他形式能的转换。而热传递只是表征了热能自身的流动,用来描述热量从一个物体流动到另一

物体身上。所以,功和热传递从能量角度考虑是一回事,都在描述着能量的流动和转换过程。

热量和功都是过程量。传入系统的热量被定义为正值,对于功,则把系统对外做的功定义为正值。在存在温差的时候,根据热力学第二定律,热量会从高温物体自发地传向低温物体。热力学第二定律否定了把热量全部转化为功的可能性。

4. 比体积

比体积(工程上习惯称为比容)是描述分子聚集程度的参数。单位质量的工质所占的体积称为比体积,记为 v,单位是 m^3/kg。通常还有一个状态参数叫密度,记为 ρ,密度是单位体积工质的质量。因此在数值上,密度是比体积的倒数,即

$$\rho = 1/v \tag{2-10}$$

5. 比重

液体或固体的比重是其密度与在标准温度(通常取 $3.98℃$)下水的密度($999.972kg/m^3$,经常近似为 $1000kg/m^3$)的比值。水的比重为 1。

气体的比重是指该气体的密度与标准状况下空气密度的比值。

比重是一个无量纲量。

6. 湿度

湿度指的是空气中水分(水蒸气)的含量。可以用相对湿度或者绝对湿度来表示。绝对湿度是指每单位体积的空气中水的质量,而相对湿度是指空气中单位体积中水的质量与该温度下单位体积空气中可以容纳的水的最大质量之比。相对湿度通常用百分比来表示,如果空气中水蒸气处于饱和状态,则相对湿度为 100%;如果空气中完全没有水,则相对湿度为 0。

2.2　能量

能量是指系统做功或者产热的能力。功和热是能量从系统边界上转移的两种方式。热力学上一项重大的发现就是功可以转化为同等数量的热,而热也可以转化为功。能量具有以下形式。

1. 重力势能

重力势能(gravitational potential energy)是指物体由于被举高而具有的能,对于重力势能,其大小由地球和地面上物体的相对位置决定。物体的质量越大、相对的位置越高、做的功越多,从而使物体具有的重力势能变大,它的表达式为

$$E_p = mgH \tag{2-11}$$

重力势能是标量,单位为焦[耳](J)。与功不同的是,功的正负号表示作用效果,比较大小时仅比较数值;而重力势能中正数一律大于负数。在重力势能的表示式中,由于高度 H

是相对的,因此重力势能的数值也是相对的。我们说某个物体具有重力势能 mgH,这是相对于某一个水平面来说的,把这个水平面的高度取作零,这个水平面称为参考平面,物体位于这个参考平面上时,重力势能为零,因此参考平面也称为零势能平面。经典物理对重力势能的理解就是当一个物体处在一个位置,相对于参照平面,重力可以对物体做多少功,使物体获得多少其他形式的能量,就说重力势能是多少。但并不是说重力势能为 0 就不具备做功的能力,这是由其相对性决定的。重力做正功时,重力势能减小,反之,则增大。

2. 动能

动能是指物体由于运动而具有的能量。它的大小定义为物体质量与速度平方乘积的二分之一。因此,质量相同的物体,运动速度越大,它的动能越大;运动速度相同的物体,质量越大,具有的动能就越大。

3. 比内能

势能和动能都是宏观形式的能量。它们可以通过物体位置或者运动来直观地观察到。除了宏观形式的能量之外,物体还具有几种微观形式的能量。微观能包括那些由于物体内部分子的旋转、震动、迁移和相互作用而具有的能量。所有这些能量都是不能直接测量的,但是现在的技术已经可以做到测量物体总内能的变化,这些微观形式的能量就统称为内能,一般用字母 U 来表示,单位是 J。内能与系统内工质的内部粒子微观运动和粒子的空间位置有关,包括分子的移动动能、分子的转动动能、分子间的位能和分子内部的能量(比如原子的振动动能和位能)。此外,分子内部的能量还包括与分子结构有关的化学能和原子内部的原子能,由于我们研究的工质的热力过程一般不涉及化学反应和核反应,因此这部分能量保持不变。

单位质量工质的内能称为比内能,通常用 u 来表示,单位是 J/kg。工质的比内能取决于工质的温度和比体积,即

$$u = f(T, v) \tag{2-12}$$

4. 流动能

除了内能 U 之外,存在另外一种对理解系统能量转换非常重要的能量形式。这种能量叫做流动能,也称为 pV 能,因为它取决于流体的体积 V 和压力 p。pV 能数值上等于物体体积 V 与压力 p 的乘积。由于能量定义为系统做功的能力,当系统的压力和体积膨胀的时候,系统对外做功。因此,被压缩的流体具有对外做功的能力。

物体的比 pV 能是指单位质量物体所含的 pV 能,它等于物体的总 pV 能除以物体的质量 m,或者是 p 和比体积 v 的乘积,写作 pv。

5. 比焓

在研究流动工质的时候,我们通常引入比焓来进行计算,比焓用 h 表示,单位是 J/kg,其定义为

$$h = u + pv \tag{2-13}$$

也就是说,比焓是比内能和推进功 pv 的总和。为了理解焓的概念,作为一个类比,我们来

回顾一下物体具有的机械能等于物体的动能和势能的总和。其中的动能是和运动有关的能量，势能是和位势有关的能量，也即具有某种做功的能力。在焓中，也是这样两部分能量，其中一部分是和微观粒子的运动程度有关的能量，是内能。另一部分是和微观粒子的压力势有关的能量，反映的是由于流体具有压力，因此具有的对外做功的能力，即 pv 能。

焓在热动力学中通常用在开放的系统当中。焓如同压力、温度、体积一样是物体的性质，但它不能直接测量。物体的焓通常要与一个参照值作对比。比如，水或水蒸气的比焓通常以 0.01℃一个标准大气压下的水的比焓为零作为参照。焓的绝对数值无法确定，也不重要，因为在实际问题中，我们只关注比焓的变化而不是比焓本身的数值。在蒸气表中，比焓作为一项列入其中。

2.2.1　功与热

动能、势能、内能和 pV 能都是描述系统热力性质的能量。功也是能量的一种形式，不过它专指转化过程中的能量。功不是系统的性质，而是系统所完成的一个过程，系统内并不包含功。功与描述系统热力性质或者转化到系统中或从系统中转移出来的那些能量形式有本质区别，这点对于理解能量转化非常重要。

在机械系统中，当物体在某种力的作用下前进了一段距离时，此时存在功，它等于力的大小与物体位移的乘积：

$$W = FS \tag{2-14}$$

其中 W 为功，J；F 为力，N；S 为位移，m。

在能量转化系统中处理功的问题时，要把系统对外做功与外界对系统做功区分开来。当系统用作驱动汽轮机带动发电机发电时，系统对外做功；当用泵把工质从一个地方输送到另外一个地方时，外界对系统做功。当系统对外做功时，我们取功为正；外界对系统做功，我们取功为负。

热与功一样，也是指转移中的能量。能量以热的形式转移，发生在分子层面上，源自于温度的差异。我们用字母 Q 来表示热。和功一样，转移的热量与路径相关而不仅仅取决于系统的初始态。同样，把系统吸热和放热区分开来也非常重要。当系统吸热时，其值为正，这与对外做功为正，外界对系统做功为负是相反的。有时用字母 q 来表示系统单位质量所吸收的热或放出的热。q 不是比热，比热是另外一个参数，q 的值代表的是单位质量系统工质的热交换。

对热的含义进行量化的最好方法就是研究系统的热交换量与系统温度变化的关系。大家很熟悉这样一个物理现象：物体受热升温，冷却则降温。这种系统吸收或者放出的使得系统温度发生变化的热称为显热。热的单位也经常根据它造成的温度变化来进行定义。另一种形式的热称为潜热。潜热是指使得系统发生相变的热交换，当系统吸收潜热的时候，其温度不发生变化。潜热分为两种：一种是熔化潜热，它是指使得工质在固体和液体之间发生相变的时候吸收或放出的热量；另一种是气化潜热，它是指工质在气态和液态之间发生相变的时候吸收或者放出的热量，气化潜热有时也称为凝结潜热。

热交换对不同的工质影响的程度不同。一定量的热加入到不同工质当中时，它们增加的温度也不一样。加入的热 Q 与工质发生的温度变化 ΔT 的比值定义为工质的热容（C_p）。

单位质量工质的热容称为工质的比热容。其中下脚标 p 意味着过程是在恒定压力下进行的。

热量有很多常用的单位。例如 1lbm(1lbm＝0.454kg)的水温度上升 1°F 需要吸收 1Btu 的热量(1Btu＝1.055kJ)。卡路里(简称卡,缩写为 Cal),由英文 Calorie 音译而来,其定义为将 1g 水在 1atm 下提升 1℃所需要的热量。因此 1kg 的水温度上升 1℃就需要吸收 1kCal(1kCal＝4.184kJ)的热量。

从以上对功和热的讨论来看,二者有明显的相似之处。功和热都是和过程相关的物理量,系统不会保有功或者热,但是它们分别或者同时产生于系统能量变化的时候。功和热都是边界现象,只能在系统的边界才能发生。同时,它们都代表着能量跨越了系统的边界。

2.2.2　能量和功率

能量转化中多种多样的能量形式(如势能、动能、内能、pV 能、功和热)可以用很多不同的基本单位来表示。大体来说,衡量能量的单位分为三种:(1)机械单位,比如 N·m; (2)热学单位,比如 Cal;(3)电学单位,比如 W·s。能量的机械量纲是 J,能量的热学量纲有千卡(kCal)和卡路里(Cal),电子学单位是 Ws。尽管不同形式能量的量纲各不相同,它们意义上是等价的。

科学史上一些非常重要的实验就是 1843 年由焦耳完成的,他从数值上直接证明了机械能和热能的一致性。这些实验表明 1kCal 的能量等于 4186J。这些实验,建立了机械能和热力学能的统一。同时更多的实验也证明了电能与机械能以及热能的一致性。

功率是描述做功快慢的物理量,它等于能量转移的速率。功率的单位与单位时间的能量一致。与能量一样,功率也可以用很多不同的基本单位来表示,但这些单位都是等价的。

2.3　热力系统及过程

一个热力系统就是被研究的物质粒子的集合。定义合适的热力系统能够极大地简化热力学分析。热力系统的边界可以是真实存在的,也可以是假想的;可以是固定的,也可以是变化的。边界也可以改变形状或者状态。确定的热力系统边界以外的物理空间被称为外界或环境。

热力系统可以是热交换器中的水,可以是长管道中的流体,也可以是柴油内燃机中的整个润滑油系统。实际工程应用中需要根据已知的关于系统的信息以及我们研究的问题来确定解决热力系统中的边界。

边界以外的所有的物质叫做外界,系统边界将热力系统与外界分离开来。这些边界可以是固定或者变化的。很多情况下,热力学分析会包含如热交换器这样有物质从中流入或流出的装置。经过这样的分析之后接下来的步骤是确定控制面,比如热交换器的管壁。质量、热量、功或动量可以穿过控制面。

热力系统根据是否可能通过系统边界交换质量和能量可以分为孤立系统、封闭系统和开放系统。孤立系统是指系统不受环境的任何影响,这意味着没有能量以热量或者功的形式通过系统的边界。另外,也没有任何物质可以通过孤立系统的边界。封闭系统与外界环境没有物质交换,但是可以有能量(热量或者功)的交换。而开放系统则可以与外界有质量以及能量的交换。

下面介绍一些分析热力系统及过程中常用的一些基本术语。

1. 控制体

控制体(control volume)是研究流动系统的物质和能量平衡时选定的固定的空间区域。控制体的边界可以是真实的边界,也可以是假想的。控制体的边界叫做控制面。

2. 热力平衡

如果一个系统对于所有可能的热力状态都是平衡的,则这个系统处于热力平衡。例如,由气体组成的系统处于热力平衡时,整个系统任何位置的温度都是相同的。

热平衡状态是指控制体中没有质量和能量积累,并且系统中任一点的性质与时间无关的状态。

3. 热力过程

热力系统的任何一个状态参数发生改变的时候,系统的状态就发生了改变。系统经过的一系列的状态变化的过程称为热力过程。比如保持流体恒定压力,升高温度,系统的状态变化的过程就是一个热力过程。另一个例子是,如果保持密闭气体的温度不变,压力升高的过程。

4. 循环过程

当一个给定初始状态的系统经过一系列不同的状态变化(经过不同的过程),最后回到初始的状态,那么这个系统经过了一个循环过程或者是叫做循环。因此,循环过程的结果,所有的状态参数都与它们的初始值相同。通过封闭式冷却循环的蒸气(水)经过的就是一个循环过程。

5. 可逆过程

可逆过程定义为系统发生变化后,可以恢复初始状态,且系统和环境没有发生任何变化的过程。也就是说,系统和环境可以恢复到热力过程发生前的初始状态。事实上,没有真正的可以完全还原的过程;但是,为了研究的方便,假想的可逆过程可以使分析简化,并用来确定最高的理论效率。因此,可逆过程是为了帮助工程研究以及计算的一种理论抽象。

虽然可逆过程可以近似,但它永远也不能与真实的过程完全一致。一个使真实过程接近可逆过程的方法是把状态的变化分解为一系列非常微小的过程。例如,如果系统与环境的温度差非常小,则这时的热量传递可以看作可逆的过程。也就是说,温差为 0.000 01℃时的热传递比温差为 100℃时的热传递更为接近可逆。因此,如果我们通过一系列微小的过程冷却或加热系统,就可以近似一个可逆过程。虽然不能在真实的过程中实现,但这样的方法仍然可以在过程变化速率不重要的热力学研究中使用。

6. 不可逆过程

不可逆过程是使用任何方法,系统和环境都不能回到初始状态的过程。也就是说,即使逆转热力过程,系统和环境也不能回到它们的初始状态。例如,即使汽车从山坡上滑下来,汽车引擎也不能将开上山坡所消耗的燃料重新变回来。

有很多的原因使得热力过程是不可逆的。四个最主要的造成热力过程不可逆的原因分别是摩擦、流体的自由膨胀、有温差的导热以及两种不同物质的混合。这些原因存在于真实的不可逆的过程中,使得这些过程不能恢复原来的状态。

7. 绝热过程

绝热过程是指系统没有热量传入或传出的过程。

8. 等熵过程

等熵过程是指流体的熵保持恒定的过程。如果系统的过程是可逆的而且绝热的,就是等熵过程。等熵过程也叫做熵不变过程。

9. 多变过程

当气体经历一个有热量传递的可逆过程,压强与体积的关系可以表示为等式

$$pV^n = C \tag{2-15}$$

其中,C 是一个常数,n 是一个整数。这样的过程称为多变过程。多变过程的一个例子是水冷往复式内燃机气缸中燃气的膨胀过程。

10. 节流过程

节流过程的定义是从状态一到状态二的焓没有变化。即流体没做功,并且系统是绝热的。节流过程的一个例子是理想的气体流过一个截面变小的通道。从经验我们可以知道,压力会降低,速度会变大。这是因为,考虑到 $h = u + pv$,所以当焓保持不变的时候,如果压强减小,那么体积就必须要增加(假设 u 是常数)。由于质量流是恒定的,所以体积的增加表现为气体流速的增加,这已经被我们的观察所证实。

节流过程的特点是流体没有做功,而且节流过程是绝热的。

2.4 相变

热力学中系统物质的相变是非常重要的。

考虑如图 2-3 所示装有液态水的气缸系统。假设初始状态为图 2-3(a),活塞外的压力是 1atm(忽略活塞的重量),初始温度是 20℃。向水中传热,使温度上升。比体积将会稍稍增加,但是压力将保持恒定。当温度上升到 100℃,继续加热将导致相变(沸腾),如

图 2-3（b）。

这一过程部分液态水变成水蒸气,同时温度和压力都保持恒定,但是体积有明显的增加。当最后一滴液态水被气化,继续加热将会导致水蒸气的温度和体积同时增加,如图 2-3(c) 中所示。

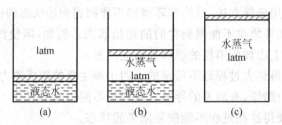

图 2-3　活塞汽缸

下面介绍一些与相变相关的基本术语。

1. 饱和

饱和状态指给定温度和压力下能同时存在水蒸气和液态水混合物的系统状态。给定压力时刚好开始气化(沸腾)的温度称为给定压力下的饱和温度或者沸点。给定温度时刚好开始气化(沸腾)的压力称为给定温度下的饱和压力。饱和压力与饱和温度之间有一一对应的关系。

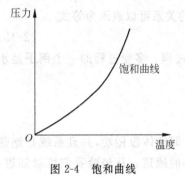

图 2-4　饱和曲线

例如对于纯水,100℃时的饱和压力是 1atm,同时压力为 1atm 的水饱和温度为 100℃。对于纯净的物质,压力越高,饱和温度越高。展现温度与压力的关系的曲线图称为压力-饱和温度曲线。图 2-4 展示了一个典型的压力-饱和温度对应曲线图。当温度和压力在曲线上时,气液混合物处于饱和状态。而曲线的左侧是液态,右侧是气态。

2. 饱和液体和过冷液体

如果物质在饱和温度和压力下以液体形式存在,称为饱和液体。如果液体的温度低于所处压力条件下的饱和温度,则称为过冷液体(意思是温度低于给定压力条件的饱和温度)或者过压液体(意思是压力超过给定温度的饱和压力)。

3. 蒸气干度

当物质在饱和状态下一部分是液态一部分是气态,则蒸气干度 χ 的定义为气态物质质量与总质量的比率,也称为质量含气率,

$$\chi = \frac{m_v}{m_v + m_l} \tag{2-16}$$

例 2-3：如果物质气态的质量是 0.2kg,液态的质量是 0.8kg,则蒸气干度是 0.2 或者 20%。

蒸气干度是强度量。蒸气干度只有在饱和状态下才有意义,也就是处于饱和压力和温度的状态。图 2-5 中钟形曲线下部展示了蒸气干度有意义的区域。

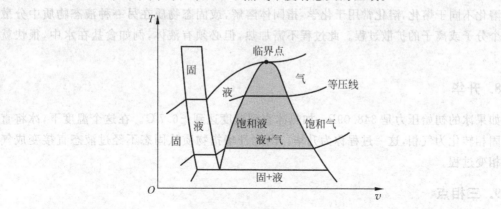

图 2-5　展示饱和区域的 T-v 图

4. 蒸气含水率

蒸气含水率是与物质的蒸气干度相反的物理量。蒸气含水率 M 的定义是液态物质质量与总质量的比值,如式(2-17)所示。之前的举例中蒸气干度是 0.2,则混合物的含水率是 0.8 或者 80%。

$$M = \frac{m_1}{m_v + m_1} \tag{2-17}$$

5. 饱和蒸气和过热蒸气

物质在饱和温度下全部为气态物质时称为饱和蒸气。有时,用术语干饱和蒸气来强调此时的蒸气干度是 100%。当气态物质温度高于饱和温度时,就称为过热蒸气。因为过热蒸气可以在温度升高时保持压力不变,所以和饱和状态不同,过热蒸气的压力和温度成为独立的状态参数。例如,日常生活中的空气中的水蒸气就处于过热蒸气状态。

6. 临界点

在压力达到临界压力后,气化过程没有一个恒定的温度,这个点称为临界点。在临界点饱和液体和饱和蒸气的状态是相同的。临界点的温度和压力分别称为临界温度和临界压力。

压力比临界压力更高时,既没有明确的液态到气态的相变,也没有明确的液相转变为气相的点。当压力大于临界压力时,物质的温度如果低于临界温度则称为液体,如果高于临界温度则称为蒸气或者气体。

7. 融化

当对冰加热的时候,压力保持不变,比体积微量增加,当温度一直增大到 0℃时,冰将在保持温度不变的情况下融化。在这样的情况下的冰称为饱和固体。对于大多数的物质,在融化的过程中,比体积是增加的,但是对于水来说,液体的比体积要小于固体的比体积。这使得冰能浮在水面上。当所有的冰都融化的时候,只要继续加热都会导致液体的温度上升。融化的过程也可以称为熔化。将冰融化成水加入的热量称为融化潜热。

溶化不同于熔化,溶化常用于化学,指固体溶解,或固态物质在另一种液态物质中分散成单个分子或离子的扩散过程。此过程不需加热,但必须有液体,例如食盐在水中,很快就溶化了。

8. 升华

如果冰的初始压力是 348.09Pa,加热冰直到温度达到 -6.7℃。在这个温度下,冰将直接从固相转化为气相,这一过程称为升华。因此升华指物质从固态不经过液态直接变成气态的相变过程。

9. 三相点

如果考虑初始压力为 611.73Pa 的冰,对冰加热直到温度达到 273.16K。在这个温度和压力条件下,继续加热将导致部分冰变成蒸气,部分冰变成液态水,这是因为此时可以形成三相的平衡。这个状态点称为三相点,定义了三种相能平衡存在的状态。

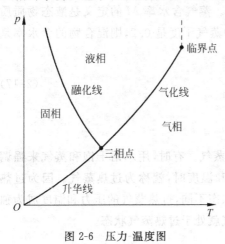

图 2-6　压力 温度图

图 2-6 是表示冰、液态水和水蒸气之间的压力温度图。沿着升华曲线,液态和固态是稳定的,沿着融化曲线,固相和液相是稳定的;而沿着气化曲线,液相和气相是稳定的。唯一的三相能平衡存在的点就只有三相点。三相点的温度和压力分别是 273.16K 和 611.73Pa。气化曲线在临界点处结束,因为在临界点以上没有明确的液相到气相的转变。

10. 冷凝

前面介绍的过程(气化、升华和融化)都是发生在对物质加热的过程中。如果从物质中吸收热量,将会发生与这些过程相反的过程。

在恒定压力条件下对饱和液体进行加热将会导致液体蒸发(由液相转变为气相)。如果在恒定压力条件下从饱和气体吸收热量,液化就会发生,水蒸气将转化液相的水。所以气化和液化是相反的过程。

相似地,凝固是融化的相反过程。升华也有由气体直接转化为固体的相反过程,叫做凝华。

2.5　热力学性质图

热力学性质图和蒸气表经常被用来研究给定系统的理论以及实际的性质和效率。

物质的相和物质属性的关系主要通过热力学性质图来描述。热力学性质图定义了大量的状态参数以及状态参数之间的关系。例如,在标准大气压和 100℃ 温度下的水以蒸气形式存在而不是液体;在 0~100℃ 温度下则为液态水;而低于 0℃ 时是冰。另外,冰、液态水和水蒸气的性质是相关联的。100℃ 和标准大气压条件下的饱和蒸气的比体积是 1.673m³/kg。在不同的温度或压力下,饱和蒸气有不同的比体积。例如在 10MPa 压力下,饱和温度是 311℃,饱和蒸气的比体积是 0.018 03m³/kg。

在热力学性质图中主要描述了物质的五种状态参数,分别是:压力(p),温度(T),比体积(v),比焓(h)以及比熵(s)。当考虑两种相混合的时候,比如液态水和蒸气混合,第六个状态参数,蒸气干度(χ)也将被用到。

常遇到的有六种不同类型的性质图,分别是:压力-温度(p-T)图、压力-比体积(p-v)图、压力-比焓(p-h)图、比焓-温度(h-T)图、温度-比熵(T-s)图,以及比焓-比熵(h-s)图,也称莫里尔图。

2.5.1 压力-温度(p-T)图

p-T 图是表示物质相态的最常用的方式。图 2-6 是水的 p-T 图。将固相和气相分开的曲线叫做升华线;将固相和液相分开的曲线叫做融化线;将液相和气相分开的曲线叫做气化线。三条线相交的点是三相点,它是三种相能稳定存在的唯一的状态点。气化线结束的端点叫做临界点。当压力和温度大于临界点处的值时,不管有多大的压力作用,没有物质能以液态形式存在。

2.5.2 压力-比体积(p-v)图

p-v 图是另一种常用的性质图。图 2-7 是水的 p-v 图。p-v 图与 p-T 图在一个特别的地方十分不同。在 p-v 图中,有一个区域两种相可以同时存在。例如在图 2-7 中,与 B 点比体积(v_{f})相同的水和与 C 点比体积(v_{g})相同的蒸气同时存在于 A 点。

若已知混合物的比体积,则蒸气的干度可以通过如下的关系式计算得到:

$$\chi = \frac{v - v_{\mathrm{f}}}{v_{\mathrm{g}} - v_{\mathrm{f}}} = \frac{v - v_{\mathrm{f}}}{v_{\mathrm{ig}}} \tag{2-18}$$

若已知蒸气的干度,则混合物的比体积为

$$v = \chi v_{\mathrm{g}} + (1 - \chi) v_{\mathrm{f}} \tag{2-19}$$

另外,图 2-7 中的虚线是等温线。

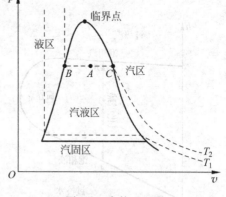

图 2-7 水的 p-v 图

2.5.3 压力-比焓(p-h)图

p-h 图表现出与 p-v 图相同的特征,图 2-8 是水的 p-h 图。与 p-v 图相似,p-h 图也有两相同时存在的区域。在图 2-9 中的液-汽两相区域,液态水和水蒸气可以同时存在。例如

在点 A,与点 B 比焓(h_f)相同的水和与点 C 比焓(h_g)相同的蒸气同时存在。图 2-8 中的虚线是等温线。

若已知混合物的比焓,则蒸气的干度可以通过如下的关系式计算得到

$$\chi = \frac{h - h_f}{h_{fg}} \qquad (2\text{-}20)$$

若已知蒸气的干度,则混合物的比焓为

$$h = \chi h_g + (1 - x)h_f \qquad (2\text{-}21)$$

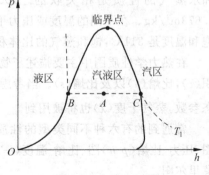

图 2-8 水的 p-h 图

2.5.4 比焓-温度(h-T)图

图 2-9 是水的 h-T 图。与之前所述的性质图相似,h-T 图也有两相同时存在的区域。在饱和液和饱和汽之间的区域表示两相同时存在的范围。两条饱和线之间的垂直距离表示汽化潜热。如果存在状态位于饱和液体线上点 A 的水,并且提供等同于汽化潜热的热量的话,水将在保持温度不变的情况下从饱和液转化成为饱和汽(点 B)。在饱和线以外进行热量交换将产生过冷液体或者过热蒸气。在液-汽两相区域的任何一点的蒸气干度可以通过与 p-h 图相同的关系式(2-21)计算。

2.5.5 温度-比熵(T-s)图

T-s 图是最常用的用来分析能量传输系统循环的性质图。这是因为系统所做的功或对系统做的功,以及热量的吸收或释放都可以通过 T-s 图看到。根据熵的定义,系统吸收或释放的热量与 T-s 图中过程曲线下部的面积相同。图 2-10 是水的 T-s 图。

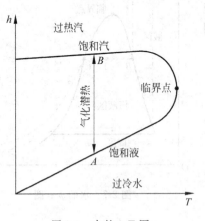

图 2-9 水的 h-T 图

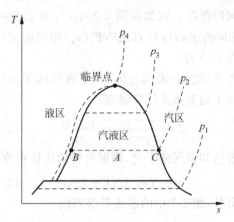

图 2-10 水的 T-s 图

在图 2-10 中的液-汽两相区域,液态水和蒸气可以同时存在。例如在点 A,与点 B 比熵(s_f)相同的水和与点 C 比熵(s_g)相同的蒸气同时存在。在液-汽两相区域任何一点混合物的蒸气干度都可以通过如下的关系计算得到。

$$s = \chi s_g + (1 - \chi) s_f \tag{2-22}$$

$$\chi = \frac{s - s_f}{s_{fg}} \tag{2-23}$$

2.5.6　比焓-比熵（h-s）图

h-s 图也称莫里尔图，如图 2-11 所示。它与 T-s 图有着完全不同的形状。莫里尔图有一系列的等温线、等压线、等湿或者等蒸气干度线，以及一系列的等过热线。莫里尔图只有在蒸气干度超过 50％时或者针对过热蒸气时有用。

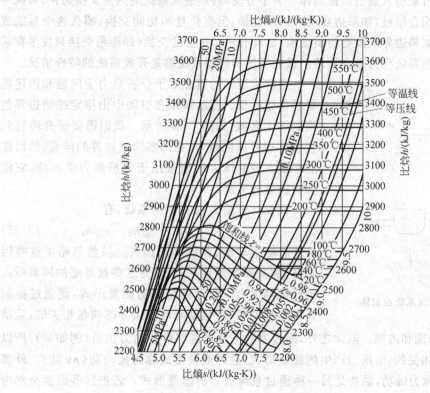

图 2-11　比焓-比熵（h-s）图

2.6　热力学第一定律

热力学第一定律是涉及热现象领域内的能量守恒和转化定律。19 世纪中期，在长期生产实践和大量科学实验的基础上，它才以科学定律的形式被确立起来。

热力学第一定律研究的是热力学系统（控制体）中各种形式能量的平衡，即不同形式的能量在传递与转换过程中守恒问题。热量可以从一个物体传递到另一个物体，也可以与机械能或其他能量互相转换，但是在转换过程中，能量的总值保持不变。

热力学第一定律也称为能量守恒定律，即能量既不能被创造也不会被消灭，但可以转化成各种形式。目前所说的能量平衡是维持在所研究的系统内的，该系统是流体所经过的空间区域,与流体相关的各种能量跨越系统边界时也要考虑,从而形成能量平衡。

一个系统可以是以下三种类型之一:孤立系统、封闭系统或开放系统。三种类型中最普遍的是开放系统。这种系统表明,质量、热量和外部做功可以越过控制体的边界。因此能量平衡的文字表述是:所有进入系统的能量等于所有离开系统的能量加上系统存储能量的变化量。热力学系统中的能量是由动能、势能、内能、流动能以及热量和功等组成的。

所有进入的能量等于所有出去的能量加上系统能量的变化,即

$$\sum E_{\text{in}} = \sum E_{\text{out}} + \Delta E_{\text{storage}} \tag{2-24}$$

热量和做功可被引入或引出控制体。为了方便,约定进入系统的热量交换为正,系统对外做功为正。前面介绍过,如果边界没有物质交换,但有热量和功的交换,那么这个系统成为"封闭"系统。如果边界既没有物质交换,也没有功和热量的交换(即能量交换只发生在系统内部),那么这个系统称为孤立系统。孤立系统和封闭系统都是开放系统的特殊情况。

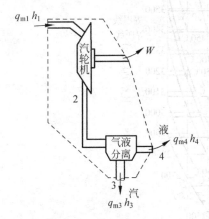

图 2-12　开放系统控制体

理解控制体的概念对于分析热力学问题和构建能量平衡很重要。控制体是在空间中由指定控制边界包围的固定区域,如图 2-12 所示。我们需要研究跨越此控制体边界的能量,包括那些跨过边界的能量,然后建立平衡。控制体方法通常用于分析热力学系统,它能分析能量的平衡。

例如对于图 2-12 所示的系统,有

$$W = q_{\text{m1}} h_1 - q_{\text{m3}} h_3 - q_{\text{m4}} h_4 \tag{2-25}$$

这里忽略了动能、势能和热损失。虽然忽略了这些因素,但和实际情形差不多,因为这些被忽略的因素所占的份额都很小。若考虑全部的能量形式,则通过控制体积边界的能量,包括与通过边界的质量相关的,运动的物体有势能、动能和内能。除此之外,因为流动正常来说都由驱动力供给(例如泵),所以还有一种与流体相关的,由压力产生的能量形式,这种能量形式称为流动功(pv 功)。外部做的功(W)通常称为轴功,轴功是另一种通过系统边界的能量形式。若把这些因素全部考虑,则为了满足能量守恒关系,有

$$q_{\text{m}}(h_{\text{in}} + E_{\text{p,in}} + E_{\text{k,in}}) + P_Q = q_{\text{m}}(h_{\text{out}} + E_{\text{p,out}} + E_{\text{k,out}}) + W \tag{2-26}$$

其中,q_{m} 为工质的质量流量,kg/s;h_{in} 为进入系统的工质的比焓,J/kg;h_{out} 为离开系统的工质的比焓,J/kg;$E_{\text{p,in}}$ 为进入系统的工质的比势能,J/kg;$E_{\text{p,out}}$ 为离开系统的工质的比势能,J/kg;$E_{\text{k,in}}$ 为进入系统的工质的比动能,J/kg;$E_{\text{k,out}}$ 为离开系统的工质的比动能,J/kg;W 为系统做功的功率,W;P_Q 为进入系统的热功率,W。

例 2-4:蒸气进入和离开汽轮机时的比焓分别为 3135kJ/kg 和 2556kJ/kg,估计蒸气热量损失 10kJ/kg。流体在上方 20m 处以 50m/s 的速度进入汽轮机,并以 80m/s 的速度离开汽轮机,试确定汽轮机内单位质量工质所做的功。

解:　$$q_{\text{m}}(h_{\text{in}} + E_{\text{p,in}} + E_{\text{k,in}}) + P_Q = q_{\text{m}}(h_{\text{out}} + E_{\text{p,out}} + E_{\text{k,out}}) + W$$
两侧分别除以质量流量,得到

$$(h_{\text{in}} + E_{\text{p,in}} + E_{\text{k,in}}) + q = (h_{\text{out}} + E_{\text{p,out}} + E_{\text{k,out}}) + w$$

其中，q 为单位质量工质增加的热量（J/kg），w 为比功（单位质量工质做的功）。可得

$$3135\text{kJ/kg} + 9.8 \times 20\text{J/kg} + 0.5 \times 50^2\text{J/kg} - 10\text{kJ/kg}$$
$$= 2556\text{kJ/kg} + 0.5 \times 80^2\text{J/kg} + w$$

得到

$$w = 567.25\text{kJ/kg}$$

这个例子表明势能和动能变化对于汽轮机来说几乎可以忽略不计（势能变化的贡献为 0.196kJ/kg，而动能变化的贡献为 1.95kJ/kg）。

2.6.1 朗肯循环

当系统（被研究的工质）由于功、热量或内能的交换，而某一性能（温度、压力、体积）的值从某一值变为另外的值，那么称液体经过了一个"过程"。在某些过程中，当流体从某一热力学状态到另一状态时，压力、温度和体积之间的关系是确定的。若在某一过程中，温度、压力或体积保持为常数，分别称为等温、等压或等容过程，"等"是指"不变"。

如果流体经过不同过程，最终返回到同样的初始状态，则称该系统完成了一个循环过程。朗肯循环就是一种循环过程。核电厂的朗肯循环由水泵、蒸汽发生器、汽轮机和冷凝器四个主要装置组成（见图 2-13）。水在水泵中被压缩升压，然后进入蒸汽发生器被加热汽化，直至变成蒸气后，进入汽轮机膨胀做功，做功后的低压蒸气被冷却凝结成水，再回到水泵中完成一个循环。朗肯循环的过程描述如下：

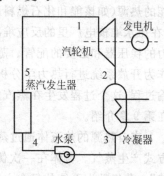

图 2-13 朗肯循环示意图

1—2 过程：绝热膨胀过程。绝热膨胀过程中系统没有与外界交换热量，系统的熵不变，因此是定比熵膨胀过程。

2—3 过程：蒸气在冷凝器中被冷却成饱和水，可以简化为定压可逆冷却过程。

3—4 过程：水在水泵中被压缩升压，此过程中流经水泵的流量较大，水泵向周围的散热量折合到单位质量工质可以忽略，因此该过程可以简化为绝热压缩过程，也就是定比熵压缩过程。

4—1 过程：水在蒸汽发生器中被加热的过程，简化为一个定压可逆吸热过程。

这样四个过程就组成了一个朗肯循环，将其表示在 p-v 和 T-s 图上，如图 2-14 所示。

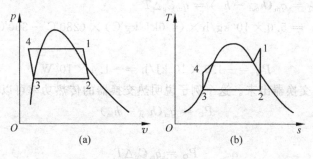

图 2-14 朗肯循环的 p-v 和 T-s 图

在蒸汽发生器内,水吸收的热量是由定压可逆吸热过程 4—1 完成的,因此有

$$q_1 = h_1 - h_4 \tag{2-27}$$

在汽轮机中,水蒸气经过绝热膨胀过程 1—2,对外做的功为

$$W_T = h_1 - h_2 \tag{2-28}$$

在冷凝器中,水蒸气经过定压可逆冷却过程 2—3 冷凝为水,放出的热量为

$$q_2 = h_2 - h_3 \tag{2-29}$$

水在水泵中被绝热压缩 3—4 过程,接收外界的功为

$$W_p = h_4 - h_3 \tag{2-30}$$

这样,我们得到朗肯循环的循环效率为

$$\eta = \frac{W_T - W_p}{q_1} = \frac{(h_1 - h_2) - (h_4 - h_3)}{h_1 - h_4} \tag{2-31}$$

2.6.2　热力学第一定律在蒸气动力系统中的应用

现在来讨论一下典型的蒸气动力系统的各个组件。典型的蒸气动力系统包括:产生热能的热源(如核能和化石燃料);将热能转变为蒸气的蒸汽发生器;将流体传送回热源的泵(在压水堆核电厂里的反应堆冷却剂泵和二回路的给水泵);用来确保主系统维持其所需压力的稳压器和必要的配管。蒸气动力系统是一个大的"封闭"系统,但该系统的每个组件要作为开放系统进行热力学分析,因为流体会从中经过。最重要的是由热源产生的能量的传输过程,这个过程发生在蒸汽发生器中,蒸汽发生器是一个巨大的两相热交换器,其结构会在第 9 章介绍。

来自热源的热流体通过蒸汽发生器的一次侧,能量传递到热交换器的二次侧,以这样的方式产生蒸气。流体在一次侧以较低温度离开蒸汽发生器,然后被泵送回热源进行"再加热"。蒸气动力系统的每个主要组件可以视为一个单独的开放系统问题。利用研究各种形式能量的热力学分析,可以用来研究特定组件的表现。

例 2-5:蒸气动力系统的部件分析。

一次侧流体以 300℃ 的温度进入某压水堆核电厂的蒸汽发生器,并以 280℃ 离开,流量为 $5.0 \times 10^7 \, \text{kg/h}$。如果流体的比定压热容为 $4.0 \, \text{kJ/kg℃}$,则热交换器传递出的热量为多少?

解:忽略重力势能和动能,换热器本身不做功,则有

$$q_m h_{in} + P_Q = q_m h_{out}$$

$$P_Q = q_m (h_{out} - h_{in}) = q_m C_p \Delta T$$

$$= 5.0 \times 10^7 \, \text{kg/h} \times (4.0 \, \text{kJ/kg℃}) \times (280℃ - 300℃)$$

得到

$$P_Q = -4.0 \times 10^9 \, \text{kJ/h} = -1.4 \times 10^9 \, \text{W}$$

负号表示热量从热交换器出来。这个例子说明热交换器的传热功率可以使用等式

$$P_Q = q_m (h_{out} - h_{in}) \tag{2-32a}$$

或

$$P_Q = q_m C_p \Delta T \tag{2-32b}$$

来计算。需要注意的是,式(2-32b)只能用于没有发生相变的情况。而式(2-32a)既可用于没有相变的情况,也可用于发生相变的热交换过程。

用来将流体返回到热源的泵也可以作为一个热力学系统进行分析。下例就说明了这样的一个例子。

例 2-6:利用泵将流体从热交换器返回到堆芯,系统压力是 15MPa,流体经过泵的流量为 1.5×10^7 kg/h,流体进入泵时为 280℃的液体(比体积是 0.001 309 6m³/kg),经过泵压力上升 6.5atm。忽略热损失,忽略势能和动能的变化,问泵对流体做的功是多少?

解:
$$q_m(h_{in} + E_{p,in} + E_{k,in}) + P_Q = q_m(h_{out} + E_{p,out} + E_{k,out}) + W$$

假设绝热,忽略重力势能和动能的变化,得到
$$q_m h_{in} = q_m h_{out} + W$$

由于
$$h_{in} = u_{in} + p_{in} v_{in}$$
$$h_{out} = u_{out} + p_{out} v_{out}$$

因为没忽略热交换,所以比内能不变;又因为水几乎不可压缩,所以从泵中出来的比体积约等于进入泵的比体积,则可得
$$(h_{in} - h_{out}) = v(p_{in} - p_{out})$$

代入数值得到
$$W = 1.5 \times 10^7 \text{kg/h} \times 0.001\ 309\ 6\text{m}^3/\text{kg} \times (-6.5\text{atm})$$
$$W = 1.5 \times 10^7 \text{kg/h} \times 0.001\ 309\ 6\text{m}^3/\text{kg} \times (-6.5 \times 1.013\ 25 \times 10^5\text{Pa})$$
$$W = -3.59\text{MW} = -2640\text{hp}$$

注意:负号表示对流体做功。其中 hp 是马力,有
$$1\text{hp} = 0.735\ 498\ 7\text{kW} \tag{2-33}$$

例 2-7:堆芯的热力学平衡。在某一核能系统中,离开堆芯的温度为 320℃,而进入堆芯的温度为 282℃。通过热源的冷却剂流量为 6.5×10^7 kg/h,流体平均 C_p 为 4.0kJ/(kg·℃),求热源被带走的热功率?

解:假设重力势能和动能相比于其他量很小,可以忽略,得到
$$P_Q = q_m(h_{out} - h_{in})$$
$$P_Q = q_m C_p(T_{out} - T_{in})$$
$$P_Q = 6.5 \times 10^7 \text{kg/h} \times 4.0\text{kJ/(kg·℃)} \times (320℃ - 282℃)$$
$$P_Q = 2744\text{MW}$$

该例中如果给定数据中有出、入口的比焓值,也可以使用比焓差来进行计算。

例 2-8:总体热力学平衡。一个核设备(一次侧)可被视为一个完整系统进行研究。热源产生的热量为 2744MW,热交换器(蒸汽发生器)带走的热量为 2749MW,问需要多大功率的泵以维持稳定的温度?

解:假设重力势能和动能相比于其他量很小,可以忽略,根据能量守恒,可得
$$q_m h_{in} + W_p + P_{Q,c} = P_{Q,SG} + q_m h_{out}$$

对于封闭系统,进入和离开系统的质量流量为 0,进入和离开系统的能量也为 0,则有
$$W_p + P_{Q,c} = P_{Q,SG}$$
$$W_p = P_{Q,SG} - P_{Q,c} = 2754 - 2749 = 5\text{MW}$$

下面再举个例子,分析一下热交换器的二次侧会有助于理解能量转换过程中热交换器的重要性。

例2-9:热交换器的二次侧换热计算。蒸气经过冷凝器的流速为 $2.0 \times 10^6 \, \mathrm{kg/h}$,进入时为 $40 \, ℃$ 的饱和蒸气($h = 2574 \, \mathrm{kJ/kg}$),并以相同压力离开,离开时为 $30 \, ℃$ 过冷液体($h = 125.8 \, \mathrm{kJ/kg}$),冷却水温度为 $18 \, ℃$($h = 75.6 \, \mathrm{kJ/kg}$),环境要求限制出口温度为 $25 \, ℃$($h = 104.9 \, \mathrm{kJ/kg}$)。确定所需的冷却水流量。

解:由热力学平衡得到,

$$P_{\mathrm{Q,SG}} = -P_{\mathrm{Q,CW}}$$

$$q_{\mathrm{m,SG}}(h_{\mathrm{out}} - h_{\mathrm{in}})_{\mathrm{stm}} = -q_{\mathrm{m,CW}}(h_{\mathrm{out}} - h_{\mathrm{in}})_{\mathrm{CW}}$$

$$\begin{aligned} q_{\mathrm{m,CW}} &= -q_{\mathrm{m,SG}}(h_{\mathrm{out}} - h_{\mathrm{in}})_{\mathrm{SG}}/(h_{\mathrm{out}} - h_{\mathrm{in}})_{\mathrm{CW}} \\ &= 2.0 \times 10^6 \, \mathrm{kg/h}(125.8 - 2574 \, \mathrm{kJ/kg})/(104.9 - 75.6 \, \mathrm{kJ/kg}) \end{aligned}$$

$$q_{\mathrm{m,CW}} = 1.67 \times 10^8 \, \mathrm{kg/h}$$

在这个例子中,我们计算使用式(2-32a),因为当蒸气冷凝为液体水时发生了相变,因此式(2-32b)不适用。

2.7　热力学第二定律

热力学第二定律用于求解热力过程的最大效率。最大效率与实际获得效率之间的比较是有意义的。

热力学第二定律的最早定义之一是 R. 克劳修斯在 1850 年做出的。他作了如下论述:进行一个热力学循环,将低温热源的热量转移到高温热源并不产生任何其他影响是不可能的。

通过热力学第二定律,对任何热力学过程的限制可被得到研究,从而计算出某一过程的最大可能效率。例如,将反应堆中获得的全部能量转换成电能是不可能的,在转换过程中必定会失去一些能量。通过计算这些能量的具体值,热力学第二定律可以被用于解释最大可行能量转换效率。因此,不管系统被设计得如何完美,热力学第二定律否定了在一个热力学循环中将全部供给系统的能量都用于做功的可能。普朗克对热力学第二定律的描述更好地陈述了这一概念:

在一个热力学循环中,使得一个热机除了举起一个物体或者冷却一个热源而不引起其他变化是不可能的。

2.7.1　熵

从热力学第二定律中我们得到了一个物质具有的称为熵(S)的物理性质。熵是以变化量的方式来定义的。熵的变化定义为可逆过程中热的转换量与系统的绝对温度的比:

$$\Delta S = \Delta Q / t_{\mathrm{K}} \tag{2-34}$$

其中,ΔS 是系统在过程中的熵变,J/K;ΔQ 是系统在过程中热量的变化值,J;t_{K} 是系统在热转换过程时的温度,K。

熵被定义用来解释热力学第二定律。熵决定了一个给定的热力学过程进行的方向。熵也可以被解释为热不能转换为功的部分。这个解释可以与热力学第二定律所表述的一个热力学循环中提供的热不能全部转换为等额的功相联系。

热力学第二定律也可以被表述为：对于一个完整的热力学循环，$\Delta S \geqslant 0$。换句话说，对于一个循环系统，熵必增或者不变，不可能减少。

熵是一个系统的性质。它是一个广延量，就像总内能或者总焓一样，可以通过计算每个特定单元的熵的总和来得到系统的熵。对于纯物质，特定的熵值可以根据特定的焓、特定体积以及其他相关热力学性质通过查表得到。

因为熵是物质的一个性质，在用图表示一个可逆过程的时候，它可以较好地用作一个坐标。在温熵图中，一个可逆过程曲线下的区域面积代表了在这个过程中热的转化量。

为帮助理解热力学第二定律，不可逆的热力学问题、过程以及循环也常被可逆过程替代进行研究。因为只有可逆过程可以用图（如焓熵图、温熵图）表示来用于分析，所以这一替代非常有效。由于实际过程和不可逆过程不能在平衡条件下连续，所以它们不能被绘于图上。我们只能知道不可逆过程的起始与最终情况。因此，也有一些热力学文献在图表上使用虚线来表示不可逆过程。

2.7.2 卡诺定理

通过尝试使用可逆过程，在 1824 年，法国工程师卡诺（Sadi Carnot）公开了一条包含以下命题的定理，使得热力学第二定律得到进一步发展。

在相同的高温热源与低温热阱之间运作的热机中，没有其他热机可以比一个可逆热机更有效率。

所有在相同的高温热源与低温热阱之间运作的可逆热机效率相同。可逆热机的效率只取决于高温热源与低温热阱的温度。

卡诺定理可以通过一个简单的循环（见图 2-15）和一个热转化为功的例子来说明。这一循环包含以下可逆过程。

1—2：通过向工质做功使其绝热压缩，温度从 T_C 变为 T_H；

2—3：在温度 T_H 下工质吸热等温膨胀；

3—4：使工质绝热膨胀对外做功，温度从 T_H 降至 T_C；

4—1：在温度 T_C 下工质放热等温压缩。

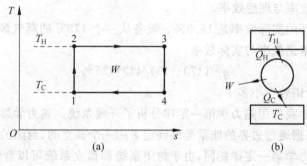

图 2-15　卡诺循环

这一循环即卡诺循环。在卡诺循环中进入的热量 Q_H 以图形的形式在图 2-15 中显示为线 2—3 以下的区域。放出的热量 Q_C 以图形的形式在图中显示为线 1—4 以下的区域。进入的热量与放出的热量之间的差值即为净功(功的总和),其在图中被表示为矩形 1—2—3—4。

循环的效率是净功与进入循环的热量的比值,

$$\eta = (Q_H - Q_C)/Q_H = (T_H - T_C)/T_H \tag{2-35}$$

其中,η 是循环效率;T_C 是低温热阱的温度,K;T_H 是高温热源的温度,K。

当 T_H 在其最大可能值且 T_C 在其最小可能值时,有最大可能效率。而所有实际系统和过程真实上都是不可逆的,上面给出的效率标志着任何给定的在两个温度下工作的系统的效率上限。系统的最大可能效率就是卡诺效率。但是因为卡诺效率只有在可逆过程下才存在,实际系统不能达到这一效率值。因此,卡诺效率被作为任一真实系统效率的不可能达到的效率上限。图 2-16 是真实循环和卡诺循环的对比。

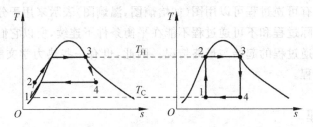

图 2-16　真实循环和卡诺循环的对比

下面再举一个例子,进一步说明上述原理。

例 2-10:卡诺效率。一个发明家声称有一热机工作于 50℃ 高温热源和 0℃ 低温热阱下,接收 100kJ 的热并产生 25kJ 的有用功。这一声明是一个合理的声明吗?

解:
$$T_H = 50K + 273K = 323K$$
$$T_C = 0K + 273K = 273K$$
$$\eta = (323 - 273)/323 = 15.5\% < 25\%$$

因此,这一声明是不合理的。

对于实际工程而言,热力学第二定律最重要的用处就是决定了从一个动力系统我们能获得的最大可能效率。实际效率总会低于这一最大值。能量的损失(例如摩擦)与系统并不真实可逆,使得我们无法获得最大效率。理想与实际效率之间的差异用下面的例子来进一步说明。

例 2-11:实际效率与理想效率。

某一蒸气机循环的实际效率是 18.0%。设备从一个 170℃ 的蒸气源吸收热量,向 15℃ 的空气放热。比较卡诺效率与实际效率。

解:
$$\eta = (170 - 15)/443 = 35\%$$

可见,实际效率比卡诺效率小多了。

在之前的章节中我们用热力学第一定律分析了开放系统。热力学第二定律在处理方式上大致相同。即,根据通过边界的能量类型确定采用一个孤立的、封闭的或者开放的系统进行分析。与采用热力学第一定律相同,由于封闭系统和孤立系统可以看作开放系统的特殊情况,因此采用热力学第二定律分析开放系统适用于更一般的情况。热力学第二定律问题的解决方法与热力学第一定律分析采用的过程十分相似。

图 2-17 举例说明了从热力学第二定律角度出发的控制体划分。在图 2-17 中,工质从进入口到流出口穿梭于控制体之间。我们假设控制体的边界是环境温度且所有的热量交换(Q)发生于此边界。我们已经注意到了熵是一个广延量,所以它可能通过工质在控制体内的进出流动被输送,就像焓和内能一样。

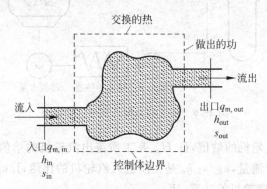

图 2-17 控制体划分

下面举一个例子来说明热力学第二定律的分析方法。

例 2-12:开放系统热力学第二定律。

某一蒸气机入口压力为 7atm,温度为 280℃时,蒸气以 3m/s 的流速进入。出口压力为 1atm,出口温度为 150℃。如果流量为 5000kg/h,则系统的熵增是多少?

解:根据水物性表得到,

$$s_{in} = 7.225 \text{kJ/kg}$$

$$s_{out} = 7.615 \text{kJ/kg}$$

$$\Delta S = 5000 \times (7.615 - 7.225) = 1950 \text{kJ/kg}$$

2.8 核电厂热力循环分析

为了分析一个完整的蒸气动力循环发电厂,首先分析组成一个循环的各个组件(见图 2-18),包括汽轮机、泵和热交换器。我们已经在已知高温热源和低温热阱温度情况下求出了系统的理想效率。

每一部件的效率可通过比较这些部件所做的真实功与理想部件在同一条件下的功的产生来进行计算。

蒸气轮机的作用是从工质(蒸气)中抽取能量并将之以旋转汽轮机轴的形式对外做功。工质通过在蒸气轮机中膨胀做功。汽轮机轴做的功又被发电机转换为电能。应用热力学第一定律,稳态条件下汽轮机能量守恒,我们发现工质的焓的下降值 $H_{in} - H_{out}$ 与工质在蒸气轮机中所做的功值 W_t 相等,即

$$H_{in} - H_{out} = W_t \tag{2-36}$$

$$q_m(h_{in} - h_{out}) = P_t \tag{2-37}$$

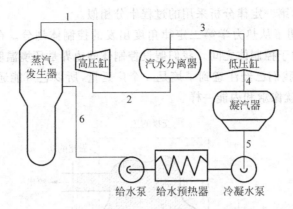

图 2-18 蒸气动力循环发电厂示意图

其中，H_{in} 是工质进入汽轮机的焓值，J；H_{out} 是工质流出汽轮机的焓值，J；W_t 是汽轮机做的功，J；q_m 是工质的质量流量，kg/s；h_{in} 是工质进入汽轮机的比焓，J/kg；h_{out} 是工质流出汽轮机的比焓，J/kg；P_t 是汽轮机的功率，W。

2.8.1 汽轮机效率

式(2-36)和式(2-37)适用于动能与势能改变以及汽轮机中工质的热损失可以忽略的情况。对于大多数实际应用，这些假设是合理的。然而，为了使用这些关系式，还需要假设理想情况下工质通过等熵膨胀可逆做功。这种汽轮机称为理想汽轮机。在理想汽轮机中，进入汽轮机的工质的熵值与流出汽轮机的工质的熵值相等。

定义一个理想汽轮机是为了提供一个分析汽轮机性能的基础。一个理想的汽轮机可以做理论上可能的最大的功。

因为叶片的摩擦，通过叶片的泄漏或者小范围的机械摩擦等原因，一个实际的汽轮机将做的功比理想的要少。汽轮机效率，被定义为实际由汽轮机所做功与理想汽轮机可以做的功的比值：

$$\eta_t = \frac{W_{t,actual}}{W_{t,ideal}} \qquad (2-38)$$

$$\eta_t = \frac{(h_{in} - h_{out})_{actual}}{(h_{in} - h_{out})_{ideal}} \qquad (2-39)$$

其中，η_t 是汽轮机的效率；$W_{t,actual}$ 是汽轮机所做的实际功，J；$W_{t,ideal}$ 是汽轮机所做的实际功，J；$(h_{in} - h_{out})_{actual}$ 是工质的实际比焓变化，J/kg；$(h_{in} - h_{out})_{ideal}$ 是工质的在理想汽轮机中的比焓变化，J/kg。

在许多情况下，汽轮机效率是被独立确定的。这使得实际功可以通过将汽轮机效率与相同条件下理想汽轮机效率直接相乘而计算得到。对于小型汽轮机，汽轮机效率为 60%～80%；对大型汽轮机，其值大致为 90%。

一个汽轮机实际与理想的性能也可通过温熵图来方便地比较。图 2-19 显示了这样的一个比较，理想情况的熵值恒定，在温熵图上用一条铅垂线表示。实际汽轮机熵值上升。熵值增加越小，汽轮机效率越接近于 100%。

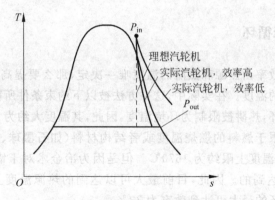

图 2-19　理想汽轮机与实际汽轮机

2.8.2　泵效率

泵的作用是通过对工质做功而推动其流动。对于一个稳流条件下的泵,根据热力学第一定律,我们可以发现工质的焓值增加值与泵对其做的功相等,即

$$H_{in} - H_{out} = W_p \tag{2-40}$$

$$q_m(h_{in} - h_{out}) = P_p \tag{2-41}$$

其中,H_{out} 是工质流出泵时的焓,J;H_{in} 是工质进入泵时的焓,J;W_p 是泵做的功,J;q_m 是工质的质量流量,kg/s;h_{out} 是工质流出泵的比焓,J/kg;h_{in} 是工质进入泵的比焓,J/kg;P_p 是泵的功率,W。

式(2-40)和式(2-41)适用于动能与势能改变以及泵中工质的热损失可以忽略时。对于大多数实际应用,这些假设是合理的。同样假设工质是不可压缩的。在理想情况下,泵所做的功与通过理想泵的工质改变的焓值相等。

与汽轮机类似,也可以定义一个理想泵。由于摩擦力以及工质湍流等不可避免的损失,实际的泵会需要比理想泵更多的输入功。

泵效率定义为一个泵若为理想泵所需要的功与实际泵所需要的功的比值。

$$\eta_p = \frac{W_{p, actual}}{W_{p, ideal}} \tag{2-42}$$

例 2-13:某一 75% 效率泵的入口比焓为 400kJ/kg,理想泵的出口比焓为 1200kJ/kg,问真实泵的出口比焓值应为多少?

解：
$$\eta_p = \frac{W_{p, actual}}{W_{p, ideal}}$$

$$W_{p, actual} = \frac{W_{p, ideal}}{\eta_p}$$

$$h_{in, actual} - h_{out, actual} = \frac{h_{in, ideal} - h_{out, ideal}}{\eta_p}$$

$$h_{out, actual} = \frac{h_{in, ideal} - h_{out, ideal}}{\eta_p} + h_{in, actual}$$

$$h_{out, actual} = (1200 - 400)/0.75 + 400 = 1467kJ/kg$$

2.8.3　理想与实际循环

既然卡诺循环的效率由热源和热阱的温度唯一决定,那么要提高循环效率就必须提高热源温度并降低热阱的温度。在实际中,这一方法被以下约束条件所限制。

对于一个真实循环,热阱被限制为环境温度,因此,其温度大约为15℃。

热源的温度也受限于燃料的燃烧温度或者结构材料(如石墨球、包壳等)的温度上限。在化石燃料的情况下,温度上限约为1670℃。但是因为冶金术对于锅炉的限制,即使这个温度目前也是不可能达到的。因此,目前最大可以达到的热源温度上限大约只有800℃。这些限制使得卡诺循环的最大可达到效率为73%。

因此,在使用理想部件的卡诺循环中,由于现实世界的限制,能够将3/4的热量转换为功。但是,正如已经说明的,这一理想效率远超出目前的任何真实系统的效率。

为什么73%的效率是不可能的呢?我们先分析卡诺循环,然后比较循环使用的真实与理想部件。我们将通过观察使用真实与理想部件的卡诺循环的温熵图来进行这个比较分析。

单位质量的工质在卡诺等温膨胀过程中工质增加的能量 q_s 由热源提供,其中的一部分 q_r 必须向环境放出,所以并不是所有的热量都可被热利用。向环境释放的热量为

$$q_r = T_0 \Delta s \tag{2-43}$$

其中 T_0 是热阱的平均温度,约为15℃。则卡诺循环可获得能(A.E.)为

$$A.E. = q_s - q_r \tag{2-44}$$

则,

$$A.E. = q_s - T_0 \Delta s \tag{2-45}$$

这与图2-20中给出的标着可利用能量的在288K(15℃)和1073K(800℃)之间的阴影部分面积相等。从图2-20中,我们可以看出,任一工作于低于1073K温度的卡诺循环效率都会更低。如果能够将材料抗高温性能提高至1073K以上,我们将可以增加系统的可利用能量。

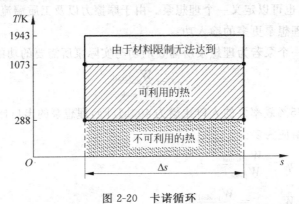

图2-20　卡诺循环

从式(2-43)中,我们可以发现为什么熵可以用来计算不可用的能量。

图2-21是典型的化石燃料发电厂热力循环图。水是工质,如果要求工作压力小于13MPa,那么要想获得1073K的温度是不可能的。事实上,水的性质和传热过程要求在一定范围的压力下对水进行加热。因为这个原因,我们加热的平均温度远远低于材料允许的

最高温度。

实际能达到的温度远远小于理想循环能到达温度的一半。典型化石能源循环的效率约 40%，而核电厂循环的效率大约为 31%。注意这些循环的效率都只有理想循环效率(73%)的一半左右。

图 2-22 显示了卡诺循环的温度-熵图。由图可以看出，有几个因素使它不可能成为真实的循环。首先，水泵很难压缩气液混合物从 1 到 2，1—2 的等熵压缩过程会导致系统的汽蚀。另外，制造气液混合物的冷凝器可能会在 1 点遇到技术问题。

早期的热力学发展主要集中在提高蒸气机的性能，如果能够构建一个尽可能接近蒸气的卡诺循环的可逆循环是极其令人兴奋的，因此，人们发现了朗肯循环。

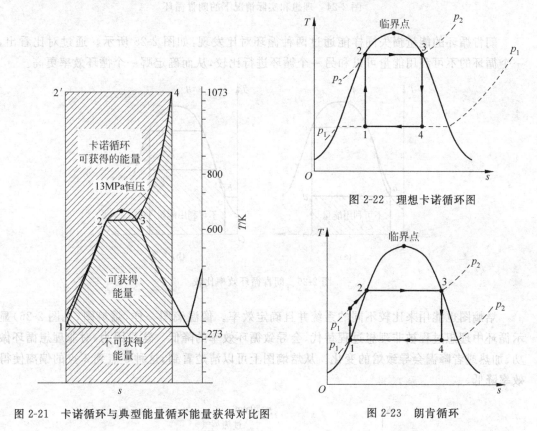

图 2-21　卡诺循环与典型能量循环能量获得对比图

图 2-22　理想卡诺循环图

图 2-23　朗肯循环

朗肯循环的特征如图 2-23 所示，它只限制 1 到液相 2 的等熵压缩过程。为了最大限度地减少工作量，需要达到操作压力并避免两相混合物。图中 1 和 2 之间的压缩过程是为了显示而故意放大了的，实际上，这时候把水从 1atm 压缩到 70atm 的时候，温度只上升大约 1℃。

在朗肯循环温熵图上，可获得的或者不可获得的能量，都在曲线上显示了。不可获得的能量越大，循环的效率就越低。

从图 2-24 的温熵图上，可以看出，汽轮机由非理想状态替代理想状态，那么循环的效率就会减小。因为非理想状态的汽轮机导致熵增加，在图中显示为温熵图中曲线面积的增大。然而，可获得能量增大的面积比不可获得能量增大的面积小。

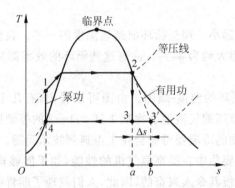

图 2-24 理想和实际情况下的朗肯循环

朗肯循环的能量损失同样能通过两种循环对比发现,如图 2-25 所示。通过对比看出,一个循环的不可利用能量可以和另一个循环进行比较,从而确定哪一个循环效率更高。

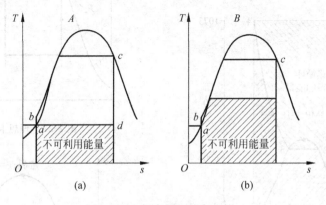

图 2-25 朗肯循环效率比较

焓熵图也能用来比较不同的系统并且确定效率。像温熵图一样,焓熵图(见图 2-26)显示循环中理想过程被非理想过程替代,会导致循环效率的降低。这是因为,对非理想循环做功、加热或者降温会导致焓的变化。从焓熵图上可以清楚看到,这种 3 点到 3′点的偏离使得效率降低。

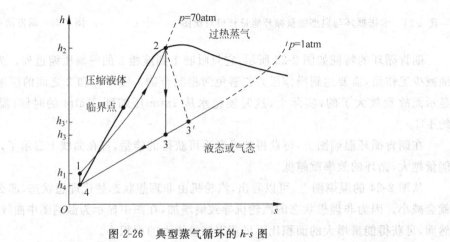

图 2-26 典型蒸气循环的 h-s 图

在图 2-18 所示的核电厂热力循环示意图中,循环的主要过程如下。

1—2:在熵不变的情形下,蒸汽发生器中的饱和蒸气在高压缸中膨胀提供输出功。

2—3:高压缸中出来的潮湿的蒸气在汽水分离再热器中得到干燥和汽水分离。

3—4:在熵不变的情况下,从汽水分离再热器中分离出来的气体在低压缸中膨胀提供输出功。

4—5:在恒压情况下,从汽轮机中出来的乏汽在冷凝器中凝结,并把热量传递到冷却水。

5—6:进水在冷凝器给水泵中被压缩,并由预热给水加热器预热。

6—1:在恒压情形下,蒸汽发生器中,工质被加热。

这个循环也能通过温熵图来呈现,如图 2-27 所示。循环中的点对应图 2-18 中的点。

必须指出,图 2-27 显示的循环是理想循环,并不代表实际过程。理想循环中的汽轮机和泵都是理想的,因此不存在熵增。真实的蒸气机和泵都会存在熵增。

图 2-28 是一个更加接近实际循环的温熵图。这幅图里面的汽轮机和泵都更接近实际情况,存在熵增。另外,在这个循环里,就像图中 5 点显示的一个下降,冷凝器中有一个明显的温降,这是由于过度冷却引起的。过度冷却是防止汽蚀所必需的,因而整个循环的效率被拉低了。因此,可以看出,冷凝器内的传热温差增大会降低循环的效率。通过控制进入冷凝器中冷却水的温度和流速,操作员能够影响整个循环的效率。

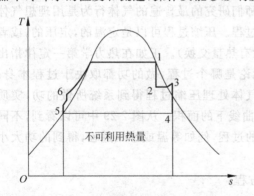

图 2-27　蒸气动力厂热力循环的 T-s 图(理想)

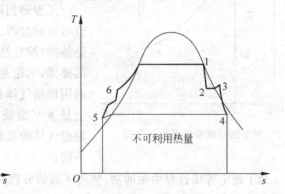

图 2-28　蒸气动力厂热力循环的 T-s 图(实际)

2.9　理想气体定律

罗伯特·玻意耳通过气体在低压情况的实验结果得出一个著名的定律:等温膨胀的气体压强与体积呈负相关:

$$p_1 V_1 = p_2 V_2 = p_3 V_3 = 常数 \tag{2-46}$$

查尔斯,同样从试验中总结出结论:在恒容情形下,气体的压力和温度呈正相关;在恒压情形下,气体的体积与温度呈正相关。

通过结合玻意耳和查尔斯的实验结论,有如下关系:

$$pV = RT \tag{2-47}$$

式中的常数 R 称为理想气体常数。一般气体的气体常数如表 2-1 所示。

表 2-1　不同气体的气体常数

气体	化学符号	摩尔质量 M/(g/mol)	气体常数 R	比 热 容		热比 k
				C_p/(kJ/(kg·℃))	C_V/(J/(kg·℃))	
空气		28.95	53.35	0.860	1.200	1.40
二氧化碳	CO_2	44.00	35.13	0.800	1.025	1.28
氢气	H_2	2.016	766.80	12.195	17.094	1.40
氮气	N_2	28.02	55.16	0.880	1.235	1.40
氧气	O_2	32.0	48.31	0.775	1.085	1.40
水蒸气	H_2O	18.016	85.81	1.799	2.299	1.28

　　某种特定的气体的气体常数可以通过普遍的气体常数除以该气体的相对分子质量获得。

　　真实气体不遵守理想气体的状态方程。当温度接近气体沸点时,压力的升高将造成液化,体积会急剧减小。在非常高的压力下,气体分子之间的作用力变得显著。然而,在压力和温度高于沸点时,大多数气体近似一致。

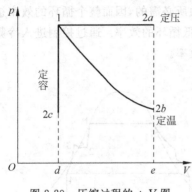

图 2-29　压缩过程的 p-V 图

　　工程师们用理想气体方程来解决气体问题,因为它易于使用,并且和实际气体的行为很相似。大多数情况下气体的物理条件符合理想气体的近似。

　　工程师们研究的最普遍的气体行为是用理想气体近似压缩过程。压缩过程可以是定温的,定压的,或者绝热的(没有热量交换)。正如在热力学第一定律指出的那样,无论是哪个过程,做的功都取决于过程本身。利用理想气体处理压缩过程得到系统所做的功,实质上是 p-V 曲线下的面积。从图 2-29 中可以看到,不同理想气体的过程,例如等温或等压过程,得到的功大小不同。

　　为了确定等压过程中做的功,使用下面的方程:

$$W_{1-2} = p\Delta V \tag{2-48}$$

定容过程的方程也不复杂,定容过程做的功是体积和压力变化的产物:

$$W_{1-2} = \Delta pV \tag{2-49}$$

练习题

　　1. 深度为 2.2m 的游泳池底面承受的绝对压力是多大?

　　2. 质量为 12 磅的水蒸气的总内能是 23 000Btu,请问比内能是多少 J/kg?

　　3. 能量有哪些形式?简述热和功的差别和相似之处。

　　4. 什么是热力平衡?

　　5. 水汽混合物的温度为 200℃,压力为 10MPa,混合物的密度为 500kg/m³,计算平衡态含汽率。

6．用 1000W 的热得快给热水瓶内的水加热，水的质量为 2.5kg，请问需要多长时间烧开？

7．压力为 5MPa、温度为 360℃的过热蒸气，等熵膨胀到 1MPa，请问比焓变化了多少？

8．压力为 2.7MPa，质量含汽率为 90％，试确定混合物的比体积、比焓和比熵。

9．进入和离开汽轮机的比焓分别为 2915kJ/kg 和 2355kJ/kg，估计蒸气的热量损失 8kJ/kg。忽略动能和势能的变化，试确定汽轮机内单位质量工质所做的功。

10．某反应堆产生的热量为 3000MW，蒸汽发生器带走的热量为 3014MW，问需要多大功率的泵以维持稳定的温度（假设泵的效率为 95％，忽略管路的热损失）？

11．某核能系统的冷却剂出口最高温度为 750℃，请问该系统的热效率的上限是多少？

12．房间里的温度计显示的温度是 35℃，湿度计显示的湿度是 75％，请问温度降到多少度水汽会开始凝结？

13．用焓熵图计算温度为 300℃，压力为 2MPa 的水蒸气的比焓。

14．若热源温度为 300℃，热阱温度为 15℃，则最大的效率是多少？

15．简述构成朗肯循环的几个过程。

16．换热器的换热功率为 2.0×10^6 W，冷却水温度为 15℃，出口水温度限制为 25℃，计算所需的冷却水流量。

第3章

传　热　学

传热学(heat transfer)是研究热量传递规律的科学,主要研究由温差引起的热能传递规律。

传热学作为学科形成于19世纪。在热对流方面,英国科学家牛顿于1701年在估算烧红铁棒的温度时,提出了被后人称为牛顿冷却定律的数学表达式,不过它并没有揭示出对流换热的机理。

对流换热的真正发展是19世纪末叶以后的事情。1904年德国物理学家普朗特的边界层理论和1915年努塞尔的无量纲分析,为从理论和实验上正确理解和定量研究对流换热奠定了基础。1929年,施密特指出了传质与传热的类同之处。

在热传导方面,法国物理学家毕奥于1804年得出的平壁导热实验结果是导热定律的最早表述。稍后,法国的傅里叶运用数理方法,更准确地把它表述为后来称为傅里叶定律的微分形式。

热辐射方面的理论比较复杂。1860年,基尔霍夫通过人造空腔模拟绝对黑体,论证了在相同温度下以黑体的辐射率为最大,并指出物体的辐射率与同温度下该物体的吸收率相等,被后人称为基尔霍夫定律。

1878年,斯特藩由实验发现辐射率与绝对温度四次方成正比的事实,1884年又为玻耳兹曼在理论上所证明,称为斯特藩-玻耳兹曼定律,俗称四次方定律。1900年,普朗克在研究空腔黑体辐射时,得出了普朗克热辐射定律。这个定律不仅描述了黑体辐射与温度、频率的关系,还论证了维恩提出的黑体能量分布的位移定律。

3.1　术语介绍

简单地回顾了历史以后,我们先来介绍一下一些传热学领域经常使用的术语。

只要有温差就会有传热,而传热的方式有三种,分别是热传导、对流和热辐射。

1. 热传导(heat conduction)

当物体各部分之间不发生相对位移,或者不同的物体直接接触时,依靠物质的分子、原子及自由电子等微观粒子的热运动而产生的热量传递称为热传导(导热)。

2. 对流(convection)

流体各部分之间发生相对位移,依靠冷热流体互相掺混和移动所引起的热量传递方式。

对流是液体或气体中较热部分和较冷部分之间通过流体流动使温度趋于均匀的过程。对流是液体和气体中热传递的特有方式,气体的对流现象比液体明显。对流可分自然对流和强迫对流两种。自然对流往往自然发生,是由于温度不均匀而引起的。强迫对流是由于外界力驱动流体强迫对流而形成的。加大流体的流动速度,能加快对流传热。

3. 热辐射(thermal radiation)

物体因自身的温度而具有向外发射能量的本领,这种热传递的方式叫做热辐射。热辐射虽然也是热传递的一种方式,但它和热传导、对流不同。它能不依靠介质把热量直接从一个系统传给另一系统。热辐射以电磁辐射的形式发出能量,温度越高,辐射越强。辐射的波长分布情况也随温度而变,如温度较低时,主要以不可见的红外光进行辐射,在 500℃ 以至更高的温度时,则会发射可见光甚至紫外光。热辐射是远距离传热的主要方式,如太阳的热量就是以热辐射的形式,经过宇宙空间再传给地球的。

4. 热流密度(heat flux)

热流密度也称热通量。热流密度一般用 q 表示,定义为:单位时间内,通过物体单位横截面面积上的热量,国际单位是 W/m^2。

5. 热流量(heat flow rate)

热流量是单位时间内流过的热量,单位是 J/s 或 W。由于和功率具有相同的量纲,有时候也称为传热功率,物理量的符号是 P_Q。

6. 热导率(thermal conductivity)

热导率又称导热系数,是指在稳定传热条件下,1m 厚的材料,两侧表面的温差为 1 度(K 或℃),在 1s 内通过 $1m^2$ 传递的热量,单位为 $W/(m \cdot K)$ 或 $W/(m \cdot ℃)$。

热导率通常只是针对只存在导热的传热形式时的情况。当存在其他形式的热传递形式时,如辐射、对流和传质等多种传热形式时的复合传热关系,该性质通常称为表观热导率、显性热导率或有效热导率。此外,热导率是针对均质材料而言的。在工程实际中,还存在多孔、多层、多结构或各向异性材料,这些材料的热导率实际上是一种综合导热性能的表现,也称为平均热导率。

热导率是材料自身的一个性质,不同物质热导率各不相同。物质的热导率还与其结构、密度、湿度、温度、压力等因素有关。同一物质的含水率低、温度较低时,热导率较小。一般来说,固体的热导率比液体的大,而液体的又要比气体的大。这种差异很大程度上是由于这两种状态分子间作用力不同所导致的。

通常把热导率较低的材料称为保温材料。我国国家标准规定,凡平均温度不高于 350℃ 时热导率不大于 $0.12W/(m \cdot K)$ 的材料称为保温材料,而把热导率在 $0.05W/(m \cdot K)$ 以下的材料称为高效保温材料。

热导率高的物质有优良的导热性能。在热流密度和厚度相同时,物质高温侧壁面与低温侧壁面间的温度差,随热导率增大而减小。比如:锅炉传热管在未结水垢时,由于钢的热导率高,钢管的内外壁温差不大。但当传热管壁结水垢时,由于水垢的热导率很小,水垢内外侧温差随水垢厚度增大而增大,从而把管壁温度迅速抬高。当水垢厚度达到相当大(1~3mm)后,会使炉管管壁温度超过允许值,造成炉管过热损坏。

通常,物质的热导率可以通过理论和实验两种方式来获得。现在工程计算上用的热导率值都是由专门试验测定出来的。理论上,从物质微观结构出发,以量子力学和统计力学为基础,通过研究物质的导热机理,建立导热的物理模型,经过复杂的数学分析和计算可以获得热导率。但由于理论方法的适用性有一定的限制,而且随着新材料的快速增多,人们迄今仍尚未找到足够精确且适用范围广的理论方程,因此对于热导率实验测试方法,仍是物质热导率数据的主要来源。

在第 8 章材料学里面,我们会详细介绍固体内部晶格的结构。根据材料学的研究,固体是由自由电子和原子组成的,原子又被约束在规则排列的晶格中。相应地,热能的传输是由两种作用实现的:自由电子的迁移和晶格的振动波。当视为准粒子现象时,晶格振动子称为声子。纯金属中,电子对导热贡献大;而在非导体中,声子的贡献起主要作用。在所有固体中,金属是最好的导热体。纯金属的热导率一般随温度升高而降低。而金属的纯度对热导率影响很大,如含碳为 1% 的普通碳钢的热导率为 45W/(m·K),添加了微量元素后的不锈钢的热导率下降到 16W/(m·K)。

液体可分成金属液体和非金属液体两类。前者热导率较高,后者较低。在非金属液体中,水的热导率最大。除去水和甘油外,绝大多数液体的热导率随温度升高而略有减小。一般来说,溶液的热导率低于纯液体的热导率。

气体的热导率随温度升高而增大。在通常的压力范围内,其热导率随压力变化很小,只有在压力大于 200MPa,或压力小于约 3kPa 时,热导率才随压力的增加而加大。故工程计算中常可忽略压力对气体热导率的影响。气体的热导率很小,故对导热不利,但对保温有利。

7. 对数平均温差

因为在冷凝器、蒸发器等一系列的换热器的计算中,通常给定的是进行换热的流体的入口和出口温度,沿着换热管程方向温度是变化的。假设 Δt_2 是沿换热管程最大的温差,Δt_1 是沿换热管程最小的温差,则通常在 $\Delta t_2/\Delta t_1 > 1.7$ 时,采用对数平均温差来计算会更加准确。而在 $\Delta t_2/\Delta t_1 < 1.7$ 时,采用平均温差 $(\Delta t_2 + \Delta t_1)/2$。

对数平均温差的定义如下:

$$\Delta t_{\ln} = \frac{\Delta t_2 - \Delta t_1}{\ln(\Delta t_2/\Delta t_1)} \tag{3-1}$$

8. 对流换热系数

对流换热系数是流体与固体表面之间的换热能力的度量,单位为 $W/(m^2 \cdot \text{℃})$。对流换热系数的数值与换热过程中流体的物理性质、换热表面的形状、部位、表面与流体之间的温差以及流体的流速等都有密切关系。物体表面附近的流体的流速越大,其表面对流换热系数也越大。如冬天人站在风速较大的环境中,由于皮肤表面的对流换热系数较大,其散热量也较大,会觉得更冷。

9. 总体换热系数

在进行换热器的传热分析的时候，为了考虑一次侧和二次侧的对流换热以及传热管的导热，通常采用一个总体换热系数，使得总的换热功率（或热流量）可以通过下式计算：

$$P_Q = U_o A_o \Delta t_o \tag{3-2}$$

其中，U_o 是总体换热系数，$W/(m^2 K)$；Δt_o 是总体平均温差或对数平均温差，K；A_o 是总体换热面积或对数平均面积，m^2。对数平均面积的定义见后面的式(3-4)。

10. 主流温度

流体的温度在靠近壁面附近是随空间位置而变化的，主流温度表示远离壁面处的流体温度。这里远离的含义是指离壁面的距离比热边界层的厚度大很多的意思。

3.2　热传导

物体或系统内的温度差，是热传导的必要条件。或者说，只有介质内或者介质之间存在温度差，才能发生传热。但温差并不是充分条件，因为存在温差的物体若被真空分割，则没有热传导。热传导除了温差之外，还需要介质。

热量从系统的一部分传到另一部分或由一个系统传到另一个系统的现象叫传热。热传导是固体中传热的主要方式，在不流动的液体或气体层中也存在热传导，在流动情况下往往与对流同时发生。热传导速率取决于物体内温度场的分布情况。

在气体中，导热是气体分子不规则热运动时相互碰撞的结果。气体温度越高，其分子运动动能越大，不同能量水平的分子相互碰撞的结果使热量从高温处传到低温处。在导电固体中，相当多的自由电子在晶格之间像气体分子那样，通过相互作用传递能量。在不导电的固体中，热量的传递是通过晶格结构的振动，即原子、分子在平衡位置附近的振动来实现的。而对于液体的导热机理目前尚未获得统一的认识：一种观点认为液体的导热原因类似于气体分子的相互碰撞，只是液体分子之间的距离较小，分子间的作用力影响大于在气体分子间的作用力对碰撞过程的影响；另一种观点认为液体的导热原因类似于非导电固体，主要依靠弹性波的作用。

因此热传导实质是由物质中大量的分子热运动互相作用，而使能量从物体的高温部分扩散至低温部分，或由高温物体传给低温物体的过程。在固体中，在温度高的部分，晶体中结点上的微粒振动动能较大。在低温部分，微粒振动动能较小。因微粒的振动互相作用，所以在晶体内部热能由动能大的部分向动能小的部分扩散。热传导的过程，其实质是能量的扩散的过程。

在导体中，因存在大量的自由电子在不停地作无规则的热运动，晶格震动传递的能量相对较小，自由电子在金属晶体中对热的传导起主要作用。所以一般的电导体也是热的良导体。在液体中热传导表现为：液体分子在温度高的区域热运动比较强，由于液体分子之间存在着相互作用，热运动的能量将逐渐向周围层层传递，引起了热传导现象。由于液体的热导率小，热传导得较慢。气体分子之间的间距比较大，气体依靠分子的无规则热运动以及分子间的碰撞,在气体内部发生能量扩散,从而形成宏观上的热量传递。

反应堆设计中必须处理堆内各种部件在稳态和瞬态工况下的热传导问题,即通过求解热传导方程,确定各部件内的温度分布,使之满足相应的安全要求。

反应堆堆芯内的导热问题有以下主要特点:

(1) 热源的特殊性,如堆芯体积释热率高及其空间分布不均匀;

(2) 堆材料热物性,如热导率在核辐射条件下的可变性;

(3) 堆内部件几何形状及其边界条件的复杂性。

因此,在解决堆内导热问题时,往往需根据具体情况和工程经验进行合理的简化,并引入一些特定的处理方法和分析模型。

3.2.1 傅里叶定律

一维情况下,傅里叶定律可以描述为

$$q = k \frac{\mathrm{d}t}{\mathrm{d}x} \tag{3-3}$$

其中,q 是热流密度,W/m^2;k 为热导率,$W/(m \cdot ℃)$。

傅里叶导热定律指出,在单位时间内通过单位面积的热量,正比于温度对空间坐标的导数。

3.2.2 平板导热

我们通过一个平板导热的例题来介绍傅里叶定律的应用。

例 3-1:假设如图 3-1 所示的某保温层厚度为 1cm,面积为 $1m^2$,左侧热源功率为 1000W,保温层材料的热导率为 $0.12W/(m \cdot ℃)$,试计算保温层两侧的温差。

解:利用傅里叶导热定律,

$$P_Q = qA = k \frac{\Delta t}{\Delta x} A = 1000W$$

所以有 $\Delta t = 1000/0.12 \times 0.01 = 83(℃)$。

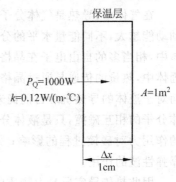

图 3-1 保温层导热问题

3.2.3 等效热阻

热阻是反映阻止热量传递的能力的综合量。在传热学的工程应用中,为了满足生产工艺的要求,有时通过减小热阻以加强传热,而有时则通过增大热阻以抑制热量的传递。

当热量在物体内部以热传导的方式传递时,遇到的阻力称为导热热阻。对于热流经过的截面面积不变的平板,导热热阻为 $\Delta x/(kA)$。其中 Δx 为平板的厚度,A 为平板垂直于热流方向的截面面积,k 为平板材料的热导率。

在对流换热过程中,固体壁面与流体之间的热阻称为对流换热热阻,$1/(hA)$。其中

h 为对流换热系数，A 为换热面积。

两个温度不同的物体相互辐射换热时的热阻称为辐射热阻。如果两个物体都是黑体，且忽略两物体间的气体对热量的吸收，则辐射热阻为 $1/(A_1 F_{1-2})$ 或 $1/(A_2 F_{2-1})$。其中 A_1 和 A_2 为两个物体相互辐射的表面积，F_{1-2} 和 F_{2-1} 为辐射角系数，在后文会详细介绍。

当热量流过两个相互接触的固体的交界面时，界面本身会对热流呈现出明显的热阻，这种热阻称为接触热阻。产生接触热阻的主要原因是，任何外表上看来接触良好的两物体，直接接触的实际面积只是交界面的一部分，其余部分都是缝隙。热量依靠缝隙内气体的热传导和热辐射进行传递，而它们的传热能力远不及一般的固体材料。接触热阻使热流流过交界面时，沿热流方向温度发生较大的变化，这是工程应用中需要尽量避免的现象。减小接触热阻的措施主要有：①增加两物体接触面的压力，使物体交界面上的突出部分互相挤压变形，从而减小缝隙，增大接触面。②在两物体交界面处涂上具有较高导热能力的胶状物体——导热脂。例如在计算机的 CPU 和散热器之间通常需要抹上一层导热硅脂。

综上所述，热阻是热量在热流路径上遇到的阻力，它反映介质或介质间的传热能力的大小。热阻越大，传热能力越小。热阻表明了 1W 热流量所引起的温升大小，单位为℃/W 或 K/W。因此用热功耗乘以热阻，即可获得该传热路径上的温升。可以用一个简单的类比来理解热阻的意义。换热量相当于电流强度，温差相当于电压，则热阻相当于电阻。

热阻的概念对于处理多层材料的时候，十分方便。下面我们举一个例子。

例 3-2：某块平板由图 3-2 所示的三种材料叠合而成，A 区是 1cm 厚的铜，B 区是 0.1cm 厚的石棉，C 区是 2cm 厚的玻璃纤维。材料的热导率分别为 400W/(m·℃)，0.08W/(m·℃)和 0.04W/(m·℃)，若两侧温差是 500℃，试计算热流密度。

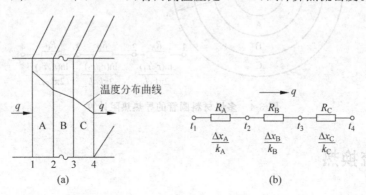

图 3-2　多层复合板的导热

解：根据热阻的定义，得到

$$q = \Delta t/(R_A + R_B + R_C) = 500/(0.01/400 + 0.001/0.08 + 0.02/0.04) = 976(\text{W/m}^2)$$

3.2.4　圆柱形导热

通常研究的圆柱形材料导热是沿着半径 r 方向的导热问题，而沿着管轴线的 z 方向，一般来说温度导数 dt/dz 很小，忽略不计。例如换热器中的传热管壁的导热。在这种情况下，由于在导热方向上，传热面积会发生变化，在使用傅里叶导热定律进行计算的时候，通常采

用对数平均面积,定义如下:

$$A_{\ln} = \frac{A_o - A_i}{\ln(A_o / A_i)} \tag{3-4}$$

则有

$$P_Q = k \frac{\Delta t}{\Delta r} A_{\ln} \tag{3-5}$$

由于 $A_o = 2\pi r_o L$, $A_i = 2\pi r_i L$,如图 3-3 所示,因此有

$$P_Q = \frac{2\pi k L \Delta t}{\ln(r_o / r_i)} \tag{3-6}$$

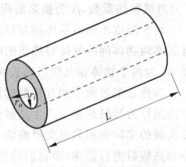

图 3-3　圆柱导热的热阻

得到圆柱形导热体的导热热阻为

$$R_{th} = \frac{\ln(r_o / r_i)}{2\pi k L} \tag{3-7}$$

多层材料圆管的导热热阻计算如图 3-4 所示。

$$P_Q = \frac{2\pi L(t_1 - t_4)}{\dfrac{\ln(r_2 / r_1)}{k_A} + \dfrac{\ln(r_3 / r_2)}{k_B} + \dfrac{\ln(r_4 / r_3)}{k_C}} \tag{3-8}$$

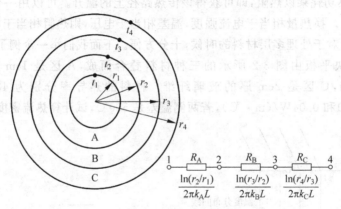

图 3-4　多层材料圆管的导热热阻计算

3.3　对流换热

对流换热是指流体与固体表面之间通过流体的对流发生的热量传输。对流换热是在流体流动进程中发生的热量传递现象,它是依靠流体质点的移动进行热量传递的,与流体的流动情况密切相关。当流体作层流流动时,在垂直于流体流动方向上的热量传递,主要以热传导(亦有较弱的自然对流)的方式进行。而流体作湍流流动时,对流是其主要的传热方式。

3.3.1　对流换热计算

对流传热的牛顿冷却公式为

$$q = h(t_w - t_b) \tag{3-9}$$

其中，t_w 是壁面温度，℃；t_b 是主流温度，℃；h 是对流传热系数，$W/(m^2 \cdot ℃)$。

对流换热系数可用根据实验数据整理的经验公式计算，例如 Dittus-Boelter 关系式。Dittus-Boelter 关系式是把加热流体和冷却流体的情况分开来整理的。在加热流体的情况下（例如堆芯内通道和蒸汽发生器的二次侧）为

$$Nu = 0.023Re^{0.8}Pr^{0.4} \tag{3-10}$$

在冷却流体的时候（例如蒸汽发生器的一次侧）为

$$Nu = 0.023Re^{0.8}Pr^{0.3} \tag{3-11}$$

其中的 Nu、Re、Pr 都是无量纲准则数，定义如下：

$$Nu \equiv \frac{hL}{k} \tag{3-12}$$

$$Re \equiv \frac{\rho VL}{\mu} \tag{3-13}$$

$$Pr \equiv \frac{\mu C_p}{k} \tag{3-14}$$

其中 k 是热导率，μ 是黏度系数，L 是定性尺寸，V 是主流平均速度，ρ 是流体密度。

这样用式(3-10)或式(3-11)，根据流动条件得到 Nu 后，就可以利用式(3-12)计算得到对流换热系数 h。

下面举个例子讲解对流换热系数的应用。

例 3-3：一根 6m 长的蒸气管道穿过一个房间，管道外直径为 45cm，管子外表面温度为 140℃，管壁和空气间的换热系数为 $80W/(m^2 \cdot ℃)$，房间内空气的温度为 25℃，计算管子对房间的加热功率。

解：$P_Q = hA\Delta t = 80 \times 2\pi \times (0.45/2) \times 6 \times (140-25) = 7.8 \times 10^4 (W)$

3.3.2 总体换热系数

对于固体换热壁面两侧流体换热的计算，可以用总体换热系数或者总体热阻来进行计算。平板型的情况的热阻如图 3-5 所示。

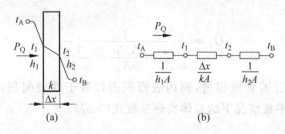

图 3-5 换热器管壁的总体换热

则

$$P_Q = \frac{t_A - t_B}{\frac{1}{h_1 A} + \frac{\Delta x}{kA} + \frac{1}{h_2 A}} \tag{3-15}$$

写成总体换热系数的形式为

$$P_Q = U_o A \Delta t_o \tag{3-16}$$

得到总体换热系数为

$$U_o = \cfrac{1}{\cfrac{1}{h_1} + \cfrac{\Delta x}{k} + \cfrac{1}{h_2}} \tag{3-17}$$

对于圆柱形,举一个例子来介绍总体换热系数的应用。如图 3-6 所示的圆管,管内是温度为 t_1 的流体,管外是温度为 t_4 的流体,管壁内壁温为 t_2,外壁温为 t_3,则 1—2 之间为对流换热,2—3 之间为导热,3—4 之间为对流换热,则有

$$P_Q = h_1 A_1 (t_1 - t_2) \tag{3-18}$$

$$P_Q = (k/\Delta r) A_{\ln} (t_2 - t_3) \tag{3-19}$$

$$P_Q = h_2 A_2 (t_3 - t_4) \tag{3-20}$$

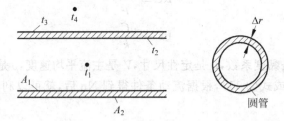

图 3-6　换热器管壁的总体换热

三式相加,可以得到

$$t_1 - t_4 = \Delta t_o = P_Q \left(\frac{1}{h_1 A_1} + \frac{\Delta r}{k A_{\ln}} + \frac{1}{h_2 A_2} \right) \tag{3-21}$$

若选取某一面积 A_o 作为参考面积,则有

$$\Delta t_o = \frac{P_Q}{A_o} \left(\frac{A_o}{h_1 A_1} + \frac{A_o \Delta r}{k A_{\ln}} + \frac{A_o}{h_2 A_2} \right) \tag{3-22}$$

若令

$$P_Q = U_o A_o \Delta t_o \tag{3-23}$$

则得到

$$U_o = \cfrac{1}{\cfrac{A_o}{h_1 A_1} + \cfrac{A_o \Delta r}{k A_{\ln}} + \cfrac{A_o}{h_2 A_2}} \tag{3-24}$$

这就是总体换热系数。若管壁很薄,则内表面积近似等于外表面积,也等于参考面积,则式(3-24)就会退化为平板情况下的总体换热系数式(3-17)。

3.4　辐射换热

3.4.1　热辐射

热辐射(thermal radiation)是物体由于具有温度而辐射电磁波的现象。热辐射是热量

传递的三种方式之一,前面加上"热"是为了和其他辐射(例如电离辐射、电磁辐射)加以区别。人们用壁炉烧火取暖,就是热辐射的一个典型的例子。

一切温度高于绝对零度的物体都能产生热辐射,温度越高,辐射出的总能量就越大,短波成分也越多。热辐射的光谱是连续谱,波长覆盖范围理论上可从 0 直至 ∞,一般的热辐射主要靠波长较长的可见光和红外线传播。由于电磁波的传播无须任何介质,所以热辐射是唯一可以在真空中进行的传热方式。

当温度为 300℃ 时热辐射中最强的波长在红外区。当物体的温度在 500～800℃ 时,热辐射中最强的波长成分在可见光区。物体在向外辐射的同时,还吸收从其他物体辐射来的能量。物体辐射或吸收的能量与它的温度、表面积、黑度等因素有关。

热辐射有以下几个主要的特点:

(1) 任何物体,只要温度高于 0K,就会不停地向周围空间发出热辐射;

(2) 可以在真空和空气中传播;

(3) 伴随能量形式的转变;

(4) 具有强烈的方向性;

(5) 辐射能与温度和波长均有关;

(6) 发射辐射取决于温度的 4 次方。

3.4.2　黑体辐射

任何物体都具有不断辐射、吸收、发射电磁波的本领。辐射出去的电磁波在各个波段是不同的,也就是具有一定的谱分布。这种谱分布与物体本身的特性及其温度有关,因而称为热辐射。为了研究不依赖于物质具体物性的热辐射规律,物理学家们定义了一种理想物体——黑体(black body),以此作为热辐射研究的标准物体。

什么是黑体? 在任何条件下,对任何波长的外来辐射完全吸收而无任何反射的物体,即吸收比为 1 的物体,称为黑体。在黑体辐射中,随着温度不同,光的颜色各不相同,黑体呈现由红—橙红—黄—黄白—白—蓝白的渐变过程。

基尔霍夫(Kirchhoff)辐射定律:在热平衡状态的物体所辐射的能量与吸收率之比与物体本身物性无关,只与波长和温度有关。按照基尔霍夫辐射定律,在一定温度下,黑体必然是辐射本领最大的物体,可叫做完全辐射体。

黑体辐射是指由辐射体释放出来的辐射,在特定温度及特定波长释放最大量的辐射。同时,黑体是可以吸收所有入射辐射的物体,不会反射任何辐射。但黑体未必是黑色的,例如太阳为气体星球,可以认为射向太阳的电磁辐射很难被反射回来,所以认为太阳是一个黑体。理论上黑体会辐射所有波长的电磁波。若要描述黑体电磁辐射能流密度的峰值波长与自身温度的关系,需要用到维恩位移定律,我们这里就不作介绍了。

计算黑体辐射的热流密度可用以下公式:

$$q = \sigma T^4 \tag{3-25}$$

其中,σ 为斯特藩-玻耳兹曼常数,等于 $5.67 \times 10^{-8} \mathrm{W/(m^2 \cdot K^4)}$。

两个黑体之间辐射的热流密度为

$$q = \sigma(T_1^4 - T_2^4) \tag{3-26}$$

但现实世界不存在这种理想的黑体,那么用什么来刻画这种差异呢? 对任意波长,定义一个称为发射率的参数,为该波长的一个微小波长间隔内,真实物体的辐射能量与同温下的黑体的辐射能量之比。显然发射率为介于 0 与 1 之间的正数,一般发射率依赖于物质特性、环境因素及观测条件。如果发射率与波长无关,那么可把物体叫做灰体(grey body),否则叫选择性辐射体。

对于灰体的热辐射热流密度,可以按下式计算:

$$q = \varepsilon \sigma T^4 \tag{3-27}$$

其中的 ε 为发射率。

3.4.3　辐射角系数

辐射角系数是一个表面发射出的辐射能中落到另一表面的百分数,是反映相互辐射的

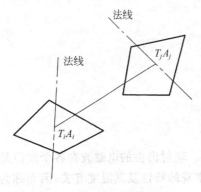

图 3-7　辐射角系数示意图

不同物体之间几何形状与位置关系的系数。任意两个面积各为 A_i 和 A_j 的表面(见图 3-7)的角系数是一个纯几何因子,与两个表面的温度及发射率没有关系。

两个表面温度分别为 T_i 和 T_j。当空间介质对辐射能量透明时,由表面 A_i 所辐射的能量有一部分可以到达另一个表面 A_j,其余能量则落到表面 A_j 以外的空间。由表面 A_i 发射的辐射能落到表面 A_j 上的百分数称为表面 A_i 对于表面 A_j 的辐射角系数 F_{Ai-Aj},而由表面 A_j 发射的辐射能落到表面 A_i 上的百分数则被称为表面 A_j 对于表面 A_i 的辐射角系数 F_{Aj-Ai}。一般来说 F_{Ai-Aj} 不等于 F_{Aj-Ai}。

3.5　换热器

换热器(heat exchanger),是将热流体的部分热量传递给冷流体的设备,又称热交换器。换热器在化工、石油、动力、食品及其他许多工业生产中占有重要地位。在核能工程中,换热器可作为加热器、冷却器、冷凝器、蒸汽发生器、再沸器等,应用十分广泛。

换热器是一种在不同温度的两种或两种以上流体间实现热量传递的设备。换热器使热量由温度较高的流体传递给温度较低的流体,使流体温度达到流程规定的指标,以满足过程工艺条件的需要。

按换热器的结构可分为:浮头式换热器、固定管板式换热器、U 形管板换热器、板式换热器、管壳式换热器等。图 3-8 是典型的管壳式换热器的示意图。

换热器的流程可以分为平行流和相对流,如图 3-9 所示。这两种类型的换热器的温度分布如图 3-10 和图 3-11 所示。平行流换热器的优点是换热器一、二次侧的出口的温度最接近。而相对流动式换热器的优点是一二次侧的温差比较均匀,既有利于降低热应力,换热分布也比较均匀,而且冷侧出口的温度可以达到比较高。

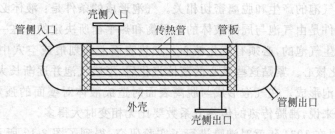

图 3-8 典型的管壳式换热器

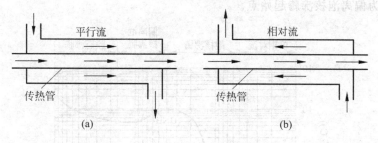

图 3-9 换热器流程设计

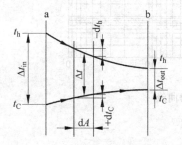

图 3-10 平行流换热器的温度分布

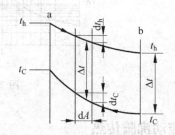

图 3-11 相对流换热器的温度分布

换热器的计算一般采用对数平均温差来进行，下面用一个例子来进行说明。

例 3-4：换热器设计计算。某一相对流动换热器，用于把 50℃ 的水加热到 120℃，如果热源的温度是 250℃，热侧离开的温度是 200℃，试计算对数平均温差。

解：

$$\Delta t_{ln} = (\Delta t_2 - \Delta t_1)/\ln(\Delta t_2/\Delta t_1) = 60℃$$

3.6 沸腾传热

沸腾是指液体受热超过其饱和温度时，在液体内部和表面发生汽化的现象。沸腾传热是指热量从壁面传给液体，使液体沸腾汽化的对流传热过程。

按液体所处的空间分类，沸腾可以分为：①池内沸腾，又称大容器内沸腾。液体处于受热面一侧的较大空间中，依靠气泡的扰动和自然对流而流动，如夹套加热釜中液体的沸腾。②管内沸腾，液体以一定流速流经加热管时所发生的沸腾现象。这时所生成的气泡不能自由上浮，而是与液体混在一起，形成管内汽液两相流，如蒸汽发生器加热管外二次侧的沸腾。

沸腾传热与气泡的产生和脱离密切相关。气泡形成的条件是：液体必须过热并要有汽化核心。这些条件是由气泡与周围液体的力平衡和热平衡所决定的。在一个绝对光滑的平面上是不可能产生气泡的，必须有汽化核心。加热表面上的划痕或空穴中含有的气体或蒸气，都可作为汽化核心。紧贴这些核心的液体汽化后，形成气泡并逐渐长大，然后脱离表面，接着又有新的气泡形成。在气泡形成与脱离表面时造成液体对壁面的强烈冲击和扰动，所以对同一种液体来说，沸腾传热的传热分系数要比无相变时大得多。

Nukiyama 早在 1934 年就对沸腾进行了实验研究，得到了图 3-12 所示的沸腾曲线，其中纵坐标是热流密度，横坐标是壁温与饱和温度的温差，图中纵坐标和横坐标均采用对数坐标。DNB 点为偏离泡核沸腾起始点。

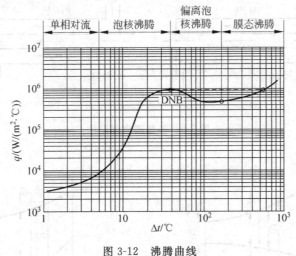

图 3-12　沸腾曲线

3.6.1　流动沸腾传热

流动沸腾与池式沸腾的区别在于，流体是在流动过程中被加热的。流体的流动可以是自然循环，也可以是靠泵驱动的强迫循环。下面以管内流动为例来对流动沸腾进行说明。图 3-13 表示的是一垂直放置的均匀加热通道，欠热液体从底部进入管内向上流动，图中示出了所遇到的流型和相应的传热分区，在图的左侧给出了壁面温度和流体温度沿高度的变化情况。

单相液对流区（A 区）：流体刚进入通道的时候，是单相对流区，此区内液体被加热温度升高，流体温度低于饱和温度，壁温也低于产生气泡所必需的温度。

欠热沸腾区（B 区）：欠热沸腾的特征是，在加热面上水蒸气泡是在那些利于生成气泡的点上形成的，这些气泡在脱离壁面后，通常认为它们在欠热的液芯内被凝结。

泡核沸腾区（C，D 区）：泡核沸腾区的特征是流体的主流温度达到饱和温度，产生的水蒸气泡不再消失。其中 C 和 D 区的流型是不相同的，但它们的传热分区是相同的。

液膜强迫对流区（E，F 区）：这一区的特征是壁面形成液膜，通过液膜的强迫对流把从壁面来的能量传到液膜和主流蒸气的交界面上，在两相交界面上发生蒸发。

缺液区（G 区）：在流动质量含汽率达到一定值以后，液膜完全被蒸发，以至烧干，F 区和 G 区的分界点就是烧干点。一般把环状流动时的液膜中断或烧干称为沸腾临界（CHF），有时将这种沸腾临界称为烧干沸腾临界。从烧干点开始到全部变成单相汽的区段称为缺液区。在烧干点，壁面温度跳跃性地升高。

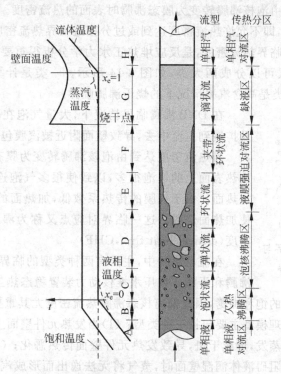

图 3-13　管内流动沸腾传热分区示意图

单相汽对流区（H 区）：该区的特征是，流体是单相过热蒸气，流体温度脱离饱和温度的限制，开始迅速增大，壁面温度也相应增大。

在图 3-13 中的欠热沸腾区和泡核沸腾区的分界点是依赖于分析模型的。若按照平衡态模型，则分界点为平衡态含汽率等于零的点，即 B 和 C 的分界点。若按照非平衡态模型，则会略微靠后一点。图中示意的是非平衡态模型。

在加热面上发生的沸腾可分为泡核沸腾和膜态沸腾两种。在发生沸腾时，蒸气泡在加热面上的所谓汽化核心处生成，并随着吸收热量的过程而逐渐长大，到一定尺寸后，在浮升力和流体冲击力的作用下，脱离加热面进入冷却剂主流。若主流流体温度低于饱和温度，则气泡在两相流中将因冷凝而缩小乃至消失。这种情况称为欠热沸腾。若主流流体温度已达饱和温度，则气泡将与主流体及其中的其他气泡汇合、撞击；同时，在热量和质量交换过程中破裂或长大，并与液相流共同形成两相流动。这种沸腾称作饱和沸腾。不论是欠热沸腾还是饱和沸腾，这种由分散独立的汽化核心和气泡组成的沸腾系统称为泡核沸腾。

当加热面上气泡生成的密度很大，以致汇集成片，形成汽膜。这种汽膜将液相冷却剂与加热面成片地隔离开时，这种沸腾称作膜态沸腾。

不论是欠热沸腾还是饱和沸腾，都可能出现泡核沸腾或膜态沸腾。

3.6.2　临界热流密度

临界热流密度是由泡核沸腾转变为膜态沸腾时表面的热流密度。它是反应堆热工水力设计中的一个限制量,即不允许热流密度达到或过分接近临界热流密度,以防发生燃料元件的过热或烧毁。计算临界热流密度,是反应堆热工水力学分析很重要的一个任务。计算临界热流密度的关系式可以分成两大类,如图 3-14 所示。一类是计算低含汽率情况下的DNB 沸腾临界,另一类是高含汽率情况下的烧干沸腾临界。

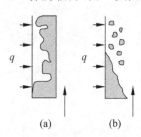

图 3-14　DNB 沸腾临界与
烧干沸腾临界

在 DNB 沸腾临界情况下,大量气泡在壁面附近产生后来不及扩展到主流中去,导致壁面附近被汽膜包围形成沸腾临界。

当热流密度达到由泡核沸腾转变为膜态沸腾所对应的值时,加热表面上的气泡很多,以致使很多气泡连成一片,覆盖了部分加热面。由于气膜的传热系数低,加热面的温度会很快升高,而使加热面烧毁。这一临界对应点又称为沸腾临界点或临界热流密度(critical heat flux,CHF)。

在流动沸腾中,主要有两种类型的临界热流密度:偏离核态沸腾和干涸。在压水堆核动力装置稳态热工设计中,通常只遇到过冷沸腾和低含汽量的饱和沸腾,因此偏离核态沸腾热流密度尤其重要。

偏离核态沸腾机理模型主要包括三种类型:(1)当发热元件壁面上形成一大蒸气泡时,其底部薄层液膜不断蒸发,形成干斑,导致发热元件壁面传热恶化;(2)当发热元件壁面上的气泡层增厚到足以阻碍液体润湿壁面时,蒸气将无法逸出而形成汽壳,堵塞了液体流道,导致发热元件壁面发生过热;(3)在高热流密度下,汽块与发热元件壁面之间的液膜蒸发速度大于液体润湿壁面速度时,导致发热元件壁面异常过热而干涸。由于临界热流密度机理及其现象太复杂,通常采用试验研究的方法,得到临界热流密度关系式。根据临界热流密度试验目的及其内容,按相似准则要求设计试验段,研究系统压力、质量流速、临界点含汽量、结构参数等因素对临界热流密度的影响。

在临界热流密度试验过程中,临界判断一般采用加热元件壁温判断,其判据有两条:一是加热元件壁温跃升速率达到或超过某一设定值;二是加热元件壁温达到或超过最高温度限值。临界热流密度试验数据分析要求给出 95% 的置信度上,至少 95% 的概率不发生临界沸腾的临界热流密度。

对均匀加热试验段,一般采用局部平均参数法处理临界热流密度试验数据;对非均匀加热试验段,一般采用子通道分析法处理临界热流密度试验数据。在核动力装置安全评审中,临界热流密度是重要的限制性热工水力参数,它的大小直接影响核动力装置的安全性和经济性。通过优化燃料组件结构,提高临界热流密度,使反应堆系统产生更大的热功率,从而在保证核动力装置工程设计安全可靠的基础上,提高经济性。

影响临界热流密度的主要因素有冷却剂流速、压力和含汽量等。通常液流中含汽量越大、流速越低,则临界热流密度越小。而压力的影响比较复杂,低压情况下,临界热流密度随压力的增加而增大;高压情况下,则随压力的增加而减小。

计算 DNB 临界热流密度的公式通常是根据大量的实验数据拟合得到的。压水堆早期

采用美国西屋公司 Tong 等人提出的 W-3 公式。对于均匀加热情况下的 W-3 公式为

$$q_{\text{DNB,eu}} = f(p,\chi_e,G,D_h,h_{in}) = \xi(p,\chi_e)\zeta(G,\chi_e)\psi(D_h,h_{in}) \tag{3-28}$$

上式中

$$\xi(p,\chi_e) = (2.022 - 0.062\,38p) + (0.1722 - 0.001\,427p)$$
$$\times \exp[(18.177 - 0.5987p)\chi_e]$$

$$\zeta(G,\chi_e) = [(0.1484 - 1.596\chi_e + 0.1729\chi_e \mid \chi_e \mid) \times 2.326G + 3271]$$
$$\times (1.157 - 0.869\chi_e)$$

$$\psi(D_h,h_{in}) = [0.2664 + 0.8357\exp(-124.1D_h)]$$
$$\times [0.8258 + 0.000\,341\,3(h_f - h_{in})]$$

其中,q 是热流密度,kW/m^2;p 是压力,MPa;G 是质量流密度,$\text{kg/(m}^2 \cdot \text{s)}$;$h$ 是比焓,kJ/kg;D_h 是热力直径,m;χ_e 是计算点处的平衡态含汽率。由于 W-3 公式是经验公式,计算时各个物理量必须用指定的单位进行计算。W-3 公式的适用范围如下:

$$p = (6.895 \sim 16.55)\text{MPa}$$
$$G = (1.36 \sim 6.815) \times 10^3 \text{kg/(m}^2 \cdot \text{s)}$$
$$L = (0.254 \sim 3.668)\text{m}$$
$$\chi_e = -0.15 \sim 0.15$$
$$D_h = (0.0051 \sim 0.0178)\text{m}$$
$$h_{in} \geqslant 930.4\text{kJ/kg}$$

应该指出的是,在 W-3 公式中,平衡态含汽率 χ_e 是计算点处的值,而不是通道入口的值。因为 χ_e 是随着高度而变化的,根据给定的轴向功率分布 $q(z)$,需要先计算得到 $\chi_e(z)$,从而可计算得到轴向每一点处的临界热流密度。对于非均匀加热、存在定位格架、冷壁的情况下还需要进行相应的修正。

采用上述修正后,计算得到的值和实验测得的值之间还是有差别的,如图 3-15 所示。图中横坐标是实验值的相对值,纵坐标是计算值的相对值。如果实验值和计算值没有误差,则相应的点落在 45°对角线上。对大量的实验值和计算值进行统计发现,95% 的计算值的相对误差在 ±23% 之内,因此由 W-3 公式计算得到的值与实验测得的下限值比为 $1/(1-0.23)=1.3$。

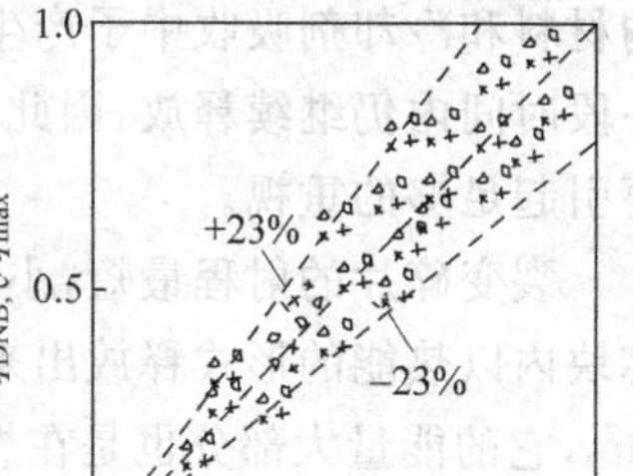

在热工设计中,为了保证反应堆的安全,在水堆的设计中,总是要求燃料元件表面的最大热流量小于临界热流量。为了定量地表达这个安全要求,引入了 DNBR,即

$$\text{DNBR} = \frac{q_{\text{DNB}}}{q(z)} \tag{3-29}$$

图 3-15　W-3 公式的计算值和实验值的比较

DNBR 值是随着冷却剂通道轴向位置 z 而变化的,其最小值称为 MDNBR。如果临界热流量的计算公式没有误差,则当 MDNBR=1 时,表示燃料元件发生 DNB。因此 MDNBR 通常是水堆的一个设计准则。对于稳态工况和预计的事故工况,都要分别定出 MDNBR 的

值,其具体值和所选用的计算公式有关。例如选 W-3 公式,压水堆稳态额定工况时一般可取 MDNBR=1.8~2.2,而对预计的常见事故工况,则要求 MDNBR>1.3。

3.7 热源与衰变热

核燃料裂变时会释放出巨大的能量。虽然不同核燃料元素的裂变能有所不同,但一般认为每一个 ^{235}U,^{233}U 或 ^{239}Pu 的原子核,裂变时大约要释放出 200MeV 的可被利用的能量。这些能量粗分起来,可以分为三类,每一类都有各自的特征,如表 3-1 所示。

表 3-1 裂变能的分布

类　　型	来　　源	能量/MeV	射　　程	释　热　地　点
裂变瞬发	裂变碎片动能	167	极短,<0.025mm	在燃料元件内
	裂变中子动能	5	中	大部分在慢化剂内
	瞬发 γ 射线能量	5	长	堆内各处
裂变缓发	裂变产物衰变 β 射线	7	短,<10mm	大部分在燃料元件内,小部分在慢化剂内
	裂变产物衰变 γ 射线	6	长	堆内各处
过剩中子引起(n,γ)反应	过剩中子引起的非裂变反应加上(n,γ)反应产物的 β 衰变和 γ 衰变	约 10	有短有长	堆内各处
总　　计		约 200		

第一类是在裂变的瞬间释放出来的,包括裂变碎片动能、裂变中子动能和瞬发 γ 射线。从表 3-1 中数据我们可以看到,绝大部分的能量集中在裂变碎片动能。第二类是裂变后发生的各种过程释放出的能量,主要是裂变产物的衰变产生的。第三类是活性区内的燃料、结构材料和冷却剂吸收中子产生的(n,γ)反应而放出的能量。其中第二类能量在停堆后很长一段时间内仍继续释放,因此必须考虑停堆后对燃料元件进行长期的冷却,对乏燃料发热也要引起足够的重视。

裂变碎片的射程最短,小于 0.025mm。因此可以认为裂变碎片动能基本上都是在燃料芯块内以热能的形式释放出来的。裂变产物的 β 射线的射程也很短,在铀芯块内也就几个 mm,它的能量大部分也是在燃料芯块内释放出来的。因此,裂变能的绝大部分(工程上通常取 97.4%)在燃料元件内转换为热能,少量在慢化剂内释放。

3.7.1 堆芯的总热功率

堆芯的总热功率可按下式计算,

$$P_t = 1.6021 \times 10^{-13} E_f N_{235} \sigma_f \bar{\varphi} V_c \tag{3-30}$$

其中,P_t 是反应堆总热功率,W;V_c 是反应堆核燃料总体积,m^3;σ_f 是微观截面,cm^2;$\bar{\varphi}$ 是平均中子注量率(或中子通量密度),$n/(cm^2 \cdot s)$;N_{235} 为 UO_2 中 ^{235}U 的核子数密度,$1/m^3$;E_f 是每次裂变释放的能量,MeV。$1MeV = 1.6021 \times 10^{-13} J$。

也可以通过冷却剂的条件计算反应堆的热功率如下：

$$P_{\mathrm{t}} = q_{\mathrm{m}}(h_{\mathrm{out}} - h_{\mathrm{in}}) \tag{3-31}$$

其中，P_{t} 是反应堆总热功率，W；q_{m} 是一回路的质量流量，kg/s；h_{out} 是堆芯出口处流体的比焓，J/kg；h_{in} 是堆芯入口处流体的比焓，J/kg。

3.7.2　功率展平

因为反应堆的功率输出是由传热能力来决定的，因此局部的功率峰值会限制整个反应堆的输出功率。为了尽可能提高反应堆的总输出功率，就需要进行功率展平。

所谓的功率展平，就是要让堆芯内最大的体积释热率与平均体积释热率的比值尽可能小，以提高全堆的功率输出水平。功率展平的主要措施有：燃料元件分区布置，合理设计和布置控制棒（例如采用束棒及部分长度控制棒），堆芯内可燃毒物的合理布置，采用化学补偿溶液以及堆芯周围设置反射层等。

不同富集度的燃料分区布置对功率分布影响很大，如图 3-16 所示。压水堆通常把燃料元件以适当的栅距排列成为栅阵，并且用不同富集度的燃料元件分区布置。通常把富集度低的燃料放在中心区域，富集度高的燃料放在外围。

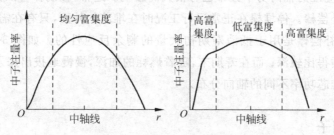

图 3-16　燃料富集度分区布置

反射层能够把有可能泄漏出去的中子反射回来，因此可以提高周围区域的中子注量率，如图 3-17 所示。

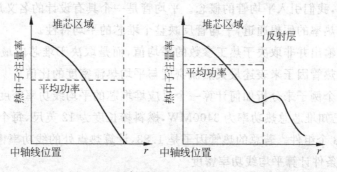

图 3-17　反射层对径向功率分布的影响

良好的慢化剂通常也是良好的反射层材料，例如水、重水、铍、锆、石墨等都是经常被采用的反射层材料。在快堆中的反射层材料通常不用慢化性能好的材料，因为希望反射回来的还是快中子。

控制棒的布置对功率分布影响也很明显。几乎所有的反应堆都有控制棒,它对堆芯功率分布的影响由图 3-18 和图 3-19 所示。图 3-18 中的虚线是没有控制棒情况下的径向功率分布;图中实线所示是在堆中插入控制棒后的径向功率分布。由于控制棒是热中子的强吸收材料,在控制棒附近使得中子通量密度下降很多,因此把控制棒布置在反应堆的合适位置,可以得到比较理想的功率分布。

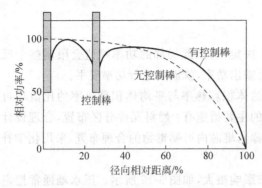

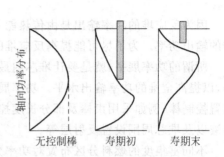

图 3-18　控制棒对径向功率分布的影响　　图 3-19　补偿棒对轴向功率分布的影响

控制棒对反应堆的轴向功率分布也有很大的影响。通常,控制棒可以分为三大类,即停堆棒、调节棒和补偿棒。停堆棒在正常运行工况时在堆芯的外面,只有在需要停堆的时候才迅速插入堆芯。补偿棒是用于抵消寿期初大量的剩余反应性的。如图 3-19 所示,在寿期初,补偿棒往往插得比较深;而在寿期末,随着燃耗的加深,慢慢地拔出来了。这样,在不同的寿期,产生了堆芯功率不同的轴向分布。

3.7.3　热管因子

压水堆、沸水堆和重水堆的堆芯通常是由燃料组件排列而成的。因此堆芯内必然存在着某一积分功率输出最大的燃料元件冷却剂通道,我们就把这个通道称为热管。

相应于热管,我们引入平均管的概念。平均管是一个具有设计的名义尺寸、平均的冷却剂流量和平均释热率的假想通道,平均管反映整个堆芯的平均特性。

堆芯功率的输出并非取决于热工参数的平均值,而是取决于堆芯内最恶劣的局部热工参数值。通常用热管因子来表述最大热流密度与平均热流密度的比值。

我们先用一个例子来分析如何计算一个反应堆堆芯的平均线功率密度。

例 3-5:若已知堆芯总热功率为 3400MW,燃料棒长度为 12 英尺,每个组件有 264 根燃料棒,一共有 193 个组件。若总的热管因子是 1.83,计算热点处的线功率密度。

解:先根据条件计算平均线功率密度

$$\bar{q_l} = \frac{3400 \times 10^6}{12 \times 0.3048 \times 264 \times 193} = 18.24 \text{kW/m}$$

则热点处的线功率密度为

$$q_{l,\max} = 18.24 \times 1.83 = 33.38 \text{kW/m}$$

压水堆大致的热管因子如表 3-2 所示。

表 3-2   压水反应堆设计中的热通道因子

项　　目	符号	20 世纪 60 年代	20 世纪 70 年代	20 世纪 90 年代
核热流密度因子	F_q^N	3.11	2.59	
工程热流密度因子	F_q^E	1.04	1.03	
热流密度因子	F_q	3.24	2.67	2.35
核焓升因子	$F_{\Delta H}^N$	1.73	1.545	
工程焓升因子	$F_{\Delta H}^E$	1.22	1.075	
焓升因子	$F_{\Delta H}$	2.11	1.67	1.55

3.7.4　停堆后反应堆的功率

堆芯剩余释热(residual heat)是反应堆停堆后堆芯内的释热。它由两部分组成,一是剩余裂变发热,另一部分是衰变热。衰变热又由两部分组成,包括裂变产物和中子俘获反应产物的放射性衰变热。停堆后反应堆内相应于剩余释热的功率称为剩余功率。

停堆后,剩余中子继续引起裂变,从而导致反应堆继续发热。剩余中子包括瞬发中子和缓发中子。瞬发中子贡献部分通常随时间衰减得非常快,而缓发中子持续的时间稍微长一点。剩余功率的计算可以分为两种情况,一种是假设停堆前运行了无限长时间(保守计算),另一种是停堆前只运行了有限长时间。

对于以恒定功率运行了很长时间的轻水反应堆,如果停堆时引入的负反应性足够大,在衰变热起重要作用的期间内,用 ^{235}U 作燃料的反应堆,可以式(3-32)近似估算相对功率随时间的变化,

$$\frac{P(t)}{P_0} = 0.15e^{-0.1t} \tag{3-32}$$

其中,t 是停堆后的时间,s;P_0 是停堆之前的功率,W;$P(t)$ 是停堆之后 t 时刻的剩余功率,W。对于以 ^{239}Pu 作燃料的反应堆,其剩余裂变功率大约只有用 ^{235}U 作燃料的反应堆的 1/3。对于重水反应堆,上式中的 0.1 应改为 0.06,即

$$\frac{P(t)}{P_0} = 0.15e^{-0.06t} \tag{3-33}$$

若反应堆停堆前没有运行很长时间,可以把衰变热的两个部分分开来进行估算。裂变产物的放射性衰变热可用式(3-34)估算(适用于轻水堆)。

$$\frac{P(t)}{P_0} = 0.005Ae^{-0.06t}\left[t^{-a} - (t + t')^{-a}\right] \tag{3-34}$$

式中,P 是停堆后 $t(s)$ 时的裂变产物衰变热功率;P_0 是停堆前连续运行 $t'(s)$ 的功率;A、a 是系数如表 3-3 所示,根据 t 的值按表选取。

表 3-3   裂变产物衰变热公式中系数 A 和 a

时间范围/s	A	a	最大正偏差	最大负偏差
$10^{-1} \leqslant t < 10^1$	12.05	0.0639	4%(1s)	3%(1s)
$10^1 \leqslant t \leqslant 1.5 \times 10^2$	15.31	0.1807	3%(150s)	1%(30s)
$1.5 \times 10^2 < t < 4 \times 10^6$	26.02	0.2834	5%(150s)	5%(3×10^3s)
$4 \times 10^6 \leqslant t \leqslant 2 \times 10^8$	53.18	0.3350	8%(4×10^7s)	9%(2×10^8s)

中子俘获反应产物的衰变热可以用式(3-35)估算。

$$\frac{P(t)}{P_0} = 1.63 \times 10^{-3} e^{-4.91 \times 10^{-4} t} + 1.60 \times 10^{-3} e^{-3.41 \times 10^{-6} t} \tag{3-35}$$

与裂变产物衰变热相比,中子俘获反应产物的衰变热比较小,但衰减得比较慢。

在进行初步设计的时候,停堆后反应堆功率的变化还可用 Glasstone 关系式计算,为

$$\frac{P(t)}{P_0} = 0.1\{(t+10)^{-0.2} - (t+t_0+10)^{0.2}$$
$$+ 0.87(t+t_0+2 \times 10^7)^{-0.2} - 0.87(t+2 \times 10^7)^{-0.2}\} \tag{3-36}$$

其中,t_0 是停堆前反应堆运行的时间,t 是停堆后时间,单位均为 s。该关系式适用于任意堆型,对停堆前运行的时间没有约束。

练习题

1. 一根 3m 长的管子,内直径是 15cm,外直径是 18cm,外表面温度为 250℃,内表面温度为 260℃,管壁材料为碳钢,试计算该段管子的热损失。

2. 一根管子,内直径是 15cm,外直径是 18cm,内表面温度为 280℃,管外空气的温度为 25℃,管壁外表面的对流换热系数为 100W/(m²·℃),管壁材料为碳钢,试计算管子外表面的温度。

3. 假设地板面积为 4m×6m,房间高度 3m,地板温度为 40℃,天花板温度为 -2℃,假设是黑体辐射。计算地板和天花板之间的辐射换热功率。

4. 逆流式液-液换热器,冷侧流体温度从 120℃加热到 310℃,热侧流体入口 500℃,出口 400℃,计算对数平均温差。

5. 已知某换热器的换热管的对数平均温差为 23.2℃,传热管外直径 2cm、壁厚 3mm,内侧的对流传热系数为 9000W/(m²·℃),管壁的热导率为 20W/(m·℃),外侧对流换热系数为 6000W/(m²·℃),试计算传热管的线功率(单位长度管子的换热功率)。

6. 什么是临界热流密度?

7. 核反应堆为什么要进行功率展平?功率展平都有哪些方式?

8. 日本福岛核电厂事故发生于 2011 年 3 月 12 日,估算现在事故堆芯还在释放的热功率。

9. 已知热交换器沿管程最大的温差为 25℃,对数平均温差为 16℃,计算沿换热管程的最小温差。

10. 已知某换热器的换热功率为 100MW,总体换热系数为 2300W/(m²·℃),对数平均温差与换热面积有关,如下表所示,计算所需要的换热面积。

序号	换热面积 A/m²	对数平均温差/℃
1	4000	15.4
2	5000	11.2
3	6000	8.1
4	7000	6.9

11. 在某材料的热导率测量试验中,试件厚度为 1cm,测得温差在 50℃时的热流密度为 100W/m²,求材料的热导率。

12. 板型材料的厚度为 2.54cm,材料热导率为 2W/(m·℃),计算热阻。

13. 在某沸腾换热系数测量实验中,已知压力为 1atm,测到靠近沸腾流体的壁面温度为 110℃,根据蒸发量测量得到的加热功率为 15kW,已知换热面积为 0.05m²,计算沸腾换热系数。

14. 已知太空中某球星体的直径为 200km,表面平均温度为 200K,计算其热辐射的功率。

15. 若某 DNB 计算公式,在 95%的置信度下,95%的计算值的相对误差在±18%之内,则若用此公式预测 DNBR,对预计的常见事故工况,要求不得小于多少?

16. 某压水堆的平均线功率密度为 18kW/m,堆内一共有 15 900 根长度为 3.6m 的燃料棒,计算反应堆的总热功率。

第4章

流 体 流 动

流体流动是大部分工业过程中十分重要的内容,尤其是那些和传热相关的过程。当需要把热量从一点转移到另一点时,经常需要通过流体的流动来实现。例如,汽油或柴油引擎内的冷却水系统,风冷式电动机的空气流动,核反应堆的冷却剂回路等。流体流动也经常被用于提供润滑。

核工程领域的流体流动有时是极其复杂的,并不总是能够通过数学分析的方法得到很好的结果。和固体不同,管道内或部件内流动的流体的各个部分可以具有不同的速度和不同的加速度。尽管要获得详细的流动结构信息十分困难,但是一些简化了的、基本的概念和方法还是十分有助于解决实际的工程问题的。即便这样的简化可能不足以用于工程实际的设计,但是对于理解系统的运行以及预测系统的动态响应依然是十分有价值的。

流体流动的基本原理包括三个:动量守恒、能量守恒和质量守恒。这里先来讨论质量守恒,即连续方程。

4.1 连续方程

流体是由于分子或原子之间没有刚性的链接而可以自由流动的物质。按照牛顿对流体的定义,流体指的是在任意大小的力的作用下都会发生变形的物体。因此,流体包括液体、气体。流体是与固体相对应的一种物体形态,它的基本特征是没有一定的形状并且具有流动性。

流体都有一定的可压缩性。液体可压缩性很小,而气体的可压缩性较大。在流体的形状改变时,流体各层之间也存在一定的运动阻力(即黏滞性)。当流体的黏滞性和可压缩性很小时,可近似看作是不可压缩的无黏理想流体,它是人们为研究流体的运动和状态而引入的一个理想模型。

质量守恒描述为进入控制体的质量流量和流出控制体的流量之差为系统质量的变化率,即

$$\frac{\Delta m}{\Delta t} = q_{m,in} - q_{m,out} \tag{4-1}$$

其中,$\Delta m / \Delta t$ 是控制体内的质量变化率;q_m 是质量流量,kg/s。

则对于稳态流动,由于控制体内的质量不随时间而变化,因此有

$$q_{m,in} = q_{m,out} \tag{4-2}$$

或

$$(\rho AV)_{in} = (\rho AV)_{out} \tag{4-3}$$

对于有多个入口或出口的控制体,则有

$$\sum_i (\rho AV)_{in} = \sum_j (\rho AV)_{out} \tag{4-4}$$

下面我们用一个例子来说明连续方程在管道流动计算中的应用。

例 4-1：假设有一个 Y 形管子,参数如图 4-1 所示。假设流体密度是 1000kg/m^3,求 8cm 管径的管子里面的流体的平均流速。

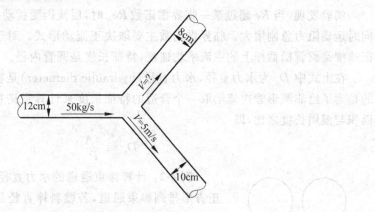

图 4-1　连续方程的例子

解：先计算各个管道的流通面积,得到:

$A_8 = 0.005\,024\text{m}^2$,$A_{10} = 0.007\,85\text{m}^2$,$A_{12} = 0.011\,304\text{m}^2$。

则,$(\rho AV)_{12} = 50\text{kg/s}$,$(\rho AV)_{10} = 39.25\text{kg/s}$

所以,$(\rho AV)_8 = 50 - 39.25 = 10.75\text{kg/s}$

$V_8 = 10.75/1000/0.005\,024 = 2.14\text{m/s}$

4.2　层流和湍流

层流(laminar flow)是流体的一种流动状态,它作层状的流动。流体在管内低速流动时呈现为层流,其质点沿着与管轴平行的方向作平滑直线运动。对于黏性流体的层状运动,流体微团的轨迹没有明显的不规则脉动。相邻流体层间只有分子热运动造成的动量交换。层流只出现在雷诺数 Re 较小的情况中。

在自然界中,我们常遇到流体为湍流。如江河急流、空气流动、烟囱排烟等都是湍流。湍流是在大雷诺数下发生的。雷诺数较小时,黏性力对流场的影响大于惯性力,流场中流速的扰动会因黏性力而衰减,流体流动比较稳定,流动为层流;反之,若雷诺数较大时,惯性力对流场的影响大于黏性力,流体流动较不稳定,流速的微小变化容易发展、增强,形成紊乱、不规则的湍流。

湍流基本特征是流体微团运动的随机性。湍流微团不仅有横向脉动,而且有相对于流体总运动的反向运动,因而流体微团的轨迹极其紊乱,随时间变化很快。湍流中最重要的现象是由这种随机运动引起的动量、热量和质量的传递,其传递速率比层流高好几个数量级。湍流利弊兼有。一方面它可以强化传热;另一方面极大地增加摩擦阻力和能量损耗。

4.2.1　雷诺数和水力直径

在上一章,我们已经介绍过雷诺数(Re),其定义为

$$Re \equiv \frac{\rho V D_e}{\mu}$$

实验发现,当Re超过某一临界雷诺数Re_{cr}时,层流因受扰动开始向不规则的湍流过渡,同时运动阻力急剧增大。临界雷诺数主要取决于流动形式。对于圆管,$Re_{cr} \approx 2000$,这时特征速度是圆管横截面上的主流平均速度,特征长度是圆管内径。

在上式中D_e为水力直径,水力直径(hydraulic diameter)是在管内流动中引入的,其目的是为了给非圆形管内流动取一个合适的特征长度来计算雷诺数,其值为四倍的湿横截面面积与湿周长度之比,即

$$D_e \equiv \frac{4A}{P} \tag{4-5}$$

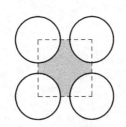

图4-2　压水堆棒束通道
示意图

例 4-2:计算棒束通道的水力直径。某压水堆堆芯采用的是正方形排列棒束通道,若燃料棒直径是 10mm,棒间距是 12mm,求水力直径。

解:正方形排列的棒束通道如图 4-2 所示,中间的灰色部分是冷却剂流动的空间。
得到

$$D_e = \frac{4A}{P} = \frac{4 \times \left(12^2 - \frac{1}{4}\pi \times 10^2\right)}{\pi \times 10} = 8.335 \text{mm}$$

对于圆管而言,其水力直径和几何直径是相等的。

4.2.2　管内流速分布

流体在管道内流动时,并非所有的流体微元都以相同的速度流动。靠近壁面的流体流速小,而远离壁面的流体流速大,不同半径处流速大小的分布称为管内流速分布图,如图 4-3 所示。

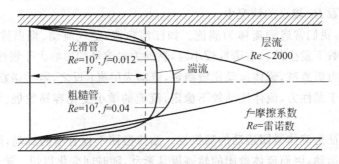

图 4-3　管内流动的流速分布图

流速分布图与流动形态有密切的关系。若流动是层流,流速分布是一个抛物线的分布,最大速度是平均速度的 2 倍。而对于湍流,速度分布会趋于更加平坦,如图 4-3 所示。流体紧贴壁面处的流速为零。从图 4-3 还可以看到,流速分布图还与壁面的条件有关,更加粗糙的壁面,流速分布会更加平坦。

4.2.3 主流平均速度

在大多数的流体流动分析中,我们并不需要知道断面流速的精确分布,而只需要得到断面的平均流速,即

$$V_m = \frac{q_m}{\rho A} \tag{4-6}$$

也就是流过的总体积流量和断面的面积之比。由于湍流情况下的断面速度分布比较平坦,这一平均流速基本就是中轴线处的流速。而对于层流,平均流速是中轴线处流速的一半。

4.2.4 黏度系数

黏度系数是度量流体黏性大小的物理量。又称黏性系数、动力黏度、比例系数、黏性阻尼系数等,记为 μ。牛顿黏性定律指出,在纯剪切流动中相邻两流体层之间的剪应力(或黏性摩擦应力,应力是单位面积上的力)正比于垂直流动方向的法向速度梯度。黏度系数在数值上等于单位速度梯度下流体所受的剪应力。速度梯度也表示流体运动中的角变形率,故黏度系数也表示剪应力与角变形率之间比值关系。

按国际单位制,黏度的单位为 Pa·s。黏度是流体的一种属性,不同流体的黏度数值不同。同种流体的黏度系数显著地与温度有关,而与压强几乎无关。气体的黏度系数随温度升高而增大,液体则减小。

4.3 伯努利方程

丹尼尔·伯努利在 1726 年提出了伯努利原理。这是在流体力学的连续介质理论方程建立之前,水力学所采用的基本原理,其实质是流体的机械能守恒。即

$$动能 + 重力势能 + 压力势能 = 常数 \tag{4-7}$$

伯努利原理往往被表述为

$$p + \frac{\rho v^2}{2} + \rho g H = C \tag{4-8}$$

这个式子称为伯努利方程。式中 p 为流体中某点的压强,v 为流体该点的流速,ρ 为流体密度,g 为重力加速度,H 为垂直方向的高度,C 是一个常数。

伯努利方程是由机械能守恒推导出的,所以它仅适用于黏度可以忽略、不可被压缩的理想流体。下面用能量守恒原理来推导伯努利方程,根据能量守恒,流体在流动过程中有

$$Q + \sum_i (U + E_p + E_k + pV)_{in}$$

$$= W + \sum_j (U + E_p + E_k + pV)_{out} + (U + E_p + E_k + pV)_{stored} \tag{4-9}$$

其中，Q 是吸收的热量，W 是对外做的功，U 是内能，E_p 是重力势能，E_k 是动能，pV 是流动能。

若流动是稳态的，且没有传热，也没有做功，温度不变的情况下，只考虑两点之间，则得到

$$(E_p + E_k + pV)_1 = (E_p + E_k + pV)_2 \tag{4-10}$$

把势能和动能表示出来，即

$$\left(mgH + \frac{mv^2}{2} + pV \right)_1 = \left(mgH + \frac{mv^2}{2} + pV \right)_2 \tag{4-11a}$$

两侧同除以体积 V，得到

$$\left(\rho gH + \frac{\rho v^2}{2} + p \right)_1 = \left(\rho gH + \frac{\rho v^2}{2} + p \right)_2 \tag{4-11b}$$

即在任意两点之间，$\rho gH + \rho v^2/2 + p$ 相等，为一个常数。或者转化为如下式子：

$$\left(H + \frac{v^2}{2g} + \frac{p}{\rho g} \right)_1 = \left(H + \frac{v^2}{2g} + \frac{p}{\rho g} \right)_2 \tag{4-12}$$

这就是水头方程，分别为位压头，动压头和静压头。动压头又称速度头，是单位重量的流速为 v 的流体所具有的机械能。

伯努利方程描述了位压头、动压头和静压头之间的关系，可用它来进行管道内的流体流动的分析。例如流体流经流通面积不断扩大的管子，根据质量守恒原理可得流体的流速会不断减小，因此动压头在这个过程中会减小。如果管子是水平布置的，并没有位压头的变化，则根据伯努利方程，流体的静压头会升高以补偿动压头的降低。由于假设了流体不可压缩，因此压力会升高。

如果管道截面不变化，而出入口的高度发生变化，则位压头会发生变化而引起压力的变化。

下面我们举一个例子来说明伯努利方程的应用。

例 4-3：假设有一水平布置的锥形圆管。入口直径是 $0.5m$，出口直径是 $1.0m$。入口的压头是 $5m$ 水柱，若水流经该锥形管的体积流量是 $3m^3/s$，试计算出、入口水的流速和出口处的压头（水柱高度）。

解：
$$V_1 = 3/(3.14 \times 0.25^2) = 15.3 m/s$$
$$V_2 = 3/(3.14 \times 0.5^2) = 3.82 m/s$$
$$\left(\frac{p}{\rho g} \right)_2 = \left(\frac{V^2}{2g} + \frac{p}{\rho g} \right)_1 - \left(\frac{V^2}{2g} \right)_2$$
$$= 15.3^2/19.62 + 5 - 3.82^2/19.62 = 16.2 (mH_2O)$$

其中的单位 mH_2O 是水柱高度。

下面我们来看图 4-4 所示的水平放置的喷嘴流动。

由于 $z_1 = z_2$，根据伯努利方程，可得

$$\left(\frac{p}{\rho g} + H + \frac{V^2}{2g} \right)_1 = \left(\frac{p}{\rho g} + H + \frac{V^2}{2g} \right)_2 \tag{4-13}$$

根据质量守恒,有

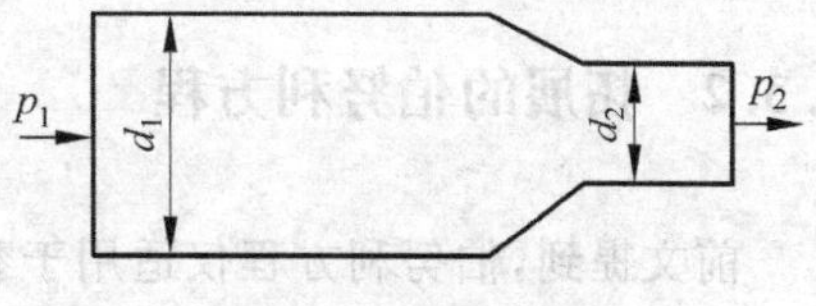

$$\rho V_1 \frac{\pi d_1^2}{4} = \rho V_2 \frac{\pi d_2^2}{4} \qquad (4\text{-}14)$$

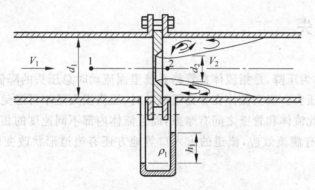

图 4-4　喷嘴流动

则可得

$$\frac{V_2^2}{2}\left[\left(\frac{d_2}{d_1}\right)^4 - 1\right] = \frac{p_2 - p_1}{\rho} \qquad (4\text{-}15)$$

或

$$V_2 = \sqrt{\frac{2(p_1 - p_2)}{\rho[1 - (d_2/d_1)^4]}} \qquad (4\text{-}16)$$

4.3.1　文丘里流量计

图 4-5 是利用伯努利原理设计出的一种流量计。其基本测量原理是以能量守恒定律——伯努利方程和流动连续性方程为基础的流量测量方法。这种流量计的原理是利用改变管道的流通面积,测量出压差,从而得到管内的流量。我们在第 6 章还会详细介绍各种利用这一原理设计的流量计。

图 4-5　流量计示意图

例 4-4: 已知 $d_1 = 0.711\text{m}$,$d_2 = 0.686\text{m}$,$h_1 = 0.914\text{m}$,流体的密度 $\rho = 1000\text{kg/m}^3$,U 形压差计内介质的密度为 $\rho_1 = 13\,550\text{kg/m}^3$。求管内质量流量。

解: 根据质量守恒,不难得到

$$V_1 = V_2\left(\frac{d_2}{d_1}\right)^2$$

利用式(4-16),得到

$$V_2 = \sqrt{\frac{2(p_1 - p_2)}{\rho[1 - (d_2/d_1)^4]}} = \sqrt{\frac{2(\rho_1 - \rho)gh}{\rho[1 - (d_2/d_1)^4]}}$$

$$= \sqrt{\frac{2 \times (13\,550 - 1000) \times 9.81 \times 0.914}{1000 \times \left[\left(\frac{0.711}{0.686}\right)^4 - 1\right]}} = 41.07(\text{m/s})$$

所以

$$q_\text{m} = \rho V_2 A_2 = 1000 \times 41.07 \times \frac{\pi \times 0.686^2}{4} = 15\,179(\text{kg/s})$$

4.3.2　拓展的伯努利方程

前文提到,伯努利方程仅适用于黏度可以忽略、不可被压缩的理想流体。也就是使用伯努利方程是有限制条件的,这些条件可以归纳为:

(1) 定常流:在流动系统中,流体在任何一点之性质不随时间改变。

(2) 不可压缩流:密度为常数,在流体为气体适用于马赫数(Ma)小于 0.3 的情况。

(3) 无摩擦流:摩擦效应可忽略,忽略黏性效应。

(4) 流体沿着流线流动:流体元素沿着流线而流动,流线间彼此是不相交的。

而真实情况下,管子壁面会由于有黏性力而产生阻力,产生压头损失。而且管路系统里面通常还会有驱动流体流动的泵,这种情况下需要使用拓展的伯努利方程。

$$\left(\frac{p}{\rho g}+H+\frac{V^2}{2g}+H_p\right)_1=\left(\frac{p}{\rho g}+H+\frac{V^2}{2g}+H_f\right)_2 \tag{4-17}$$

其中的 H_p 是泵的驱动压头,H_f 是各种形式的阻力压头,包括摩擦、出入口、阀门等。

大部分计算摩擦压头损失的方法都是经验性的,下面我们来介绍压头损失的计算。

4.4　压头损失

压头损失也称为压降,是指流体在管路系统里面流动时总压头的降低量,总压头包括位压头、动压头和静压头。真实流体在管路里流动时,压头损失是不可避免的。这是由于真实流体具有黏性,因此流体和管壁之间有摩擦,而且流体内部不同速度的相邻流体之间也有互相的摩擦,另外还有湍流效应,流道的出入口等地方还有流道形状改变引起的局部压头损失,等等。

4.4.1　摩擦压降

由于壁面摩擦引起的压头损失也称为摩擦压降,指的是流体沿着直管道流动壁面黏性引起的压头损失。摩擦压降和管道的长度、流速的平方、摩擦系数成正比,而和管道的直径成反比,有

$$\Delta p_f=f\frac{L}{D}\frac{\rho V_m^2}{2} \tag{4-18}$$

其中,f 为摩擦系数,摩擦系数和流动的 Re 有关,还与管壁粗糙度有关。度量管壁粗糙度的量是相对粗糙度,相对粗糙度是绝对粗糙度和管子直径的比值,即 ε/D。

摩擦系数可以通过如图 4-6 所示的莫迪图得到。

例 4-5:已知 $Re=40\,000$,壁面相对粗糙度为 0.01,用莫迪图计算摩擦系数。

解:用莫迪图得到摩擦系数为 0.039。

式(4-18)也可以写成压头的形式,如下:

$$H_f=f\frac{L}{D}\frac{V_m^2}{2g} \tag{4-19}$$

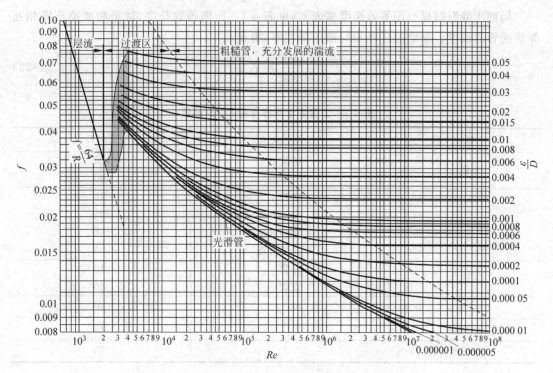

图 4-6　计算摩擦系数的莫迪图

其中的 g 是重力加速度，9.81m/s^2。

例 4-6：有一管子，30m 长，直径 50cm，流体为水，温度为 90℃，质量流量是 300kg/s。假设水的密度可取 1000kg/m^3，黏性系数为 $314\mu\text{Pa}\cdot\text{s}$，壁面相对粗糙度为 0.000 08，试计算管子的摩擦压降。

解：首先需要确定流体的平均流速，然后计算 Re，再确定摩擦系数，最后求得摩擦压降。

平均流速：$V_\text{m} = q_\text{m}/(\rho A) = 300/(1000 \times 3.14 \times 0.25^2) = 1.53(\text{m/s})$

$Re = \rho V_\text{m} D/\mu = 1000 \times 1.53 \times 0.5/(314 \times 10^{-6}) = 2.4 \times 10^6$

查莫迪图得，$f = 0.012$

得到 $H_\text{f} = f(L/D) \times V_\text{m}^2/(2g) = 0.012 \times 30/0.5 \times 1.53^2/19.62 = 0.086(\text{mH}_2\text{O})$

4.4.2　局部压降

局部压降也称为形阻压降，是由于流道的几何形状改变引起的，例如弯头、法兰、阀门、进出口等。局部压降采用局部阻力系数 K 来描述。由于局部压降与速度的平方成正比，因此比较方便地是把局部压降描述成如下形式：

$$\Delta p_\text{k} = K \frac{\rho V_\text{m}^2}{2} \tag{4-20}$$

或

$$H_\text{k} = K \frac{V_\text{m}^2}{2g} \tag{4-21}$$

局部压降有时候也用等效长度来表示,见表 4-1。所谓等效长度,就是和摩擦压降相互等价的管道长度。令摩擦压降和局部压降相等,得到

$$f \frac{L}{D} \frac{V_m^2}{2g} = K \frac{V_m^2}{2g} \tag{4-22}$$

表 4-1 工程中常用部件的 L_{eq}/D 的值

部　件	类　型	L_{eq}/D
球阀	传统的	400
	Y 形的	160
闸阀	全开	10
	75%开度	35
	50%开度	150
	25%开度	900
三通	直管	10
	支管	60
90°弯头		30
45°弯头		16
180°掉头管		50

所以等效长度为

$$L_{eq} = K \frac{D}{f} \tag{4-23}$$

或者

$$K = f \frac{L_{eq}}{D} \tag{4-24}$$

表 4-1 列出了一些常用部件的 L_{eq}/D 的值。

例 4-7:25cm 管径中的一个全开的闸阀的等效长度是多少?

解:$L_{eq}/D = 10$,所以 $L_{eq} = 2.5 \text{m}$。

4.5　自然循环

自然循环是指在闭合系统中仅仅依靠冷热流体间由于温度不同造成的密度差驱动流体循环流动的一种流动方式。自然循环的系统内无须机械驱动装置就可以自动维持流动。自然循环系统在很多工业领域都有应用,特别是在核能利用、锅炉循环、太阳能热利用系统等方面应用广泛。

由于流体在管路中流动存在前文所述的压头损失。压头损失有摩擦压降、局部压降等损失,因此为了维持流动,通常需要一个机械驱动设备——泵抵消压头损失。用泵驱动的循环称为强迫循环。如果压头损失可以通过密度差引起的提升压头进行抵消,就可以不需要泵也能维持一定的流量了,这就是自然循环。

4.5.1　热驱动头

热驱动头是引起自然循环的动力,是由于不同温度的流体具有不同的密度而引起的。考虑两块体积相同的同一种流体,一块温度高,另一块温度低。则温度高的流体由于密度小,因此受到的重力也比温度低的那块流体小,于是温度高的流体向上浮升而温度低的流体向下沉降。很多地方都可以看到这种现象,例如热气球,就是依靠气球内的空气温度高从而密度低使得气球浮升起来的。

4.5.2　自然循环的条件

自然循环的发生是有条件的,即便自然循环已经发生了,这些条件中的任意一个丧失掉的话,自然循环也会停止。这些条件是:

(1) 存在温差(有热源与热阱);

(2) 热源处在比热阱要低的位置;

(3) 热源与热阱之间的流体是连续的。

首先要存在温差,才可能会有两部分流体,其中一部分的温度是高的,另一部分的温度是低的。温差是必要的,因为有了温差才能引起密度差,而密度差是驱动力。

温差要能够持续维持,否则自然循环将会停止。因此热源需要不断地向流体添加热量,而热阱需要不断地从流体排出热量。否则,冷热流体的温度会很快趋于一致,循环也就停止了。

其次,热源要位于较低的位置,而热阱位于较高的位置,这样才能让热流体可以浮升,而冷流体可以沉降。

当然,热区和冷区之间还必须被流体填满,这样流体才能够流动起来。

游泳池式反应堆就是一个很好地利用自然循环冷却燃料棒的堆型。核电厂的乏燃料池也是利用自然循环冷却乏燃料的衰变余热的,此时热源是燃料棒,热阱是周围的水池。

燃料棒底部的水吸收了来自燃料棒释放的热量后,温度升高,密度降低。重力驱动下把周围的冷水推进燃料棒区域,而把热流体挤出去,形成自然循环。而热流体在流到燃料棒顶部后,和周围的冷水混合,降低了温度。这样水池的温度就会不断上升,为了能够把自然循环维持下去,必须用其他的换热器对水池里的水进行降温(热阱)。

一般来说,冷源和热源之间的温差越大,热驱动头就会越大,因此自然循环的流量也会越大。但是需要注意的是,要避免热流体沸腾,因为沸腾会引起相变使得循环有可能被中断。两相流的自然循环也是可能发生的,但是由于气液之间存在分离的可能性,因此比较难以维持。

在核电厂中,有些参数可以用来作为是否存在自然循环的判别依据。例如对于压水堆核电厂,以下参数可用于判断自然循环是否存在:

(1) 冷却剂系统冷热腿的温差,应该是满功率温差的 $25\% \sim 80\%$,温差应该基本稳定或略有下降。这意味着堆芯的衰变热正在被不断地移出,堆芯的温度得到维持或降低。

(2) 冷热腿的温差需要被维持或者略有下降。

（3）蒸汽发生器二次侧的压力应该跟随一回路的温度,这意味着蒸汽发生器可以从一回路移出热量。

为了确保一回路有足够的自然循环,需要把稳压器的水位维持在 50％ 以上,并保持一回路有足够的欠热度(例如某核电厂要求欠热度大于 8℃),蒸发器的水位保持在比正常水位高的状态,这样能够有足够的热阱,确保一回路的热量能够被移出,避免一回路发生沸腾。因为一旦发生沸腾,很容易让自然循环发生中断(美国三哩岛事故的教训)。

4.6　两相流动

液体会沸腾,一旦沸腾以后便会进入两相流。两相流与前面介绍的流动有很大的差别。

对于摩擦压降,有几种办法来处理两相流的情况。在流道尺寸相同、质量流量也相同的情况下,两相流产生的摩擦压降要比单相流的大。这主要是由于质量流量相同的情况下两相流的流速比较大引起的。两相流的摩擦压降还会和具体的流型有关系。

4.6.1　两相压降倍乘系数

有一种被广泛接受的对两相流摩擦压降的处理方法是采用一个两相压降倍乘系数,定义如下:

$$\phi^2 = \frac{H_{f,2p}}{H_{f,L}} \qquad (4-25)$$

其中的下标 2p 表示两相流,L 表示饱和液体。通常采用平方,是表示这个数肯定是非负的。

两相摩擦压降倍乘系数可以通过查图表得到。例如图 4-7 是 Martinelli-Nelson 推荐的两相摩擦压降倍乘系数。倍乘系数与系统的压力是有关的,压力越低倍数会越大;还与流动质量含气率有关,含气率是图 4-7 中的横坐标。

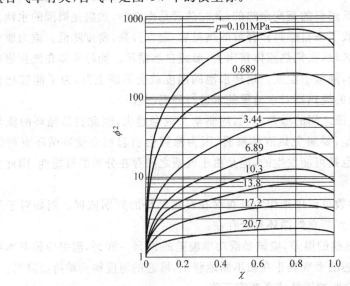

图 4-7　Martinelli-Nelson 两相摩擦压降倍乘系数

4.6.2 两相流流型

区分两相流的流型对于分析两相流是十分重要的,其重要性不亚于在分析单相流的时候要先区分层流还是湍流。对于两相流来说,通常情况下汽相和液相的密度差很大,因而垂直通道和水平通道内的流动情况有很大差别,分析两相流的时候,通常要把水平通道和垂直通道区分开来分析。

对于垂直向上流动的通道,通常把流型按照通道内气泡的分布与流动情况,分为泡状流、弹状流、搅状流和环状流(见图 4-8)。

泡状流气泡比较小,分布在连续的液相之中。直径 1mm 以下的气泡基本上是球形的,而对于直径比较大的气泡,则会有各种各样的形状。当小的气泡不断合并,液体中出现大的像子弹一样的气泡的时候,流动就进入了弹状流了。在弹状流的汽弹周围的液膜通常由于重力作用向下流动,而小的气泡会不断向汽弹内合并。当汽弹继续增大,汽弹开始破碎,两相之间形成搅状流。搅状流是不规则的柱形气泡和块状液团在通道内交替出现的流动,是弹状流向环状流的过渡阶段。而环状流的特征是在流道中间形成连续的汽相流动,在汽相流量比较大的情况下,还会有液滴从液膜中被吹入汽空间内,而液膜的流动则与汽相的流速密切相关。汽相流速比较小的时候,液膜会向下流动,而在汽相流速达到一定值的时候,液膜转变方向向上流动。

对于水平通道,通常把流型按照通道内气泡的分布与流动情况,分为泡状流、塞状流、层状流、波状流、弹状流和环状流(见图 4-9),其中的层状流和波状流,是在垂直通道内不会出现的流型。

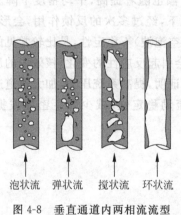

泡状流　弹状流　搅状流　环状流

图 4-8　垂直通道内两相流流型

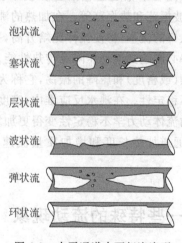

泡状流

塞状流

层状流

波状流

弹状流

环状流

图 4-9　水平通道内两相流流型

4.6.3 流动不稳定性

流动不稳定指的是流量发生振荡、漂移或者反流的现象。流量振荡有多种原因,可能是由于气泡产生引起的,也可能是由于设计或者加工导致的不合理机械阻力引起的。两相流中的气泡受到微小扰动后,容易发生流量漂移或流量振荡。振荡的振幅可以是恒定的,也可以是变化的。堆芯内一个通道的流量振荡会引起周边通道的流量再分配，于是导致更大范围的流动不稳定。流动不稳定是要尽可能避免的，因为它可能引起部件的疲劳或热疲劳破坏；也可能使系统的传热性能变坏，造成沸腾换热恶化，已有的经验表明流动不稳定可以使防止偏离泡核沸腾所需要的临界热流密度下降约 40%；还可能干扰控制系统，在冷却剂兼作慢化剂的反应堆中，这个问题会尤其严重。因此，流动不稳定性的研究对反应堆的设计和安全分析是非常重要的。已有的经验表明，在压水堆核电厂正常运行的情况下，流动不稳定性并不突出，只有在额定流量下功率上升到满功率的 150% 的情形下，才需要考虑流动不稳定。不过，在自然循环的情况下，由于流量小，流动不稳定需要十分关注。

　　稳态流动不稳定性包括莱迪内格（Ledinegg）不稳定性（或叫流量漂移）和流型不稳定性等。莱迪内格不稳定性的特点是系统内的流量会发生非周期性的漂移，即流量会从一个数值改变为另一个数值。这是因为系统的水力特性曲线的某一区域是多值的（见图 4-10），即一个驱动头对应几种流量。可采用在系统入口处加节流件或增加系统压力等方法使带多值性区的水力特性曲线转变成单值性曲线，从而消除莱迪内格不稳定性。在图 4-10 中，2 点的斜率小于零，是不稳定的。曲线 I 是改变了管路的水力特性后的单值性曲线，消除了斜率为负的不稳定点。

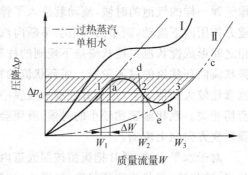

图 4-10　带多值性区的水力特性曲线

　　瞬态流动不稳定性包括密度波不稳定性、脉动、声波振荡和热振荡等。在加热的沸腾通道中，若某一热工参数发生扰动，例如，暂时减少通道入口的流量，将使流体比焓升高，平均空泡份额也随着提高，平均密度下降。那么这一扰动势必影响到流动压降及传热性能。某种情况下，经过多次的反馈作用，会形成流量、空泡份额（或密度）和压降的振荡，它称为密度波（或空泡波）不稳定性，是比较常见的一种瞬态流动不稳定性。在沸水反应堆内，密度的振荡还会引起反应性的变化，核效应的反馈作用使一般的流体动力学不稳定性变得更加复杂。实验证明，提高系统压力，加大通道进口节流度，缩短通道加热长度和增加质量流速都可增加流动稳定性，减少发生密度波振荡的可能性。

4.7　一些特殊的流动现象

4.7.1　甩管

　　在管道发生断裂的时候，由于内部高压高流速的流体迅速在破口喷射出来，会造成甩管现象。甩管会对系统部件、仪表、设备造成重大破坏。因此反应堆厂房要对失水事故时可能发生甩管、水流冲击和飞射物提供防护，以保护安全壳内设备。

4.7.2　水锤和气锤

水锤又称水击。水锤是指水(或其他液体)输送过程中,由于阀门突然开启或关闭、水泵突然停止、骤然启闭等原因,使流速发生突然变化,同时压强产生大幅度波动的现象。

在给水泵在启动和停止时,水流冲击管道会产生的一种严重水击。由于在水管内部,管内壁是光滑的,水流动自如。当打开的阀门突然关闭或给水泵停止,水流对阀门及管壁,主要是阀门或泵会产生一个压力。由于管壁光滑,后续水流在惯性的作用下,水力迅速达到最大,并产生破坏作用,这就是水力学当中的"水锤效应",也就是正水锤。相反,关闭的阀门在突然打开或给水泵启动后,也会产生水锤,叫负水锤,但没有前者大。

根据动量守恒原理,产生水锤时,压强超过静态压力的幅度为

$$\Delta p = \rho c \Delta v \tag{4-26}$$

其中的 c 是压力波在流体内传播的速度,也就是声速。

例 4-8:若水的密度为 $1000 \mathrm{kg/m^3}$,压力为 1MPa,流体流速为 3m/s,声速为 1457m/s,若截止阀突然关闭,水锤产生的最高压力是多少?

解:　$p_{\max} = p_0 + \Delta p = 1 \times 10^6 + 1000 \times 1457 \times 3 = 5.371 \times 10^6 \mathrm{(Pa)}$

在这个例子中,由于水锤作用产生的压力达到了初始压力的 5.371 倍。实际工程中,由水锤产生的瞬时压强有时可达管道中正常工作压强的几十倍甚至数百倍。这种大幅度压强波动,可导致管道系统产生强烈振动或噪声,并可能破坏阀门接头。对管道系统有很大的破坏作用。

蒸气管路突然关闭的时候会产生气锤,气锤并没有水锤那么严重,这是因为以下三个原因:

(1) 气体容易被压缩;

(2) 气体里面的压力波传播速度较小;

(3) 气体的密度小。

因此根据式(4-26)计算得到的压强增大的幅度比水的情况要小得多。

水锤和气锤在核电厂里面并非很少发生,要引起足够的重视。在操作的时候,为防止水锤发生,在系统启动的时候要确保水路系统里面要排空气体,气路系统里面要排干水。尽可能在阀门关闭的情况下先启动泵,然后慢慢打开阀门。尽可能先启动小容量的泵,然后再启动大容量的泵。在主蒸气关闭阀周围尽可能先使用预热阀。尽可能先慢慢关闭阀门然后停止泵。还要定期检查除汽或除气装置的功能。

练习题

1. 什么是自然循环? 自然循环受哪些因素的影响? 如何强化自然循环?

2. 某垂直向上流动的圆形加热流道,入口、出口水温分别为 280℃ 和 320℃,压力为 15.5MPa,直径为 10.72mm,高度为 3.89mm,管壁内表面壁温 320℃,当入口质量流密度为 $1.138 \times 10^7 \mathrm{kg/(m^2 \cdot h)}$ 的时候,求沿程摩擦压降。

3. 用莫迪图计算雷诺数为 3×10^5,壁面相对粗糙度为 0.000 05 的管子的流动摩擦

系数。

4. 容器内装有水,底部有一直径 5cm 的圆形管道,设置有一个闸阀。开口和水面之间的高度为 5m,计算闸阀全开时的流量。

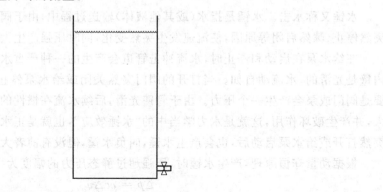

5. 若流体的密度为 930kg/m³,压力为 15MPa,流体流速为 5m/s,声速为 1457m/s,若截止阀突然关闭,水锤产生的最高压力是多少?

6. 简述什么是莱迪内格不稳定性,它和流型不稳定性有何不同?

7. 水平流动的管道内有哪些两相流的流型?

8. 已知系统的压力为 7.5MPa,流动质量含汽率为 0.15,计算两相摩擦压降倍乘系数。

9. 有一个喷嘴将水喷到导流叶片上。喷嘴出水的速度为 10m/s(密度 1000kg/m³),喷嘴直径 2cm,导流叶片角度为 60°,试计算:(1)导流叶片固定不动时所受到的力;(2)导流叶片在 x 方向以速度 1m/s 运动的情况下受到的力。

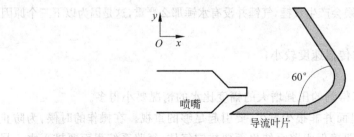

10. 流体密度为 1000kg/m³,出口流量为 1000kg/s,计算入口处的流体速度。

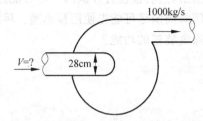

11. 计算如下图所示通道的水利直径,已知棒间距为 12mm,棒直径为 9mm。

第 5 章

电 气 学

电学理论和电气系统在核工程尤其是核电厂的运行、维护、技术支持中都是十分重要的。本章包括电学基础、直流电、交流电、发电机、电动机、变压器等内容。

5.1 电学基础

什么是电流？科学上把单位时间里通过导体任一横截面的电量叫做电流强度，简称电流。科学家认为电流是由微观粒子电子和质子的运动产生的。这些微观粒子比原子还要小，是组成原子的微观粒子。为了理解电流，需要先来了解一下原子的结构。

5.1.1 原子结构

原子(atom)是组成所有物质的基本粒子，是指化学反应不可再分的基本微粒。原子在化学反应中不可分割，但在物理反应中可以被分割。原子由带正电的原子核和带负电的核外电子构成。正负电荷的量相等，因此原子对外呈现电中性。原子核由中子和质子组成，原子的核式模型如图 5-1 所示。

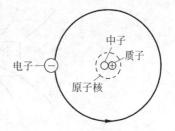

图 5-1　原子的核式模型

质子带一个单位的正电荷，电子带一个单位的负电荷，而中子不带电。中子的质量比质子略微大一点。不同中子数和质子数的组合形成各种各样的原子，例如 ^{4}He 原子核是由 2 个中子和 2 个质子组成的，而 ^{3}He 原子核是由 2 个质子和 1 个中子组成的，它们是同位素。在自然状态下，原子核的质子数量的多少会决定核外电子数的多少，因此决定其化学性质。我们把质子数不同的原子核称为不同的元素，元素周期表是按照质子数量的多少排列的(见第 7 章)。数量和质子数相同但带负电的电子们，在原子核外面的圆形轨道(或壳层)内运动。

5.1.2 电场力

在原子核内，带负电的电子围绕着带正电的原子核运动，它们之间的相互作用力是电场力，也称为静电力。原子核和电子之间的电场力如图 5-2 所示。若没有原子核对核外电子的电场力,高速运行的核外电子是无法围绕原子核运动的,电子就会逃离原子核。

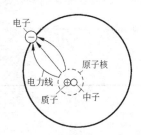

图 5-2　原子核和核外电子
之间的电场力

电荷之间的相互作用是通过电场发生的。只要有电荷存在,电荷的周围就存在着电场,电场的基本性质是它对放入其中的电荷有力的作用,这种力就叫做电场力。

正电荷受到的电场力沿电场线的切线方向,负电荷受到的电场力沿电场线切线方向的反方向。电学第一定律告诉我们:同性相斥,异性相吸。这是电学的基本定律之一。

原子有可能失去电子或者得到电子,电子数量比质子数量多的情况下原子呈现负电性,反之呈现正电性。原子同样遵循同性相斥,异性相吸的规律。可以脱离原子核束缚的电子称为自由电子,物体内的自由电子越多,其负电荷量就越大,因此可以通过测量自由电子的数量得到电荷量。

电荷之间的相互作用是通过电场发生的。通常用电力线来表示电场,如图 5-3 所示。异性相吸和同性相斥的电力线如图 5-4 和图 5-5 所示。

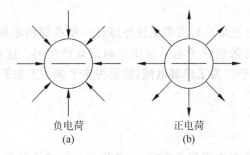

图 5-3　电场

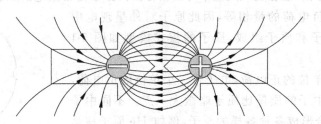

图 5-4　异性电荷互相吸引

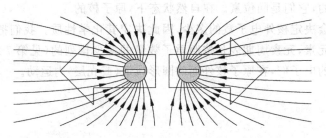

图 5-5　同性电荷互相排斥

电力线中的箭头表示正电荷在电场中的受力方向,而电力线的疏密程度表示受力的大小。两个电荷之间的相互作用力的大小由下面要介绍的库仑定律确定。

5.1.3　库仑定律

库仑定律的表述是:真空中两个静止的点电荷之间的相互作用力,与它们的电荷量的乘积成正比,与它们的距离的二次方成反比,作用力的方向在它们的连线上,同名电荷相斥,异名电荷相吸。作用力大小是

$$F = k\frac{q_1 q_2}{r^2} \tag{5-1}$$

其中 F 是力,N; r 为两个电荷之间的距离,m; q 是电荷量,C; k 是库仑常数,$k=9.0\times10^9 N\cdot m^2/C^2$。

该定律由法国物理学家库仑于 1785 年在论文《电力定律》中提出。库仑定律是电学发展史上的第一个定量规律,是电磁学和电磁场理论的基本定律之一。

两个电荷之间的电场力的大小通常用势差来表示,若把一个带电粒子放到有势差的两个粒子之间,如图 5-6 所示,带电粒子会向一个方向运动。例如图 5-6 中间的负电荷会向右侧运动。由于有力的作用就会做功,电场力也不例外。电场力可以对处于电场中的电荷做功,这种做功的能力称为"势",也即具备某种趋势。电场里的这种"势"称为电动势,也称为电压。

电压的基本单位是 V。

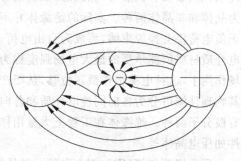

图 5-6　两个电荷之间的势差

5.2　电学基本术语

导体(conductor),是指电阻率很小且易于传导电流的物质。导体中存在大量可自由移动的带电粒子,称为载流子。在外电场作用下,载流子作定向运动,形成明显的电流。

金属是最常见的一类导体。金属原子最外层的价电子很容易挣脱原子核的束缚而成为自由电子,留下的正离子形成规则的点阵。金属中自由电子的浓度很大,所以金属导体的电导率通常比其他导体材料的大。

电解质的溶液(称为电解液)也是导电体。其载流子是正、负离子。实验发现,大部分纯液体虽然也能离解,但离解程度很小,因而不是导电体。如纯水的电阻率高达 $10^4 \Omega\cdot m$,比金属的电阻率大 $10^{10}\sim10^{12}$ 倍。但如果在纯水中加入一点电解质,离子浓度大为增加,使电阻率大为降低,成为导体。电解液的电阻率通常比金属的大得多,这是因为电解液中的载流子浓度比金属内自由电子浓度小得多,而且离子与周围介质的作用力较大,使它在外电场中的迁移率也要小得多。电解液常应用于电化学工业,如电解提纯、电镀等。

电离的气体也能导电(气体导电)。其中的载流子是电子和正负离子。通常情形下,气

体是良好的绝缘体。如果借助于外界原因,如加热或用 X 射线、γ 射线或紫外线照射,可使气体分子离解,因而电离的气体便成为导体。电离气体的导电性与外加电压有很大关系,且常伴有发声、发光等物理过程。电离气体常应用于电光源工业。气体由于外界电离剂作用下的导电称为气体的非自持放电。随着外加电压增大,电流亦增大,电压增大到一定值时非自持放电达到饱和,继续再增加电压到某一定值后电流突然急剧增加,这时即使撤去电离剂,仍能维持导电,气体就由非自持放电过渡到自持放电。气体自持放电的特性取决于气体的种类、压强、电极材料、电极形状、电极温度、两极间距离等多种因素。条件不同,自持放电有不同的形式,有辉光放电、弧光放电和电晕放电等。

绝缘体(insulator),是指不善于传导电流的物质,又称为电介质。它们的电阻率极高。绝缘体和导体,没有绝对的界限。绝缘体在某些条件下可以转化为导体。

绝缘体的特点是分子中正负电荷被束缚得很紧,可以自由移动的带电粒子极少,其电阻率很大,所以一般情况下可以忽略在外电场作用下自由电荷移动所形成的宏观电流,而认为是不导电的物质。绝缘体可分为气态(如氢、氧、氮及一切在非电离状态下的气体)、液态(如纯水、油、漆及有机酸等)和固态(如玻璃、陶瓷、橡胶、纸、石英等)三类。固态的绝缘体又分为晶体和非晶体两种。实际的绝缘体并不是完全不导电的,在强电场作用下,绝缘体内部的正负电荷将会挣脱束缚,而成为自由电荷,绝缘性能遭到破坏,这种现象称为电介质的击穿。电介质材料所能承受的最大电场强度称为击穿场强。在绝缘体中,存在着束缚电荷,在外电场作用下,这种电荷将作微观位移,从而产生极化电荷,就是所谓电介质的极化。电介质按其物理性能可分为各向同性电介质和各向异性电介质两种。就极化机制可分为无极分子和有极分子两种。绝缘体在工程上大量用作电气绝缘材料、电容器的介质和特殊的电介质器件如压电晶体等。

通常把例如锗(Ge)、硅(Si)等一类导体称为半导体。这类导体的电阻率介乎金属与绝缘体之间,且随温度的升高而迅速减小。这类材料中存在一定量的自由电子和空穴,后者可看作带有正电荷的载流子。与金属或电解液的情况不同,半导体中杂质的含量以及外界条件的改变(如光照,或温度、压强的改变等),都会使它的导电性能发生显著变化。

电阻器(resistor),一般直接称为电阻。电阻是一个限流元件,一般是两个引脚,它可限制通过它所连支路的电流大小。阻值不能改变的称为固定电阻器。阻值可变的称为电位器或可变电阻器。理想的电阻器是线性的,即通过电阻器的电流与外加电压成正比。一些特殊电阻器,如热敏电阻器、压敏电阻器,其电压与电流的关系是非线性的。电阻器用字母 R 来表示,单位为欧[姆](Ω)。

电阻元件的电阻值大小一般与温度、材料、长度还有横截面积等因素有关。衡量电阻受温度影响大小的物理量是温度系数,其定义为温度每升高 1℃时电阻值发生变化的百分数。电阻的主要物理特征是变电能为热能,也可说它是一个耗能元件,电流经过它后会产生内能。电阻在电路中通常起分压、限流的作用。

电容器(capacitor),通常简称为电容,用字母 C 表示。顾名思义,是"装电的容器",是一种容纳电荷的器件。电容器是电子设备中大量使用的电子元件之一,广泛应用于电路中的隔直通交、耦合、旁路、滤波、调谐回路、能量转换、控制等方面。电容的单位为法[拉](F)。

电感器(inductor),是能够把电能转化为磁能而存储起来的元件。电感器的结构类似于变压器,但只有一个绕组。电感器具有一定的电感,它只阻碍电流的变化。如果电感器在没有电流通过的状态下,电路接通时它将试图阻碍电流流过它;如果电感器在有电流通过的状态下,电路断开时它将试图维持电流不变。电感器又称扼流器、电抗器、动态电抗器等。

电感器电感量的大小,主要取决于线圈的圈数(匝数)、绕制方式、有无磁芯及磁芯的材料等。通常,线圈圈数越多,绕制的线圈越密集,电感量就越大。有磁芯的线圈比无磁芯的线圈电感量大;磁芯导磁率越大的线圈,电感量也越大。电感量的物理符号是 L,基本单位是亨[利](H)。

电流强度(electric current),是单位时间流过的电量,简称电流。通常用字母 I 表示,它的单位是安[培](A)。电流是指电荷在导体中的定向移动。

导体中的自由电荷在电场力的作用下作有规则的定向运动就形成了电流。电源产生电场力,在电场力的作用下,处于电场内的电荷发生定向移动,形成了电流。1s 通过 1C 的电量称为 1A。

安[培]是国际单位制中的基本单位。除了 A,常用的单位还有千安(kA)、毫安(mA)、微安(μA),1A=1000mA=1 000 000μA。我们国家规定:正电荷定向流动的方向为电流方向。图 5-7 显示了电流方向和电子运动方向是相反的。在有些国家(例如美国)是规定电子流动的方向为电流方向的,在阅读有关文献的时候要注意。

根据电流方向是否随时间作周期性变化,分为交流电和直流电。交流电(AC)也称"交变电流",简称"交流",一般指大小和方向随时间作周期性变化的正弦波电压或电流。直流电(DC),又称"恒流电"。恒定电流是指电流大小和方向都不随时间而变化,比如干电池产生的电流。脉动直流电是指电流方向(正负极)不变,但大小随时间变化,比如:我们把 50Hz 的交流电

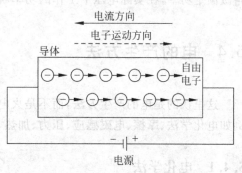

图 5-7　原子核外的电子分层模型

经过二极管整流后得到的就是典型脉动直流电,它们只有经过滤波(用电感或电容)以后才变成平滑直流电,当然其中仍存在脉动成分(称纹波系数),大小视滤波电路的滤波效果而定。

电源(electric source),是将其他形式的能转换成电能的装置。理想电源是从实际电源中抽象出来的。当电源本身的功率损耗可以忽略不计,而只产生电能的作用,可以用一个理想有源元件表示,可分为电压源、电流源两种。

理想电压源是一个二端电路组件,若其端电压在任何情况下都能保持为某给定的值,而与通过它的电流大小无关,则此二端电路组件称为理想电压源。若其中通过的电流强度在任何情况下都能保持给定的值而与它的端电压无关,则为理想电流源。电压源与电流源统称为电源。

5.3　欧姆定律

欧姆定律的表述是:在同一电路中,导体中的电流跟导体两端的电压成正比,跟导体的电阻成反比。即

$$I = \frac{U}{R} \tag{5-2}$$

其中，I 是电流强度，A；U 是电压，V；R 是电阻，Ω。欧姆定律适用于纯电阻电路，金属导电和电解液导电，在气体导电和半导体元件中欧姆定律不适用。

电流在单位时间内做的功叫做电功率，是用来表示消耗电能快慢的物理量，用 P 表示，它的单位是瓦[特]（W）。作为表示电流做功快慢的物理量，一个用电器功率的大小数值上等于它在 1s 内所消耗的电能：

$$P = UI \tag{5-3}$$

对于纯电阻电路，根据欧姆定律，计算电功率还可以用

$$P = IR^2 \tag{5-4}$$

或

$$P = \frac{U^2}{R} \tag{5-5}$$

每个用电器都有一个正常工作的电压值，叫额定电压，在额定电压下正常工作的功率，叫做额定功率，在实际电压下工作的功率叫做实际功率。

5.4　电的产生方法

这里谈的是电的产生方法，而不是火电、核电等发电的方法。原理性的方法有很多种，例如电化学法、摩擦、电磁感应、压力、加热、光电等。下面介绍一些主要的电产生方法。

5.4.1　电化学法

电化学是研究电和化学反应相互关系的科学。电和化学反应相互作用可通过电池来完成。图 5-8 所示的是化学电池的原理图。

原电池是利用两个电极之间金属化学活性的不同，产生电势差，从而使电子流动，产生电流。它又称非蓄电池，是化学电池的一种，其电化反应不能逆转，即只能将化学能转换为电能，不能重新储存电能（与蓄电池相对）。原电池是将化学能转变成电能的装置。所以，根据定义，普通的干电池、燃料电池都可以称为原电池。

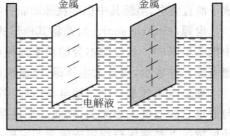

图 5-8　化学电池原理图

组成化学原电池的基本条件：

（1）将两种活泼性不同的金属（即一种是活泼金属，另一种是不活泼金属），或一种金属与石墨等惰性电极插入电解质溶液中。

（2）用导线连接后插入电解质溶液中，形成闭合回路。

（3）要发生自发的氧化还原反应。

原电池是将一个能自发进行的氧化-还原反应的氧化反应和还原反应分别在原电池的

负极和正极上发生,从而在外电路中产生电流。

5.4.2　静电

　　所谓静电,就是一种处于静止状态的电荷或者说不流动的电荷(流动的电荷就形成了电流)。当电荷聚集在某个物体上或表面时就形成了静电,而电荷分为正电荷和负电荷两种。也就是说静电现象也可以分为两种:即正静电和负静电。当正电荷聚集在某个物体上时就形成了正静电,当负电荷聚集在某个物体上时就形成了负静电。但无论是正静电还是负静电,当带静电物体接触零电位物体(接地物体)或与其有电位差的物体时都会发生电荷转移,就是我们日常见到的火花放电现象。例如北方冬天天气干燥,人体容易带上静电,当接触他人或金属导电体时就会出现放电现象。人会有触电的针刺感,夜间能看到火花,这是衣物的纤维与人体摩擦带上静电的原因。玻璃与丝绸摩擦,玻璃带正电,丝绸带负电(见图 5-9)。

　　物质都是由分子或原子构成的,分子也是由原子构成的。而原子由带负电荷的电子和带正电荷的质子构成。在正常状况下,一个原子的质子数与电子数相同,正负平衡,所以对外表现出不带电的现象。但是电子环绕于原子核周围,一经外力即脱离轨道,离开原来的原子 A 而侵入其他的原子 B,A 原子因减少电子数而带有正电,称为阳离子;B 原子因增加电子数而呈带负电,称为阴离子。造成不平衡电子分布的原因是电子受外力而脱离轨道,这

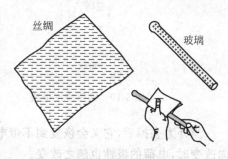

图 5-9　静电的产生

个外力包含各种能量(如动能、位能、热能、化学能等)。在日常生活中,任何两个不同材质的物体接触后再分离,即可产生静电。当两个不同的物体相互接触时就会使得一个物体失去一些电荷。电子转移出去的物体带正电,而另一个物体得到一些剩余电子而带负电。若在分离的过程中电荷难以中和,电荷就会积累使物体带上静电。所以物体与其他物体接触后分离就会带上静电。

　　实质上摩擦起电是一种接触又分离的造成正负电荷不平衡的过程。摩擦是一个不断接触与分离的过程,因此摩擦起电实质上是接触分离起电。在日常生活中,各类物体都可能由于移动或摩擦而产生静电。

　　另一种常见的起电是感应起电。当带电物体接近不带电物体时会在不带电的导体的两端分别感应出负电和正电。但是这种感应和下面要介绍的磁感应是不同的感应。

5.4.3　磁感应

　　闭合电路的一部分导体在磁场里作切割磁力线的运动时,导体中就会产生电流,这种现象叫电磁感应,产生的电流称为感应电流。电压的极性由楞次定律给出。楞次定律指出:感应电流的磁场要阻碍原磁通的变化。对于感生电压也可用右手定则判断感应电流的方向,进而判断感应电压的极性。

由法拉第电磁感应定律,因电路及磁场的相对运动所造成的电压,是磁感应发电机的基本原理(见图 5-10)。当永久性磁铁相对于一导电体运动时(反之亦然),就会产生电压。如果电线这时连着电负载的话,电流就会流动,把机械运动的能量转变成电能。

5.4.4   压电效应

有些晶体(例如石英或罗谢尔盐)或陶瓷(例如钛酸钡,一种铁电材料)在沿一定方向上受到外力的作用而变形时,其内部会产生极化现象,同时在它的两个相对表面上出现正负相反的电荷(见图 5-11)。

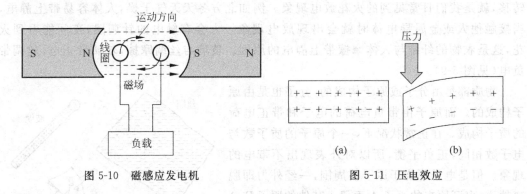

图 5-10   磁感应发电机   图 5-11   压电效应

当外力去掉后,它又会恢复到不带电的状态,这种现象称为正压电效应。当作用力的方向改变时,电荷的极性也随之改变。

当在电介质的极化方向上施加电场,这些电介质也会发生变形,电场去掉后,电介质的变形随之消失,这种现象称为逆压电效应。

5.4.5   热电效应

所谓的热电效应,是在两种不同金属的接触面上,加热后产生的电子分离现象。如图 5-12 所示的铜和锌,在接触面被加热后,电子倾向于向锌一侧移动,从而产生了电压。当热源去掉后,电压也会随之消失。这是热电偶的基本原理,热电偶是工业上测量温度的基本传感器之一,可以用于测量比较高的温度。

5.4.6   光电效应

在高于某特定频率的电磁波照射下,某些物质内部的电子会被光子激发出来而形成电流,即光电效应(见图 5-13)。

光照射到金属上,引起物质的电性质发生变化。这类光变致电的现象被人们统称为光电效应(photoelectric effect)。光电效应分为光电子发射、光电导效应和阻挡层光电效应,又称光生伏特效应。前一种现象发生在物体表面,又称外光电效应。后两种现象发生在物体内部,称为内光电效应。

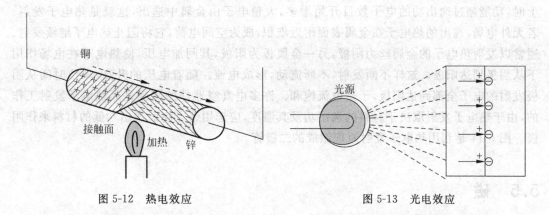

图 5-12　热电效应　　　　　　　　　　　　　　　图 5-13　光电效应

按照光的粒子说,光是由一份一份不连续的光子组成的,当某一光子照射到对光灵敏的金属(如硒)上时,它的能量可以被该金属中的某个电子全部吸收。电子吸收光子的能量后,动能立刻增加;如果动能增大到足以克服原子核对它的引力,就能飞逸出金属表面,成为光电子,形成光电流。单位时间内,入射光子的数量愈多,飞逸出的光电子就愈多,光电流也就愈强。

赫兹于 1887 年发现光电效应,爱因斯坦第一个成功地解释了光电效应。光波长小于某一临界值时方能发射电子,即极限波长,对应的光的频率叫做极限频率。临界值取决于金属材料,而发射电子的能量取决于光的波长,与光强度无关。

5.4.7　热电子发射

热电子发射又称爱迪生效应,是爱迪生 1883 年发现的。

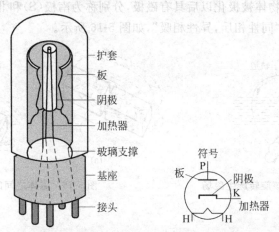

图 5-14　利用热电子发射原理制成的二极管

热电子发射是通过加热金属使其中的大量电子克服表面势垒而逸出的现象。与气体分子相似,金属内自由电子作无规则的热运动,其速率有一定的分布。在金属表面存在着阻碍电子逃脱出去的作用力,电子逸出需克服阻力做功,称为逸出功。在室温下,只有极少量电子的动能超过逸出功,从金属表面逸出的电子微乎其微。一般当金属温度上升到 1000℃ 以上时,动能超过逸出功的电子数目开始增多,大量电子由金属中逸出,这就是热电子发射。若无外电场,逸出的热电子在金属表面附近堆积,成为空间电荷,它将阻止热电子继续发射。通常以发射热电子的金属丝为阴极,另一金属板为阳极,其间加电压,使热电子在电场作用下从阴极到达阳极。这样不断发射,不断流动,形成电流。随着电压的升高,单位时间从阴极发射的电子全部到达阳极,于是电流饱和。许多电真空器件的阴极是靠热电子发射工作的,由于热电子发射取决于材料的逸出功及其温度,应选用熔点高而逸出功低的材料来作阴极。图 5-14 是利用热电子发射原理制成的二极管。

5.5　磁

一些金属或者金属的氧化物具有互相吸引的能力,这种特性称为磁性,具有这种特性的物质习惯上称为磁铁,研究磁性的科学称为磁学。

磁铁的成分是铁、钴、镍等原子,其原子的内部结构比较特殊,本身就具有磁矩。磁铁可分为"永久磁铁"与"非永久磁铁"。永久磁铁可以是天然产物,又称天然磁石,也可以由人工制造。非永久性磁铁,例如电磁铁,只有在某些条件下才会出现磁性。永久磁铁通常用钴钢制成。

磁学和电学有着直接的联系。经典磁学认为如同存在电荷一样,自然界中存在着独立的磁荷。相同的磁荷互相排斥,不同的磁荷互相吸引。而现代磁学则认为环形电流元是磁极产生的根本原因,相同的磁极互相排斥,不同的磁极互相吸引。独立的磁荷是不存在的。由于电子围绕原子核的运动,所有的物质都具有某种程度的磁学效应。但是在自然界,铁、镍、钴等材料表现了很强的磁特性,所以磁学又被称为铁磁学。

图 5-15 是电子绕着原子核旋转和自旋产生磁场的示意图,现代磁学认为产生磁的根本原因是电子的运动。物体被极化以后具有磁极,分别称为南极(S)和北极(N)。磁体相互作用的一个基本定律是"同性相斥,异性相吸",如图 5-16 所示。

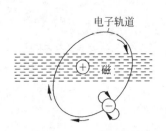

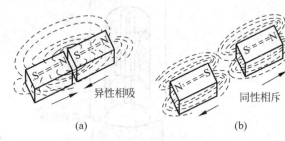

图 5-15　电子绕着原子核旋转产生磁场　　　　图 5-16　磁体之间的相互作用

5.5.1　磁通量

通过某一平面的磁通量的大小,可以用通过这个平面的磁力线的条数的多少来形象地表述。磁通量的原始定义是从磁北极发射出来的磁力线的数量,简称磁通(magnetic flux),符号为 Φ。在国际单位制中,磁通量的单位韦[伯](Wb),是以德国物理学家威廉·韦伯的名字命名的,1 韦[伯]$=10^8$ 磁力线。

例 5-1：$\Phi = 5000$，则磁力线为 $50\mu\text{Wb}$。

在同一磁场中，磁感应强度越大的地方，磁力线越密，磁通量就越大，意味着穿过这个面的磁感线条数越多。过一个平面若有方向相反的两个磁通量，这时的合磁通为相反方向磁通量的代数和（即相反磁通抵消以后剩余的磁通量）。

通过垂直于磁场方向的单位面积的磁通量称为磁通密度。磁通密度是磁感应强度的一个别名，磁感应强度 B（magnetic flux density）是描述磁场强弱和方向的物理量，是矢量，国际通用单位为特[斯拉]（T），它表示垂直穿过单位面积的磁力线的多少

$$B = \Phi/A \tag{5-6}$$

在物理学中磁场的强弱使用磁感应强度来表示，磁感应强度越大表示磁感应越强；磁感应强度越小，表示磁感应越弱。

例 5-2：若 $\Phi = 5000$，磁力线为 $50\mu\text{Wb}$，面积是 0.005m^2，则 $B = \Phi/A = 0.01\text{Wb/m}^2$。

5.5.2　电与磁

电磁学是研究电和磁的相互作用现象及其规律和应用的物理学分支学科。根据近代物理学的观点，磁的现象是由运动电荷所产生的，因而在电学的范围内必然不同程度地包含磁学的内容。所以，电磁学和电学的内容很难截然划分，而"电学"有时也就作为"电磁学"的简称。电磁学从原来互相独立的两门科学（电学、磁学）发展成为物理学中一个完整的分支学科，主要是基于两个重要的实验发现，即电流的磁效应和变化的磁场的电效应。这两个实验现象，加上麦克斯韦关于变化电场产生磁场的假设，奠定了电磁学的整个理论体系，发展了对现代文明起重大影响的电工和电子技术。

若导体内有的电流，会在四周产生磁场，其磁力线是绕着导线的四周的同心圆环，如图 5-17 所示。

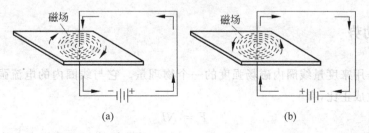

图 5-17　通电导体周围的磁场

右手定则可用于判断在导体周围的磁场方向：可以用右手的大拇指和其他手指的方向来记忆导体内电流产生的磁场的方向。即：伸开右手，使拇指与电流方向相同，其余四个手指弯曲的方向就是磁力线的方向，如图 5-18 所示。需要注意的是，在有些国家，是按照电子运动的方向定义为电流方向的，在这种情况下需要用左手。

如果是线圈的情况，也可以用右手定则判断

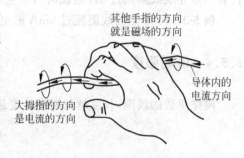

图 5-18　判断磁场方向的右手定则

磁极的方向:可以用右手的除大拇指以外的其他手指顺着电流的方向,大拇指的方向就是磁北极的方向,如图 5-19 所示。若在线圈内添加铁芯,可以大大强化磁场,得到类似磁铁一样的电磁铁。电磁铁的磁北极的判断规则一样可以用右手定则,如图 5-20 所示。

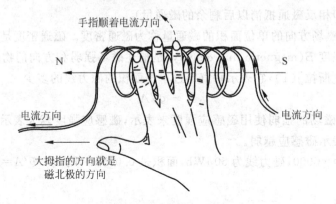

图 5-19   判断磁极方向的右手定则

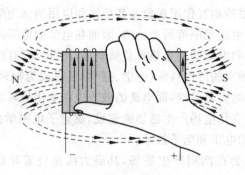

图 5-20   加铁芯强化磁场

5.5.3   磁动势

磁动势是用来度量线圈内磁场强度的一个物理量。它与线圈内的电流强度成正比,还与线圈的匝数成正比,有

$$F = NI \tag{5-7}$$

其中,N 表示线圈匝数,I 表示线圈中的电流大小。磁动势的国际单位是安培·匝数(At),代表一匝导线线圈流过 1A 电流时所产生的磁势。

例 5-3:1000 匝的线圈流过 5mA 的电流会产生 5At 的磁动势。

5.5.4   磁场强度

同样匝数的线圈,长度越长磁场强度越小,磁场强度可以定义为

$$H = \frac{F}{L} \tag{5-8}$$

其中,L 是线圈的长度,m;H 的单位是 At/m。

例 5-4：某一线圈有 80 匝，长度为 20cm，流过 6A 电流，则磁场强度为 2400At/m。

若同样一个线圈，长度变为 40cm，则磁场强度降低为 1200At/m。

若在 80 匝 20cm 的线圈内放置一个 40cm 的铁芯，则磁场强度为 1200At/m，而不是 2400At/m。这是因为磁力线会在铁芯内汇聚，要用铁芯的长度来计算。

5.5.5　磁导率与磁阻

磁导率(magnetic permeability)是表征磁介质磁性的物理量。表示在空间或在磁芯空间中的线圈流过电流后，产生磁通的阻力或者是其在磁场中导通磁力线的能力，其定义为

$$\mu = \frac{B}{H} \tag{5-9}$$

其中，H 是磁场强度，B 是磁感应强度。磁导率常用符号 μ 表示，μ 为介质的磁导率，或称绝对磁导率，单位是 T·m/At 或 H/m。

通常使用的是磁介质的相对磁导率 μ_r，其定义为磁导率 μ 与真空磁导率 μ_0 之比，即

$$\mu_r = \frac{\mu}{\mu_0} \tag{5-10}$$

其中，$\mu_0 = 4\pi \times 10^{-7}$ H/m 或 1.26×10^{-6} T·m/At。

磁阻(magnetic reluctance)也是磁路中的一个参量，源于磁路中存在漏磁。磁阻用符号 R 表示，单位是 At/Wb，磁阻的定义如下：

$$R = \frac{L}{\mu A} \tag{5-11}$$

其中，L 是线圈的长度，m；A 是线圈截面积，m^2。可见磁阻与磁导率成反比关系。由于铁芯具有高的磁导率，因此磁阻较小；而空气的磁阻较大。图 5-21 显示了不同形状的线圈的磁阻变化情况。空气间隙的磁阻是比较大的，间隙越大，磁阻也越大。

(a) 高磁阻　　　　(b) 磁阻降低　　　　(c) 磁阻进一步降低　　　　(d) 磁阻最低

图 5-21　不同形式的电磁铁的磁阻变化

5.5.6　磁路

用强磁材料构成的并在其中产生一定强度的磁场的闭合回路称为磁路。磁路一般含有磁的成分，例如永久磁铁、铁磁性材料或者电磁铁，但也可能含有空气间隙和其他的物质。磁路一般由激励磁场的线圈(有些场合也可用永磁体作为磁场的激励源)、软磁材料制成的铁芯以及适当大小的空气隙组成。

磁路中有关的物理量有磁通、磁动势、磁阻、磁位差等。磁路与电路有某些相似之处，如图 5-22 所示。

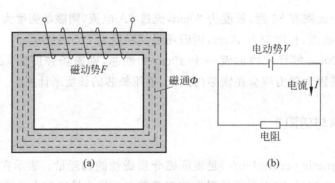

图 5-22 磁路和电路对比

若磁路中有一磁通经过若干段磁路,则此各段磁路的总磁位降等于各段磁路上磁位降之和。每一段磁路的磁位降等于该段磁路的磁阻与磁通的乘积,从而可得总磁阻等于各段磁路磁阻之和。这相当于串联电路的总电阻等于其中各电阻之和。同样,磁路中若有多个磁路支路并联,则各支路的两端有相同的磁位降,各磁路支路的磁通之和等于总磁通,从而可得这些并联支路的总磁导等于各支路磁导之和。这相当于并联电路的总电流等于其中各电流之和。

磁路分析的主要目的是要确定励磁磁通势和它所产生的磁通的关系,这对了解器件的性能和进行相应的设计,诸如确定磁路形状、尺寸、励磁电流的大小,选择适用的材料等,都是必要的。

根据欧姆定律,磁通、磁动势和磁阻之间有如下关系:

$$\Phi = F/R \tag{5-12}$$

其中 Φ 为磁通,Wb;F 为磁动势,At;R 为式(5-11)定义的磁阻,At/Wb。

例 5-5:若某一线圈的磁动势是 $600\,\mathrm{At}$,磁阻是 $3\times10^6\,\mathrm{At/Wb}$,则磁通为 $200\,\mu\mathrm{Wb}$。

5.5.7 磁化曲线与磁滞

磁化曲线是用图形来表示某种铁磁材料在磁化过程中磁感应强度 B 与磁场强度 H 之间关系的一种曲线,又叫 $B\text{-}H$ 曲线。

图 5-23 显示的是两种铁磁材料的 $B\text{-}H$ 曲线和空气的 $B\text{-}H$ 曲线的对比。这种曲线可以通过实验方法测得。B 与 H 之间存在着非线性关系。刚开始,当 H 逐渐增大时,B 几乎成直线增加,其斜率就是式(5-9)定义的磁导率。当 H 进一步增大时,B 的增加会变得缓慢,达到拐点以后,H 值即使再增加,B 却几乎不再增加,即达到了饱和。不同的铁磁材料有着不同的磁化曲线,其 B 的饱和值也不相同。但同一种材料,其 B 的饱和值是一定的。

磁滞现象简称磁滞。磁性体的磁化存在着明显的不可逆性,当铁磁体被磁化到饱和状态后,若将磁场强度 H 由最大值逐渐减小时,其磁感应强度 B 不是循原来的路径返回,而是沿着比原来的路径稍高的一段曲线而减小。当 $H = 0$ 时,B 并不等于零,即磁性体中 B 的变化滞后于 H 的变化,这种现象称磁滞现象,如图 5-24 所示。图中的 B_r 是剩磁,H_c 是矫顽力。

按磁滞曲线的不同,磁性物质又可分为硬磁物质、软磁物质和拒磁物质三种。

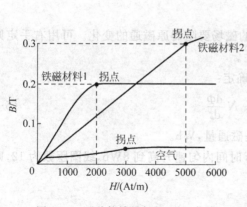

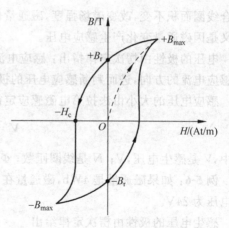

图 5-23　两种软铁材料的 B-H 曲线

图 5-24　磁滞曲线

5.5.8　电磁感应

电磁感应(electromagnetic induction)现象是指放在磁场中运动的导体,会产生电压。此电压称为感应电压或感生电压。若将此导体闭合成一个回路,则该电压会驱使电子流动,形成感应电流(感生电流)。

电磁感应其本质是因为磁通量变化产生感应电压。电磁感应现象的发现,是电磁学领域中最伟大的成就之一。它不仅揭示了电与磁之间的内在联系,而且为电与磁之间的相互转化奠定了基础,为人类获取巨大而廉价的电能开辟了道路,在实用上有重大意义。电磁感应现象的发现,标志着一场重大的工业和技术革命的到来。事实证明,电磁感应在电工、电子技术、电气化、自动化方面的广泛应用对推动社会生产力和科学技术的发展发挥了重要的作用。

如图 5-25 所示,若磁力线是从 N 极到 S 极,即从上往下,导体 C 从左向右运动,则导体内会产生电压。若回路闭合起来,则会产生电流,电流方向可用右手定则判断。张开右手,让五指与手掌在一个平面内,并且大拇指与其余四指垂直,让磁感线垂直穿过手心,大拇指指向导体运动的方向,则其余四指所指的方向就是感应电流的方向。

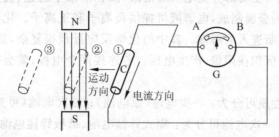

图 5-25　电磁感应示意图

5.5.9　法拉第定律

闭合电路的一部分导体在磁场里作切割磁力线的运动时,导体中就会产生感应电压。

闭合线圈面积不变,改变磁场强度,磁通量也会改变,也会发生电磁感应现象。所以准确的含义是因磁通量变化产生感应电压。

电压的极性由楞次定律指出:感应电流的磁场要阻碍原磁通的变化。可用右手定则判断感应电流的方向,进而判断感应电压的极性。

感应电压的大小由法拉第电磁感应定律确定:

$$V = -N\frac{\mathrm{d}\Phi}{\mathrm{d}t} \tag{5-13}$$

其中,V 是感生电压,V;N 是线圈匝数;Φ 是磁通量,Wb。

例 5-6:如果磁通量是 4Wb,磁通量在 2s 时间内匀速升高到 8Wb,线圈匝数为 12,则感生电压为 24V。

感生电压的极性由楞次定律给出。

楞次定律指出:感应电流具有这样的方向,即**感应电流的磁场总要阻碍引起感应电流的磁通量的变化**。楞次定律还可表述为:感应电流的效果总是反抗引起感应电流的那个因素。例如在图 5-25 中,导线向左运动过程中,穿过右侧电路回路的向下的磁力线增多,因此导体内产生的感生电流在电路回路内引起的磁力线是向上的,则电流方向应该如图所示。

5.6　直流电

直流电(direct current,DC),又称恒流电。恒定电流是直流电的一种,是大小和方向都不变的直流电。

5.6.1　直流电源

当我们讨论直流电源的时候,首先想到的可能就是各种各样的电池。化学电池是指通过电化学反应,把正极、负极活性物质的化学能,转化为电能的一类装置。

在化学电池单元中,主要部分是电解质溶液、浸在溶液中的正、负电极和连接电极的导线。正负电极由不同的金属制成,电解液可提供负离子和正离子。化学反应使得某一个电极上的金属被电离,不断进入电解液。其中的化学反应过程很复杂,我们只需要知道,通过这样的反应,使得电子沉积在阴极,产生电压。若连接两个电极,就会得到从阳极到阴极的电流。

化学电池按工作性质可分为:一次电池(原电池);二次电池(可充电电池);铅酸蓄电池;燃料电池。其中:一次电池可分为:糊式锌锰电池、纸板锌锰电池、碱性锌锰电池、扣式锌银电池、扣式锂锰电池、扣式锌锰电池、锌空气电池、一次锂锰电池等。二次电池可分为:镉镍电池、氢镍电池、锂离子电池、二次碱性锌锰电池等。铅酸蓄电池可分为:开口式铅酸蓄电池、全密闭铅酸蓄电池等。我们重点介绍一下铅酸蓄电池的工作原理。

铅酸蓄电池采用硫酸电解液,纯硫酸的比重是 1.835。由于电解液里含有水,因此电解液的比重在 1.000~1.835 之间。通常,铅酸蓄电池内的硫酸电解液的比重为 1.350。比重的变化可以度量充电量的多少。

描述蓄电池的另一个参数是"安培·时",定义为 1 安培的电流流过 1 小时所对应的能量。安培·时通常用于度量蓄电池的蓄电容量。

图 5-26 是铅酸蓄电池充放电的示意图,电极主要由铅及其氧化物制成,电解液是硫酸溶液。放电状态下,正极主要成分为二氧化铅,负极主要成分为铅;充电状态下,正负极的主要成分均为硫酸铅。充电和放电的方程分别为

$$2PbSO_4 + 2H_2O \xrightarrow{\text{充电}} PbO_2 + Pb + 2H_2SO_4 \tag{5-14}$$

$$PbO_2 + Pb + 2H_2SO_4 \xrightarrow{\text{放电}} 2PbSO_4 + 2H_2O \tag{5-15}$$

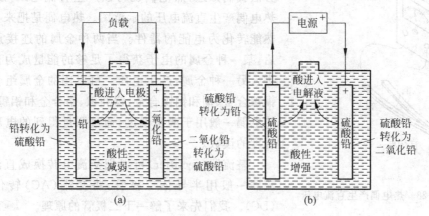

图 5-26 铅酸蓄电池示意图

在充电时,阴极和阳极 $PbSO_4$ 中的 SO_4^{2-} 离子被驱赶到电解液中,形成 H_2SO_4。在阳极形成 PbO_2,在阴极形成 Pb,这个过程电解液的酸性增强。在放电的时候,H_2SO_4 被分解为 H_2 和 SO_4^{2-} 离子。H_2 会和正极释放出来的氧气化合成水,从而使得电解液的酸性变弱。SO_4^{2-} 离子会和阴极和阳极上的铅化合成 $PbSO_4$。

铅酸蓄电池在接近充电完成时,氢气会在阴极附近释放出来,而氧气会在阳极附近释放出来。这是由于充电快结束时,流入的电流比分解电极上残余的硫酸铅所需的电流要大,多余的电流会电解水成为氢气和氧气。因此,在铅酸蓄电池充电的时候,需要注意氢气发生燃烧或爆炸的风险。

图 5-27 是铅酸蓄电池在充电和放电过程中的参数变化情况。在放电过程中,电解液的比重随着释放出来的安培·时线性下降,充电时比重又会恢复。

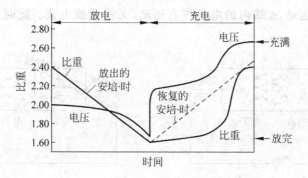

图 5-27 铅酸蓄电池的放电和充电过程

例 5-7：一个铅酸蓄电池的电解液的比重是 1.175,若充满的状态下的比重是 1.260,额定的比重下降是 120 点,即 0.120,则电池处于什么状态?

解：1.175 与 1.260 之间是 85 个点,电池处于 85/120＝71%,即已经放了 71% 的点,还剩余 29%。

除了电池可以提供直流电源以外,直流发电机也可以产生直流电,我们会在后文专门介绍直流发电机的原理。

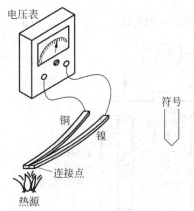

图 5-28　热电偶产生直流电压

除了电池和发电机以外,根据前文介绍的电的产生方法我们知道,热电偶也可以产生直流电压,图 5-28 是热电偶产生直流电压的示意图。热电偶是把来自热源的热能转化为电能的器件。当两种金属的连接点被加热后,某一种金属的电子获得了足够的能量成为自由电子进入另一种金属,产生电压。可以用的金属组合有铁和铜镍合金、铜和铜镍合金、锑和铋、铬合金和铝镍合金等。热电偶一般用于测量温度,通过测量得到的电压标定为温度的读数。

整流器(rectifier)可以把交流电转换成直流电。整流器一般用半导体二极管,将交流(AC)转化为直流(DC)。我们先来了解一下二极管的原理。

半导体二极管又称晶体二极管,简称二极管(diode)。它是一种能够单向传导电流的电子器件。在半导体二极管内部有一个 pn 结(p 表示正,positive；n 表示负,negative),两端分别引出接线端子。二极管按照外加电压的极性,具备单向电流的传导性。

在图 5-29 中,当 p 端连接到电源的正极,n 端连接到电源的负极的时候,二极管处于导通状态。这是因为电源提供的电压趋向于把 p 结中的空穴推向 n 结,而 n 结中的电子则被推向 p 结,形成导通电流。

在这里适当介绍一下空穴的物理概念。一个呈电中性的原子,其正电质子和负电电子的数量是相等的。当少了一个负电的电子,那里就会呈现出一个正电性的空位——空穴。空穴又称电洞(electron hole),在物理学中指共价键上流失一个电子,最后在共价键上留下空位的现象。即共价键中的一些价电子获得一些能量,从而摆脱共价键的约束成为自由电子,同时在共价键上留下空位,我们称这些空位为空穴。

若把二极管的 p 端接到电源的负极,把 n 端接到电源的正极,如图 5-30 所示。则由于 p 结内的空穴往左运动,n 结内的电子往右运动,无法形成电流。此时二极管处于不导通状态。

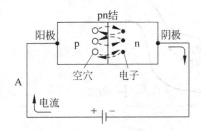

图 5-29　二极管 pn 结导通示意图

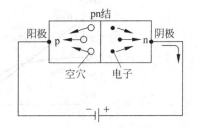

图 5-30　二极管 pn 结电流不通的示意图

图 5-31 是采用这样的半导体二极管做成的半波整流电路示意图。

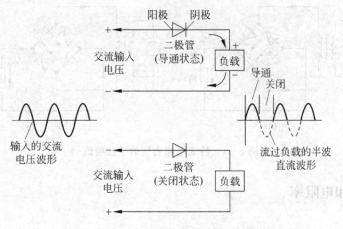

图 5-31　半波整流示意图

当把一个二极管接到一个有交流输入的电路的时候,交流波形中只有一半波形能使电路处于导通状态,而另一半波形使得电路处于不导通状态,所以可以在二极管的输出端得到一个半波直流电压。这是一个脉冲式的直流电源。那么能不能设计出全波式的整流电源?答案是肯定的,图 5-32 所示就是一个利用变压器线圈实现的全波整流电源。

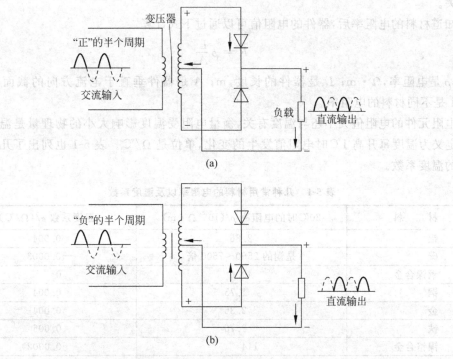

图 5-32　用两个二极管实现的全波整流

还可以用桥式电路实现全波整流，如图 5-33 所示。

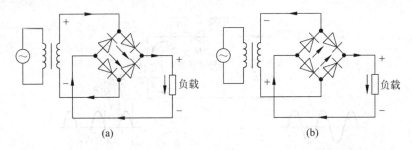

(a)　　　　　　　　　　(b)

图 5-33　桥式电路实现的全波整流

5.6.2　电阻和电阻率

前文介绍过的电阻是一种限流元件。将电阻接在电路中后，它可限制通过它所连支路的电流大小。阻值不能改变的称为固定电阻器，阻值可变的称为电位器或可变电阻器。理想的电阻器是线性的，即通过电阻器的电流与外加电压成正比。

电阻率是用来表示各种物质电阻特性的物理量。某种物质所制成的原件（常温下 20℃）的电阻与横截面积的乘积与长度的比值叫做这种物质的电阻率。电阻率与导体的长度、横截面积等因素无关，是导体材料本身的电学性质。电阻率由导体的材料决定，且与温度有关。

知道材料的电阻率后，器件的电阻值可以通过下式计算，

$$R = \rho \frac{L}{A} \tag{5-16}$$

其中，ρ 是电阻率，$\Omega \cdot m$；L 是器件的长度，m；A 是器件垂直于电流方向的截面积，m^2。表 5-1 是不同材料的电阻率。

电阻元件的电阻值大小还与温度有关，衡量电阻受温度影响大小的物理量是温度系数 α，其定义为温度每升高 1℃时电阻值发生的变化，单位是 $\Omega/℃$。表 5-1 也列出了几种常用材料的温度系数。

表 5-1　几种常用材料的电阻率以及温度系数

材　料	20℃时的电阻率 $\rho/(10^{-8} \Omega \cdot m)$	温度系数 $\alpha/(\Omega/℃)$
铝	2.86	0.004
碳	是铜的 2500～7500 倍	-0.0003
铜镍合金	49.6	0
铜	1.75	0.004
金	2.36	0.004
铁	9.76	0.006
镍铬合金	114	0.0002
镍	8.75	0.005
银	1.65	
钨	5.69	

非 20℃温度下的电阻可以通过下式计算得到：

$$R_t = R_{20} + R_{20}\alpha\Delta t \tag{5-17}$$

5.6.3　基尔霍夫定律

简单的电路利用欧姆定律就可以解决了,但是对于实际的电路可能会复杂得多,利用欧姆定律并不能很方便地求解。通过大量的实验研究,1857 年德国物理学家基尔霍夫(Gustav Kirchhoff)发展了求解复杂电路的方法。基尔霍夫的主要结论有两条,今天被称为基尔霍夫第一定律和基尔霍夫第二定律。

基尔霍夫定律是电路中电压和电流所遵循的基本规律,是分析和计算较为复杂电路的基础,既可以用于直流电路的分析,也可以用于交流电路的分析,还可以用于含有电子元件的非线性电路的分析。

为了分析复杂的网络形状的电路,基尔霍夫引入了以下一些基本概念：

1. 支路

(1) 每个元件就是一条支路;
(2) 串联的元件我们视它为一条支路;
(3) 在一条支路中电流处处相等。

2. 节点

(1) 支路与支路的连接点;
(2) 两条以上的支路的连接点;
(3) 广义节点(任意闭合面)。

3. 回路

(1) 闭合的支路;
(2) 闭合节点的集合。

4. 网孔

(1) 其内部不包含任何支路的回路;
(2) 网孔一定是回路,但回路不一定是网孔。

基尔霍夫第一定律是电流的连续性在电路上的体现,其基本原理是电荷守恒原理。基尔霍夫第一定律是确定电路中任意节点处各支路电流之间关系的定律,因此又称为节点电流定律。基尔霍夫第一定律表明：**所有进入某节点的电流的总和等于所有离开这节点的电流的总和**。或者描述为：假设规定进入某节点的电流为正值,离开这节点的电流为负值,则所有涉及这节点的电流的代数和等于零。图 5-34 是基尔霍夫电流定律的示意图。

基尔霍夫第二定律又称基尔霍夫电压定律,是电场为势场时电压的单值性在电路上的体现,其深层次的物理基础是能量守恒原理。基尔霍夫第二定律是确定电路中任意回路内

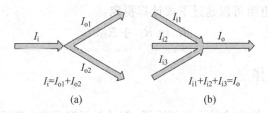

$I_i = I_{o1} + I_{o2}$ $I_{i1} + I_{i2} + I_{i3} = I_o$

(a)   (b)

图 5-34　基尔霍夫电流定律

各点电压之间关系的定律,因此又称为回路电压定律。基尔霍夫第二定律表明:**沿着闭合回路所有元件两端的电压差的代数和等于零。**

基尔霍夫第二定律只能用于闭合回路,一个回路能够成为闭合回路,必须满足两个条件:

(1) 必须有至少一个电源;

(2) 须有一个完整的联通回路,电流从任意一点出发,沿着回路能够回到出发点。

如图 5-35 所示的是闭合回路示意图。下面我们用一个例子来说明基尔霍夫定律的应用。

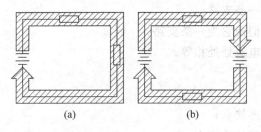

(a)   (b)

图 5-35　闭合回路示意图

例 5-8:如图 5-36 所示的电路,是含有两个闭合回路、三个电源的一个电路,求电路里的电流。

解:分析的第一步是确定回路,并画出每个回路的电流方向,如图 5-37 所示。电流方向画反了没关系,如果画反了,计算得到的电流值会是负的。

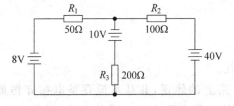

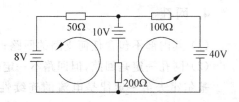

图 5-36　含有两个闭合回路、三个电源的一个电路   图 5-37　画出两个回路的电流方向

分析的第二步是标明每个器件的极性,如图 5-38 所示。这时要假设一下中间的支路的电流方向,假设为 $I_2 - I_1$,方向朝下。

第三步是对两个回路分别分析,先来分析第一个回路,用基尔霍夫定律,有

$$8 + 200(I_2 - I_1) - 50I_1 - 10 = 0 \tag{5-18}$$

同样对于第二个回路,可以得到

$$10 - 200(I_2 - I_1) + 40 - 100I_2 = 0 \tag{5-19}$$

联立求解式(5-18)和式(5-19)，即可得到

$$I_1 = 268.6\text{mA}, \quad I_2 = 345.8\text{mA}$$

我们还可以应用基尔霍夫定律对 Y 形电路和△形电路建立等效关系。Y 形电路和△形电路的示意图如图 5-39 所示。

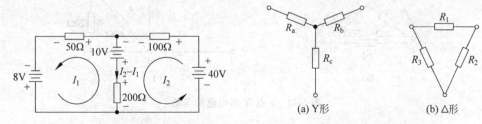

图 5-38　标明每个器件的极性　　　　图 5-39　Y 形电路和△形电路

请读者利用基尔霍夫定律证明它们之间有如下关系：

$$R_\text{a} = \frac{R_1 R_3}{R_1 + R_2 + R_3} \tag{5-20a}$$

$$R_\text{b} = \frac{R_1 R_2}{R_1 + R_2 + R_3} \tag{5-20b}$$

$$R_\text{c} = \frac{R_2 R_3}{R_1 + R_2 + R_3} \tag{5-20c}$$

或

$$R_1 = \frac{R_\text{a} R_\text{b} + R_\text{b} R_\text{c} + R_\text{c} R_\text{a}}{R_\text{c}} \tag{5-21a}$$

$$R_2 = \frac{R_\text{a} R_\text{b} + R_\text{b} R_\text{c} + R_\text{c} R_\text{a}}{R_\text{a}} \tag{5-21b}$$

$$R_3 = \frac{R_\text{a} R_\text{b} + R_\text{b} R_\text{c} + R_\text{c} R_\text{a}}{R_\text{b}} \tag{5-21c}$$

例 5-9：如图 5-40 所示的电路的等效电阻是多少？

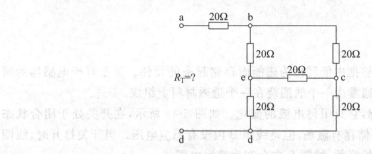

图 5-40　网状的六个电阻的等效电阻

解：利用 Y 形电路和△形电路的等效关系，对原电路进行等效变换，如图 5-41 所示。

利用式(5-21)得到，$R_1 = 60\Omega$，$R_2 = 60\Omega$，$R_3 = 60\Omega$，再对图 5-41 进行等效变换，过程如图 5-42 所示。最后得到等效电阻为 40Ω。

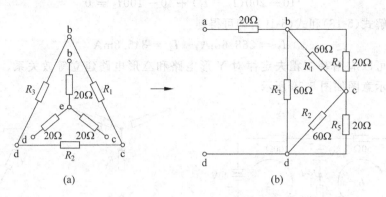

图 5-41　e 点 Y 形电路的等效

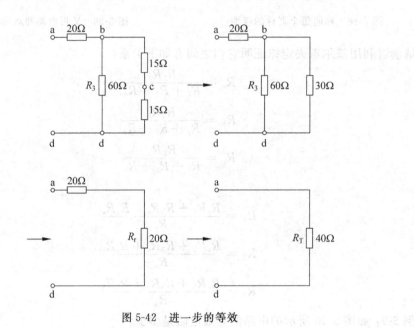

图 5-42　进一步的等效

5.6.4　电感器

电感器(inductor)是能够把电能转化为磁能而存储起来的元件。正是对于电感器的研究,才有了变压器。电感器通常由一个线圈绕在一个透磁材料上组成。

电感器具有一定的电感,它只阻碍电流的变化。如图 5-43 所示,在开关处于闭合状态的情况下,线圈 A 内产生并储存有磁场,但是线圈 B 内没有感应电压。当开关打开时,线圈 A 内的电流变为零,磁场开始降低,线圈 B 内会产生感生电压。

这就是前面提到过的法拉第定律,右侧的闭合线圈面积不变,改变了磁场强度,磁通量也随之改变,会发生电磁感应现象。电压的极性由楞次定律指出:感应电流的磁场要阻碍原磁通的变化。可用右手定则判断感应电流的方向,进而判断感应电压的极性。因此感生电压也称为逆电压。

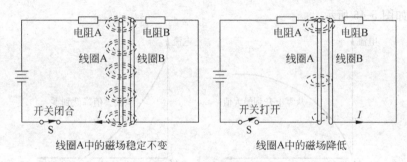

图 5-43　电感的感生电压

要产生感生电压,需要三个条件:

(1) 有一个导体(线圈);

(2) 有一个磁场;

(3) 导体和磁场有相对运动或相对变化。

相对运动或变化越快,感生电压越大。感生电压的大小还与线圈 A 和线圈 B 的匝数有关,如图 5-45 所示。

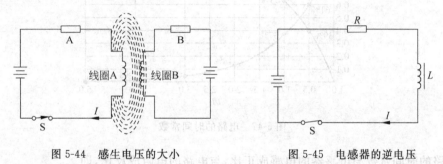

图 5-44　感生电压的大小　　　　图 5-45　电感器的逆电压

自感电压是另外一种电磁感应现象。如图 5-45 所示的电感 L 处在一个电路中,开始时刻电路内有电流,电感内储存了磁场。当开关 S 打开的时候,电路电流降低,电感内的磁场降低,会在线圈内产生一个自感电压。

感生电压的大小与电流随时间的导数成正比,比例常数称为电感。因此电感是用来描述电感器产生感生电压大小的物理量。感生电压的大小为

$$V_c = -L\frac{dI}{dt} \tag{5-22}$$

其中的 V_c 是感生电压,V。因此 L 的单位是 $V \cdot s/A$,也就是每秒钟电流变化 1A 的情况下如果产生了 1V 的感生电压,则电感为 1H。式中的负号表示产生的感生电压的极性与电路中原先的电压方向相反。

电感器的串并联计算公式和电阻类似,即串联的电感器有

$$L_{eq} = L_1 + L_2 \tag{5-23}$$

并联的电感器有

$$\frac{1}{L_{eq}} = \frac{1}{L_1} + \frac{1}{L_2} \tag{5-24}$$

由于电感器会储存能量,因此在有电感器的电路中,电流的下降或增加会呈现指数函数

变化规律,如图 5-46 所示。

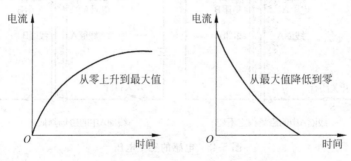

图 5-46　含电感器的电路的电流变化

我们把电流上升到最大值的 63%,或下降最大值的 63% 所需要的时间定义为电路的时间常数,如图 5-47 所示。

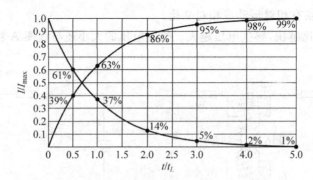

图 5-47　电路的时间常数

电路的时间常数与电感器的电感成正比,与电路的电阻成反比,即

$$t_L = \frac{L}{R} \tag{5-25}$$

根据表 1-3,我们校验一下量纲。电感的单位亨利是 $kg \cdot m^2 \cdot s^{-2} \cdot A^{-2}$,电阻是 $kg \cdot m^2 \cdot s^{-3} \cdot A^{-2}$。它们两个相除能够得到时间的单位 s。

通常认为 5 倍的时间常数以后,电流达到稳定值。

下面我们来看一个例子,来分析一下图 5-48 所示的电路,看看带电感器的电路参数随时间的变化情况。开始的时候,假设开关处在"1"的位置,因此电感器内没有电流,当我们把开关切换到"2"的位置的时候,10V 的电源试图在电路里面建立 $10V/100\Omega = 0.1A$ 的电流,但是当电流增大的时候,电感器内产生逆电压企图阻碍电流的增大,5 倍时间常数后,达到

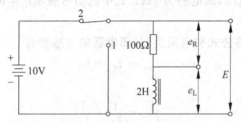

图 5-48　带切换开关的电感器电路

稳态电流。当再次把开关拨回"1"的位置时,电感器内的磁场降低,感生电压试图维持原来的电流,电流在 5 倍时间常数后才降到零。电流以及电压的变化如图 5-49 所示。

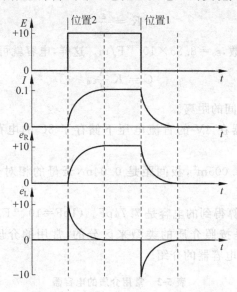

图 5-49　电感器上的电流和电压的变化

5.6.5　电容器

电容器是一种容纳电荷的器件。

图 5-50 是电容器接直流电源充电的示意图,电容器由两块金属板和之间的介质(绝缘材料)构成。当接上电源后,A 板内的电子向电源的正极移动,B 板内的正电荷向电源的负极移动,在 A 板内就会留下富裕的正电荷,在 B 板内留下富裕的负电荷,在 A、B 板之间形成了电场,储存了电能。

若充好电的电容器的两端被导体接通,则开始放电过程,如图 5-51 所示。放完电后,电容器的两块板又恢复到电中性状态。

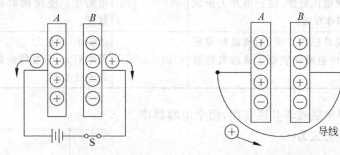

图 5-50　电容器充电示意图　　　　图 5-51　电容器放电示意图

在电学里,给定电压差,电容器储存电荷的能力,称为电容(capacitance)。它是电容器所带电量 Q 与电容器两极间的电压 V 的比值。电容的国际单位制的单位是法[拉第](F)。

电容器的储电能力与三个因素有关:电极板的面积、板之间的距离和介质的材料。

用于描述介质材料的储电能力的物理量是介电常数,以 ε 表示。把真空的介电常数定

为 1,然后其他材料的相对介电常数 K 定义为和真空的介电常数的比值,是一个无量纲量。即

$$K = \frac{\varepsilon}{\varepsilon_0} \tag{5-26}$$

其中,ε_0 为真空的介电常数,$\varepsilon_0 = 8.85 \times 10^{-12} \mathrm{F/m}$。这样,电容就可以用下式来计算:

$$C = K \frac{A}{d} \varepsilon_0 \tag{5-27}$$

其中,A 为面积,d 为板之间的距离。

例 5-10:若一电容器在 4V 的直流电压下储存了 8C 的电荷,则电容为多少?答案是 2F。

例 5-11:若面积是 $0.005\mathrm{m}^2$,板间距是 $0.04\mathrm{m}$,云母的相对介电常数是 7,则电容是多少?

解:根据式(5-27)计算得到的电容是 7.74pF。($1\mathrm{pF} = 10^{-12}\mathrm{F}$。)

电容器的类型通常是按照介质的类型来区分的,常用的介质有空气、云母、陶瓷等。表 5-2 是几种常用介质的电容器的介绍。

表 5-2　常用介质的电容器

介质	制造方式	电容范围	特点
云母	用金属箔或者在云母片上喷涂银层作电极板,极板和云母一层一层叠合后,再压铸在胶木粉或封固在环氧树脂中制成。	$10 \sim 5000\mathrm{pF}$	介质损耗小、绝缘电阻大、温度系数小,适宜用于高频电路。
纸	用两片金属箔作电极,夹在极薄的电容纸中,卷成圆柱形或者扁柱形芯子,然后密封在金属壳或者绝缘材料壳中。	$0.001 \sim 1\mu\mathrm{F}$	体积较小,容量可以较大。但是固有电感和损耗都比较大,用于低频比较合适。
陶瓷	用陶瓷作介质,在陶瓷基体两面喷涂银层,然后烧成银质薄膜作极板制成。	$0.5 \sim 1600\mathrm{pF}$	体积小、耐热性好、损耗小、绝缘电阻高,但容量小,适宜用于高频电路。
电解液	由铝圆筒作负极,里面装有液体电解质,插入一片弯曲的铝带做正极制成。还需要经过直流电压处理,使正极片上形成一层氧化膜作介质。	$5 \sim 1000\mu\mathrm{F}$	容量大,但是漏电大,稳定性差,有正负极性,适宜用于电源滤波或者低频电路中。使用的时候,正负极不要接反。
钽或铌	用金属钽或者铌作正极,用稀硫酸等配液作负极,用钽或铌表面生成的氧化膜作介质制成。	$0.01 \sim 300\mu\mathrm{F}$	体积小、容量大、性能稳定、寿命长、绝缘电阻大、温度特性好。用在要求较高的设备中。

电容器也可以串联或者并联使用,两个电容器串联的等效电容计算公式为

$$\frac{1}{C_{\mathrm{eq}}} = \frac{1}{C_1} + \frac{1}{C_2} \tag{5-28}$$

两个电容器并联的等效电容计算公式为

$$C_{\mathrm{eq}} = C_1 + C_2 \tag{5-29}$$

例 5-12:计算图 5-52 所示电路的等效电容。

解:先计算 C_3 和 C_4 的串联电容,为 2.44pF,再

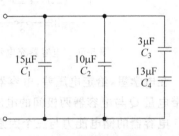

图 5-52　等效电容例题

计算总等效电容为 27.44pF。

下面介绍一下电容器的充电时间常数的概念。电容器的充电时间常数,是电容的端电压达到最大值的 0.63 倍时所需要的时间。图 5-53 是电容器的充电曲线,通常认为时间达到 5 倍的充电时间常数后就认为充满了。

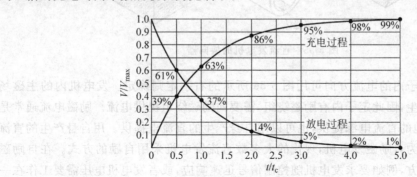

图 5-53 电容器的充电曲线

充电时间常数的大小与电路的电阻有关,按照下式计算:

$$t_c = RC \tag{5-30}$$

其中 R 是电阻,Ω;C 是电容,F。

电容器的放电过程和充电过程类似,放电曲线如图 5-53 所示。

5.6.6 直流发电机

直流发电机是把机械能转化为直流电能的机器。直流发电机的工作原理就是把电枢线圈中感应产生的交变电压,靠换向器配合电刷的换向作用,使之从电刷端引出时变为直流电压。

图 5-54 是直流发电机的示意图。因为电刷 A 通过换向片所引出的电压始终是切割 N 极磁力线的一侧线圈中的电压,所以电刷 A 始终有正极性;同样道理,电刷 B 始终有负极性。所以电刷端能引出方向不变但大小变化的脉动电压。换向器由导体和绝缘体材料相互间隔制成,如图 5-55 所示。

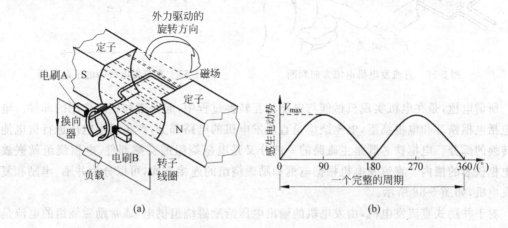

图 5-54 直流发电机示意图

图 5-55 直流发电机的换向器

直流发电机转子内的电流方向可用图 5-56 所示的右手定则确定。发电机内的主磁场通常用电磁方式产生,因此定子内有励磁绕组,需要向励磁绕组提供电流。励磁电流通常是直流电,可以由其他的直流电源提供,也可以用自身产生的直流电提供。用自身产生的直流电给定子供电的称为自励磁发电机,现代的大多数直流发电机采用自励的方式。在自励磁不能满足要求的地方,例如要求发电机随控制信号迅速响应,或者发电机电压需要工作在一个较宽的范围内的时候,才会采用外来直流电源的他励方式。

直流发电机产生的电压为

$$V_G = K_G \Phi N \tag{5-31}$$

其中,K_G 是和电枢内线圈匝数有关的发电机常数,Φ 是主磁场的磁通量,N 是转速,V_G 是输出的电压。

如何调节直流发电机的输出电压呢?直流发电机的输出电压和三个因素有关:电枢内线圈匝数、电枢转速和主磁场强度。前两个在发电机工作状态下都不太好调,因此一般采用调节主磁场强度的方式。图 5-57 是自励式直流电动机的输出电压调节原理图,通常添加一个可调电阻来调节励磁线圈的电流,从而调节励磁线圈产生的主磁场强度。

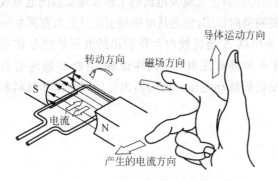

图 5-56 直流发电机电流方向判断

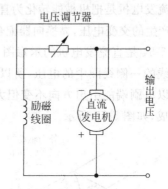

图 5-57 直流发电机的电压调节器

所谓电枢,是在电机实现机械能与电能相互转换过程中,起关键和枢纽作用的部件。电枢包括电枢铁芯和电枢绕组,电枢绕组是直流发电机的电路部分,产生感生电压进行机电能量转换的部分。电枢铁芯既是主磁路的一部分又是电枢绕组的支撑部件,电枢绕组就嵌放在电枢铁芯的槽内。直流发电机根据电枢和励磁绕组的连接方式,可以分为并励、串励和复励发电机,如图 5-58 所示。

对于并励式直流发电机,由发电机的输出电压给励磁绕组供电,通常励磁绕组的电流是输出电流的 $0.5\% \sim 5\%$ 之间。但负载发生变化时,输出电压也会发生变化,图 5-59 是并励

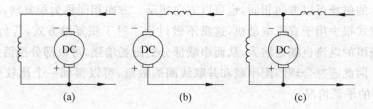

图 5-58　并励、串励和复励直流发电机

式发电机的输出电压和负载电流之间的关系曲线。

由图 5-59 可以看出，随着负载电流的增大，输出电压有所降低，这主要是由于电枢内有内阻，因此电流增大引起输出电压降低。而且由于输出电压的降低还会引起励磁电流的降低，使得输出电压进一步降低。

在满负荷电流的情况下，一般降低得不太明显。但如果负载电流超过满负荷电流很多，会造成输出电压降低得很厉害。

对于串励式发电机，其输出电压和负载电流之间的关系如图 5-60 所示。

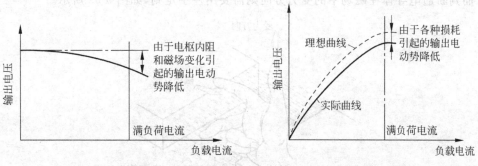

图 5-59　并励式发电机输出电压与负载　　　　图 5-60　串励式发电机输出电压与负载
　　　　　电流之间的关系　　　　　　　　　　　　　　电流之间的关系

对于串励式发电机，励磁绕组和电枢具有相同的电流，因此负载电流小的时候励磁电流也小，输出电压就小。输出电压的大小和负载电流成正相关。由于串励式发电机的这个特性，它一般不用于负载变化较大的情况。

复励式直流发电机可以结合并励和串励的特点，使得输出电压比较稳定。如图 5-61 所示。复励式发电机有一部分励磁绕组和电枢串联，另一部分励磁绕组和电枢并联，这两部分

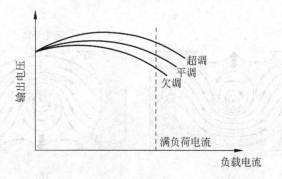

图 5-61　复励式发电机输出电压与负载电流之间的关系

励磁绕组产生的磁场可以方向相同,也可以方向相反。方向相同称为积复励,相反称为差复励。差复励方式很少用于直流电动机,这里不做讨论。对于积复励方式,若负载电流增大,则串联励磁绕组的电流也随之增大,从而串联部分的磁场增强,可以部分抵消并联绕组的磁场减弱效应。因此通过合理匹配串联和并联线圈的数量,可以得到一个比较平稳的输出电压(图 5-61 中的平调情况)。

5.6.7　直流电动机

直流电动机是将直流电能转换为机械能的机电设备,因其良好的调速性能而在工程中得到广泛应用。

有电流流过的导体(简称通电导体)在电磁场中运动时会受到力的作用,力的方向和磁场的方向相互垂直。这是直流电动机的基本理论依据,要理解直流电动机,首先需要来了解这一原理。

如图 5-17 所示,通电导体周围会产生磁场,磁场的方向用右手定则判断,如图 5-18 所示。而判断通电导体在磁场中的受力方向则需要用左手定则,如图 5-62 所示。

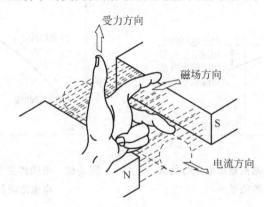

图 5-62　判断通电导体受力方向的左手定则

判断电流方向用右手,判断受力方向用左手。一会儿右手,一会儿左手,是极容易搞混的。我们还可以用另外一种更加容易记忆的方式来判断通电导体的受力方向。当通电导体处于一个磁场中的话,导体自身产生的磁场就会和外磁场相互作用,形成一个复合磁场,如图 5-63 所示。

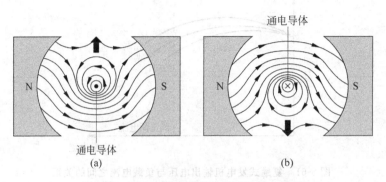

图 5-63　通电导体在磁场中形成的复合磁场

图 5-63 中,通电导体上的符号"×"表示电流方向由读者的眼睛指向纸面,"·"则相反。在图 5-63(a)的上方区域,导体产生的磁场和外磁场方向相反,削弱了外磁场,而在下方区域,则强化了外磁场。导体的受力方向指向磁场消弱的方向(向上)。图(b)则相反,受力向下。

引起并维持转动的力称为扭矩(torque),直流电动机提供的扭矩是用于带动负载转动的。图 5-64 中的转子在转过 90°以后,若电流方向保持不变,则扭矩的方向将发生改变,为了保持扭矩始终保持原先的顺时针方向,需要添加一个电流换向装置,如图 5-64 所示。

当直流电动机接上直流电源的时候,电流不但会流过图 5-64 所示的转子线圈(电枢),而且还会流过用于产生磁场的定子线圈以产生所需要的磁场。

图 5-64 中的线圈产生多大的扭矩? 扭矩的定义为导体受到的力和旋转半径的乘积,单位是 N·m。直流电机的扭矩按照下式计算:

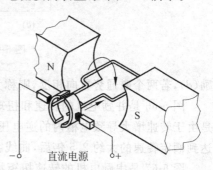

图 5-64　直流电动机

$$T = K_M \Phi I \qquad (5-32)$$

其中,K_M 是和电机尺寸有关的常数,Φ 是电机的磁通量,I 是电枢电流。

当电枢通电旋转后,由于导体切割磁力线会产生感应电压。此感应电压的极性和输入电压的极性是相反的,因此称为逆电压,逆电压的大小与磁场强度和电枢转速有关,为

$$V_C = K_C \Phi N \qquad (5-33)$$

其中,N 是电枢的转速,K_C 是和电机有关的常数。

则根据欧姆定律,电枢内实际的电流为

$$I_a = \frac{V - V_C}{R_a} \qquad (5-34)$$

其中,V 是电源的电压,R_a 是电枢的电阻。

下面我们分析一下电机的转速。产生磁场的电流(励磁电流)是可以通过一个外加电阻进行调节的,励磁电流为

$$I_f = \frac{V}{R_f} \qquad (5-35)$$

R_f 为励磁电路的电阻。如果励磁电阻降低,则励磁电流会增加,从而使磁通量增大,则根据式(5-33),逆电压 E_c 会增加,根据式(5-34)电枢电流会随之降低,根据式(5-32)扭矩会降低,从而使得电机的转速降低。转速降低又会使得逆电压降低,电枢电流增加,扭矩增加,转速增大。这个过程不断反馈,直到达到一个稳定的平衡转速。

和直流发电机类似,直流电动机根据电枢和励磁绕组的接线方式不同,也有多种形式,每种形式有自己不同的特点。图 5-62 显示了几种不同的接线方式。

图 5-65(a)是他励方式的电机,由独立的直流电源提供励磁电流,这种电机不太常用。(b)的励磁绕组和电枢采用并联方式。(c)采用串联方式。(d)采用串并联复合方式。(e)采用并串联复合方式。根据连接方式的不同,直流电机可以分为他励(a)、并励(b)、串励(c)、复励(d)、(e)电机。若串励绕组产生的磁通势与并励绕组产生的磁通势方向相同,称为积复

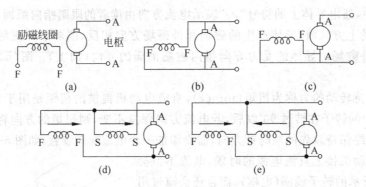

图 5-65　直流电机的连接方式

励(d),若两个磁通势方向相反,则称为差复励(e)。

图 5-66 是并励电机的转速和扭矩的特性曲线。电机的扭矩随着转速的增大而降低,这是由于转速增大导致电枢内的逆电压增大,从而电流降低,根据式(5-32)扭矩降低。当转速达到额定转速的大约 2.5 倍后,曲线会突然下拐,直到扭矩为零,电机停止转动。

图 5-67 是串励电机的转速扭矩特性曲线。在串励接线方式下,电枢和励磁绕组具有相同的电流,因此扭矩为

$$T = KI^2 \tag{5-36}$$

当转速降低时,扭矩会迅速增大。反过来,若负载突然失去,则转速会迅速增大。因此这种电机必须有负载,否则会因为超速而损坏。

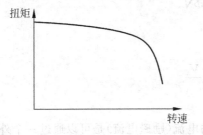

图 5-66　并联方式电机的转速扭矩特性　　图 5-67　串联方式电机的转速扭矩特性

串励电机的主要优点是在低转速下能够提供大扭矩。这非常适合于启动负载很大的情况。工业中经常用于诸如吊机这样的移动速度慢但负载很大的情况。

复励电机结合了串励和并励的特点,适用范围更广,广泛应用于压榨机、剪切机、往复运动等机械设备中。

直流电机在刚启动的时候,由于电枢内还未形成逆电压,因此电枢电流较大。电枢电流的大小取决于电枢电阻,由式(5-34)确定。为了减小启动电流,通常会外接一个启动电阻。我们举一个实例:若某 10 马力的直流电机的电枢电阻是 0.4Ω,直流电源是 260V,则启动电流达到 650A。这个电流值大约是额定转速下的电流值的 12 倍。这么大的电流无疑会造成电刷、换向器和线圈的损坏。启动电流的上限一般是额定电流的 125%～200% 之间。这就必须要添加启动电阻才能够实现。启动电阻的大小按下式计算:

$$R_s = \frac{V}{I_s} - R_a \tag{5-37}$$

例 5-13：某直流电机的额定电流是 50A，启动电流的上限为额定电流的 125％，电枢电阻是 0.4Ω，则启动电阻为 3.76Ω。

启动电阻通常设计在直流电机的启动电路中，常用可调电阻。阻值可以手动，也可以自动控制，刚开始启动的瞬间设定在阻值最大的位置。随着转速的升高慢慢调低阻值，直到达到额定转速后分离启动电阻。

5.7　交流电

交流电（alternating current）也称为"交变电流"，简称为 AC。一般指大小和方向随时间作周期性变化的电压或电流，它的最基本的形式是正弦交流电。正弦交流电应用最为广泛，其他非正弦交流电一般都可以经过傅里叶变换后，成为正弦交流电的叠加。本书内讨论的交流电都是指正弦交流电。

5.7.1　交流电的产生

了解交流电是怎样产生的，对于理解和分析交流电路是十分必要的。当闭合线圈在匀强磁场中绕垂直于磁场的轴匀速转动时，线圈里就产生大小和方向作周期性改变的正弦交流电，如图 5-68 所示。

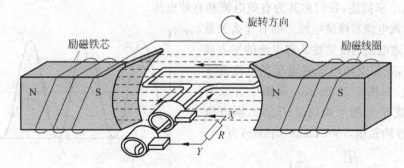

图 5-68　交流发电机示意图

基本的交流发电机包含主磁场和运动线圈。主磁场可以是永磁铁提供的，也可以是如图 5-68 中所示的励磁绕组提供的。线圈的引出线和滑环相连接，滑环和电刷接触，引出电压。当线圈在主磁场内转动的时候，在不同的角度位置切割磁力线引起的磁通变化率是不同的，根据式(5-13)，产生的电压是磁通量对时间的导数。

$$V = -N\frac{\mathrm{d}\Phi}{\mathrm{d}t}$$

若我们把 0°的位置设定在线圈处于垂直位置时，如图 5-69 所示。那么在 0°的时候，线圈中用于切割磁力线的那些导体的运动方向和磁力线方向平行，感生电压为零。顺时针旋转 90°后，导体的运动方向和磁场方向垂直，产生最大的感生电压 $V_{\max}$。如此转动 360°后所产生的感生电压是一个正弦波电压，其极性是周期性变化的，这种感生电压称为正弦波交流电。

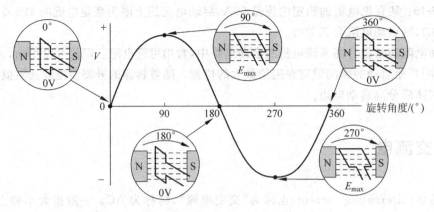

图 5-69　正弦波交流电产生示意图

所产生的感生电压可以用函数表示如下：

$$e(t) = V_{\max}\sin(\omega t) \tag{5-38}$$

其中，ω 是角频率，它和频率 f 的关系为

$$\omega = 2\pi f \tag{5-39}$$

理论上描述正弦交流电流的大小可以用 $I_{\max}$，描述交流电压的大小可以用 $V_{\max}$，即峰值电流和峰值电压。或者取它们的两倍，表示最高值和最低值之间的幅度。但在实际工程中通常用有效电流和有效电压。采用流过同一个电阻和直流电产生相同发热的直流电流、直流电压的大小来描述，我们称其为有效电流和有效电压。

那么有效电流和峰值电流之间有什么关系呢？我们知道电阻的发热量是和电流的平方成比例关系的，正弦交流电流过电阻的电流强度随时间变化，如图 5-70 所示。从图中可以看出，电流强度平方的平均值是 $I_{\max}^2/2$，则电流的有效值（方均根值，root mean square）为

$$I_{\mathrm{eff}} = \sqrt{\frac{I_{\max}^2}{2}} = \frac{\sqrt{2}}{2}I_{\max}$$

$$= 0.707 I_{\max} \tag{5-40}$$

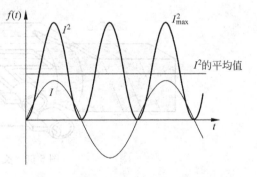

图 5-70　电流强度和电流强度平方的图形

正弦交流电流和电压的有效值在工程中非常有用，因为常用的交流电压表和电流表都是用有效值来进行刻度的。

例 5-14：若交流电的峰值电压是 200V，有效电压是多少？答案是 141.4V。

例 5-15：用交流电压表测得城市生活用电为 220V，表示的是有效值，则其峰值约为 311V。

为了简便起见，以后我们省略下标 eff 的电流 I 和电压 E 均表示有效值。

另一个有用的量是平均电流，描述的是电压为正的半个周期内的电流的平均值，为

$$I_{\mathrm{av}} = 0.637 I_{\max} = 0.90 I \tag{5-41a}$$

同样，对于电压也有

$$V_{\mathrm{av}} = 0.637 V_{\max} = 0.90 V \tag{5-41b}$$

　　描述交流电还有一个物理量是相位角。相位角是电压或者电流经过某一个特定值所经历的角度,这个特定值通常选为 0。在图 5-71 中,1 点的感生电压为 0,因此 1 点的相位角是 0°,2 点是 30°,3 点是 60°,4 点是 90°,直到 13 点是 360°,或者说又回到了 0°。

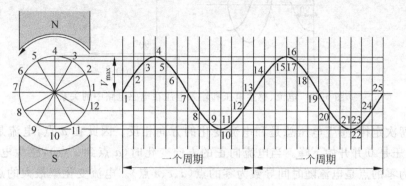

图 5-71　交流电的相位角

　　有了相位角的概念后就可以来定义更加有用的相位差了。所谓相位差,就是两个相同频率的交流电压之间的相位角之差。如图 5-72 所示的两个交流电压的相位差是 60°。

　　若相位差为零,表示同相,否则称为异相。

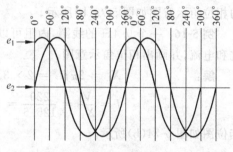

图 5-72　相位差

5.7.2　交流电路的器件响应

　　有了交流电的基本知识后,下面我们来讨论交流电路中电阻器、电容器、电感器等电路器件的响应。

　　首先来看电感器。当交流电通过电感线圈的电路时,电路中会产生自感电压,阻碍电流的改变,形成感抗。自感系数越大则自感电压也越大,感抗也就越大。如果交流电频率大则电流的变化率也大,那么自感电压也必然大,所以感抗也随交流电的频率增大而增大。

　　交流电中的感抗和交流电的频率、电感线圈的自感系数成正比。在实际应用中,电感是起着“阻交、通直”的作用。因而在交流电路中常应用感抗的特性来旁通低频及直流电,阻止高频交流电。

　　在交流电路中,类似于直流电路中的欧姆定律,我们定义电流为

$$I = \frac{V}{X} \tag{5-42}$$

其中,X 是电路的阻抗,对于纯电感电路,就是电感器的感抗,单位是 Ω。

　　电感器的感抗的大小和交流电的频率有关,也与电感器的电感有关。感抗的数学表达式是

$$X_L = 2\pi f L \tag{5-43}$$

其中,f 是频率,Hz;L 是电感,H。

　　在一个理想的纯电感电路中,电感器的内阻是可以忽略的。此时电感器产生的逆电压和外加输入的电压在任何时候都大小相等,方向相反,如图 5-73(a)所示。

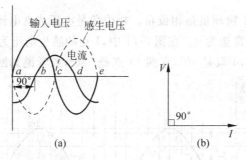

图 5-73　电流、感生电压和输入电压在电感电路中的关系

根据楞次定律,感生电压总是和电流变化的方向相反。因此在 a 点,电流是负的最大值,感生电压是 0 并开始下降。当电流向正的方向变化时(a 点到 c 点),感生电压是负的。感生电压为零的点是电流随时间导数为零的点(a、c、e 点)。电流变化率最大的点是感生电压最大的点(b、d 点)。电流的相位角落后输入电压 90°,而感生电压落后电流 90°。

约定输入电压位于垂直向上,且绕逆时针方向(角度增大的方向)转动,则电流落后 90°的相位角示意图如图 5-73(b)所示。

例 5-16:一个 0.4H 的线圈,内阻可以忽略,连接到 220V、50Hz 的交流电源上,计算感抗和电流,并画出相位角示意图。

解:
$$X_{\mathrm{L}} = 2\pi f L = 2 \times 3.14 \times 50 \times 0.4 = 125.6(\Omega)$$
$$I = \frac{V}{X_{\mathrm{L}}} = \frac{220}{125.6} = 1.75(\mathrm{A})$$

相位图如图 5-74(b)所示。

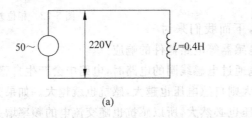

图 5-74　电感器的例题

再来看电容器。处于交流电路中的电容器,电容器的充电、流过的电流与输入的交流电压之间的关系如图 5-75 所示。

电流在 a、c、e 点最大,这些点处的电压变化率是最大的。在 a 点和 b 点之间,交流电压和充电是正向的,向电容器充电,因此电流大于零。到达 b 点后,电容器充电结束,随后开始放电,电流方向发生逆转。

描述电容器的特性的是容抗,单位也是 Ω,数学表达式如下

$$X_{\mathrm{C}} = \frac{1}{2\pi f C} \qquad (5\text{-}44)$$

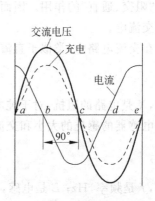

图 5-75　交流电路中的电容器的充电与电流

例 5-17：一个 $10\mu F$ 的电容器，连接到 220V、50Hz 的交流电源上，其容抗和电流是多少？并画出相位图角示意图。

解：$X_C = 1/(2 \times 3.14 \times 50 \times 10 \times 10^{-6}) = 318.5(\Omega)$

$$I = \frac{V}{X_C} = \frac{220}{318.5} = 0.69(A)$$

相位角示意图如图 5-76(b)所示。

有了感抗和容抗后，就可以来讨论电路的阻抗了。电路的阻抗定义为

$$Z = \sqrt{R^2 + X^2} \tag{5-45}$$

其中，R 是电阻，X 是感抗和容抗的净效果。

如图 5-77 所示，纯电阻的相位角总是和输入电压相同，我们把它放在 0° 的位置。电感器内的电流滞后 90°，指向垂直向上的方向；电容器内的电流超前 90°，指向垂直向下的方向。感抗和容抗的净效果是两者之差。

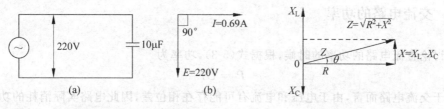

图 5-76 电容器的例题 图 5-77 总阻抗示意图

阻抗是图 5-77 中 R 和 X 的向量和。下面我们举几个例子来熟悉阻抗的计算。

例 5-18：某 $R\text{-}L$ 电路包含一个电阻器和一个电感器，如图 5-78 所示，求阻抗。

解：$Z = \sqrt{R^2 + X_L^2} = \sqrt{100^2 + 60^2} = 116.6(\Omega)$

例 5-19：某 $R\text{-}C$ 电路包含一个电阻器和一个电容器，如图 5-79 所示，求阻抗。

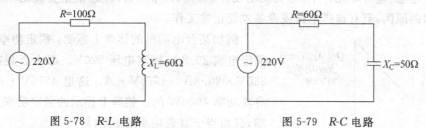

图 5-78 $R\text{-}L$ 电路 图 5-79 $R\text{-}C$ 电路

解：$Z = \sqrt{R^2 + X_C^2} = \sqrt{60^2 + 50^2} = 78.1(\Omega)$

例 5-20：某 $R\text{-}C\text{-}L$ 电路包含一个电阻器、一个电容器和一个电感器，如图 5-80 所示，求阻抗。

解：$Z = \sqrt{R^2 + (X_L - X_C)^2} = \sqrt{6^2 + (20-10)^2}$
$\qquad = 11.66(\Omega)$

有了阻抗的概念后就可以用它来分析复杂的电路了。

对于 $R\text{-}L\text{-}C$ 并联电路，其总电流为

$$I_T = \sqrt{I_R^2 + (I_C - I_L)^2} \tag{5-46}$$

例 5-21：$R\text{-}L\text{-}C$ 并联电路如图 5-81 所示，求总电流。

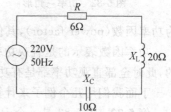

图 5-80 $R\text{-}C\text{-}L$ 电路

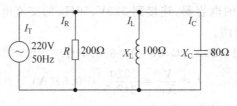

图 5-81   R-L-C 并联电路

解：$I_R = \dfrac{V_T}{R} = \dfrac{220}{200} = 1.1(\text{A})$，$I_L = \dfrac{V_T}{R_L} = \dfrac{220}{100} = 2.2(\text{A})$，$I_C = \dfrac{V_T}{R_C} = \dfrac{220}{80} = 2.75(\text{A})$

则：
$$I_T = \sqrt{I_R^2 + (I_C - I_L)^2} = \sqrt{1.1^2 + (2.75 - 2.2)^2} = 1.23(\text{A})$$

总阻抗为 $Z = \dfrac{V_T}{I_T} = 178.8(\Omega)$

5.7.3   交流电路的功率

当讨论直流电路的功率的时候，根据式(5-3)，功率为
$$P = UI$$

但是对于交流电路而言，由于电压和电流有可能存在相位差，因此电路实际消耗的功率不再是有效电压和有效电流的乘积。我们把有效电压和有效电流的乘积定义成直观功率（或视在功率，英文为 apparent power，意思是显而易见的、直观的功率）。直观功率等于电流和电压有效值的乘积，能直观地反映交流电的大小和做功能力。

由于交流电路中既存在电阻这样的耗能元件，又存在电感、电容这样的储能元件，所以外电源除了须提供其正常工作所需的有功功率(usable power)以外，还必须有一部分能量被贮存在电感、电容等元件中，称为无功功率(reactive power)。这就是直观功率必须大于有功功率的原因，只有这样电路或设备才能正常工作。

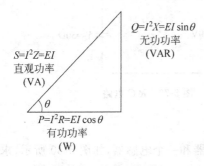

图 5-82   功率三角形

例如某台电动机的铭牌上标明：额定功率4000W，额定电流20.8A，额定电压220V。那么直观功率为 $=220\text{V} \times 20.8\text{A} = 4576\text{V} \cdot \text{A}$。这里 4576V·A 是大于有功功率 4000W 的。铭牌上标示的额定功率是有功功率，只相当于直观功率的 87.4%。

通常用功率三角形表示直观功率 S（单位是 V·A）、有功功率 P（单位是 W）和无功功率 Q（单位是 VAR）之间的关系。功率三角形如图 5-82 所示，斜边是直观功率 S，底边是有功功率 P，θ 是相位角。P 和 S 之比定义为功率因数(power factor)，其值为 $\cos\theta$。

功率因数表示的是直观功率里面有多少是有功功率。当相位角是 0° 时，电路是纯电阻的，此时全部直观功率都是有功功率。当相位角为 90° 时，是纯电抗电路，没有有功功率。

下面我们用几个例子来计算不同电路的有功功率。

例 5-22：图 5-83 是一个 $R\text{-}L$ 电路，参数如图 5-83 所示，计算功率因数、电源的电压、有功功率、无功功率和直观功率。

解：$\theta = \arctan\left(\dfrac{X_L}{R}\right) = \arctan\left(\dfrac{50}{200}\right) = 14°$

得到功率因数：$\cos\theta = 0.97$

$Z = \sqrt{R^2 + X_L^2} = \sqrt{200^2 + 50^2} = 206.16(\Omega)$

得到电源的电压：$V = ZI = 412.3(V)$

有功功率：$P = VI\cos\theta = 412.3 \times 2 \times 0.97$
$$= 799.86(W)$$

无功功率：$Q = VI\sin\theta = 412.3 \times 2 \times 0.242$
$$= 199.6(VAR)$$

直观功率：$S = VI = 412.3 \times 2 = 824.6(V \cdot A)$

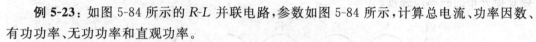

图 5-83　R-L 串联电路的功率计算

例 5-23：如图 5-84 所示的 R-L 并联电路，参数如图 5-84 所示，计算总电流、功率因数、有功功率、无功功率和直观功率。

解：$I_R = \dfrac{V_T}{R} = \dfrac{440}{600} = 0.73(A)$，$I_L = \dfrac{V_T}{X_L} = \dfrac{440}{200} = 2.2(A)$

则，$I_T = \sqrt{I_R^2 + I_L^2} = \sqrt{0.73^2 + 2.2^2} = 2.3(A)$

$$\theta = \arctan\left(-\dfrac{I_L}{I_R}\right) = \arctan\left(-\dfrac{2.2}{0.73}\right) = -71.5°$$

得到功率因数：$\cos\theta = \cos(-71.5) = 0.32$

有功功率：$P = VI\cos\theta = 440 \times 2.3 \times 0.32 = 323.84(W)$

无功功率：$Q = VI\sin\theta = 440 \times 2.3 \times 0.948 = 959.4(VAR)$

直观功率：$S = VI = 440 \times 2.3 = 1012(VA)$

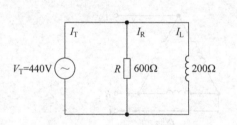

图 5-84　R-L 并联电路的功率计算

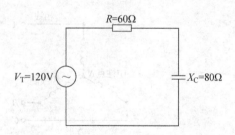

图 5-85　R-L 串联 R-C 电路的功率计算

例 5-24：如图 5-85 所示的 R-C 串联电路，参数如图 5-85 所示，计算阻抗、总电流、功率因数、有功功率、无功功率和直观功率。

解：
$$Z = \sqrt{R^2 + X_C^2} = \sqrt{60^2 + 80^2} = 100(\Omega)$$

则，$I_T = \dfrac{V_T}{Z} = \dfrac{120}{100} = 1.2(A)$

$$\theta = \arctan\left(-\dfrac{X_C}{R}\right) = \arctan\left(-\dfrac{80}{60}\right) = -53°$$

得到功率因数：$\cos\theta = \cos(-71.5) = 0.32$

有功功率：$P = VI\cos\theta = 120 \times 1.2 \times 0.6 = 86.4(W)$

无功功率：$Q = VI\sin\theta = 120 \times 1.2 \times 0.798 = 114.9(VAR)$

直观功率：$S = VI = 120 \times 1.2 = 144(VA)$

5.7.4 三相电

由三相电源供电的电路,称为三相电路。三相供电系统具有很多优点。首先,在发电方面,相同尺寸的三相发电机比单相发电机的功率大,而且发电机转矩恒定,有利于发电机的工作;其次,在传输方面,三相电比单相电节省传输线;而且,在用电方面,三相电容易产生旋转磁场使三相电动机平稳转动。

三相电路的电源是三相发电机,三相发电机由定子和转子两部分组成。定子铁芯的内围槽中对称布置三个绕组,它们在空间上彼此间隔120°。转子是旋转的电磁铁,它的铁芯上绕有励磁绕组。在励磁绕组中通有电流时,在转子和定子之间的间隙中产生沿圆周按正弦规律分布的磁感应强度。

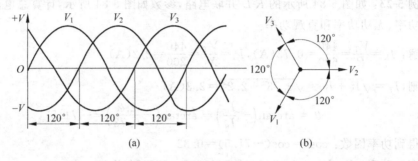

图 5-86　三相电示意图

三相电源有两种基本的连接方式,Y 形和△形,如图 5-87 所示。

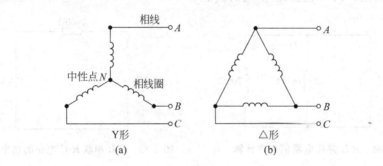

图 5-87　三相电源的连接方式

工程上主要关心的是三相电的功率,在平衡负载(三相阻抗相同)的情况下,根据电源的接线形式,有两种负载的连接方式,如图 5-88 所示。

在三角形平衡负载中,线电压 V_L 等于相电压 V_ϕ,线电流 I_L 等于 $\sqrt{3} I_\phi$。

在 Y 形平衡负载中,线电压 V_L 等于 $\sqrt{3} V_\phi$,线电流 I_L 等于相电流 I_ϕ。

在 Y 形平衡负载中,由于在平衡负载中,每一相的阻抗是相等的,即 $Z_A = Z_B = Z_C$,因此三相电路的功率是每相负载功率的三倍。而对于每一相而言,其有功功率是

$$P_\phi = V_\phi I_\phi \cos\theta \tag{5-47}$$

则总功率为

$$P_T = 3V_\phi I_\phi \cos\theta \tag{5-48}$$

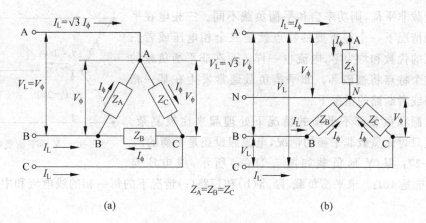

图 5-88 平衡负载的接线方式

由于 $I_L = I_\phi, V_\phi = \sqrt{3}/3 V_L$, 所以

$$P_T = \sqrt{3} V_L I_L \cos\theta \tag{5-49}$$

在 △ 形平衡负载中, 由于 $V_L = V_\phi, I_\phi = \sqrt{3}/3 I_L$, 所以

$$P_T = \sqrt{3} V_L I_L \cos\theta \tag{5-50}$$

可以从式 (5-51) 和式 (5-52) 发现 Y 形和 △ 形平衡负载的总功率是相同的。有功功率和直观功率之间的关系和单相交流电相同, 即有:

$$S_T = \sqrt{3} V_L I_L \tag{5-51}$$

$$Q_T = \sqrt{3} V_L I_L \sin\theta \tag{5-52}$$

下面我们举几个例子。

例 5-25: △ 形平衡负载如图 5-89 所示, 若功率因数为 0.6, 求线电压、线电流、总有功功率、无功功率和直观功率。

解: $V_L = V_\phi = 440V$

$I_L = \sqrt{3} I_\phi = 1.73 \times 200 = 346A$

$P_T = \sqrt{3} V_L I_L \cos\theta = 1.73 \times 440 \times 346 \times 0.6$
$\quad = 158.2kW$

$Q_T = \sqrt{3} V_L I_L \sin\theta = 1.73 \times 440 \times 346 \times 0.8$
$\quad = 210.7kVAR$

$S_T = \sqrt{3} V_L I_L = 1.73 \times 440 \times 346$
$\quad = 263.4kVA$

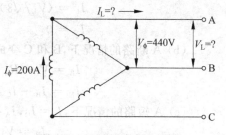

图 5-89 △ 形平衡负载计算

例 5-26: Y 形平衡负载如图 5-90 所示, 若功率因素为 0.9, 求线电压、总有功功率、无功功率和直观功率。

解: $V_L = \sqrt{3} V_\phi = 1.73 \times 240 = 415.2(V)$

$P_T = \sqrt{3} V_L I_L \cos\theta = 1.73 \times 415.2 \times 100 \times 0.9 = 64.6(kW)$

$Q_T = \sqrt{3} V_L I_L \sin\theta = 1.73 \times 415.2 \times 100 \times 0.436 = 31.3(kVAR)$

$S_T = \sqrt{3} V_L I_L = 1.73 \times 415.2 \times 100 = 71.8(kVA)$

若负载非平衡,则功率会和平衡负载不同。三相电在平衡负载的情况下一个很重要的特点就是三个相电压或者三个线电压的代数和均为零,电流也一样。而在非平衡负载的情况下这个特点将被破坏。非平衡负载通常发生在某一相发生短路或者断路的情况下。

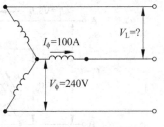

图 5-90　Y 形平衡负载计算

若电源和负载都不平衡的情况下处理起来比较复杂。我们这里只讨论负载非平衡的情况,电源假设还是平衡的。

例 5-27：某 Y 形负载如图 5-91(a)所示,线电压是 240V,阻抗是 40Ω。求平衡负载、断路(b)和短路(c)情况下的每一相的线电流和中性线(N)的电流。

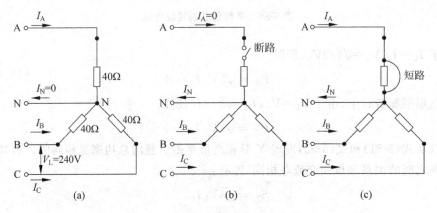

图 5-91　Y 形非平衡负载分析

解：(a) 平衡负载的情况下,有

$$I_L = I_\phi, \quad I_\phi = V_\phi/R_\phi, \quad V_\phi = V_L/\sqrt{3}$$

$$I_L = (V_L/\sqrt{3})/R_\phi = (240/1.73)/40 = 3.5A$$

$$I_N = 0$$

(b) A 断路的情况下,B 和 C 变成了串联连接,因此有 $I_B = I_C$

$$I_B = V_L/(R_B + R_C) = 240/(40 + 40) = 3A$$

$$I_N = I_B + I_C = 6A$$

(c) A 短路的情况下,$I_B = I_C$,$I_A = I_N$

$$I_B = V_L/R_B = 240/40 = 6A$$

$$I_C = I_B = 6A$$

$$I_N = \sqrt{3} I_B = 1.73 \times 6 = 10.4A$$

可见,在非平衡负载情况下,相线上的电流和中性线上的电流均会增大。尤其是某一相短路情况下,中性线上的电流上升将近 3 倍,若不及时维修,将对设备造成损坏。

5.7.5　交流发电机

交流发电机由主磁场、转子、定子、滑环等部件构成。

主磁场通常由励磁线圈产生。励磁线圈既可以在定子内,也可以在转子内,取决于发电机的具体设计。

图 5-92 是励磁线圈在定子内的交流发电机的示意图。和图 5-54(a)所示的直流发电机相比较,交流发电机不需要换向装置。

图 5-93 是励磁线圈在转子内的交流发电机原理图。转子内的线圈获得励磁电流后产生主磁场。

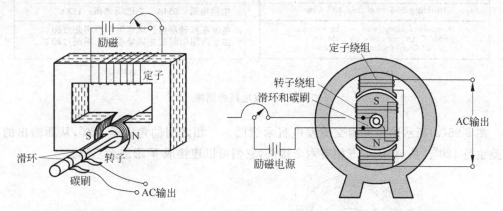

图 5-92　励磁线圈在定子内的　　　　图 5-93　励磁线圈在转子内的交流发电机原理图
　　　　　交流发电机原理图

交流发电机产生的电压大小取决于主磁场强度和转子的转速。大部分发电机都是在定速下工作的,此时电压大小取决于主磁场强度,即取决于励磁电流。励磁线圈可以设置多组,每一组产生一对磁极,使得转子旋转一周可以输出多个周期的交流电。输出的交流电的频率为

$$f = nN_p/120 \tag{5-53}$$

其中 n 是转速,转/分钟(rpm);N_p 是磁极的数量,一组磁极有南北 2 个磁极;120 是单位转换系数。

发电机的铭牌(见图 5-94)上通常会标明:

(1) 制造商;

(2) 冷却方式、序列号、类型标识和转速;

(3) 磁极数量、输出频率、相数及连接方式、最大供电电压;

(4) 额定直观功率和特定功率因数下的额定功率,励磁电压;

(5) 相电流和励磁电流;

(6) 电枢的最大允许温升和主磁场的最大允许温升。

大部分电网或输配电系统包含有多台交流发电机,它们是以并联的方式工作的,以便提高电网的供电能力。并联发电机需要满足以下几个条件:

(1) 它们的输出电压必须相等,否则低压的发电机会变成其他发电机的感抗负载;

(2) 它们的频率必须相等,否则频率低的发电机会变成其他发电机的感抗负载;

(3) 它们的电压的相位必须同步,否则会产生很大的感生电压。

电压、频率和相位均有相应的仪表进行测量,以便保持同步。

Westinghouse	西屋
AC generator air cooled NO. 6750616 Type ATB 3600 RPM	交流发电机，空冷式，编号：6750616 类型：ATB，转速：3600 转/分
2 poles 60 hertz 3-phase wye-connected for 13800 volts	二极，60Hz，三相，Y 型，13800V
Rating 15625 KVA 12500 kW 0.80 PF exciter 250 volts	额定15625kVA，12500kW，功率因数0.80 励磁电压：250V
Armature 654 amp field 183 amp	电枢电流：654A，主磁场电流：183A
Guaranteed temp. rise not to exceed 60° C on armature by detector 80° C on field by resistance	温度探测器测得的电枢温升不得超过60℃, 由于内阻引起的主磁场温升不得超过80℃
(a) 英文	(a) 中文

图 5-94　发电机的铭牌

图 5-95(a)所示的是三相交流发电机示意图。三相之间的角度是 120°，从而输出的相位差也是 120°。从 A，B，C 三相有六个接头，它们可以连接成 Y 形或者△形。

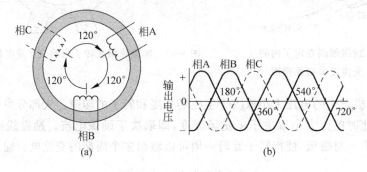

图 5-95　三相交流发电机

5.7.6　交流电动机

交流电动机，是将交流电的电能转变为机械能的一种机器。交流电动机的工作效率较高，又没有烟尘、气味，不污染环境，噪声也较小。由于它的一系列优点，所以在工农业生产、交通运输、国防、商业及家用电器、医疗电器设备等各方面得到广泛应用。

交流电动机主要由一个用以产生旋转磁场的励磁绕组（或称为定子绕组）和一个旋转电枢（或称为转子）组成。要理解交流电动机的工作原理，首先需要了解旋转磁场是如何产生的。

图 5-96 是三相交流电动机的定子绕组接线示意图，该电动机采用的是 Y 形连接方式。每一相的两个线圈相对布置，同方向缠绕。线圈产生的磁场强度和电流大小成正比。电流为零的时候，磁场强度也为零；电流达到峰值的时候，磁场强度也达到峰值。

由于三相之间的电流有 120°的相位差，因此所产生的磁场也有 120°的相位差。三相绕组产生的磁场将合并成为一个磁场推动转子的转动。

在图 5-97 中，t_1 时刻是 C 相电流最大，因此产生的磁场也最强（磁场强度见图 5-98 所示）。它和 A 相、B 相产生的磁场一起形成 t_1 时刻的混合磁场。在图中，我们用字母的字体

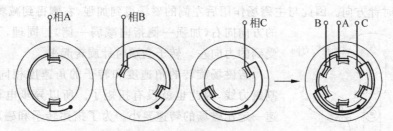

图 5-96　三相交流电动机的定子绕组

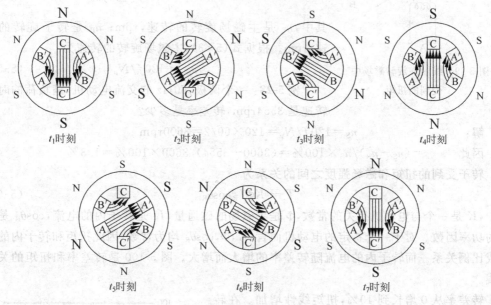

图 5-97　旋转磁场示意图

大小表示磁场的强弱,字体较大的 N 表示强度最大的北极。t_1 时刻三个北极都在上方,三个南极都在下方。t_2 时刻 A 相的磁场强度成为最大,我们可以看到混合磁场按顺时针方向旋转了 60°。直到 t_7 时刻,又恢复成了 t_1 时刻的磁场。因此在一个周期内,混合磁场旋转了一周(360°)。

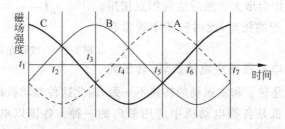

图 5-98　旋转磁场的磁场强度示意图

　　若把一个通电的转子线圈放在这样的一个旋转磁场内,转子就会由于电磁感应力而旋转起来。在顺时针旋转的磁场中,转子的导体内会产生感应电流,感应电流的方向可用右手定则判断,其方向如图 5-99 所示。其中上部的导体电流从纸面流向读者的眼睛,产生的感生磁场为逆时针方向。因此与主磁场作用后左侧的磁场得到加强,右侧得到减弱,受到的力的方向向右(加强一侧指向减弱一侧)。同理,下部的导体受到的力向左。转子会顺时针旋转起来。

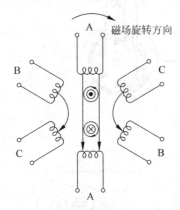

图 5-99　线圈在旋转磁场中
受到的扭矩

若磁场旋转的角速度和转子的角速度相同,则不会切割磁力线,因此也就没有扭矩了。所以异步电机转子的转速一定比磁场的转速要小。为了描述转子和磁场之间的转速差,用转差率来描述,转差率为

$$s = \frac{n_S - n_R}{n_S} \times 100\% \qquad (5\text{-}54)$$

其中,n_S 是主磁场旋转的转速,rpm;n_R 是转子旋转的转速,rpm。根据式(5-53),主磁场旋转的转速为

$$n_S = 120f/N_p \qquad (5\text{-}55)$$

例 5-28:一个两极,60Hz 的交流电动机,满负荷的时候转速是 3554rpm,转差率是多少?

解:
$$n_S = 120f/N_p = 120 \times 60/2 = 3600\text{rpm}$$

因此　　$s = (n_S - n_R)/n_S \times 100\% = (3600-3554)/3600 \times 100\% = 1.3\%$

转子受到的扭矩和磁场强度之间的关系为

$$T = K\Phi I_R \cos\theta_R \qquad (5\text{-}56)$$

其中,K 是一个与电动机有关的常数,Φ 是主磁场的磁通量,I_R 是转子内的电流,$\cos\theta_R$ 是转子的功率因数。对于一个特定的电动机而言,K,Φ,$\cos\theta_R$ 均为常数,因此扭矩和转子内的电流成比例关系。而转子内的电流随转差率的增大而增大。图 5-100 是转差率和扭矩的关系曲线。

转差率从 0 增长到 10%,扭矩线性增加。在转差率为 25% 左右达到一个扭矩的峰值,峰值扭矩称为拐点扭矩。当负载超过拐点后,电动机会突然被卡住而停止转动。一般的电动机的拐点扭矩是额定负荷下的扭矩的 200%～300%,而启动扭矩(转差率为 100% 时)在 150%～200% 之间。当电动机加速时,转差率降低,扭矩会增大。然后达到拐点扭矩后下降至和负荷相匹配的扭矩,此时转差率通常在 0～10% 之间。

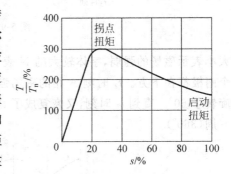

图 5-100　线圈在旋转磁场中受到的扭矩

上面介绍的这种电机靠感应电流旋转,转子无需连接外部接线。但是转子和主磁场的转速不一致,因此这种电动机称为异步电机,也称为感应电机。异步电动机是各类电动机中应用最广的一种。各国以电为动力的机械中,有 90% 左右为异步电动机。

转子绕组分鼠笼式和绕线式两种。鼠笼式转子绕组是设计成内部自身短路的绕组,转子在每个槽中放有一根导体(材料为铜或铝),导体比铁芯长,在铁芯两端用两个端环将导体短接,形成短路绕组。若将铁芯去掉,剩下的绕组形状似松鼠笼子,故称鼠笼式绕组。其结构如图 5-101 所示。鼠笼式转子结构简单,制造方便,既经济又耐用,在工农业上应用广泛。

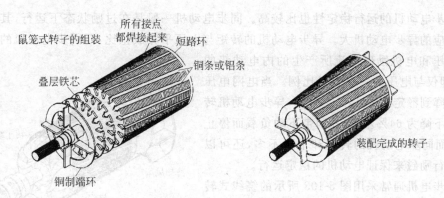

图 5-101　鼠笼式转子示意图

　　绕线式转子的绕组和定子绕组相似,是用绝缘导体嵌入转子铁芯槽内,连成 Y 形接法的三相对称绕组。然后把三个出线端分别接到转子轴上的三个滑环上,再通过电刷与外面的附加电阻相接,用以改善启动性能或调节电动机的转速。

　　工业上还有一种小功率的异步电机是采用单相电供电的。单相异步电机需要错相技术才能让主磁场旋转起来。由于电动机的输出功率不大,一般单相异步电动机的转子都采用鼠笼型转子。它的定子有一套工作绕组,称为主绕组。它在电动机的气隙中,只能产生正、负交变的脉动磁场,不能产生旋转磁场。因此,也就不能产生启动转矩。为了使电动机气隙中能产生旋转磁场,还需要有一套辅助绕组,称为副绕组。由副绕组产生的磁场与主绕组的磁场在电动机气隙中合成产生旋转磁场。此时电动机将产生启动转矩,电动机的转子才能够自行转动起来。

　　单相异步电机的原理图如图 5-102 所示。开始启动的时候,离心开关是闭合的。由于启动绕组和主绕组的感抗不同,产生相位差,从而形成一个旋转的磁场。当转速达到 70%～80%额定转速后,离心开关在离心力的作用下自动断开。

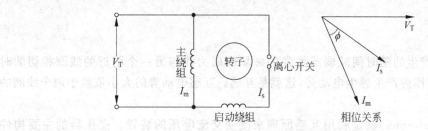

图 5-102　鼠笼式转子示意图

　　除了异步电机外,还有同步电机。所谓同步电机,就是转子的转速和主磁场的转速相同的电动机。这种电动机需要向转子提供单独的励磁电流。

　　由于同步电机可以通过调节励磁电流使它在超前功率因数下运行,有利于改善电网的功率因数。因此大型设备,如大型鼓风机、水泵、球磨机、压缩机、轧钢机等,常用同步电动机驱动。低速的大型设备采用同步电动机时,这一优点尤为突出。此外,同步电动机的转速完全决定于电源频率。频率一定时,电动机的转速也就一定,它不随负载而变。这一特点在某些传动系统,特别是多机同步传动系统和精密调速稳速系统中具有重要意义。

同步电动机的运行稳定性也比较高。同步电动机一般是在过励状态下运行,其过载能力比相应的异步电动机大。异步电动机的转矩与电压平方成正比,而同步电动机的转矩决定于电压和电机励磁电流所产生的内电动势的乘积,即仅与电压的一次方成比例。当电网电压突然下降到额定值的80％左右时,异步电动机转矩往往下降为64％左右,并因带不动负载而停止运转;而同步电动机的转矩却下降不多,还可以通过强行励磁来保证电动机的稳定运行。

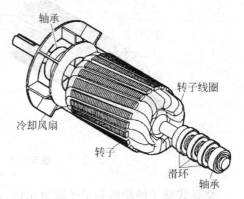

图 5-103　绕线式转子示意图

同步电机通常采用图 5-103 所示的绕线式转子。转子上有连接励磁电源的滑环,给转子线圈供电。

同步电动机仅在同步转速下才能产生平均的转矩。如在启动时立即将定子接入电网而转子加直流励磁,则定子旋转磁场立即以同步转速旋转,而转子磁场因转子有惯性而暂时静止不动,此时所产生的电磁转矩将正负交变而其平均值为零,故电动机无法自行启动。要启动同步电动机须借助其他方法,主要有以下两种方法。

(1) 异步启动法:在电动机主磁极极靴上装设笼型启动绕组。启动时,先使励磁绕组通过电阻短接,而后将定子绕组接入电网。依靠启动绕组的异步电磁转矩使电动机升速到接近同步转速,再将励磁电流通入励磁绕组,建立主极磁场,即可依靠同步电磁转矩,将电动机转子牵入同步转速。

(2) 辅助电动机启动法:通常选用与同步电动机同极数的感应电动机(容量约为主机的10％～15％)作为辅助电动机,拖动主机到接近同步转速,再将电源切换到主机定子,励磁电流通入励磁绕组,将主机牵入同步转速。

5.7.7　变压器

当一个线圈产生的随时间减弱或增强的磁场的磁力线与另一个附近的线圈相切的时候,会在另一个线圈内产生感生电动势,这就是互感。互感电动势的大小依赖于两个线圈的相对位置。

变压器(transformer)就是利用互感原理来改变交流电压的装置。变压器的主要构件有初级线圈、次级线圈和铁芯(磁芯)。铁芯的作用是加强两个线圈间的磁耦合。为了减少铁芯内涡流和磁滞损耗,铁芯由涂漆的硅钢片叠压而成。变压器的两个线圈之间没有电的连通,线圈由绝缘铜线(或铝线)绕成。一个线圈接交流电源称为初级线圈(或原线圈),另一个线圈接用电器称为次级线圈(或副线圈)。初级线圈和次级线圈的匝数比称为匝比。图 5-104 是变压器的示意图。

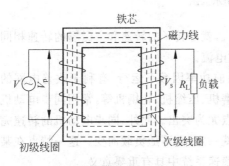

图 5-104　变压器示意图

变压器的输入电压和输出电压之比等于匝数

比,变压器的阻抗比是匝比的平方。这是因为变压器的磁力线被大部分约束在了环形的铁芯内。在不考虑漏磁的情况下,初级线圈内的磁通量在任何时刻都等于次级线圈内的磁通量。而感应电压的大小由法拉第电磁感应定律确定,即

$$V = -N\frac{\mathrm{d}\Phi}{\mathrm{d}t}$$

由于两侧磁通量随时间的导数相等,因此电压之比就是线圈匝数之比。变压器既可用于升压也可用于降压,取决于初级和次级的匝数比。

例如某变压器的初级输入电压为 240 伏,初级线圈为 250 匝,次级线圈为 50 匝,则输出电压为 48 伏。

根据初级线圈和次级线圈缠绕的方向不同,变压器可以有不同的极性,如图 5-105 所示。

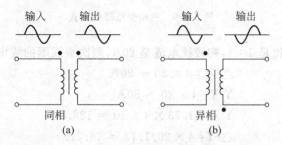

图 5-105　变压器的极性

另外,实际的变压器不可避免地存在铜损(线圈电阻发热)、铁损(铁芯发热)和漏磁(经空气闭合的磁感应线)等,忽略这些损耗的变压器称为理想变压器。理想变压器的输出功率和输入功率相等,因此有

$$V_\mathrm{p}I_\mathrm{p} = V_\mathrm{s}I_\mathrm{s} \tag{5-57}$$

下标 p 表示初级,s 表示次级。由此可见,若升压则降流,降压则升流。

实际变压器有损耗,变压器的效率即次级输出功率和初级输入功率之比,为

$$\eta = \frac{P_\mathrm{s}}{P_\mathrm{p}} \times 100\% \tag{5-58}$$

三相电有 Y 形和 △ 形,对于三相变压器,则根据初级和次级的接线方式,有四种形式,如图 5-106 所示。图中给出了各种不同接线方式下输出的线电压和线电流。V 是输入线电压,I 是输入线电流,a 是变压器的匝数比。

例 5-29:若输入线电压是 380V,则初级线圈侧的相电压为

　　　　△-△:380V

　　　　Y-Y:380/1.73 = 219.7V

　　　　Y-△:380/1.73 = 219.7V

　　　　△-Y:440V

例 5-30:若输入线电流为 10.4A,则初级线圈的相电流为

　　　　△-△:10.4/1.73 = 6A

　　　　Y-Y:10.4A

　　　　Y-△:10.4A

　　　　△-Y:10.4/1.73 = 6A

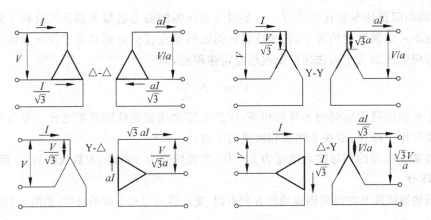

图 5-106　三相变压器的形式

例 5-31：若匝数比是 4：1，初级线电流是 20A，则次级线圈的线电流为

$$\triangle\text{-}\triangle：4\times20=80A$$

$$Y\text{-}Y：4\times20=80A$$

$$Y\text{-}\triangle：1.73\times4\times20=138.4A$$

$$\triangle\text{-}Y：4\times20/1.73=46.2A$$

下面我们来分析一下变压器的效率。由于所有变压器均有铜损和铁损，所谓的铜损指的是线圈铜线的电阻引起的损耗，而铁损是由于铁芯内部的涡电流、磁滞和漏磁引起的损耗。对于铜损，有

$$P_{\text{loss,Cu}}=I_p^2R_p+I_s^2R_s \tag{5-59}$$

其中的 I_p 是初级线圈的电流，I_s 是次级线圈的电流，R_p 是初级线圈的电阻，R_s 是次级线圈的电阻。

变压器效率为

$$\eta=\frac{P_s}{P_p}\times100\%=\frac{P_s}{P_s+P_{\text{loss,Cu}}+P_{\text{loss,Fe}}}\times100\% \tag{5-60}$$

若已知输出侧的功率因数，变压器的效率还可以写成：

$$\eta=\frac{P_s}{V_sI_s\cos\theta+P_{\text{loss,Cu}}+P_{\text{loss,Fe}}}\times100\% \tag{5-61}$$

例 5-32：某变压器的匝数比为 5：1，输出侧满载电流为 20A，测到满载情况下的铜损是 100W，初级线圈电阻为 0.3Ω，求次级线圈的电阻和二次侧的铜损。

解：
$$P_{\text{loss,Cu}}=I_p^2R_p+I_s^2R_s=100\,\text{W}$$

初级线圈电流为 $I_p=20/5=4A$，则 $R_s=\dfrac{100-I_p^2R_p}{I_s^2}=\dfrac{100-4^2\times0.3}{20^2}=0.24\Omega$，

二次侧的铜损为 $I_s^2R_s=20^2\times0.24=96\,\text{W}$，

可见，铜损主要在二次侧线圈里，占到 96%。

例 5-33：如例 5-32 的变压器的二次侧直观功率是 10kVA，功率因数是 90%，铁损是 70W，则效率为

$$\eta=\frac{P_s}{V_sI_s\cos\theta+P_{\text{loss,Cu}}+P_{\text{loss,Fe}}}\times100\%=\frac{10\,000\times0.9}{10\,000\times0.9+100+70}=98.2\%$$

练习题

1. 某线圈有 2000 匝，线圈内流过 12mA 的电流，会产生多大的磁动势。

2. 某铅酸蓄电池充满的状态下电解液的比重是 1.265，放完电时的比重是 1.132，计算比重为 1.210 时，电池处于什么状态？

3. 计算如下电路的等效电阻。

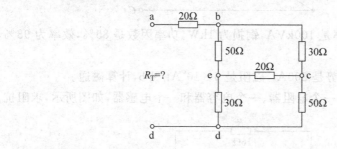

4. 计算如下电路的等效电容。

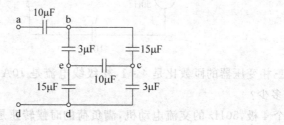

5. 若交流电的峰值电压是 380V，有效电压是多少？

6. R-L-C 并联电路如下图所示，求总电流。

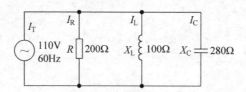

7. R-L 电路，参数如图所示，计算功率因数、电源的电压、有功功率、无功功率和直观功率。

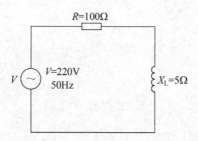

8. △形平衡负载如图所示,若功率因数为 0.8,求线电压、线电流、总有功功率、无功功率和直观功率。

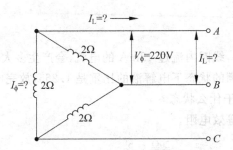

9. 某变压器的直观功率是 100kVA,铜损为 1kW,功率因数是 85%,效率为 98%,计算铁损。

10. 若某一线圈的磁动势是 200At,磁阻是 $5×10^6$ At/Wb,计算磁通。

11. 某 R-C-L 电路包含一个电阻器、一个电容器和一个电感器,如图所示,求阻抗。

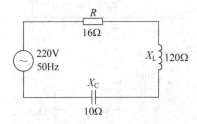

12. 若三相变压器的匝数比是 4:1,初级线电流是 10A,则按照 Y-△接线的次级线圈的线电流是多少?

13. 一个 4 极,50Hz 的交流电动机,满负荷的时候转速是 1450rpm,转差率是多少?

14. 若交流电的峰值电压是 380V,有效电压是多少?

15. 若电容器板板面积是 $0.8×10^{-5}$ m²,板间距是 0.01m,介质的相对介电常数是 8.5,则电容是多少?

第6章

仪表与控制

· · · · · · · · · · · · ·

控制仪表是指自动控制被控变量的仪表。它将测量信号与给定值比较后，对偏差信号按一定的控制规律进行运算，并将运行结果以规定的信号输出。工程上将构成一个过程控制系统的各个仪表统称为控制仪表。本章主要介绍温度、压力、水位、流量、位置、辐射等测量原理和系统控制原理。

6.1 温度测量

温度是表示物体冷热程度的物理量，微观上来讲是物体分子热运动的剧烈程度。

温度的测量依据热力学第零定律：如果两个热力学系统都与第三个热力学系统处于热平衡，则它们彼此也必定处于热平衡。热力学第零定律的重要性在于它给出了温度的定义和测量方法。定律中所说的热力学系统是指由大量分子、原子组成的物体或物体系。

这个定律反映出：处在同一热平衡状态的所有的热力学系统都具有一个共同的宏观特征，这一特征是由这些互为热平衡系统的状态所决定的一个数值相等的状态函数，这个状态函数被定义为温度。而温度相等是热平衡之必要条件。

温度只能通过物体随温度变化的某些特性来间接测量，而用来量度物体温度数值的标尺叫温标。它规定了温度的读数起点（零点）和测量温度的基本单位。温度的国际单位为热力学温标（K）。目前国际上用得较多的其他温标有华氏温标（℉）、摄氏温标（℃）等。

温度的测量有接触式测温法和非接触式测温法。接触式测温法的特点是测温元件直接与被测对象接触，两者之间进行充分的热交换，最后达到热平衡，这时感温元件的某一物理参数的量值就代表了被测对象的温度值。这种方法的优点是直观可靠，缺点是感温元件有可能会影响被测温度场的分布，接触不良也会带来测量误差。另外温度太高和腐蚀性介质对感温元件的性能和寿命会产生不利影响。非接触式测温法的特点是感温元件不与被测对象相接触，而是通过辐射进行热交换，故可以避免接触式测温法的缺点。非接触式测温法具有较高的测温上限。此外，非接触式测温法热惯性小，故便于测量运动物体的温度和快速变化的温度。由于受物体的发射率、被测对象到仪表之间的距离以及烟尘、水汽等其他的介质的影响，这种方法的测温误差不太好控制。

6.1.1 电阻温度探测器

核电厂广泛采用电阻温度探测器（resistance temperature detector，RTD）测量温度。

RTD的测温原理是：纯金属或某些合金的电阻随温度的升高而增大,随温度降低而减小。因此RTD有点像是一个温电转换器,把温度变化转化为电压变化。最适合RTD使用的金属是在给定温度范围内保持稳定的纯金属。电阻-温度变化关系最好是线性的,温度系数(温度系数的定义是单位温度引起的电阻变化)越大越好,而且要能够抵抗热疲劳,随温度变化响应灵敏。只有少数几种金属能够满足这样的要求。

RTD通常用铂金、铜或镍。这几种金属的电阻-温度关系如图6-1所示,它们的温度系数较大,随温度变化响应快,能够抵抗热疲劳,而且易于加工制造成为精密的线圈。

RTD是目前最精确和最稳定的温度传感器。它的线性度优于热电偶和热敏电阻。但RTD也是响应速度较慢而且价格比较贵的温度传感器。因此RTD最适合对精度有严格要求,而速度和价格不太关键的应用领域。

图6-2是一个典型的RTD的内部构造图(a)和实物图(b)。其中的陶瓷绝缘体用于隔离金属外壳和内部的线圈。因科镍合金是一种由镍、铁、铬按一定比例组成的合金。因科镍合金的耐腐蚀性很好,因此一般用它来做RTD的包壳材料。RTD探头和流体接触后,探头迅速和周围介质达到热平衡,通过测量铂线圈的电阻即得到温度的值。测量铂线圈的电阻需要用后文介绍的桥式电路。

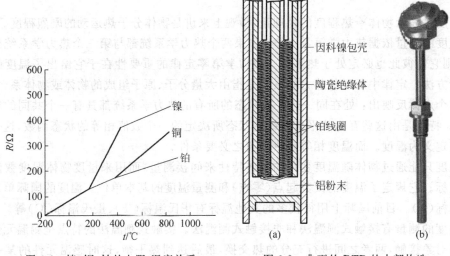

图 6-1　镍、铜、铂的电阻-温度关系　　　　图 6-2　典型的 RTD 的内部构造

图6-3显示的是典型的RTD的保护套和探头,保护套主要用于保护RTD免遭被测量介质的破坏。保护套通常由不锈钢、碳钢、因科镍或铸铁制成,使用温度可以达到1100℃。

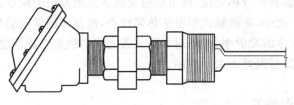

图 6-3　RTD 的保护套和探头

6.1.2 热电偶

热电偶(thermocouple)是温度测量仪表中常用的测温元件。它直接测量温度,并把温度信号转换成电动势信号,通过电气仪表(二次仪表)转换成被测介质的温度。热电偶具有结构简单、制造方便、测量范围广、精度高、热惯性小和输出信号便于远程传输等许多优点。另外,由于热电偶是一种有源传感器,测量时不需外加电源,使用十分方便。所以常被用作测量炉子、管道内的气体或液体的温度及固体的表面温度。

在第 5 章介绍电的产生方法时曾介绍过,两种不同成分的导体(称为热电偶丝或热电极)两端接合成回路,当两个接合点的温度不同时,在回路中就会产生电动势,这种现象称为热电效应,而这种电动势称为热电势。热电偶就是利用这种原理进行温度测量的。其中,直接用作测量介质温度的一端叫做工作端(也称为测量端),另一端叫做冷端(也称为补偿端)。冷端与显示仪表或配套仪表连接,显示仪表会指出热电偶所产生的热电势大小或标定为温度显示。

热电偶可由多种形式,取决于配对材料的选取。不同材料的特性通常用它和铂一起使用时的相对热电动势差(1℃温差引起的电动势差)来描述。不同材料的特性如图 6-4 所示。

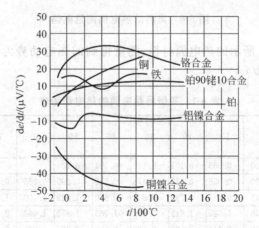

图 6-4 不同的材料和铂一起作为热电偶时的特性

相对热电动势差越大,则测量精度会越高。除了图 6-4 中的材料以外,还有一些特殊的材料用于测量温度。例如铬镍铜合金型热电偶在温度达到 1200℃时还有很好的测量精度。钨铼合金的测温范围可达 2800℃。

图 6-5 显示的是热电偶的内部结构图(a)和实物图(b)。热电偶材料通常被封装在耐腐蚀的包壳材料内,测温点在最端部。在热电偶线圈附近填充氧化镁,一方面为了防止电偶丝在震动情况下断裂,另外一方面增强包壳和电偶材料之间的导热,使得热电偶可以很快和周围被测介质达到热平衡。

热电偶内产生的电动势的大小取决于测量点和参考点的温度差、热电偶材料的选取以及测量电路的特性。典型的热电偶测量电路如图 6-6 所示。为了把测到的电动势和温度建立对应关系,通常需要用表 6-1 所示的热电动势表。热电偶的制造商会提供这样的热电动势表。

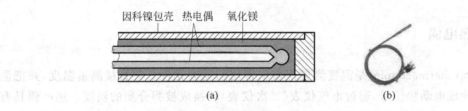

　　因科镍包壳　热电偶　氧化镁

(a)　　　　　　　　　　(b)

图 6-5　典型的热电偶的内部结构

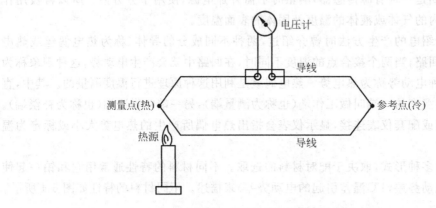

电压计

导线

测量点(热)　　　　　　　　　　　　　　　参考点(冷)

热源

导线

图 6-6　典型的热电偶测量电路

　　例 6-1：若用表 6-1 所示的热电偶材料，测量得到的热电动势为 7.2mV，参考点温度为 20℃，则被测温度是多少？

表 6-1　某型号热电偶的热电动势表　　　　　　　　　　　　　　　mV

被测点温度/℃ ＼ 参考点温度/℃	0	10	20	30	40	50	60	70	80	90	100
−0	0.000	−0.053	−0.103	−0.150	−0.194	−0.236					
+0	0.000	0.055	0.113	0.173	0.235	0.299	0.365	0.432	0.502	0.573	0.645
100	0.645	0.719	0.795	0.872	0.950	1.029	1.109	1.190	1.273	1.356	1.440
200	1.440	1.525	1.611	1.698	1.785	1.873	1.962	2.051	2.141	2.232	2.323
300	2.323	2.414	2.506	2.599	2.692	2.786	2.880	2.974	3.069	3.164	3.260
400	3.260	3.356	3.452	3.549	3.645	3.743	3.840	3.938	4.036	4.135	4.234
500	4.234	4.333	4.432	4.532	4.632	4.732	4.332	4.933	5.034	5.136	5.237
600	5.237	5.339	5.442	5.544	5.648	5.751	5.855	5.960	6.064	6.169	6.274
700	6.274	6.380	6.486	6.592	6.699	6.805	6.913	7.020	7.128	7.236	7.345
800	7.345	7.454	7.563	7.672	7.782	7.892	8.003	8.114	8.225	8.336	8.448
900	8.448	8.560	8.673	8.786	8.899	9.012	9.126	9.240	9.355	9.470	9.585
1000	9.585	9.700	9.816	9.932	10.048	10.165	10.282	10.400	10.517	10.635	10.754
1100	10.754	10.872	10.991	11.110	11.229	11.348	11.467	11.587	11.707	11.827	11.947
1200	11.947	12.067	12.188	12.308	12.429	12.550	12.671	12.792	12.913	13.034	13.155
1300	13.155	13.276	13.397	13.519	13.640	13.761	13.883	14.004	14.125	14.247	14.368
1400	14.368	14.489	14.610	14.731	14.852	14.973	15.094	15.215	15.336	15.456	15.576
1500	15.576	15.697	15.817	15.937	16.057	16.176	16.296	16.415	16.534	16.653	16.771
1600	16.771	16.890	17.008	17.125	17.243	17.360	17.477	17.594	17.711	17.826	17.942
1700	17.942	18.058	18.170	18.282	18.394	18.504	18.612				

解：根据表 6-1，参考点温度为 20℃，被测点温度为 700℃时，热电动势为 6.486mV。被测点温度为 800℃时，热电动势为 7.563mV。

因此 7.2mV 意味着被测点的温度在 700～800℃之间。

可以通过线性插值来进行计算，根据线性关系，有

$$\frac{t-t_1}{V-V_1} = \frac{t_2-t_1}{V_2-V_1}$$

其中，下脚标 1 代表 700℃，2 代表 800℃。则有

$$t = t_1 + \frac{t_2-t_1}{V_2-V_1}(V-V_1) = 700 + \frac{800-700}{7.563-6.486} \times (7.2-6.486) = 766.3℃$$

6.1.3　测温电路

在用 RTD 传感器的时候，需要精确地测量电阻，此时通常用桥式电路来进行测量。桥式电路如图 6-7 所示。图中的 R_1，R_2，R_3 为已知电阻，其中的 R_3 是可调的。R_x 是未知电阻。当灵敏电流计内的电流为零的时候，有

$$\frac{R_1}{R_3} = \frac{R_2}{R_x} \qquad (6-1)$$

因此得到

$$R_x = \frac{R_2 R_3}{R_1} \qquad (6-2)$$

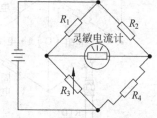

图 6-7　精确测量电阻的桥式电路

在实际的测温电路中，可采用平衡式或非平衡式两种桥式电路测量热敏电阻的值。图 6-8 是非平衡式桥式测温电路示意图。

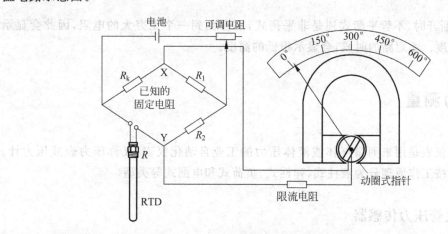

图 6-8　非平衡式桥式测温电路

在图 6-8 中，R_1，R_2 是和测温范围有关的固定阻值的电阻，R_k 是阻值与 RTD 型号有关的但也已经确定的固定电阻。在标定的 0° 为平衡点，此时 X，Y 之间没有电压差，电压表内读数为零。当 RTD 端温度升高时，电阻增大，X 和 Y 之间会产生电压差，毫伏电压表会显示读数。可以把电压表的指针直接标定为温度的读数。

对于非平衡式测温电路的标定会用一个精确的固定电阻替代 RTD,如图 6-9 所示。通过调节 R_b 使得电压计读数和标准电阻相同。

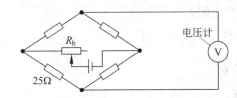

图 6-9　非平衡式测温电路的标定

平衡式桥式测温电路如图 6-10 所示。通过带滑尺的可调电阻测得灵敏电流计内没有电流(平衡)时的电阻。

平衡式桥式电路要通过滑尺调节可调电阻的阻值,当然很多情况下不可能用手动去调节,因此需要设计一套传动机构去调节,如图 6-11 所示。

在没有平衡的时候,桥式电路的灵敏电流计两端会有电压差,输出一个 DC 信号。经过 DC-AC 转换器变换为 AC 信号,然后经过放大后使得和它相连的电动机可以驱动滑尺移动。当滑尺移动到平衡位置时,电机会自动停止。

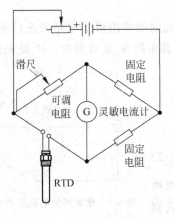

图 6-10　平衡式桥式测温电路

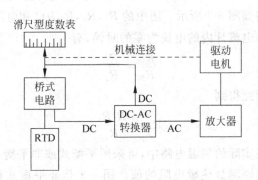

图 6-11　平衡式桥式测温装置

当 RTD 断开时,不管平衡式还是非平衡式,都会测到一个无穷大的电阻,因此会显示一个很高的温度。而短路的时候,会显示很低的温度。

6.2　压力测量

压力测量仪表是用来测量气体或液体压力的工业自动化仪表,又称压力表或压力计。压力测量仪表按工作原理分为液柱式、弹性式、负荷式和电测式等类型。

6.2.1　波纹管压力传感器

用波纹管(metallic bellows)作为感受压力的敏感元件的压力计叫做波纹管压力计,这是一种弹性式压力计。波纹管又称皱纹箱,它是一种表面上有许多同心环状波形皱纹的薄壁圆管,如图 6-12 所示。

当波纹管作为压力敏感元件时,将波纹管开口的一端连接于固定的基座上,压力由此传至管内。在压力的作用下,波纹管伸长或收缩一直到压力与弹性力平衡为止。这时管的自

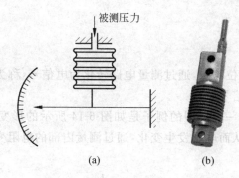

图 6-12　波纹管压力传感器示意图

由端就产生一定位移,通过传动放大机构后,使指针转动显示读数。波纹管自由端的位移与所测压力成正比。

波纹管可以分成单层和多层。在总厚度相同的条件下,多层波纹管的内部应力小,能承受更高的压力,耐久性也有所增加。在压力或轴向力的作用下,波纹管将伸长或缩短,由于它在轴向容易变形,所以灵敏度较高。

波纹管对于低压力(3000Pa～0.5MPa)比弹簧管和膜片灵敏,而且所能产生用以转动指针或记录笔的力也比较大。增加了弹簧后的多层波纹管的测压范围可以达到7MPa(可测量压水堆核电厂二次侧蒸气的压力)。

6.2.2　弹簧管压力传感器

弹簧管压力传感器是最古老的一种压力测量仪表,如图 6-13 所示。

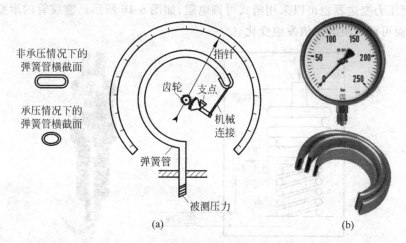

图 6-13　弹簧管压力传感器示意图

弹簧管通常做成 270°～300°的圆形,管道的横截面在初始非承压状态下是由两侧长而平、两端半圆形的扁管,在承压后截面会在压力作用下逐渐变成椭圆形甚至圆形。随着截面的变形弹簧的端点会发生移动,把这个位移通过机械传动机构用指针放大后显示即可读出压力的值,也可以通过后文要讨论的方法把位移转化为电信号。

6.2.3　压力变送器

把压力传感器产生的位移量,通过测量电路转化为电信号,称为压力变送器。可以转化为电阻、电容或者电抗等信号。

电阻型压力变送器的一个典型的例子是如图 6-14 所示的形变仪。形变电阻的阻值在压力作用下会发生变形,从而电阻发生变化,通过测量内部的电阻变化可以测得压力。

形变电阻的阻值为

$$R = K \frac{L}{A} \tag{6-3}$$

其中,K 为一个比例常数,L 是形变电阻的长度,A 是形变电阻的截面积。当形变电阻变形时,若长度增大,则截面积会变小,从而电阻变大。

用形变仪制成的压力变送器如图 6-15 所示,波纹管的变形通过弹性梁传送到形变仪,转化为电阻信号后可以通过前文介绍过的桥式电路测量到电阻的变化。

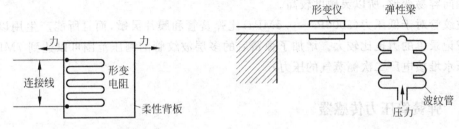

图 6-14　形变仪示意图　　　　　　图 6-15　压力变送器示意图

电阻型压力变送器也可以采用滑式可调电阻,如图 6-16 所示。波纹管的形变会推动滑片移动,从而可调电阻的阻值发生变化。

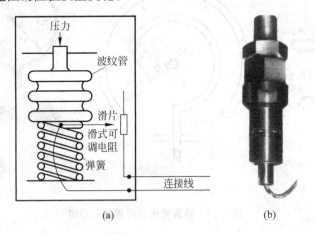

(a)　　　　　　　　　　(b)

图 6-16　滑式可调电阻型压力变送器

电感型压力变送器如图 6-17 所示。包含三部分:线圈、可移动铁芯、压力传递连杆。压力变化引起的位移会推动铁芯运动,从而改变线圈的电感。线圈连接交流电源,在电感发生变化的时候,线圈内的电流会发生相应的变化。为了提高灵敏度,线圈可以等分为上下两部分,当铁芯运动时,一部分线圈电感增大,而另一部分减小。

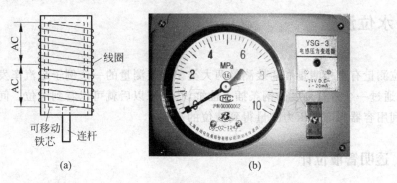

(a)   (b)

图 6-17 电感式压力变送器

还有一种采用差动方式的电感式压力变送器,如图 6-18 所示。通有交流电的主线圈缠绕在中间,两端分别缠绕输出线圈。两端线圈的缠绕方向相反。铁芯处于中间位置时没有输出,铁芯往哪侧移动,就会在哪侧产生输出信号。

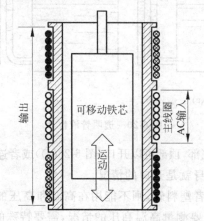

图 6-18 差动电感式压力变送器

电容型压力变送器如图 6-19 所示。由两片可变形或者一片可变形加一片固定式的极板组成。随着压力的作用,极板之间的电容会发生变化。

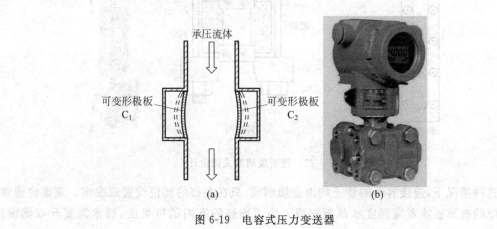

(a)   (b)

图 6-19 电容式压力变送器

6.3 水位测量

水位测量有直接测量和间接测量两大类。直接测量的一个例子是汽车发动机的机油液位测量，通过一个带有刻度的钢条插入油缸，拔出来以后就可以看到油位。间接测量的一个例子是利用容器底部的压力测量得到液位的高度。

6.3.1 透明管液位计

最直观简单的液位计是透明管，如图 6-20 所示。

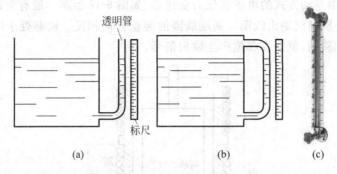

图 6-20 透明管液位计

透明管底部连接容器的底部，顶部可以开口(图 6-20(a))或者连接容器的顶部(图 6-20(b))。开口的情况是适用于容器本身就是开口的情况。

若透明管采用玻璃管或者塑料管，则不能用在高温和高压的情况，压力一般在 2.5MPa 以下，温度在 200℃ 以下。若要测量高温高压的情况，需要特殊的设计，如图 6-21 所示。

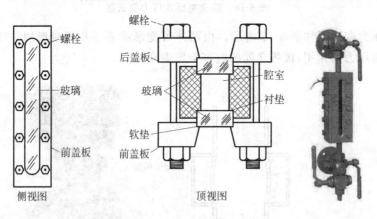

图 6-21 透明玻璃窗式液位计

这种情况下，连接容器的管子均由金属制成，只在观察的部位设置观察窗。观察窗通常用厚厚的玻璃板或者高强度水晶板制成。为了增强腔室内的可见度，通常需要开双侧窗。

不过也有开单侧窗的,这时候需要用棱镜式的设计,在玻璃靠近腔室的一侧挖出棱镜槽,如图 6-22 所示。光线从玻璃进去以后,若里面是气体则会反射出来;若里面是液体则不能反射回来。这是因为气体的折射角是 42°,而液体的折射角是 62°。因此有液体的部分是黑色的,而没有液体的部分是银白色的。

还有一种是自带光源的折射式透明窗液位计,如图 6-23 所示。这种液位计在光照较低的情况下特别有用。光线在水中的折射角大,气体中的折射角小。因此腔室里面有液体的时候,光线被折射到绿色玻璃,绿色玻璃被照亮,显示绿色。若腔室里面是气体,红色玻璃被照亮,显示红色。因此可以根据颜色确定出水位来。

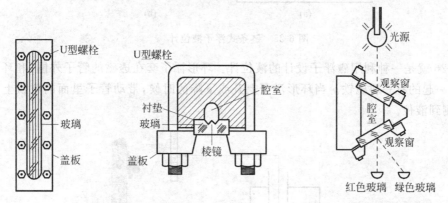

图 6-22 棱镜式透明窗液位计　　　　图 6-23 折射式透明窗液位计

6.3.2 浮子式液位计

浮子式液位计也是一种常用的液位计,机械传动的浮子式液位计的原理如图 6-24 所示。当浮子(浮球)由于液位升高而升高时,连杆推动转轴转动,指针旋转,就可以从已经标定好的刻度盘读到液位的高度。为了使得液位高度和指针旋转角度之间具有比较好的线性关系,通常连杆和水平面之间的角度小于 30°。水位的量程可以通过连杆的长度进行调节。

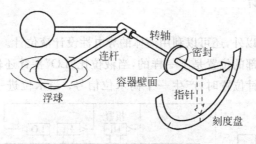

图 6-24 杠杆式浮子液位计

浮子液位计也可以设计成如图 6-25 所示的链条或皮带轮式,通过轮的转动带动指针的旋转。这种方式的测量线性度较好,而且量程几乎不受限制。

在有些情况下,如图 6-24 所示的密封比较困难,希望采用壁面无穿透的方式。

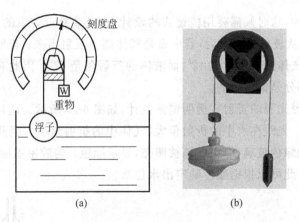

图 6-25　链条式浮子液位计

图 6-26 就是一种利用磁浮子设计的液位计。环形浮子套在透磁的管子外围,和环形浮子固定在一起的有一块磁铁。当环形浮子上升或下降的时候,带动管子里面的磁铁上下移动,从而测到液位。

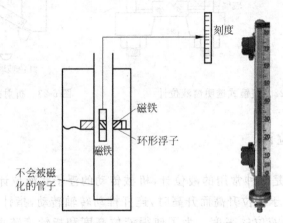

图 6-26　磁浮子液位计

6.3.3　电导式液位计

除了浮子式液位计以外,还可以利用液体的导电性设计液位计。图 6-27 所示的是三探针式液位计。三个探针顶部的位置是不一样的,当液位比"LO"探针还低时,产生一个低水位信号;当液位达到"HI"探针位置时,产生一个高水位信号;当水位进一步升高时,产生报警信

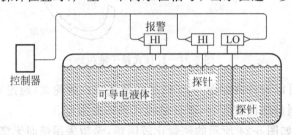

图 6-27　电导式液位计

号。这些水位信号可用于控制系统的输入信号,去调节阀门开度,或者启动或停止泵等设备。

6.3.4　差压式液位计

此外,还可以利用液柱产生的压力来测量液位的高度,其原理如图 6-28 所示。在水位发生变化后,差压变送器测到的压差也会随之发生变化,它们之间有线性的关系。由于图 6-28 所示的容器是开口的,因此差压变送器的低压端只需要开口连通大气就可以了。否则需要如图 6-29 所示的把低压端连通到容器的顶部。

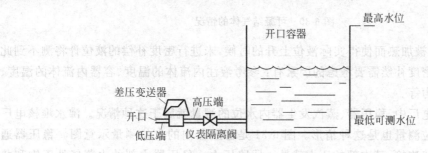

图 6-28　差压式液位计

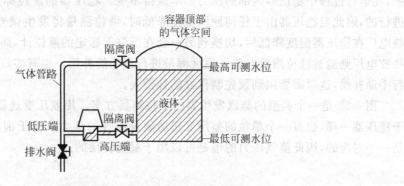

图 6-29　把低压端连通到容器的顶部

这时候要注意的是差压变送器的低压端需要设置排水阀。当低压端管路里面进水的时候,要先关闭隔离阀,然后打开排水阀排空里面的液体。因为如果气体管路里面有液柱,会影响测量结果。

若容器内的气体是水蒸气,由于水蒸气是可凝结气体,采用图 6-29 所示的差压液位计会存在问题。这是因为水蒸气会在气体管路内凝结,慢慢形成液柱,而排水阀在测量的时候是要关闭的,因此需要改进为如图 6-30 所示的液位计来对付可凝气体的情况。此时向参考液柱内先注满液体,然后差压变送器的高压端接在参考液柱一侧。若水蒸气在测量管道内发生冷凝,凝结水会自动流回到容器。

当容器内的蒸气密度不能忽略(随着压力的升高蒸气的密度也会升高)或者容器内液体的温度较高,和测量管道内的液体存在密度差的时候,需要进行密度补偿。

当容器内的液体被加热或者冷却时,密度会发生变化,从而比体积也会变化。即同样质量的液体具有不同的体积,也就具有了不同的液位。由于重力压头只与液柱内流体的重力

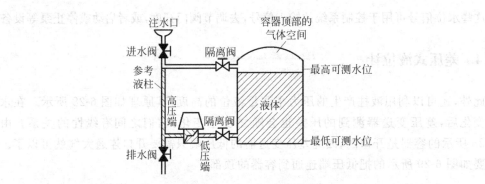

图 6-30　可凝结气体的情况

有关,因此当液体被加热而使得实际液位上升的时候,未进行密度补偿的液位计将测不到此时液位的变化。密度补偿需要考虑的因素有:参考液注内流体的温度、容器内流体的温度、容器内蒸气的压力等。

在压水堆核电厂中,稳压器、蒸汽发生器内水位的测量就属于这种情况。沸水堆核电厂的压力容器内水位测量也是这种情形。图 6-31 是稳压器内的水位测量示意图。稳压器通过波动管和一回路连接,其内部的压力就是一回路压力。稳压器内部的水蒸气处于饱和状态,在运行过程中稳压器内部的压力基本保持不变。稳压器的液位标定是在热态的情况下进行的,因此当稳压器由于任何原因温度降低时,液位测量将发生误差。实际情况中,有些核电厂在稳压器温度降低后,切换到另一套在低温下标定的液位计,而不采用密度补偿。有些核电厂则通过液位测量电路和温度测量进行自动的补偿。也有些核电厂根据温度测量进行手动补偿,这时需要用到预先制作好的补偿表。

图 6-32 是一个典型的蒸汽发生器的水位测量方案。用差压变送器测量水位压差,类似于稳压器一样,也有一个单独的差压变送器测量蒸气的压力。由于饱和蒸气的温度和压力是一一对应的,因此蒸气压力的值是可以用于温度补偿的。

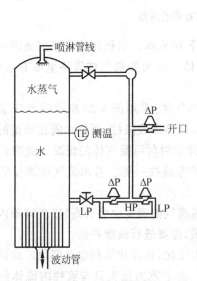

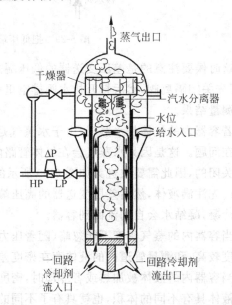

图 6-31　压水堆核电厂的稳压器水位测量　　　图 6-32　压水堆核电厂的蒸汽发生器水位测量

当蒸气压力上升时,温度也上升,此时测量液位的差压变送器测到的压差并没有变化,但是实际的水位已经发生了变化。压力升高量和饱和压力之比值,用于补偿测量水位的差压变送器的输出。

6.4　流量测量

在流体流动的系统中,流量的测量是最基本也是最重要的测量之一。利用流体流过特定的部件产生的压力差的原理是测量流量的基本原理。

如图 6-33 所示,要测量的量是管道内流体的质量流量(或者体积流量)。若在管道中间设置一个限流器使流通面积缩小,则在限流器的上下游将产生静压差。如果如图所示连接上 U 形管式差压计,则可以测得压力差。

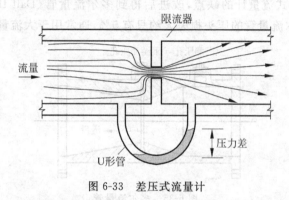

图 6-33　差压式流量计

而根据第 4 章介绍过的局部压降原理,有

$$\Delta p_{\mathrm{k}} = K \frac{\rho V_{\mathrm{m}}^2}{2} \tag{6-4}$$

而质量流量 q_{m} 为

$$q_{\mathrm{m}} = \rho V_{\mathrm{m}} A \tag{6-5}$$

其中,A 是管道流动面积,V_{m} 是平均流速。因此有

$$q_{\mathrm{m}} = \sqrt{\frac{2\rho A^2}{K} \Delta p_{\mathrm{k}}} = A\sqrt{\frac{2\rho}{K} \Delta p_{\mathrm{k}}} \tag{6-6}$$

其中 K 是局部阻力系数。

6.4.1　文丘里式流量计

文丘里式流量计属于差压式流量计的一种,由于其测量精度高而得到广泛的应用。其基本测量原理是以能量守恒定律——伯努力方程和流动连续性方程为基础的流量测量方法(图 6-34),其基本原理已经在第 4 章介绍过。如图 6-34 所示,流体的入口段是一个收缩的锥形管,中间是一段直管,出口是一个扩张的锥形管。流体流入截面收缩的锥形管后,流体被加速,压力下降,可以通过测得入口压力和收缩后的压力差,经过仔细标定后得到流

量。下游的扩张段是为了恢复压力的,使得总的压头损失只有测压孔处测得压力差的10%~25%。这种流量计的优点是经过仔细标定后精度高,缺点是安装比较复杂,安装成本和难度都比较高,检修也不太方便。

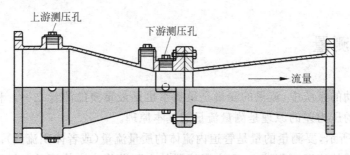

图 6-34　文丘里式流量计

为了克服文丘里式流量计的缺点,改进后得到多尔流量管(Dall flow tube)型流量计,如图 6-35 所示。多尔流量管的压头损失大约只有 5%,通常用于大流量的大管道流量测量。

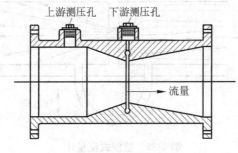

图 6-35　多尔流量管

6.4.2　毕托管

如图 6-36 所示的毕托管,是另一类用差压方式测量流量的方式。

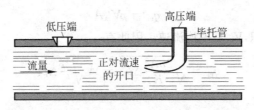

图 6-36　毕托管

毕托管的开口正对着流量的方向(在空气动力学领域也称为空速管),由于流体的动能转化为势能使得压力升高,毕托管的连通端连接差压变送器的高压端。毕托管实际上是测量流速的,但是由于流速和流量之间具有特定的关系,因此可用于测量流量。

6.4.3　浮子流量计

还有一些其他形式的流量计,浮子流量计就是一种应用比较广泛的流量计,其基本原理如图 6-37 所示。由于流过管道的流量和流通面积有关,因此通过一个放置在锥形管内的浮子的上下运动来改变流通面积,就可以根据浮子的高度位置进行流量的刻度了。

为了提高测量精度和稳定性,浮子通常设计成为旋转式浮子。浮子流量计通常用于小流量的测量。

6.4.4　蒸气流量测量

由于蒸气的密度小、流速高,蒸气流量的测量和水流量的测量稍微有点不同。一般采用喷嘴型节流器的方式测量流量。喷嘴型节流器的示意图如图 6-38 所示。

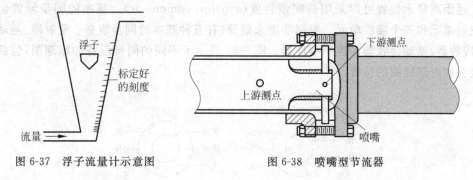

图 6-37　浮子流量计示意图　　　　　图 6-38　喷嘴型节流器

喷嘴型节流器由于有流线型的设计,使得可测量的流量比节流孔板要大 60% 以上。由于水蒸气的密度随温度和压力的变化比较明显,因此流过喷嘴型节流器的体积流量和质量流量分别为

$$q_{\mathrm{V}} = K\sqrt{\frac{\Delta p}{\rho}} \tag{6-7}$$

$$q_{\mathrm{m}} = \rho q_{\mathrm{V}} \tag{6-8}$$

其中,K 是和具体结构参数有关的常数。对于可以近似为理想气体的流体,密度为

$$\rho = \frac{pM}{RT} \tag{6-9}$$

其中,M 是摩尔质量,R 是气体常数。

因此通过测量温度和压力可用于确定密度,从而确定质量流量。例如图 6-39 所示的是利用温度和压力的测量值进行运算得到流量的测量方案。

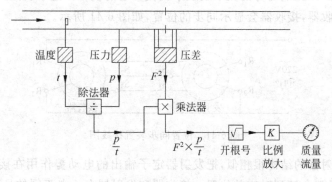

图 6-39　利用温度和压力运算的蒸气流量测量

6.5　位置测量

在核电厂中,位置测量主要用于测定控制棒的位置或者阀门的位置,并把信号远程传送到主控室。

6.5.1　位置同步装置

远距离显示位置可以采用自同步装置(synchro equipment)。基本的同步装置包含一个发射单元和一个接收单元。根据功能来划分,有五种基本的同步设备:发射器、差动发射器、接收器、差动接收器和控制变压器。图 6-40 显示了不同的同步设备的原理图,包括外部连接头和内部线圈的位置。

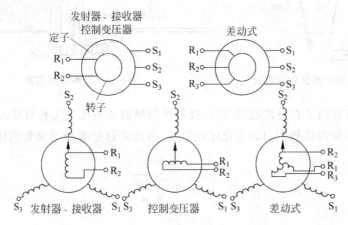

图 6-40　同步设备的原理图

如果某一个设备需要的功率大于和它同步的设备提供的功率,则需要功率放大器给它提供额外的功率。

发射器,由一个单线圈的转子和 120°布置的三个线圈的定子组成。当机械部件运动时,与之相连的转子就会有旋转,从而在定子线圈内产生感生电动势,感生电动势的大小取决于转子的位置。因此电动势的大小反映了机械移动的位移。定子线圈产生的感生电动势用导线输送到接收器,接收器会显示同步的位置,如图 6-41 所示。

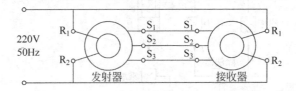

图 6-41　位置同步装置接线图

接收器和发射器的结构很相似,把发射器定子输出的电动势作用在接收器的定子线圈上,接收器的转子就会转到对应的位置。接收器和发射器有一点不同的是,接收器内有防止转动过度的阻尼装置。若没有阻尼装置,则接收器跟踪发射器位置的时候容易发生超调,即调整过度,再落回来,几度反复后才能调整到对应位置。

差动式同步装置在发射器和接收器之间插入另一个信号,发射器的动作信号先和差动器的信号进行加法或减法运算,然后再发送给接收器。这样的设计使得接收器的跟随特性可以设计得更好。后文介绍控制系统原理的时候会介绍,这是一种前馈式控制,能改善系统的跟随特性。

当只需要产生一个电压信号,而无需接收器显示位置的情况下,可以用控制变压器连接发射器。此时控制变压器的输出是一个和位置相对应的电压信号。

6.5.2 限位开关

限位开关(limit switches)又称行程开关。可以安装在相对静止的物体上(如固定架、控制棒套筒等)或者运动的物体上。当运动部件接近限位开关时,开关的连杆推动接点引起开关闭合或者断开。由开关接点开、合状态来改变控制系统的动作。

图 6-42 是一种判断阀杆位置的设计。根据两个限位开关的状态,就可以判断阀杆的位置,并可用于显示或者控制。

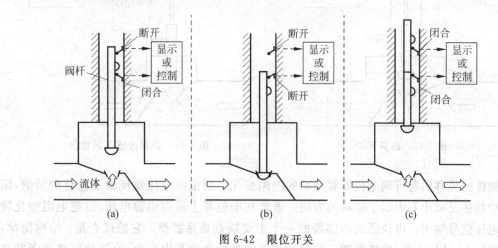

图 6-42 限位开关

限位开关的故障通常是机械故障。若预定的控制功能没有实现,应当检查限位开关是否发生机械故障。

6.5.3 磁簧开关

为了克服限位开关机械故障率较高的缺点,设计出了磁簧开关。磁簧开关由于结构简单,其可靠性比限位开关要高。磁簧开关的工作原理由两片可磁化的簧片(通常由铁和镍制成)所组成,簧片的作用相当于一个磁通导体。在尚未操作时,两片簧片并未接触。在通过永磁铁或电磁线圈产生的磁场时,外加的磁场使两片簧片端点位置附近产生不同的极性。当磁力超过簧片本身的弹力时,这两片簧片会吸合导通电路。当磁场减弱或消失后,簧片由于本身的弹性而释放,触面就会分开,从而打开电路。其工作原理如图 6-43 所示。通过布置大量的磁簧开关,可以十分精确地定位机械部件的位置。核电厂通常采用磁簧开关显示控制棒的棒位。

6.5.4　位移传感器

位移传感器又称为线性传感器。常用位移传感器包括电位器式位移传感器、电感式位移传感器、自整角机、电容式位移传感器、电涡流式位移传感器、霍尔式位移传感器等。

电位器式位移传感器通过电位器元件将机械位移转换成与之相关的电阻或电压输出。普通直线电位器和圆形电位器都可分别用作直线位移和角位移传感器。但是,为实现测量位移目的而设计的电位器,要求在位移变化和电阻变化之间有一个确定的关系。电位器式位移传感器的可动电刷与被测物体相连,如图 6-44 所示。

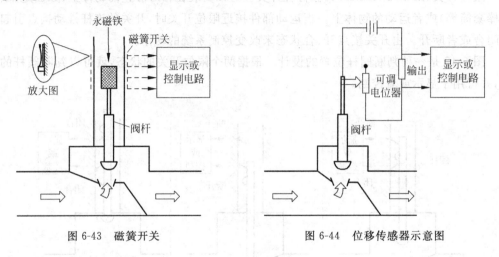

图 6-43　磁簧开关　　　　　　　　图 6-44　位移传感器示意图

物体的位移引起可调电位器移动端的电阻变化。阻值的变化量反映了位移的量值,阻值的增加还是减小则表明了位移的方向。通常在电位器上通以电源电压,以把电阻变化转换为电压信号输出。电位器式传感器的一个主要缺点是易磨损。它的优点是:结构简单,输出信号大,使用方便,价格低廉。位移传感器的失效通常是电失效,电气的短路或者断路都会使传感器失效。

6.5.5　线性可变差动变压器

线性可变差动变压器(linear variable differential transformers)是一种可以精确指示控制棒或阀门位置的位置测量装置,其原理图如图 6-45 所示。

可移动的铁芯连接着阀杆,铁芯在主线圈和次级线圈之间移动会在次级线圈内产生感生电动势,因此次级线圈的输出和阀杆的位置有关。若只需要显示两个位置,则 2 个次级线圈就可以了。若要显示多个位置,则只要增加次级线圈的数量即可。这种传感器的可靠性很高,失效模式主要是线圈的断路。

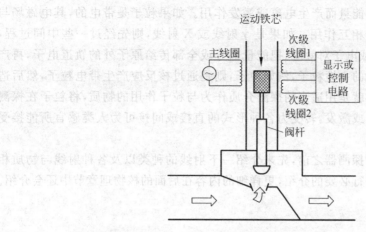

图 6-45　线性可变差动变压器

6.6　放射性测量

介绍放射性测量之前,先熟悉几个基本术语:电离、离子对、比电离和线能量损失。

电离(ionization),或称电离作用,是指在(物理性的)能量作用下,原子或分子形成离子的过程。正是根据电离的物理现象,我们把能够产生电离的辐射称为电离辐射。辐射根据能否引起电离,可以分为两大类:电离辐射和非电离辐射。电离辐射包括:α 射线,β 射线,γ 射线,中子等;非电离辐射包括:电磁辐射,热辐射,微波辐射等。

离子对(electron-ion pair),原子或分子在外来粒子的作用下失去一个电子后会带一个单位的正电荷,形成正离子。电离作用产生的正离子和电子称为电子-离子对,简称离子对。

比电离(specific ionization),带有能量的粒子进入物质以后会使得物质发生电离,粒子穿行单位距离引起的离子对数目称为比电离,其值为 $n/\Delta x$。比电离与粒子的质量、电荷、能量均有关,也和物质内部的电子数密度(单位体积内的电子数量)有关。入射粒子的质量越大,比电离越大;入射粒子所带电荷越多,比电离越大;入射粒子能量越低,比电离越大。

前几个都比较直观,最后一个关于入射粒子能量的我们稍微解释一下。设想一下这样一个场景,桌面上有很多很小的订书钉,你手上拿着一块磁铁,在离桌面一定高度的位置水平移动,订书钉会被磁铁吸上来。若重复多次实验,保持磁铁的高度一样,而磁铁运动的速度不一样,你会观察到磁铁运动速度越慢,被吸上来的订书钉越多。带电粒子在物质内的运动过程和这个过程有些类似,带电粒子的能量越低,运动速度越小,在单位距离内会影响到更多的原子或分子。这是因为我们定义的比电离是单位距离发生的离子对数量,而不是单位时间内发生的离子对数量。

线能量损失(linear energy loss),是描述物质对入射粒子的阻滞能力的物理量。线能量损失是单位距离内粒子失去的能量,其值为 $\Delta E/\Delta x$。线能量损失和比电离之间有线性关系,比例系数为产生一个离子对所需要的平均能量。即比电离乘以产生一对离子对所需要的平均能量就是线能量损失。

辐射探测器的工作原理是基于粒子与物质的相互作用。当粒子通过某种物质时,这种物质就吸收其一部分或全部能量而产生电离或激发作用。如果粒子是带电的,其电磁场与物质中原子的轨道电子直接相互作用。如果是 γ 射线或 X 射线,则先经过一些中间过程,产生光电效应、康普顿效应或电子对效应,把能量部分或全部传给原子外的轨道电子,再产生电离或激发。对于不带电的中性粒子,例如中子,则是通过核反应产生带电粒子,然后造成电离或激发。辐射探测器就是用适当的探测介质作为与粒子作用的物质,将粒子在探测介质中产生的带电粒子电离或激发,转变为各种形式的直接或间接可为人类感官所能接受的信息。

在介绍各种类型的辐射探测器之前,先来介绍一下射线的种类以及各种射线与物质相互作用的方式。在这里只进行必要的介绍,更详细的内容在后面的核物理章节中还会介绍。

6.6.1　射线种类

由于电离过程和入射粒子的能量、质量、电荷数量均有关,因此我们先需要来了解放射性的种类,简称射线种类。

α 射线是放射性物质所放出的 α 粒子流。α 粒子是由两个质子和两个中子组成的,没有核外电子,带有两个正电荷。因此 α 粒子就是没有核外电子的 ^{4}He 原子核。它可由多种放射性物质(如镭)发射出来。释放 α 粒子的反射性核素通常具有过多的核子(中子和质子统称为核子)从而不稳定,通过扔掉两个中子和两个质子(α 粒子)进入能量更低的状态。

由于 α 粒子的质量比电子大得多,通过物质时极易使其中的原子电离,所以它能穿透物质的本领很弱,容易被薄层物质所阻挡,但是它有很强的电离作用。在空气中的比电离如图 6-46 所示。

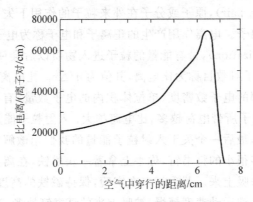

图 6-46　α 粒子在空气中的比电离

β 射线是指放射性物质发生 β 衰变时所释出的高能量电子,其速度可达至光速的 99%。β 射线是带一个单位正电荷或负电荷的电子。

在 β 衰变过程当中,放射性原子核通过发射电子和中微子转变为另一种核,产物中的电子就被称为 β 粒子。在正 β 衰变中,原子核内一个质子转变为一个中子,同时释放一个正电子;在负 β 衰变中,原子核内一个中子转变为一个质子,同时释放一个电子,即 β 粒子。

β 粒子由于质量小、电荷小和速度高,因此比电离小。

γ 射线是原子核能级跃迁时释放出的射线,是一种波长很短的电磁波,或称为光子。

γ 射线与物质相互作用有三种方式（见图 6-47）：光电效应（a）、康普顿效应（b）和电子对效应（c）。

光电效应是在入射光子能量高于某特定值后，某些物质内部的电子会被光子激发出来，即光生电。光电现象由德国物理学家赫兹于 1887 年发现，而正确的解释为爱因斯坦所提出。光电效应示意图如图 6-47（a）所示。

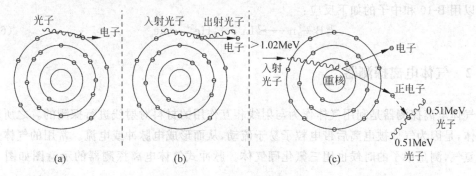

图 6-47 γ 射线与物质相互作用

1923 年，美国物理学家康普顿在研究 X 射线通过物质发生散射的实验时，发现了一个新的现象，即散射光中除了有原波长的 X 光外，还产生了波长大于入射光波长的 X 光，其波长的增量随散射角的不同而变化。这种现象称为康普顿效应，如图 6-47（b）所示。

电子对效应是指当入射光子能量足够高时，在它从原子核旁边经过时，在原子核库仑场作用下，入射光子可能转化成一个正电子和一个负电子，这种过程称作电子对效应。

入射光子与物质发生哪种相互作用与入射光子的能量有关。在入射光子能量较低时，主要发生光电效应。入射光子能量超过 1MeV 时，很少发生光电效应。入射光子能量介于 1～2MeV 时，主要发生康普顿效应。入射光子能量更高后，电子对效应才会占主要地位。电子对效应在入射光子能量低于 1.02MeV 时不会发生。

γ 射线的穿透力很强，甚至可以穿透几十厘米厚的混凝土墙或几米厚的空气。比电离比 α 粒子小，不过比 β 粒子大。

中子是不带电的，其质量几乎和质子相同。中子的质量大约是电子的 1800 倍，大约是 α 粒子的 1/4。中子的来源主要是核裂变反应，也可以通过放射性核素的衰变获得。由于中子不带电，而且质量较大，因此穿透能力较强。中子在物质中的线能量损失相对比较大。

中子与物质的相互作用主要有以下几种方式：非弹性散射、弹性散射、俘获或裂变。

在非弹性散射过程中，中子的一部分动能传递给靶核，转化为靶核的动能或内能。这个过程中，中子被减速，而靶核进入高能的激发态。处于激发态的靶核会释放 γ 射线。非弹性散射的过程可以理解为是一个复合核生成的过程，中子进入靶核后形成一个复合核，然后复合核由于不稳定，释放出一个能量较低的中子和 γ 射线。非弹性散射存在阈值能量，对于氢原子核，阈能可以认为是无穷大的，即氢原子不可能和中子发生非弹性散射。氧原子的阈能大约是 6MeV，铀原子的阈能只有不到 1MeV。

弹性散射是高能中子和低质量数原子核发生相互作用的主要方式。在这个过程中，中子和靶核发生弹性碰撞，靶核不会被激发。俘获反应和非弹性散射一样也产生复合核，只是由于生成的复合核能量状态不够高，无法发射出一个中子，只释放出 γ 射线。裂变反应也生成复合核,但是由于复合核太不稳定了,被分裂成为两个或多个质量数更小的原子核,有点像是靶核被中子打碎了。由于质量数更小的原子核需要的中子数量少,因此会释放出多余的中子。裂变反应会释放出巨大的能量,一次裂变反应平均可以放出大约 200MeV 的能量。

中子由于不带电,难以直接测量,通常需要利用中子与物质的相互作用来测量中子,例如可以用 B-10 和中子的如下反应:

$$\mathrm{^{10}_{5}B + ^{1}_{0}n \longrightarrow ^{7}_{3}Li^{3+} + ^{4}_{2}He^{2+} + 5e^{-}} \tag{6-10}$$

6.6.2　气体电离探测器

气体电离探测器是利用气体作为与射线相互作用的材料对射线进行探测的。之所以采用气体,是因为气体被电离后带电粒子易于流动,从而形成电脉冲或电流。常用的气体是氩气和氦气,测量中子的时候也用三氟化硼气体。脉冲式气体电离探测器的示意图如图 6-48 所示。

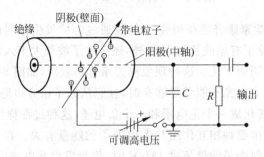

图 6-48　气体探测器

气体探测器是一个圆柱形的内部充满气体的密闭容器,容器内有两个相互绝缘的电极,金属圆筒是阴极,圆筒中间的金属丝是阳极,两极之间加有直流高压。当没有射线入射到气体电离室内时,气体没有被电离,电路里没有电流。开关闭合后,在可调高电压的作用下,在阳极形成一个高电压,圆筒内形成一个电场。当射线进入电离室,气体被电离后,在电场力的作用下,正离子向阴极运动,负离子或电子向阳极运动。这些电荷的收集使得电容器 C 两端的电压降低,从而在电阻上得到一个可被外部电路测量到的电脉冲信号。当可调电压增大时,电场变强,足够强的电场可以使运动中的电子或离子获得足够的能量发生进一步的电离(称为次级电离),从而增加离子对的数量。

对电容器,有

$$Q = CV \tag{6-11}$$

即电荷等于电容和电压之乘积。

电荷的变化 ΔQ 和电压的变化 ΔV 成正比,ΔV 是电脉冲信号的高度。

$$\Delta V = \frac{\Delta Q}{C} \tag{6-12}$$

阳极收集到的电子数量决定电荷的变化 ΔQ,收集到的电子数量不一定全部都是初级电离的电子,还有一系列的次级电离(若电场强度足够大)。通常用放大系数 A 来描述总电

子数量和初级电离的电子数量之比。则

$$\Delta V = \frac{Ane}{C} \tag{6-13}$$

其中，A 是放大系数；n 是初级电离的离子对数量；e 是电子的电荷，$1.602 \times 10^{-19}\,C$；C 是电容，F。

这样，通过测量脉冲的高度 ΔV 和放大系数 A，就可以得到初始电离的离子对数量。

由于放大系数和电场强度有关，也就是和输入的高电压有关，因此电压和放大系数之间的关系需要先了解一下。图 6-49 是某气体电离室探测器收集到的离子对数量和电压之间的关系曲线。一条是 α 粒子的，另一条是 β 粒子的，它们都有相似的特征，可以分为几个区。

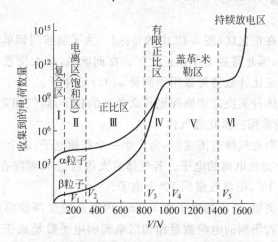

图 6-49　收集到的离子对数量和电压之间的关系

在电压较低的时候，是复合区（Ⅰ）。此时电离产生的带电粒子由于没有足够的电场力把它们分开，在它们自身的电场力的作用下，会发生正、负电荷的复合。因此收集到的电荷数量少于离子对的数量。电离室通常不会工作在这个区域。

当电压达到 $V_1 \approx 100V$ 后，进入电离区（Ⅱ），有时候也称为饱和区。此时收集到的电荷数量非常接近离子对的数量。在饱和区内，电压对收集到的电荷数量不敏感，所以基本为一条水平线。

当电压超过 $V_2 \approx 300V$ 后，进入了正比区（Ⅲ）。此时收集到的电荷数量随电压的增大而增加。带电粒子在电场中获得了足够的能量，发生了次级电离。正比区的斜率就是放大倍数。气体放大倍数可达 1000～10 000。之所以称为正比区是因为在这个区放大系数和电压成正比。正比计数器就是工作在这个区域的。

当电压超过 $V_3 \approx 800V$ 后，进入了有限正比区（Ⅳ）。气体放大倍数的继续增大，使得在阳极附近聚集了大量的次级电离产生来不及离开的正离子，因此造成大量的正离子滞留在阳极周围形成空间电荷。它们所产生的电场部分抵消了外加电场，因此放大系数和电压之间不再呈线性关系。探测器一般不工作在此区域。

电压达到 $V_4 \approx 1000V$ 后，进入了盖革-米勒区（Ⅴ）。在这个区，放大倍数和入射粒子的类型无关，也就和初级电离的离子对数量无关。收集到的电荷数量不随电压的变化而变化，也称为盖革平台区。G-M 计数器工作在这一区域。这个区域得到的脉冲高度可达几个伏特。

若电压升高到 $V_5 \approx 1400\text{V}$ 后,气体被击穿,气体连续放电。辐射探测器一般不工作在此区域。

辐射探测器通常被设计成为探测某种特定类型的辐射粒子。由于探测器响应的主要是初级电离的离子对数量,因此和入射粒子的能量和数量均有关系。每一种探测器都会根据所探测的射线种类限定一定的范围。核工程领域使用各种类型的探测器,有的能够辨别粒子种类,而有的不能。有些探测器只能探测入射粒子的数量,而有些既能探测数量,也能探测入射粒子的能量。

6.6.3　正比计数器

正比计数器工作在正比区(图 6-49 中的 Ⅲ 区)。为了能够测到单个入射粒子,初级电离的离子对必须被放大,因此需要工作在正比区。在此区域,放大倍数可达 10 000,通过合理的设计、调整和标定,正比计数器可以用于测量 α、β、γ 或中子。

电离室里面的气体种类决定能够探测什么类型的粒子,氩气和氦气通常用于测量 α、β、γ 等粒子,测量中子通常用三氟化硼气体。

当单个 γ 粒子入射进气体电离室时,会产生一个高能电子,这个高能电子能够在电离室内产生大约 10 000 个初级电离的电子。若气体放大倍数是 4,则将在阳极收集到 40 000 个电子。若放大倍数是 10^4,则将收集到 10^8 个电子。

正比计数器十分灵敏,产生的电子在 0.1ms 内就会被全部收集到,因此每一个脉冲对应着一个入射粒子。收集到的电荷数量和初级电离的电子数量成正比,其比例系数为放大系数。初级电子的数量与入射粒子的能量有关。

在阳极每收集到一个电子,就会在气体空间内留下一个带正电的气体离子。这些气体离子的质量比电子大得多,因此运动速度也小得多。最终这些带正电的离子会运动到阴极,通过从阴极获得电子被电中和掉。在发生电中和的过程中,由于能量有富余,因此还会电离周围的空气,产生电子。这些电子也会向阳极运动,并发生和其他电子一样的过程。这些电子由于到达时间和辐射粒子引起的电子不同,因此会产生附加的电脉冲,这些与入射粒子没有直接关系的脉冲通常希望得到消除。

一种消除的方法是在气体内添加少量的(~10%)有机气体,例如甲烷。有机气体和电子的结合力比较小,因此被电离的带正电的气体离子很快从有机气体分子获得电子。然后带正电的有机气体离子向阴极运动,并在阴极获得电子发生电中和,但是电中和过程中多余的能量不会电离气体,而是使有机气体分子发生解体(离解反应)。因此使得附加的脉冲得到消除。但是有机气体会在这个过程中被消耗,因此缩短了正比计数器的使用寿命。若能够及时补充有机气体,则可以延长寿命。有些计数器可以连续补充有机气体,称为流动气体计数器。

正比计数器产生的是一个电脉冲信号,这个电脉冲是由于入射粒子引起的气体电离过程中产生的电荷引起的。其信号示意图如图 6-50 所示。这个信号需要经过测量电路的处理才能够成为可以刻度的读数。正比计数器的测量电路一般包括前置放大器、放大器、单道脉冲幅度分析器(简称单道分析器)、计数器、计时器等部分。

电脉冲信号幅度分析器把电脉冲信号按幅度的大小进行分类,并记录每类信号的数目。

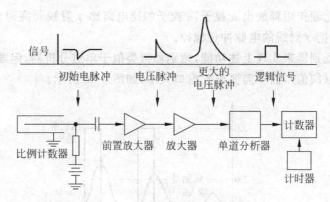

图 6-50　正比计数器的测量电路

常用于分析射线探测器的输出信号,测量射线的能谱。脉冲幅度分析器分为单道脉冲幅度分析器和多道脉冲幅度分析器两种。

　　单道脉冲幅度分析器每次只记录处于某一个幅度区间内的输入脉冲的计数。而多道脉冲幅度分析器则把整个被分析的幅度范围划分成若干个区间(区间的大小称为道宽,区间的数目称为道数),一次测量就可以得到输入脉冲的幅度分布谱。

　　图 6-51 显示的是单道脉冲幅度分析器的工作原理。单道脉冲幅度分析器有两个设定参数,电平(阈值)和道宽。当如图所示设置电平为 2.0V,道宽为 0.2V 时,则只有介于 2.0~2.2V 之间的输入脉冲才会产生输出脉冲。输出脉冲通常是一个标准的具有一定宽度和高度的方波信号。

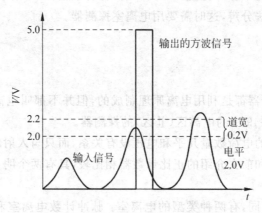

图 6-51　单道分析器示意图

　　由于单道分析器可以通过电平和道宽的设置,只对符合要求的电脉冲产生输出,因此可以在混合射线的条件下对某种特定的射线进行计数,而过滤掉其他电脉冲。如图 6-51 中,只对中间一个电脉冲有输出信号,而过小的或过大的均不会产生输出。

　　单道分析器的输出信号是标准的方波信号,可以通过计数器进行计数。计数器可以通过计时器进行控制,这样就可以得到特定时间段内的计数。单位时间内的计数值称为计数率。

　　正比计数器也可用于测量中子,这时候的气体需要用三氟化硼。在反应堆里测量中子计数的时候,由于常常有 γ 射线伴随,因此希望计数器只对中子敏感,而对 γ 射线不敏感。

由于中子和三氟化硼作用释放出 α 粒子,α 粒子的比电离比 γ 射线要高得多,因此可以通过单道窗口的设置,把 γ 射线的电脉冲过滤掉。

也可以通过甄别器来实现上述功能,甄别器很类似于单道分析器,但甄别器只需要设置一个参数,即电平(阈值),而不需要设置窗口大小,如图 6-52 所示。

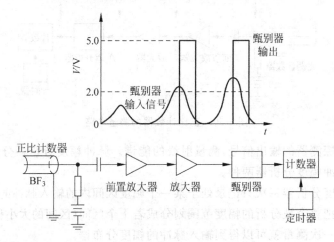

图 6-52　甄别器过滤 γ 射线示意图

在核电厂中,BF₃ 正比计数器主要用于在低功率情况下的中子测量。在核电厂通常称为"启动通道"或者"源量程"测量。这种计数器不能用于功率量程的测量,因为这种探测器是脉冲式探测器,通常每个脉冲宽度 $10\sim20$ms。在功率量程下,由于中子数量非常多,因此多个脉冲会有重叠,无法分辨,这时需要用电离室探测器。

6.6.4　电离室

虽然各种辐射探测器都是利用电离原理制成的,但并不都叫电离室探测器。电离室探测器是专指工作在图 6-49 中的电离区(Ⅱ区)的探测器。

在电离区,收集到的电荷数量几乎和电压没有关系,而只与入射粒子的类型有关系。工作在电离区的电离室,和前文介绍的正比计数器相比较,具有两个明显的缺点:灵敏度低和响应时间慢。

根据计数方式的不同,有两种类型的电离室:脉冲计数电离室和积分电离室。脉冲计数电离室对穿过电离室的射线粒子进行计数,而积分电离室,则对特定时间间隔内的脉冲数量进行累加。实际上通过对定时器的调整,任意一种电离室都能完成相同的功能,因此一般用积分型电离室。

电离室可以用平板或者同轴圆筒壁制作。由于平板式电离室有均匀性比较好的活性区,离子不容易在绝缘处聚集(会扭曲局部电场),因此工程中用得比较多。图 6-53 是电离室探测器的原理图。

若有一个 β 粒子发射体靠近电离室,β 粒子进入平板之间的气体空间。若 β 粒子的能量够高,则可以电离气体,产生电子和带正电荷的离子。一个 β 粒子在空气中穿行 1cm 可以电离出 $40\sim50$ 个电子。而被入射 β 粒子电离出的电子,通常还会继续电离气体分子。一个

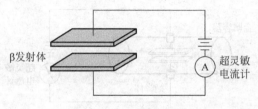

图 6-53　电离室探测器

β 粒子产生的总的电子数量取决于入射 β 粒子的能量和气体的种类。

通常情况下,1MeV 的 β 粒子的比电离大约是 50 离子对/厘米,而 0.05MeV 的 β 粒子的比电离大约是 300 离子对/厘米。能量越低的 β 粒子的比电离越大是因为在单位距离里面它和气体分子可以有更多的碰撞。每一个被 β 粒子电离出来的电子,在空气中穿行时,还会进一步电离出几千个电子。1mA 的电流需要 10^{12} 电子/秒。

若在两块板之间加上 1V 的电压,则电离产生的自由电子会在电场力的作用下向阳极板移动,从而在灵敏电流计测到电流。但是不是所有的电子都能够到达阳极板,因为电离室内有大量的正离子,一旦电子和它们碰到就被复合了。因此灵敏电流计记录到的电流只包含了部分的电子。

若提高电压,电场强度变大,自由电子被阳极板的吸引力变强。它们将以更快的速度移向阳极板,和正离子复合的机会就会变小。图 6-54 显示了随着电压的增大,得到的电子数量的变化情况。

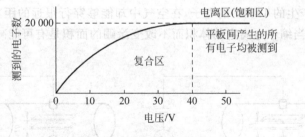

图 6-54　复合区和电离区

可以看到在开始的时候,随着电压的增大,测到的电子数量增加。电压达到 40V 后,继续增大电压,电子数量就不增大了,进入了电离区。有的学者根据这个特性也称其为饱和区。所谓饱和,就是指事物在某个范围内达到的最高限度。从这个意义上讲,叫饱和区也还是贴切的。但是在这里,随着电压的增大,入射粒子与气体的电离作用产生的总电子数量并没有变化,变化的是发生复合的电子数量。电压达到了 40V 以后,所有电子均被"分离"开来并被阳极所"收集"。因此这使得"电离区"的实质含义是"电离分离区",即全部分离的区域。

图 6-53 所示的电离室也可以用于测量 γ 射线,由于 γ 射线穿透性比较强,因此可以用金属容器把电离室装起来,如图 6-55 所示。

γ 射线进入电离室后,和气体分子发生康普顿散射、光电效应或电子对效应,这些过程都会释放出高能电子。这个电子在电场力的作用下还会继续电离周围的气体介质。

用金属容器有很大的好处,一方面可以屏蔽外电场的干扰,另一方面可以充填特殊的气体。若要测量 α 粒子和 β 粒子,则由于其穿透性很小,必须进行特殊的设计。一般是开一个

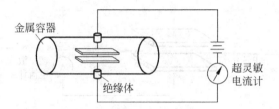

图 6-55　测量 γ 射线的电离室

窗,用很薄的材料作为"窗玻璃"。然而,再薄的"窗玻璃"也会挡住 α 粒子。

中子也可以用电离室探测。但是由于中子本身不带电,不能引起气体分子电离,因此需要在里面添加特殊的材料来和中子发生反应。通常是在电离室的壁面涂上薄薄的一层硼。中子和硼之间具有如下反应:

$$\mathrm{^{10}_{5}B + ^{1}_{0}n \longrightarrow ^{7}_{3}Li^{3+} + ^{4}_{2}He^{2+} + 5e^{-}}$$

这个反应俘获了一个中子,然后释放出一个 α 粒子。而 α 粒子会电离气体产生自由电子。

除了壁面涂硼的方法以外,还有采用 BF_3 气体填充的,原理都是一样的。

当用电离室测量中子的时候,β 粒子的干扰是很容易通过金属壁面的屏蔽作用排除掉的。但是 γ 射线的干扰却无法通过屏蔽的方式排除掉。这使得测量得到的结果里面包含了 γ 射线影响,这是不希望的。要减小 γ 射线的影响,有几种方法来处理这个问题。

我们知道,1MeV 的 α 粒子在空气中的穿行距离大约只有几个厘米,而 1MeV 的 γ 射线和气体相互作用产生的 1MeV 的电子,在空气中却能够穿行很远的距离。这给了我们一个很好的启示,若适当缩小电离室的体积而不改变涂硼的面积是有可能减小 γ 射线的影响的。如图 6-56 所示。

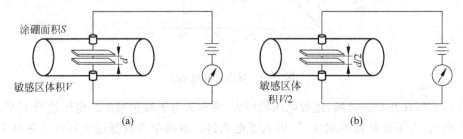

图 6-56　适当缩小电离室的体积

在图 6-56(b)中,板间距变为 $d/2$,使得敏感区的气体体积减小了一半。而涂硼的面积并没有改变,因此产生出的 α 粒子的数量是一样的。由于 γ 射线引起的自由电子在板之间被收集到的数量变少了,从而减少了 γ 射线的影响。

减少敏感区的体积实质上是为了降低 γ 射线引起的自由电子的收集,因此还可以通过降低压力的方式降低气体的密度来降低 γ 射线的影响。除了以上这些方法外,还可以通过增大 α 粒子的数量来降低 γ 射线的相对影响,这可以通过增大涂硼的面积来实现。

在核电厂使用的测量中子的电离室,采用以上所述的多种方法降低 γ 射线的影响。γ 射线的影响只能被降低,而无法彻底消除。在反应堆满功率的时候,中子通量水平很高,几乎所有的电流都来源于中子,这种用于高功率水平的电离室也叫无补偿电离室。它们不适合在低功率水平下使用。为了适合低功率情况下的中子测量，需要采用带 γ 补偿的电离室。

带 γ 补偿的电离室的基本原理如图 6-57 所示。

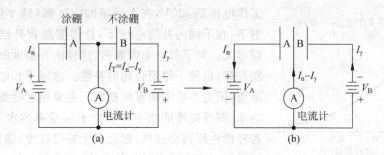

图 6-57 γ 补偿电离室

γ 补偿电离室由 A 和 B 两个电离室组成，两个电离室的结构和内部充填气体完全相同，所不同的只是 A 室的壁面涂有硼，而 B 室的壁面没有涂硼。涂硼的 A 室接正电压，不涂硼的 B 室接负电压，中间收集极共用。涂硼电离室既对中子敏感也对 γ 射线敏感，而不涂硼电离室只对 γ 射线敏感。这样 γ 射线产生的电流正好可以被减去，称为 γ 补偿电离室。

可以用纯 γ 射线来测试 γ 补偿电离室的电流是否为零，若不为零可能是由于电源电压不精确相等，或者两个电离室的几何形状不一致引起的。

A、B 两个电离室很难完全一致，实际上 A、B 两个电离室通常故意设计得不一样，如图 6-58 所示，是一个制造成同心环形状的补偿电离室。外环是涂硼电离室，内环是不涂硼电离室。

采用同心环式的好处是两个电离室暴露在几乎相同的辐射场中。即便两个腔室不完全相同，但是可以通过调整两个腔室的工作电压消除 γ 射线引起的电流。涂硼电离室的工作电压由生产厂家提供，使得电离室工作在正离子和电子很少发生复合的电离区。通过固定涂硼电离室的电源电压，然后调节另一个电源电压，使得在纯 γ 射线情况下电流为零，即可消除复合射线情况下 γ 射线的影响。因此核电厂通常在停堆的时候来标定补

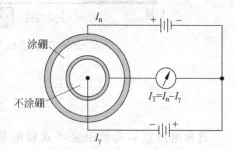

图 6-58 同心环式 γ 补偿电离室

偿电离室的电源电压，因为在停堆的时候中子很少（几乎没有）。标定好的补偿电离室，将只对中子有响应。

实际使用中的补偿电离室，通常不涂硼的电离室的体积会比涂硼电离室的体积大一点，这样设计的结果就是补偿电流会稍微大一点，称为补偿过度。当补偿电流小于 γ 射线引起的电流时，称为补偿不足。

描述补偿过度还是补偿不足，可以用补偿度来表示，补偿度的定义为

$$p = \left(1 - \frac{I_c}{I_{nc}}\right) \times 100\% \qquad (6-14)$$

其中，I_c 为纯 γ 射线情况下测到的电流，I_{nc} 为补偿电离室的电压为零时测到的电流。

若 I_c 为零,则补偿度为100％;若 I_c 大于零,则补偿度小于100％(补偿不足);若 I_c 小于零,补偿度大于100％(补偿过度)。

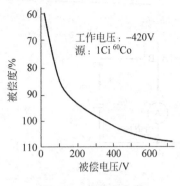

图 6-59　补偿度曲线

图 6-59 是某补偿电离室的补偿度曲线。该电离室的工作电压是 420V,在 1 居里的 ^{60}Co 源(纯 γ 射线源)的照射下,在不同的补偿电压下,补偿度随着补偿电压的增高而增大。对于每一个电离室,这样的补偿度曲线需要提前制作好,以便于得到合理的补偿。这对于核电厂而言十分重要,因为补偿电离室在核电厂主要用于检测反应堆的核功率,而反应堆的功率是和中子注量率的水平相对应的。若补偿电压调得过高,则会发生补偿过度,部分 I_n(由于中子通过一系列反应引起的电流)也和 I_γ(由于 γ 射线电离引起的电流)电流一起被补偿掉了,这会造成测量到的功率比实际的功率小。反过来,如果补偿不足,则测量到的功率比实际功率要大。在反应堆功率水平比较高的时候,由于 $I_n \gg I_\gamma$,因此补偿不足或者补偿过度引起的问题不太严重。但是在低功率的时候,却变得十分重要。

还有一种电离室是验电器式电离室(electroscope ionization chamber),如图 6-60 所示。

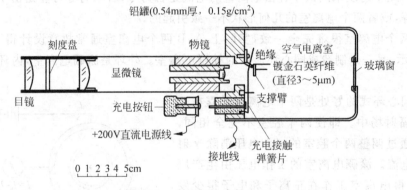

图 6-60　石英丝验电器电离室

这种电离室早期使用金叶式验电器,是最早用于探测辐射的电离室。最新的设计中,验电器一般使用石英丝替代金叶,使得很多方面的性能得到改进。例如:尺寸更小、灵敏度更高等。石英丝验电器的电容大约是 0.2pF,电压的灵敏度大约是每个可辨别刻度 1 伏特。探测器的灵敏元件是镀有纯金的石英丝(直径 3～5mm),安装在一个平行的金属支撑上。

和镀金石英丝交叉安装的是一根没有镀金的石英丝,通过显微镜可以观察到两根石英丝的相对位置。按了充电按钮后,用直流电压对石英丝充电,需要 200V 的电压使石英丝发生满偏。电离室的前部有一个玻璃窗,用于把石英丝暴露在辐射的环境中。当气体被电离后,石英丝收集到电荷,向 0 点移动,移动的距离和入射粒子的总量有关系(积分效果)。指针归位到零点后又可以再次充电恢复到满偏状态。通过对石英丝位置的刻度,就可以直接从显微镜读取到积分剂量。

这种验电器式电离室,由于可便携、易读取、高精度、高灵敏度等优点,曾被广泛使用。

6.6.5 盖革-米勒计数器

盖革-米勒计数器（又称盖革管）是 H. 盖革和 P. 米勒在 1928 年发明的一种气体电离探测器。与正比计数器类似，但所加的电压更高，工作在图 6-49 所示的盖革-米勒区（V 区）。在这个区，放大倍数和入射粒子的类型无关，和初级电离的离子对数量无关。收集到的电荷数量不但与粒子种类无关，而且不随电压的变化而变化。盖革管的优点是灵敏度高，脉冲幅度大，因此计数电路简单。缺点是不能快速计数，即两个粒子之间的间隔时间不能太短。另外，由于不同的粒子产生的电脉冲高度都是一样的，因此盖革管既不能分辨粒子的能量，也不能分辨粒子的种类。

盖革管是根据射线能使气体电离的性能制成的，是最常用的一种金属丝计数器。盖革管的结构通常是在一根两端用绝缘物质密闭的金属管内充入稀薄气体（通常是掺入了卤素的稀有气体，如氦、氖、氩等），在沿管的轴线上安装有一根金属丝电极，并在金属管壁和金属丝电极之间加上略低于管内气体击穿电压的高电压。当某种射线的一个高速粒子进入管内时，能够使管内气体分子电离，自由电子在电压的作用下飞向金属丝。这些电子沿途又电离气体的其他分子，释放出更多的电子。越来越多的电子再接连电离越来越多的气体原子，终于使管内气体产生迅速的气体放电现象。从而有一个脉冲电流输出到放大器输入端，并由放大器输出端的计数器接收，由此可检测出粒子的数目。

盖革管常用于探测 α 粒子、低能 γ 射线和 β 粒子。对于高能 γ 射线，由于盖革管中的气体密度通常较小，往往在未被探测到时就已经射出了盖革管，因此其对高能 γ 射线的探测灵敏度较低。由于盖革管既不能分辨粒子的能量也不能分辨粒子的种类，因此一般不用于反应堆中子的测量。

6.6.6 闪烁计数器

闪烁计数器（scintillation counter）是指利用射线或粒子引起闪烁体发光并通过光电器件记录射线强度和能量的探测装置。1911 年 E. 卢瑟福借助显微镜观察到单个 α 粒子在硫化锌上引起发光。他又于 1919 年用荧光屏探测器第一次观察到 α 粒子轰击氮产生氧和质子，这是闪烁计数器的雏形。闪烁计数器由闪烁体、光收集系统和光电器件三部分组成。由光电器件输出的电脉冲经过前级电子学系统（放大、成形、甄别等）进入粒子数据获取系统，并进行数据处理和分析。

为了理解闪烁体，我们有必要来了解一下物理学里面的能带理论。能带理论（energy band theory）是讨论晶体中电子的状态及其运动的一种重要的近似理论。它把晶体中每个电子的运动看成是独立的在一个等效势场中的运动，即单电子近似的理论。

单电子近似的理论首先假定固体中的原子是固定不动的，并按一定规律作周期性排列，然后进一步认为每个电子都是在原子的周期势场及其他电子的平均势场中运动。这就把整个问题简化成单电子问题，能带理论就属于这种单电子近似理论。

晶体中大量的原子集合在一起，而且原子之间距离很近，以硅为例，每立方厘米的体积内有 5×10^{22} 个原子，原子之间的最短距离为 0.235nm。这就使得离原子核较远的电子壳层发生了交叠现象。壳层交叠使最外层电子不再局限于某个原子上,有可能转移到相邻原子的相似壳层上去,也可能从相邻原子运动到更远的原子壳层上去,这种现象称为电子的共有化。电子的共有化使本来处于同一能量状态的电子产生微小的能量差异,与此相对应的能级扩展为能带。带表示一个能量范围,有一定宽度。

允许被电子占据的能带称为允许带,允许带之间的范围是不允许电子占据的,此范围称为禁带(forbidden band),如图 6-61 所示。原子壳层中的内层允许带总是被电子先占满,然后再占据能量更高的外面一层的允许带。已经被电子占满的允许带称为满带。原子的最外层电子称为价电子,其能带称为价电带(valence band)或价带。价带以上能量最低的允许带称为导带。

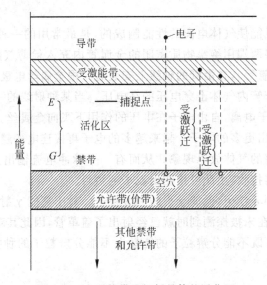

图 6-61　电子能带和闪烁晶体的活化区

入射粒子打到晶体时,若价带上的电子接受的能量达到或超过电子与原子核的结合能时,价带的电子就会被受激跃迁到导带,在导带中产生了一个自由电子,而在价带中留下一个空穴。若能量小于结合能,则不能把电子跃迁到导带,而是进入受激能带,同样在价带留下一个空穴。

通过在晶体结晶过程中添加特定的物质(激活剂)的方法,可以制造出在禁带内具有一些捕捉点的带有活化区的材料。活化区可以捕获一个进入禁带的电子,使能量从基态 G 跃升到受激态 E。退激的时候,就会释放出一个光子。闪烁体晶体内的活化区称为荧光区,发射的光子处于可见光的范围。

这样制造出来的闪烁体材料,在受到射线照射时就能够发光。闪烁体材料可分为无机闪烁体和有机闪烁体,任何一种类型都能以固体、液体或气体状态存在,给设计带来很大的灵活性。

无机闪烁体常用的有硫化锌、碘化钠、碘化锂、碘化铯、锗酸铋、氟化钙和钨酸铅等,银或铊可作为激活剂。射线将闪烁晶体价带中的电子激发,退激时发出光。若从导带直接退激到价带,发出的光子的衰减时间很短(1~10ns),且光子能量高(紫外区);由靠近导带下面的活化区能级退激而发射的光子,发光衰减时间长(约 ms 数量级),且光子能量较低(波长从紫外区到黄光区）。图 6-62 是采用铊激活的碘化钠晶体探测器的结构图。

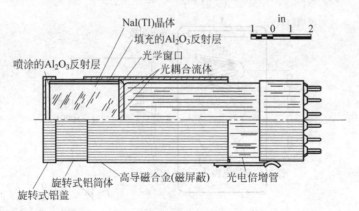

图 6-62　NaI 闪烁体探测器

NaI 闪烁体的密度较高，对 γ 射线探测效率高。NaI 闪烁体的透明性好，适于测量高能 γ 射线及其他带电粒子，并有一定的能量分辨本领。

硫化锌闪烁体是半透明材料，只能制成薄层，对重带电粒子阻止本领很大，而对 γ 射线极不灵敏。适用于在 β、γ 本底场中测量 α 粒子、质子及与硼等混合后测量慢中子等。

有机闪烁体有萘、芘、蒽等，这类闪烁体发出的光子的衰减时间大约 10ns，常用以探测 β 射线。

还可以把闪烁体材料混合到塑料里面制成塑料闪烁体。塑料闪烁体的发光衰减时间最短，接近 1～2ns，是最快的粒子探测器之一。由于塑料闪烁体内有大量的氢原子，可以利用闪烁体中氢原子核的反冲效应测量快中子。

光收集系统是闪烁体与光探测器之间的连接部分。它的两侧需要分别同闪烁体光输出部分的形状和光探测器的光输入部分的形状相一致，以尽可能多地收集光和使光分布均匀。光电倍增管与光导之间要用和玻璃的折射系数相近的光学硅脂或光学胶等密合以达到最有效的光传输。对大部分无机闪烁体，因其折射率较大，不易与光探测器配合，故常使用氧化镁或氧化铝等粉末包装闪烁体和光导，利用其漫反射以提高光收集效率。最近也发展了一些其他光收集系统，如光纤收集器和大面积波长移位光收集器 BBQ 等。

光电倍增管是利用光电效应把光子流转换成电子流，并利用次级电子发射现象放大电子流的光电器件，其工作原理如图 6-63 所示。

光电倍增管包含一个光电阴极、许多倍增器电极，并将它们封在一个真空玻璃管内。从闪烁体来的光子进入光电倍增管后，打到光电阴极上发生光电效应，产生自由电子。这些电子能够产生的电流很小，不足以被探测到，因此需要进行放大。在光电倍增管内，倍增器电极之间的电压大约 50V，电子在倍增器电极之间的电场内被加速。光电效应产生的电子在第一个倍增电极的吸引下，以足够的能量撞击电极，使得每个光电子释放出来几个新的电子，这些新的电子又被第二级倍增电极吸引，撞击出更多的电子。持续到 10～12 级后，形成的电流信号已经足够外部电路进行探测了。外电压需要 1000V 左右的直流电压，用分压器对每一级倍增电极供电。

不同光电倍增管和不同工作状态的输出脉冲电流持续时间相差很大，它们的数量级大约为纳秒。电流脉冲持续时间越短，光电倍增管的分辨时间越小。目前工业生产的最好的

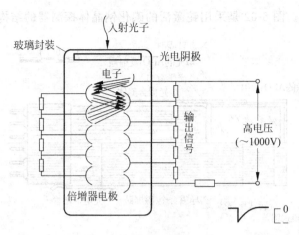

图 6-63　光电倍增管原理图

快速光电倍增管输出脉冲电流宽度为 $1\sim2\mathrm{ns}$。光电倍增管对于后面要介绍的 γ 谱仪也十分重要。

　　归纳一下,闪烁体探测器的优点是:效率高、精度高、计数率高。既可以分辨能量,也可以分辨粒子种类和计数。

6.6.7　伽马谱仪

　　伽马谱仪是一种放射化学分析仪器,它测量的是放射性物质释放出来的伽马射线的能量和计数率。伽马谱仪包括探测器、前置放大器、线性放大器、脉冲分拣器(多道分析器)、数据存储和显示装置等。其原理图如图 6-64 所示。

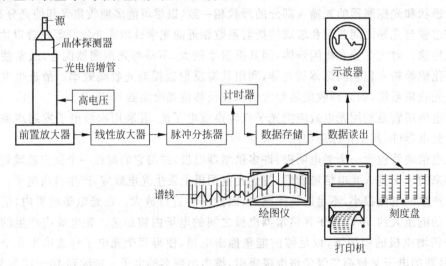

图 6-64　伽马谱仪原理图

　　伽马谱仪的探测器一般用碘化钠闪烁体。

　　多道分析器是一个脉冲分拣器,对不同高度的脉冲进行分类。多道脉冲幅度分析器把整个被分析的幅度范围划分成若干个区间,可以测量输入信号的幅度分布谱。

图 6-65 是某 NaI 多道伽马谱仪的某次实验测试的输出结果。多道谱仪一般有 100～200 道,能量范围为 0～2MeV。在图 6-65 中,横坐标是脉冲高度。脉冲高度是和 γ 射线的能量成正比的。脉冲高度越高的峰值的能量也越高。根据几个峰值能量,1.34MeV,1.75MeV,2.25MeV 和 2.75MeV,就可以判断出 γ 射线衰变母体的种类。根据其相对活度,可以分析出其相对含量。

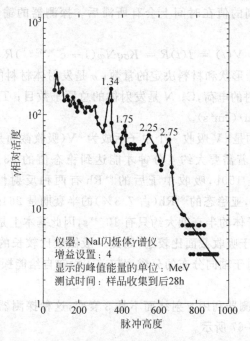

图 6-65　多道谱仪的输出结果

6.6.8　其他探测器

还有一些其他类型的辐射探测器用于核工程领域,例如自给能中子探测器、裂变室探测器、活化片或光学胶片等。

自给能中子探测器是按照核电池的原理工作的。这种中子探测器响应速度快、体积小、能够耐受反应堆堆芯里面的强辐射环境。自给能中子探测器无须外加电压进行电离,因此无需气体空间,故命名为自给能探测器。图 6-66 是自给能中子探测器的原理图。

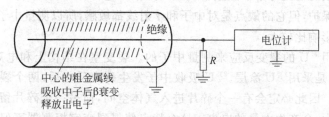

图 6-66　自给能中子探测器

中心的金属线通常采用钴、镉、铑、钒等金属,它们吸收中子后会发生 β 衰变,释放出电子,由于电子的不断释放,金属线内的正电荷不断积累,从而在电阻上产生一个正的电压,通过电位计可以直接测量到这个电压。也可以用电流计测量释放出电子形成的电流。

探测器套和中心金属线之间要很好地绝缘,通常采用氧化镁绝缘。这种探测器可以做得很小,直径可以到 $1\sim3\mathrm{mm}$,长度可根据需要设计。

自给能探测器有两个很重要的优点:首先,测量十分简单,只需要一个电位计就可以;其次,中心金属线寿命很长(和涂硼或者涂^{235}U 相比较)。但也有一个缺点,那就是 β 衰变是有半衰期的,因此测量到的值在时间上会有所滞后。探测器的输出电压和中子通量的关系为

$$V(t) = I(t)R = K\sigma q N\varphi(1 - \mathrm{e}^{-0.693\,t/T})R \tag{6-15}$$

其中,K 是一个由探测器形状和材料决定的常数;σ 是发射体材料的热中子吸收截面,cm^2;q 是发射体 β 衰变所发射的电荷,C;N 是发射体的总原子数目;T 是发射体 β 衰变的半衰期,s;φ 是中子注量率,$\mathrm{n/(cm^2\,s)}$。

例如常用的钒,用的是^{51}V 吸收一个中子后成为^{52}V(吸收截面是 4.9b),^{52}V 的 β 衰变半衰期是 226s。这就意味着需要大约 4 分钟才能达到稳态值的 63%。铑的情况稍微好一点,^{103}Rh 的吸收截面是 150b,吸收中子后的^{104}Rh 有两种反射性同位素,基态^{104}Rh(占92.7%)的半衰期是 42s,亚稳态的^{104}Rh(占 7.3%)的半衰期是 264s。钴和镉应该可以弥补这个问题,因为它们的子体的半衰期大约只有 10^{-14}s,因此基本上是瞬时测量的。

钒自给能探测器由于吸收截面比较小,因此一般做成比较长的探测器。所以经常用于探测径向功率分布,而对于轴向分布的分辨率较差。而铑自给能探测器由于截面大,可用于轴向分布的探测。

还有一种自给能探测器利用 γ 射线而不是 β 衰变,这种探测器的组成结构和 β 衰变中子探测器差不多,如图 6-67 所示。

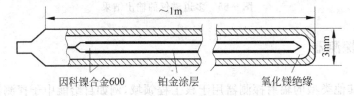

图 6-67　铂金式自给能中子探测器

这种探测器的工作原理是,发射体原子核(Pt)俘获中子后形成处于激发状态的复合核,复合核在退激过程中发射 γ 射线,利用 γ 射线与探测器材料的相互作用,得到自由电子。由这些自由电子形成的电流与中子注量率成正比关系。这种探测器的特点是响应速度快,可用于功率调节和保护,但它的缺点是对中子和 γ 射线都敏感,所以测量中子注量率的精度受到当地 γ 射线的影响比较大。

裂变室是利用^{235}U 的裂变反应来测量中子的。裂变室在结构上和电离室差不多,只是涂层不采用硼,而是采用^{235}U 涂层。^{235}U 吸收中子发生裂变反应后,两个裂变碎片会向两个相反的方向运动。因此必定会有一个碎片进入气体空间,而另一个碎片留在壁面。裂变碎片的动能十分巨大,会产生大量的电离。这个特点使得裂变室探测器不但可以用于核电厂的功率量程探测,还可以用于源量程和中间量程的探测。

活化片法的原理是向堆内同时放入很多小的活化片(可以放在不同区域的多个位置),等待一段时间,待充分活化后,迅速取出来测量活度。活化片法要求活化片材料的截面数据

要事先得到。活化片法还能够用于测量中子的能谱,这时需要在活化片外围包一层屏蔽层,屏蔽掉特殊能量的中子,例如镉可以很好地屏蔽掉热中子。

光学胶片也可以用于测量辐射,例如 X 光成像,辐射强的区域颜色更深。还可以用各种过滤片过滤掉特殊类型的射线,以便测量能谱。

6.6.9　核电子信号处理

监控核反应堆功率或其他工艺参数的各作探测器产生的信号在用于显示或者控制之前通常需要核电子学线路进行处理。反应堆的功率监测分为三个范围:源量程、中间量程和功率量程。这里"中间"的含义是介于源量程和功率量程之间的意思。源量程通常用正比计数器,而中间量程和功率量程通常使用电离室。其中中间量程使用的电离室是带 γ 补偿的电离室,而功率量程是不带补偿的。

这些探测器输出的信号一般都比较弱,需要进行放大处理。大部分核电子学信号处理采用两级放大的方式,即前置放大器和线性放大器。

图 6-68 是单级放大和双级放大的对比。我们可以看到,如果传输电缆有 0.001V 的噪声,则在双级放大的情况下最后得到的信噪比更高。

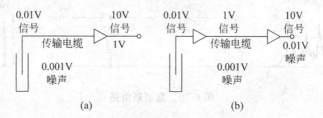

图 6-68　单级放大和双级放大对比

所谓的信噪比(signal to noise ratio),是指一个电子设备或者电子系统中信号与噪声的比例。这里面的信号指的是需要进行处理的电子信号,噪声是指原信号中并不存在的无规则的额外信号(或信息),并且该种信号并不随原信号的变化而变化。信噪比的计量单位是分贝(dB),其计算方法是 $10\lg(P_s/P_n)$,其中 P_s 和 P_n 分别代表信号和噪声的有效功率,若换算成电压幅值的比率关系,是 $20\lg(V_s/V_n)$。V_s 和 V_n 分别代表信号和噪声电压的有效电压。在核电子学线路中,我们希望的是该放大器除了放大信号外,不应该添加任何其他额外的东西。因此,信噪比应该越高越好。所以在传输电缆之前设置前置放大器,有利于提高信噪比(在这个例子中,单级放大的信噪比是 10,即 20db;而在双级放大中,信噪比升高到 1000,即 60db)。

核电厂的电离室探测器的输出电流范围非常宽,甚至达到 8 个数量级(例如从 $10^{-13} \sim 10^{-5}$A)。使用线性表刻度原则上也是可以的,不过这样做的话需要在不同量程的表之间来回切换,这是不太现实的,因此会使用对数表来刻度。对数刻度很容易通过二极管来实现,因为对于二极管,两端的电压和流过电流的对数成比例关系,如图 6-69 所示。

甄别器(dicriminator)是将幅度超过(或低于)某一设定电平的输入脉冲转换成幅度和宽度符合一定标准的脉冲输出,剔除此电平以下(或以上)的任何输入信号。因此甄别器主要可用于剔除噪声的干扰。

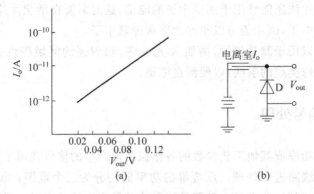

图 6-69   对数刻度原理

如图 6-70 所示的是用二极管实现的甄别器电路,它只对幅度高于预设电平的信号才有输出。这就好比对原信号在预设电平 V 处设置了一个门槛,只有比它高的才能通过。图中二极管的阴极连接的是+V 的电压,只有输入端(阳极)电压高于+V 时,才会有电流流过二极管。需要稍加注意的是,这时候被获得通过的信号的幅值和输入的时候是一样的。

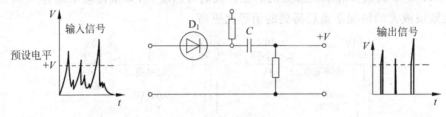

图 6-70   甄别器电路

反应堆的功率随时间是指数变化的,反应堆周期(reactor period)是衡量功率变化的时间常数(见第 11 章)。反应堆周期定义为反应堆功率增大到 e 倍(2.718 倍)所需要的时间。有时候还采用另一个周期,称为倍增周期,是功率增大到 2 倍所需要的时间。测量反应堆周期的线路称为周期仪表,其工作原理如图 6-71 所示。

把电离室的信号经过前置放大器后,通过一个 RC 电路,可以得到一个输出电压和周期成倒数关系的输出信号。如果电离室产生的电流信号不随时间变化,则没有电流流过电阻 R,周期就是无穷大。若电离室产生的电流随时间变化,变化越快则电阻两端的电压越高,周期越短。

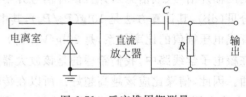

图 6-71   反应堆周期测量

6.6.10   堆芯中子注量率测量

为了提高反应堆功率密度和燃料元件燃耗深度,必须较精确地进行堆芯中子注量率监测。堆芯中子注量率测量系统的堆内部件的特点是结构紧凑,能适应恶劣的工作环境(辐照水平高,温度高,压力高)。通过堆芯中子注量率测量,可以验证堆芯设计,监督堆芯安全裕度和偏离泡核沸腾比(DNBR)，实测燃料元件的燃耗，以保证反应堆安全经济地运行。

堆芯中子注量率测量方法主要有两种：一是利用堆芯探测器进行直接测量；二是利用活化法进行间接测量。压水堆核电厂广泛使用的堆芯中子注量率测量系统，是通过机械驱动装置将所选孔道的堆芯内裂变室插入堆芯测量孔道。

直接测量的测量装置包括堆芯内裂变室、微型电离室、相应的机械装置，或者固定在堆内的自给能中子探测器。

(1) 堆芯内裂变室。在压水堆和沸水堆中，大多数移动式堆芯中子注量率测量系统都采用堆芯内裂变室作为中子敏感元件。裂变室的特点是铀内衬的燃耗相当小。在脉冲基数、均方电压、平均电流(直流)三种基本方式中裂变室都能满意地工作。因此，在源量程通道(采用脉冲计数)、中间量程通道(采用均方电压技术)以及功率量程通道(采用平均电流技术)中，堆芯内裂变室都是适宜的。有两种基本型式的堆芯内裂变室，如图 6-72 所示。

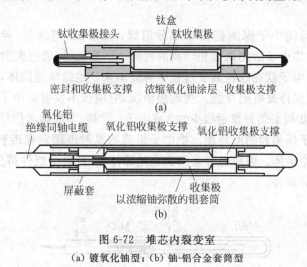

图 6-72　堆芯内裂变室

(a) 镀氧化铀型；(b) 铀-铝合金套筒型

一种型式是在探测器外壳的内侧，镀富集铀层，形成灵敏体积的外壁。第二种型式是在灵敏体积的外表面加上一个富集铀-铝合金的机加工套筒。越是精心地控制铀镀层或铀-铝套筒的重量和厚度，就越能够准确地控制探测器的中子灵敏度。堆芯内裂变室充以零点几个兆帕的填充气体，最普通的是氩气，其他有氦、氮或氩与氮的混合气体。裂变室的中子灵敏度取决于发射极与收集极之间的间隙，间隙大产生的电流亦大。为提高信号噪声比，在较高的中子注量率下，必须把间隙减小。最好的办法是增加敏感元件所用铀的富集度，增大铀的表面积。利用改变裂变室的直径和长度来改变表面积。堆芯内裂变室的外径为 6mm 左右，敏感长度为 12~25mm。

(2) 微型电离室。涂硼电离室可以作为移动式堆芯中子注量率测量的敏感元件。一般来讲，堆芯内裂变室在堆芯满功率工作 9 个月之后，其中子灵敏度降至其初始值的 50% 左右；而微型电离室在一个半月内，其中子灵敏度就降低 50%(由于 ^{10}B 的热中子截面比 ^{235}U 大 6 倍，导致燃耗太大)。作为移动式堆芯测量装置，穿过整个芯部所要求的时间很少超过 3min，而穿过堆芯的频率很少多于每月一次。因此，涂硼电离室能满意地工作多年。

(3) 堆芯中子注量率测量系统。包括探测器及其驱动机构、测量管道选择器、测量管道等机械装置，以及信号处理设备等几部分。操纵员操纵选择器，选择相应测量管道，由驱动机构将其从堆底送入堆芯预定的测量管道,并沿堆芯作由底至顶和由顶至底的运动,在运动过程中测出电流信号并经探测器尾部电缆传送到信号处理设备。一个 900MW 的压水堆核电厂在压力容器底部设有 50 个孔道与堆芯内 50 个中子注量率测量管道相连接,利用 5 套探测器驱动机构,每个探测器顺序穿过 10 个孔道,反复插抽。完成一次中子注量率分布图测量约需 2h。

(4)自给能中子探测器。自给能中子探测器是利用其中子活化材料的基本放射性衰变产生信号电流的,不要求外来的电离或收集电压的能源,就能产生信号电流。探测器没有发生电离的充气区域,而该区域却被用作中子敏感材料的固体结构所代替。中子敏感材料与导线连接,同时用紧密充填的陶瓷绝缘体使导线和中子敏感材料与探测器的外套分隔开。所形成的探测器就像一根以无机物绝缘的同轴电缆,体积小而结实。简单的结构使这种探测器具有许多优点,其中包括价格低廉、读出设备简单、燃耗率低、寿命长和灵敏度重现性好。

一个典型的自给能中子探测器由 4 部分组成:发射极,绝缘体,导线和外套(或收集极)。发射极是一种热中子活化截面相当高的材料。活化以后,通过发射高能 β 射线以适当的半衰期进行衰变,电子就在这种衰变过程中释放出来。绝缘体是固体,在堆芯内温度和核辐照环境下,它必须保持高电阻性能。按理想情况,它应该不发射由中子活化引起的 β 或电子(导线和外套或收集极必须只发射很少的 β 或电子),这样,本底噪声信号才能最小。图 6-73 所示的是自给能中子探测器的原理图。把中子敏感的发射极固定在因科镍导线上,发射极和导线穿过氧化镁绝缘体。因科镍外套滑套在绝缘体上,把整个组件挤压成直径为 1.5mm 表面光滑的长圆柱形部件。

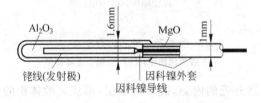

图 6-73　自给能中子探测器

自给能探测器主要有下列三种:①发射极(如铑)俘获中子后发生 β 衰变,即 β 流中子探测器;②发射极(如钴、钪或镉)俘获中子后放出瞬发 γ 射线,而后由激发核发射出电子,即内转换中子探测器;③发射极俘获或散射 γ 射线,产生康普顿电子和光电子,从而使发射体荷正电,即自给能 γ 探测器。铑和钒是最流行的发射体材料。

6.6.11　核功率测量

核电厂通常借助于观察直接与裂变率相联系的"辐射"来测量反应堆功率水平。裂变反应中伴生的中子和 γ 射线在穿透若干距离之后仍能被探测到,因此核功率测量技术是建立在探测中子、γ 射线或两者同时探测的基础上的。为了减少 γ 的影响,设置在堆芯四周(对压水堆来说,设置在压力容器外侧)的核功率探测器通常选用中子探测器,这是核功率测量的主要手段。中子探测器的读数需以热功率标定,称为热功率刻度。

反应堆功率的变化范围极大(从几瓦到几百兆瓦),因此尽管探测器的量程宽阔,采用一组探测器和电路也是不可能满足要求的。最普通的方法是采用三个量程:源量程、中间量程和功率量程。为了能使控制和安全功能由一组探测器平稳地转移到另一组探测器,一部分量程数据需由另一组探测器重复测量。典型的重叠量是一到两个量级。

源量程。相应于反应堆从次临界停闭状态启动到临界状态的核功率测量。此时照射到探测器上的中子注量率通常是很低的,事实上,低到要拾取单个的中子的情况。在此情况下,由于探测器可能处于比较高的 γ 本底场中,所以,使用脉冲式中子探测器给出计数率信号是唯一的方法。源量程的下限是由达到安全条件所需要的计数率所决定的。这种最低计数率一般为 $1\sim10$ 计数/s。为了确保测量的可靠性,必须使反应堆在次临界状态下的中子计数率超过这个数值。为此,通常应在堆芯设置人工中子源(见第 11 章)。通常源量程覆盖的中子注量率为 $10^{-1}\sim2\times10^{5}\,n/(cm^{2}\cdot s)$,相当于额定功率的 $10^{-11}\sim10^{-5}$。

中间量程。相应于反应堆从临界状态提升到额定功率的 10% 左右时的核功率测量。中间量程的下限取决于源量程的最大值,典型的最高计数率是 10^{6} 计数/s,允许的分辨率损失小于 10%。中间量程信号取直流形式,因此难以与 γ 本底(也是直流信号)相区别。通常采用直流式 γ 补偿中子电离室。要求在最恶劣情况下,当紧接在满功率停堆后就立即启动时,把 γ 本底的贡献保持在中子信号的 10% 以下。量程覆盖的中子注量率为 $2\times10^{2}\sim2\times10^{10}\,n/(cm^{2}\cdot s)$,即额定功率的 $10^{-8}\sim1$。

功率量程。相应于反应堆额定功率的 $1\%\sim150\%$。要求能精确地、按线性比例地读出反应堆功率。在功率量程中干扰辐射通常不会带来多大困难。没有 γ 补偿的中子探测器也可以满足要求,但为了一致起见,可使用带 γ 补偿的中子电离室。测量范围为 $5\times10^{2}\sim5\times10^{10}\,n/(cm^{2}\cdot s)$,相当于额定功率的 $10^{-8}\sim1.5$。

此外,用 γ 射线探测器测量反应堆冷却剂回路中 ^{16}N 的浓度来测量反应堆功率还正在研究中。^{16}N 系冷却剂中所含氧是经中子活化后产生的,其浓度与堆芯内的裂变率成正比,也就是说与核功率成正比。

6.7　过程控制理论

工业中的过程控制是指以温度、压力、流量、液位和成分等工艺参数作为被控变量的自动控制。

控制系统意味着通过它可以按照所希望的方式保持和改变机器、机构或其他设备内任何感兴趣或可变的量。控制系统同时是为了使被控制对象达到预期状态而实施的,即控制系统使被控制对象处于某种预期的状态。

控制系统有几种分类方法。按控制原理的不同,自动控制系统分为开环控制系统和闭环控制系统。在开环控制系统中,系统输出只受输入的控制,控制精度和抑制干扰的特性都比较差。开环控制系统中,基于按时序进行逻辑控制的称为顺序控制系统。由顺序控制装置、检测元件、执行机构和被控工业对象所组成。主要应用于机械、化工、物料装卸运输等过程的控制以及机械手和自动生产线。闭环控制系统是建立在反馈原理基础之上的,利用输出量同期望值的偏差对系统进行控制,可获得比较好的控制性能。闭环控制系统又称反馈控制系统。

图 6-74 是一个开环控制系统的例子。这里泵的转速由控制器进行控制,操作员根据系统内硼酸的浓度决定注硼泵的转速。由于硼酸浓度不是控制系统的输入参数,浓度的变化不会自动影响泵的转速,而必须通过操作员的动作。

图 6-75 是一个用闭环控制器控制容器内水位的示意图。在这里,液位传感器测到水位信号,通过水位控制器控制进水阀门的开度,达到控制水位的目的。若水位高于目标值(整定值),系统会自动调小水位控制阀的开度,若水位低于目标值,则自动调大水位控制阀的开度。整定值是由操作员设定的,它是由外部设定的用于决定水位控制器输出信号的用于比较的一个参考值。

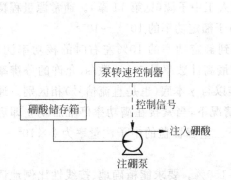

图 6-74 添加硼酸的开环控制系统

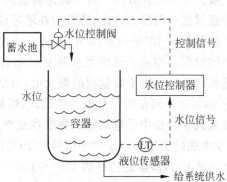

图 6-75 闭环控制系统控制水位

这种闭环控制也称为反馈控制,需要有传感器测量得到被控量的值,然后根据被控量和目标值之间的差别,决定控制系统的动作。在这里,容器里的水位是被控变量,水位控制阀内的流量是调节变量。自动控制系统用被控变量和目标值的差值来决定调节变量的大小,起到被控变量达到所要求的目标值的目的。

因此对于自动控制系统,有这样四部分组成:测量、比较、运算、修正。在上面的例子中,液位传感器测量到水位信号,和目标值进行比较,然后根据比较得到的差值,进行运算得到阀门需要调整的值,由执行机构进行修正阀门开度(进水流量)。图 6-76 显示了这四部分之间的逻辑关系。

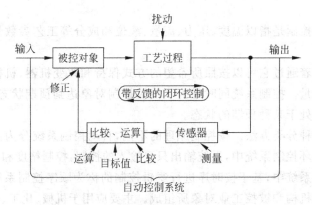

图 6-76 自动控制系统各部分之间的关系

6.7.1　控制系统框图

　　物理系统的输入和输出之间的因果关系可以用描述逻辑关系的框图来描述。控制系统的每一部分可以用一个方框表示,然后用含箭头的线把各个方框连接起来构成整个控制系统,这样的图形可以很方便地描述各个模块之间的功能关系。

　　最简单的控制系统框图如图 6-77 所示,它包含一个输入、一个方框和一个输出。

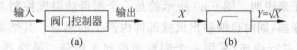

图 6-77　最简单的控制系统方块图

　　方框内通常会写上这个模块的名称(图 6-77(a)),或者这个模块执行的数学运算(图 6-77(b))。箭头表示信号或者信息传输的方向。虽然所有的数学运算都可以用方框来表示,但是对于一些特殊的运算,例如加法和减法,通常简化为一个节点来表示,如图 6-78 所示。

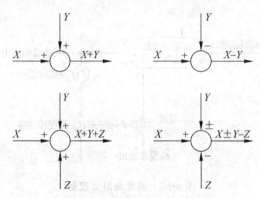

图 6-78　控制系统框图中的加减法的表示方式

　　一个加减法节点可以有多个输入,每一个输入节点由其自己的"＋"或"－"特性。每个加减法节点只有一个输出,输出结果是每个输入的代数和。

　　图 6-79 显示的是一个带反馈的控制系统框图。可以从图中十分清楚地看到各部分之间的功能关系。

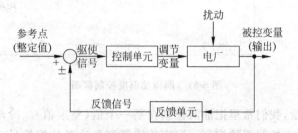

图 6-79　反馈控制系统框图

　　图 6-79 中的"电厂"是被控系统,或者被控对象,其某一参数是希望被得到控制的(例如输出电功率)。"控制单元"是为了向被控对象产生控制信号的部件,称为控制器。"反馈单

元"是把被控对象的输出信号转化为反馈信号的部件。"参考点"是一个来自外部的信号,输入到加法器,用于设定被控对象的目标值(例如操作员输入一个目标功率)。"被控变量"是控制对象的输出,是需要控制的变量。"反馈信号"是"被控变量"的函数,通过"反馈单元"运算后输出给加法器,和"参考点"的整定值进行加法运算后产生"驱使信号"。"驱使信号"是控制单元的输入,控制单元会根据"驱使信号"的大小,对调节变量进行调节。"调节变量"是被控单元为了保持输出所需要的某个可调变量的值。"扰动"是被控对象由于各种原因存在的破坏平衡的因素。

下面举一个例子来说明。图 6-80 所示的是一个润滑油温度控制系统。润滑油可以降低机械部件之间的摩擦,同时也能移出机械部件内产生的热量。其结果是润滑油的温度会升高,为了对润滑油进行冷却,采用一个润滑油冷却换热器。换热器采用管壳式(见第 9 章),高温的油在传热管内流动(管侧),冷侧的低温水在传热管外(壳侧)流动,水和油之间通过传热管隔开,不会混合。低温水流进换热器后,吸收了热量,温度升高后流出换热器。而高温油流入传热管后,把热量传递给外侧的水,温度得到降低后流出换热器进入需要润滑的系统。

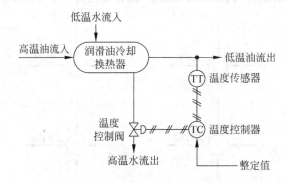

图 6-80   润滑油温度控制

润滑油的温度必须要控制在一定的范围内,这可以通过控制低温水的流量来达到目的。这个系统的控制框图如图 6-81 所示。

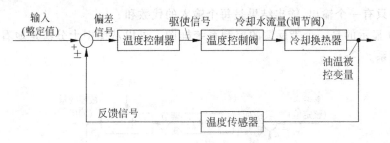

图 6-81   润滑油温度控制框图

油温是被控变量,我们希望把油温控制在某一个值(整定值)。冷却换热器的冷水流量是调节变量,它受温度控制阀的控制。温度传感器测量油温并把信号反馈给温度控制器的输入端的加法器。温度控制器根据偏差信号输出驱使信号,驱动阀门动作。若油温高于整定值,则控制器会输出一个信号加大阀门的开度。

这个过程看起来似乎十分简单,只需要根据被控变量的测量值修改温度控制器的输入,调整阀门的动作使得温度达到要求。但实际上,由于系统的响应具有"滞后"效应,控制起来并非如此简单。工艺过程的时间滞后主要有三个方面的原因引起的,分别是容性、阻性和传输性。系统的容性指的是储存能量的能力,例如传热管壁面、油和水都能够储存能量,即具有热容。阻性指的是能量的传输过程具有热阻。传输性指的是流体的流动需要时间,例如油从换热器出口流出到达温度传感器的位置是需要时间的,温度传感器离出口越远,所需要的时间就越长。

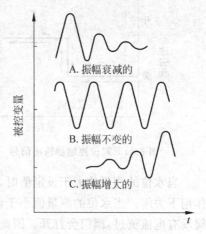

图 6-82　周期性震荡的三种类型

　　控制系统能否控制到预期值?我们需要讨论控制系统的稳定性。一个稳定的系统是指能够把被控变量控制到整定值的系统,而不稳定的系统却不一定。不稳定主要是由于时间滞后引起的,使得被控变量可能发生周期性震荡。震荡有三种类型,第一种是振幅逐渐衰减的,第二种是振幅不变的,第三种是振幅不断变大的,如图 6-82 所示。

　　其中振幅不断衰减的震荡是能够逐渐达到稳定的,其他两种情况都是不稳定的。

6.7.2　双位控制

　　双位控制器是最简单的一种控制器。所谓的控制器,指的是能够根据接收到的输入信号产生一个用于控制的输出信号的装置。输入信号实际上是一个偏差信号,是被控变量的实测值和设定值之间的偏差,如图 6-83(b)所示。

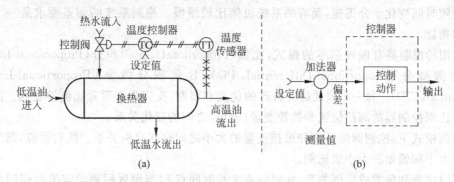

图 6-83　油温控制系统

　　偏差信号反映的是系统实际运行的状态和所期望的状态之间的偏差。控制器的输出信号是为了减小这个偏差,控制器输出信号的特征取决于控制器的类型或模式。双位控制器的输出只有两种状态:开(ON)或关(OFF)。因此若用双位控制器来控制一个阀门,就会有两种输出指令,完全打开或者完全关闭。双位控制器的原理图如图 6-84 所示。

　　在图 6-84 中,在被控变量大于设定值的时候,输出"开"信号,通常是一个高电平。当被控变量小于设定值的时候,输出一个"关"信号,通常是一个低电平。当然,反过来设计也是可以的,即被控变量大于设定值是输入一个"关"信号。这要取决于具体的工艺过程。

双位控制器实现的例子很多,例如图 6-85 所示的水位控制系统。

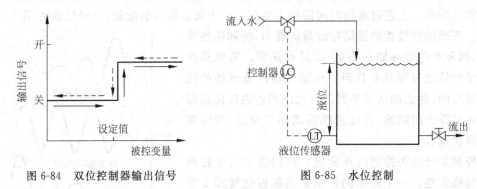

图 6-84 双位控制器输出信号   图 6-85   水位控制

当水位的测量值大于设定值时,控制器输出一个高电平信号,控制顶部的电磁阀在电流作用下关闭。当水位的测量值小于设定值时,控制器输出一个低电平信号,控制顶部的电磁阀没有电流流过,阀门会打开。因此实际的水位会在设定值附近不停地波动,水位高了,入口水流会被关闭,由于出口水流不停止,因此水位会开始下降。但一旦下降到设定值以下时,入口水阀门又会被打开,因此水位会上升。当然,在设定值水位附近,入口水流量必须比出口水流量要大才行,否则即使入口阀门打开了,水位还会继续下降。

6.7.3 比例控制

控制器的控制模式指的是控制器对偏差的修正方式。具体某一个控制系统采用什么样的控制模式,要取决于工艺过程本身的特点与要求。例如有的工艺系统可以工作在一个比较宽的范围内,而有的工艺系统要求被控变量严格控制在很小的一个范围内。有的工艺系统可能随时间变化十分迅速,而有的系统可能比较缓慢。控制系统的偏差要求是一个十分重要的指标。

常用的控制器有四种基本的模式,比例(Proportional)、比例积分(Proportional-Integral,PI)、比例微分(Proportional-Differential,PD)、比例积分微分(Proportional-Integral-Differential,PID)。每一种模式都有自己的优点和限制,我们先来看看比例控制器。图 6-86 显示了比例控制器的阀门位置和被控变量(温度)之间的变化关系。

比例模式下,控制阀的开度和被控变量的大小之间存在比例关系。换句话说,阀门需要动作的大小和偏差的大小成比例。

阀门位置和偏差成比例关系,在时间点 2 和时间点 5,当温度回到设定值后阀门也回到初始位置。在没有偏差的时候,阀门呆在原位置不动。描述比例控制性能的主要有三个参数:比例带、比例增益和静差。

比例带(propotional band)也称为节流度,是指控制单元最大行程范围(阀门最大开度)所对应的被控变量的范围。因此对于比例带大的控制器,同样的偏差情况下,所需要的动作小(如图 6-86(a)所示)。

比例带通常用被控制量满量程的百分比来表示。例如,若满量程温度范围为 200℃,有 50℃偏差的时候,阀门达到满开度,则比例带为 25%。不同控制系统的比例带的差别可以很大,可以是 1%~200%。对于比例带大于 100% 的控制器,即便被控变量达到满量程,阀门也不会达到满开度。

比例增益(gain),也称为敏感度,是控制单元(阀门)的相对动作量和被控变量(温度)的相对变化之比。例如在上面的例子中,温度达到 50℃ 偏差的时候,阀门达到满开度。此时被控变量的相对变化是 50℃/200℃＝25％,控制单元的相对动作是 100％,因此比例增益是 100％/25％＝4。在数值上,比例增益是比例带的倒数,例如比例带为 25％,则比例增益为 4。

静差(offset)又称余差,指的是过程稳定之后依然存在的偏差。静差是比例控制器的固有特征之一。因此比例控制不一定能够把被控变量控制到设定值,有可能存在静差。

我们来观察一下图 6-87 所示的比例控制器的例子。

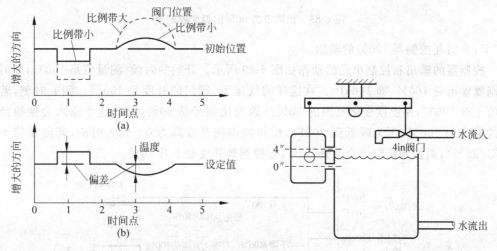

图 6-86　比例控制器被控变量和控制信号的关系　　　　图 6-87　水位控制示意图

在这个例子中,水位要被控制在适当的范围内,用浮子测量水位,并用浮子驱动的机械杠杆作为比例控制器。当水位降低到 0in 位置时,流入阀门会被 100％ 打开;当水位达到 4in 位置时,阀门会被 100％ 关闭。

对这个例子而言,液位的变化范围是 4in,阀门的变化范围也是 4in,因此比例带是 100％。如果调整一下杠杆的支点,使得液位变化 2in(满范围的 50％)的时候阀门动作 4in (满范围的 100％),则比例带会变成 50％。

比例带是比例控制器的一个重要参量,只要知道了控制器的比例带,输出信号和输入信号之间的关系就确定了。例如,如图 6-88 所示的温度控制器,比例带为 50％。

该控制系统的控制目标是热水的流出温度为 150℃。热源采用的是蒸气,蒸气的流量通过阀门控制,而流出的热水的温度和蒸气的流量之间有关系:蒸气流量越大,温度越高;蒸气流量越小,温度越低。

蒸气流入阀门的开度受气动压力控制,气动压力的范围为 20～100kPa。压力为 20kPa 时阀门全闭,压力为 100kPa 时阀门全开,在此之间线性变化。假设气动压力为 20kPa 时,没有蒸气流入,流出的水温为 100℃(等于流入的水温)。气动压力为 100kPa 时,流出水温为 300℃。

由于控制器的比例带为 50％,因此温度变化范围 200℃(100～300℃)的 50％,即

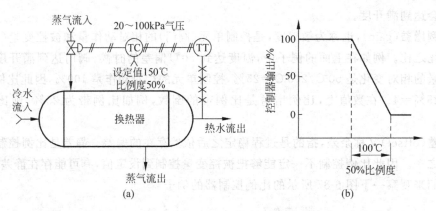

图 6-88　比例带为 50% 的温度控制器

100℃，会引起控制器 100% 的输出。

　　控制器的输出和控制单元的动作如图 6-89 所示。开始的时候，测量值是 100℃，此时的控制器输出是 100%，即 100kPa。在这样的气压下，阀门的开度是 100%。到 t_1 时刻，若测量值上升 100℃，是温度变化范围的 50%。因为比例带是 50%，因此这个输入会使得控制器的输出为 100%，压力降低到 20kPa，使得控制阀开度降为 0。到 t_2 时刻，若测量值下降 50℃(25%)，则控制器输出会上升 50%，而控制阀开度会上升 50%。

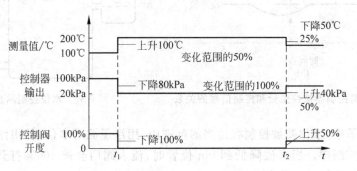

图 6-89　控制器输出和控制单元的动作

　　该系统的设计目标是提供 150℃ 的热水，控制系统要根据测量到的温度进行自动调节。因此控制器的特性曲线如图 6-90 所示。

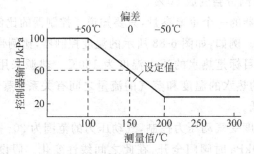

图 6-90　控制器的特性曲线

　　如果测到的温度低于设定值(150℃)，会产生一个正的偏差，控制器输出变大，阀门开度变大。如果测到的温度高于设定值，会产生一个负的偏差，控制器输出变小，阀门开度变小。

因此无论偏差往哪边偏,该比例控制器都会把温度调回到 150℃。

6.7.4 积分控制

若控制器的输出量的变化率和输入量成比例关系,称为积分控制器。小的偏差对应缓慢的变化率,大的偏差对应快速的变化率。积分控制器在输入量发生阶跃变化(从 0 突然变到某一个值并保持)时会产生线性变化的输出,此时输出量的变化率等于输入量,因此是一个常数。若输入量大于零,输出量就会不断增大;若输入量小于零,输出量会不断减小。线性变化的斜率就是输入量的大小。从这个意义上看,输出量是输入量随时间的积分,因此称为积分控制器。

图 6-91 是积分控制器在阶跃变化下的响应情况,此时积分控制器的常数是 0.2(1/s),因此在 10%阶跃变化的输入信号下,会产生 10%×0.2＝2%/s 的输出变化率。输出信号的斜率是 2%/s,即每过 5s,输出信号会增大 10%。若持续下去,直到输出信号饱和为止。当被控变量的偏差较大时,输入信号也会大,此时控制器输出的变化率大,控制单元的变化也就快。反过来,若偏差小,即被控变量接近设定值,控制单元的响应比较平稳。

图 6-92 用一个流量控制的例子来说明积分控制器的应用。

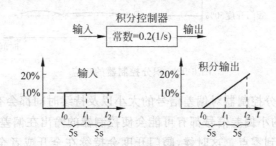

图 6-91 积分控制器在阶跃变化下的响应

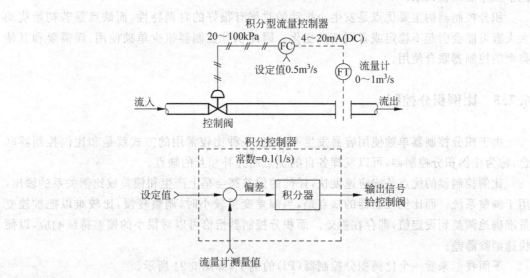

图 6-92 用积分控制器进行流量控制

　　在这个例子中,体积流量的设定值是 $0.5m^3/s$,此时对应的控制器的输出是 60kPa,阀门开度是 50%。若测量值从 $0.5m^3/s$ 下降到 $0.45m^3/s$,如图 6-93 所示。若发生 5% 的正偏差,积分控制器的常数是 0.1/s,则控制器输出量的变化率是 0.5%/s。这意味着控制器的输出会每秒钟增大 0.5%,从而阀门的开度也以 0.5%/s 的速率增大,流量跟着变大,测量值随之变大。当流量超过 $0.5m^3/s$ 后,负的偏差信号会输入给控制器,从而向相反的方向变化。直到流量被控制到 $0.5m^3/s$。

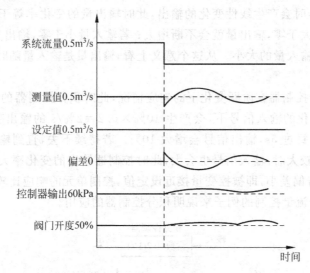

图 6-93　积分控制器的响应

　　我们可以看到,积分控制器对偏差信号的大小以及持续时间都会有响应,很大的偏差信号或者持续很长时间的小偏差信号都有可能会使控制器的输出在偏差被修正到零之前达到很大的值,并无法调回到零点。这时候,阀门开度会持续在全开或者全关的状态,必须用其他手段才能调整回来。

　　积分控制器的主要优点是发生小扰动的时候有很好的自调特性,而缺点是若初始扰动太大有可能会引起不稳定或者周期性变化。因此积分控制器很少单独使用,而需要和其他类型的控制器联合使用。

6.7.5　比例积分控制

　　由于积分控制器单独使用容易发生不稳定,一种比较常用的方式就是和比例控制器联合,称为比例积分控制器,可以发挥各自的优点而弥补相互的缺点。

　　比例控制器的优点是响应速度快,任何的偏差都会马上产生和偏差成比例关系的输出,用于调整系统。而比例控制器的缺点是,当偏差变得较小时,调整较慢,比较难以把被控变量准确地调整到设定值,即存在静差。而积分控制器恰恰可以对很小的偏差持续响应,以便快速消除静差。

　　下面我们来看一个比例积分控制器(PI)的例子,如图 6-94 所示。

　　假设由于需求的热水减少,因此引起出口流量有一个阶跃降低,此时蒸气流量和出口水的温度还没有变化。因此出口流量的减小会使得温度上升,即测量值上升。若只有比例控制器,则对扰动的响应曲线如图 6-94(b)中间的曲线所示,稳定值和设定值之间有一个静差。

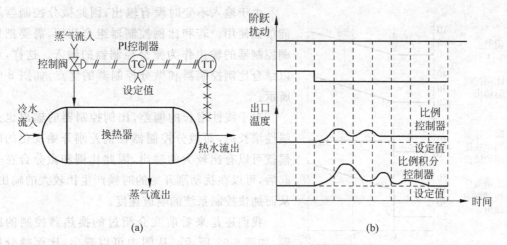

图 6-94　比例积分控制器控制温度

通过和积分控制器的联合作用,其响应曲线如图 6-94(b)中最底下一条曲线所示,可以很好地消除静差,使系统更快调节到设定值。

比例积分控制器虽然能够消除掉比例控制器有可能留下的静差,但是有可能在扰动太大的时候出现不稳定现象。大扰动可能是由于系统刚启动引起的,也可能是出口流量的需求突然发生很大的变化引起的。因此比例积分控制器不太适用于需要频繁启动和停止的系统。

6.7.6　比例微分控制

若在比例控制器里面添加微分环节,则称为比例微分控制器。但使得微分控制器不能单独使用,因此我们不单独介绍,但为了理解比例微分控制器(PD),对于微分环节,还是有必要先介绍一下的。

顾名思义,微分控制器就是产生微分信号的控制器,这里所谓的微分信号指的是输入信号随时间的变化率(输入信号随时间的导数),如图 6-95 所示。若微分控制器的常数为 2s,

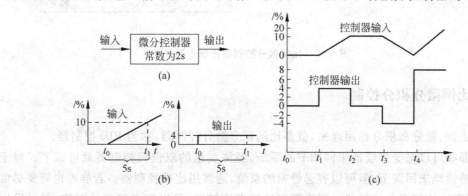

图 6-95　微分控制器

当输入线性增大时(2%/s),输出是一个常数(4%),如图 6-95(b)所示。当输入参数不变时,即便有偏差,也不会产生输出,如图 6-95(c)所示。

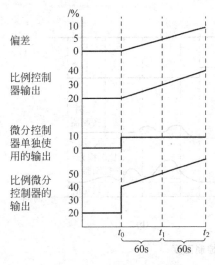

图 6-96　比例微分控制器

由于输入不变时没有输出,因此微分控制器不能单独使用。若和比例控制器组合使用,需要把比例控制器的输出作为微分控制器的输入。这样,可以结合比例控制器和微分控制器的优点,如图 6-96 所示。

对于线性增长的偏差,比例控制器的输出也是线性增长的,而微分控制器在偏差刚开始变化的时候就可以有比较大的输出,因此比例和微分合在一起后,可以在扰动刚开始的时候产生比较大的输出,从而加快控制系统的响应速度。

我们还是来看前文介绍过的换热器控制的问题,如图 6-97 所示。从图中可以看出,比例微分控制器的调节时间明显缩短,但是无法消除静差。比例微分控制器一般用于容性比较大的系统的控制,有时候也称为惯性比较大的系统,例如温度控制。微分控制器的快速响应有利于弥补系统的惯性。微分控制器一般不用于快速响应的系统或者噪声比较大的系统,因为噪声通常具有大的变化率,微分控制器会对其做出过度的调节。比例微分控制器比较适合于频繁启停的系统。

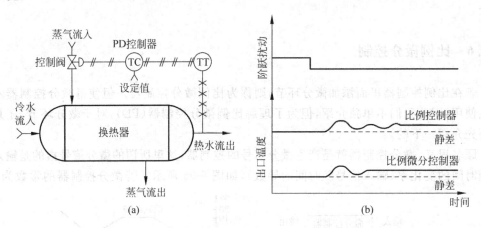

图 6-97　比例微分控制器控制水温

6.7.7　比例微分积分控制

若把比例、微分和积分都用起来,就是比例积分微分控制器,称为 PID 控制器。

对于那些可以忍受持续地来回调节的系统,经济实惠的双位置控制器就可以了。对于不能忍受持续地来回调节,但可以容忍静差的系统,通常用比例控制器。若静差也需要尽可能消除,则需要比例积分控制器。对于稳定性要求比较高,可以容忍静差的系统,可以采用比例微分控制器。若既想要消除静差，又想要比较高的稳定性，那就需要 PID 控制器了。

PID 控制器综合了比例、积分、微分控制器各自的特点，其响应特性如图 6-98 所示。

假设在 t_0 时刻，有一个慢慢增长的偏差，比例环节会输出一个比例增长的信号。积分控制器输出一个开始的时候增长比较缓慢，增长率不断变大的输出信号。微分控制器会输出一个阶跃的信号。当它们组合起来时，其响应曲线的特点是：刚开始的时候，微分环节做出快速响应，输出有一个阶跃，然后随时间增长，开始的时候增长慢，在积分控制器的作用下，增长率越来越大。

图 6-99 是在阶跃扰动下 PID 控制器的响应特性，可以看到既可以消除静差，又可以有比较快速的调节特性。

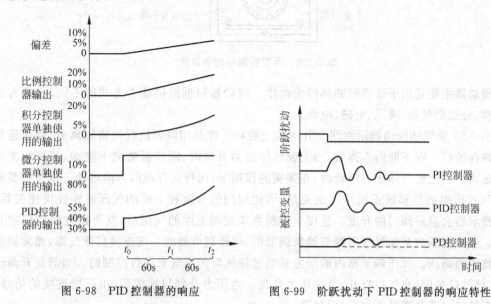

图 6-98　PID 控制器的响应　　　　图 6-99　阶跃扰动下 PID 控制器的响应特性

6.7.8　控制站与阀动器

控制器是安装在系统中使得工艺参数（例如温度、压力、流量等）维持在所需要的目标值（可以是不变的，也可以是根据需要变动的）的设备。因此它是控制信号的执行机构。

控制器的基本原理是根据测量值和设定值比较。若存在偏差，则偏差信号一般需要先被放大，然后由控制器产生需要的输出信号。该输出信号会被用于控制机构的执行信号，用于调节某个可调设备，使得工艺参数被调节到所需要的值。

在核电厂，由**控制站**（control station）实现控制器的功能，并提供额外的一些控制和显示功能，使得操纵员可以手动调整控制器送给执行机构的信号。

图 6-100 显示的是一个典型的控制站的前面板。

设定值调节用滚轮可以上下调节，刻度带通常是 $0 \sim 100\%$ 刻度的，也有直接刻度成被控变量的范围的，例如温度、压力等。设定值刻度带左侧是偏离指示器，会显示当前的偏差大小。位于中间的是水平布置的输出量刻度表，显示的是用百分比显示的输出信号。执行机构动作指示显示"OPEN"和"CLOSE"的方向，例如图中输出量增大的方向是打开的动作，输出量减小的方向是关闭的动作。

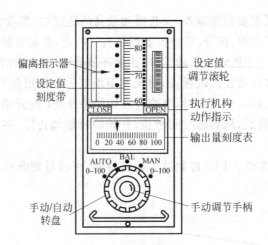

图 6-100 典型控制站的前面板

（图中标注）偏离指示器、设定值刻度带、设定值调节滚轮、执行机构动作指示、输出量刻度表、手动/自动转盘、手动调节手柄、AUTO、BAL、MAN、0—100、0—100、CLOSE、OPEN、0 20 40 60 80 100

阀动器主要是用于远程控制阀门的动作。阀动器根据提供动力方式的不同,主要有四种类型,分别是气动、液压、电磁、电动。

图 6-99 是气动阀动器示意图。其中的上腔和下腔是用隔膜进行气密隔离的,隔膜通常是有弹性的膜。在下腔内有弹簧,当上腔气体压力升高时,隔膜板被向下推动,阀杆向关闭方向运动。当上腔气体压力降低时,在弹簧的作用下,阀杆向开启的方向运动。由于弹簧的弹力和被压缩的位移成正线性比例关系,因此阀门的开度和上腔的气压成线性反比关系。位置指示器会显示阀门的开度。连接上控制器来控制上腔的气压后,就可以控制阀门的开度了。上腔的压力是通过气压调节器来调节的,气压调节器的一端连接高压气源,通常提供一个稳定的高压。气压调节器内的压力是通过排气口的排气来进行控制的。当需要升高压力时,排气口关闭,充气口打开,上腔压力升高。当压力升到目标值后,由反馈连接的信号,关闭充气口。若要降低压力,过程相反。

图 6-101 所示的气动阀在失去气压源的时候,阀门会处于开启状态。这种阀门称为"失效开"阀。还有一类阀门是失去气压情况下会在弹簧作用下关闭,这种称为"失效闭"阀。

液压阀动器是利用高压液体作为动力源的阀动器。典型的活塞式液压阀动器的结构如图 6-102 所示。圆柱形的腔体内有弹簧,弹簧顶着活塞,活塞在液压作用下会向上顶紧弹簧使得阀门开度变大。液体压力降低时,阀门开度变小。失去液压时阀门关闭,因此这是一个"失效闭"类型的阀动器。

电磁阀动器利用电磁力驱动阀杆运动。图 6-103 是一个典型的电磁阀动器示意图。衔铁和弹簧是连接在一起的,当线圈内通有电流时,衔铁会被往上吸引,阀门开度变大。线圈内电流越大,电磁力越大,衔铁向上运动的距离越大,阀门开度也越大。当线圈失去电的时候,在弹簧的作用下,阀门会关闭,这是一个"失效闭"的阀门。若把弹簧设计在衔铁的下面,则会变成一个"失效开"的阀门。

电动阀动器的示意图如图 6-104 所示,采用电动机作为动力源。由于电动机的转速一般是比较高的,而且转速是相对比较固定的,因此需要离合器和变速箱来调节阀杆移动的速度。离合手柄处于"离"状态时,阀杆位置不动。离合手柄处于"合"状态时,阀杆随着电动机的推动而进行运动,运动速度和方向均可以用变速箱的档位进行调节。

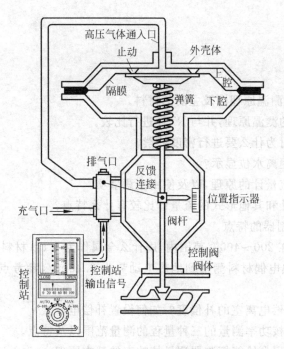

图 6-101　气体动力阀动器

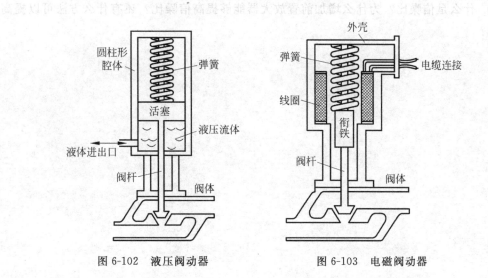

图 6-102　液压阀动器　　　　　图 6-103　电磁阀动器

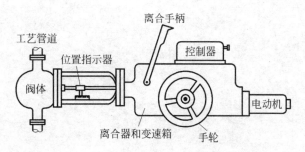

图 6-104　电动阀动器

练习题

1. 描述 RTD 的测温原理以及主要的材料。

2. 描述热电偶的测温原理,并与 RTD 进行比较。

3. 在测量水位时为什么要进行密度补偿?

4. 如何实现远距离水位显示?

5. 简述文丘里流量计的原理,以及使用注意事项。

6. 浮子式流量计和其他形式的流量计比较有什么特点?

7. 简述 PID 控制器的特点。

8. 根据图 6-1,在 200~400℃ 范围内,用什么金属作为 RTD 材料更好? 为什么?

9. 用表 6-1 的热电偶材料测量到地热电动势为 3.48mV,参考点温度为 25℃,则被测点温度为多少?

10. 什么是 γ 补偿电离室的补偿度? 如何设置补偿电流?

11. 简述核电厂核功率测量的三种量程的测量范围以及特点。

12. 简述核电厂用自给能探测器测量核功率的基本原理。

13. 什么是信噪比? 为什么增加前置放大器能够提高信噪比? 还有什么方法可以提高信噪比?

第 7 章

化 学 化 工

"化学"一词,若单是从字面解释就是"变化的科学"。化学是在分子、原子层次上研究物质的组成、性质、结构与变化规律的科学。世界由物质组成,化学则是人类用以认识和改造物质世界的主要方法和手段之一。而化工,是研究和化学有关的工程问题的学科。

7.1 化学基础

化学在原子层次上研究物质的组成、结构、性质及变化规律,因此有必要先来了解一下物质的形态和原子的结构。

7.1.1 原子结构

物质形态可以分为固态、液态和气态。

固态的物体称为固体,固体有确定的形状和体积。在固体内,分子或原子之间的相互作用很强大,因此固体不需要外部的支撑就能够保持一定的形状。液体内分子或原子之间的作用力比固体内要小,液体可以有确定的容积但是没有确定的形状。液体的形状要取决于容器的形状。我们称固体的大小为体积,而称液体的多少为容积,就是因为液体没有"体"只有"容"的缘故。气体的分子或原子之间的作用力更小,既没有确定的形状也没有确定的容积。气体可以被压缩或者膨胀,其容积完全取决于容器的大小。

不同形态的物质有一个共同点,它们都是由最基本的粒子——原子组成的。原子是指化学反应不可再分的基本微粒,原子呈电中性。人类发现原子有一段漫长而有意思的历史,我们就不去回顾了。虽然原子在化学反应中不可分割,但原子还有内部结构,了解原子的内部结构对于理解化学过程十分重要。在第5章,我们介绍过原子是由带正电的原子核和在核外电子轨道上运行的一个或多个带负电的电子组成。原子核是原子的核心,由质子和中子组成(氢原子是一个例外,只有一个质子,而没有中子)。中子是呈电中性的,而质子呈正电荷。一个质子带一个单位正电荷,因此原子核内部有多少质子,原子核就具有多少正电荷。

现代的夸克理论认为,中子和质子都还有内部结构,称为夸克。中子虽然整体不带电,但中子内部还是有电荷分布的。例如有一种理论认为中子的外表面带负电荷,里面是正电荷,整体不带电。因此中子和质子在原子核内可以依靠电场力相互吸引,这种理论对于解释原子核的结构有一定的帮助。

质子和中子的质量十分接近,只是电荷不同。中子大体上是由一个质子和一个电子发生电中和后结合在一起组成的。因此一个中子和一个质子的质量之差和电子的质量是差不多的。电子的质量大约只有质子质量的 1/1835,一个电子带一个单位的负电荷。

表 7-1 列出了原子及其基本粒子的一些有用的参数。由于原子的质量用国际单位 kg 来度量的话,数值实在太小,很不方便。例如一个氢原子的质量为 1.674×10^{-27} kg,一个氧原子的质量为 2.657×10^{-26} kg。于是人们就想出了一个办法,考虑到一个 ^{12}C 原子的质量为 1.993×10^{-26} kg,就用原子质量单位 amu(atomic mass unit)来度量原子的质量,定义为 ^{12}C 原子质量的 1/12,称为相对原子质量。

表 7-1　原子及其基本粒子的参数

名　　称	原子质量单位/amu	电荷
电子	0.000 548 6 或 1/1835	−1
质子	1.007 277	1
中子	1.008 665	0

在原子内,电子在绕原子核的轨道上运行,就好比地球、火星等行星绕着太阳转。核外电子的数量正好等于原子核内质子的数量,因此整个原子才会呈电中性。电子被原子核和电子之间的电场力吸引住,就好比地球被太阳的万有引力吸引住一样。若有电子受外力的作用离开原子核的轨道,整个原子会呈现正电荷。原子的直径是核外电子所能够到达的范围,大约只有 10^{-10} m。而原子核的直径就更小了,只有原子直径的万分之一($10^{-14}\sim10^{-15}$ m)。因此原子核集中了绝大部分的质量,却只占十分小的体积。电子虽然本身非常小,但是其轨道所占据的体积却占了原子的绝大部分。原子核内的景象和太阳系有些相似。

7.1.2　化学元素与分子

化学元素(chemical element)是指具有相同的核内电荷数(即核内质子数)的一类原子的总称。质子数相同的原子具有相同的化学性质,因此把质子数相同的核素称为化学元素,在不会引起混淆的情况下,直接称为元素。一些常见元素的例子有氢、氮和碳。到 2015 年为止,总共有 118 种元素被发现,其中 94 种是天然存在于地球上的。原子序数大于 83(铋)的元素基本都是不稳定的,会进行放射性衰变。不稳定并不意味着自然界不存在,因为即使是原子序数高达 95 的元素都能在自然界中找到,就是由于铀和钍的自然衰变引起的。由此也可以推知宇宙在不断演变之中,不稳定的半衰期短的元素都逐渐衰变掉了。

历史上化学家们曾用各种各样的符号来表示不同的元素。这些符号与元素名称的速写体有些相似,因此这些符号十分难以辨认和使用。现在都采用元素名称的缩略字母来表示元素符号,一般是其英文名称的前一个或两个字母。若两个字母,则第一个字母大写,第二个字母小写。也有些元素的符号来自拉丁文名称的缩略字母,例如铁(Fe,拉丁文 Ferrum),铜(Cu,拉丁文 Cuprum)。

原子核内的质子数对原子的化学性质十分重要,也是辨别不同元素的重要判据,因此给它一个特殊的名称,为原子序数(atomic number),用符号 Z 表示。例如氢原子的原子序数为 1,镭的原子序数是 88。对于不带电的原子而言,原子序数等于核外电子数量。

原子内质子数 Z 和中子数 N 的和称为原子的质量数,用 A 表示。相同的元素可以有不同的质量数,这是因为相同的元素是指原子序数相同,即质子数相同,而中子数可以不同。质子数相同而中子数不同的元素称为同位素。"同位"的含义是指它们在元素周期表中处于同一个位置,因为元素周期表是按照质子数从小到大排列的。同位素以及同位素的分离方法,我们还会在后面专门介绍。

从表 7-1 可以看到,中子和质子的质量基本都为 1amu,因此一个原子的质量基本就是质量数 A 个原子质量单位。

某种元素的原子量是其各种天然同位素原子质量的加权平均值。表 7-2 给出了元素的英文名、符号、中文名、原子序数和相对原子质量。其中相对原子质量带括号的是不稳定的元素(例如锕),相对原子质量取的是目前知道的半衰期最长的同位素的相对原子质量,而没有对所有同位素进行加权平均。

表 7-2　不同元素的相对原子质量和原子数

原 子 序 数	中 文 名 称	英 文 名	符 号	相对原子质量
1	氢	Hydrogen	H	1.008
2	氦	Helium	He	4.003
3	锂	Lithium	Li	6.939
4	铍	Beryllium	Be	9.012
5	硼	Boron	B	10.810
6	碳	Carbon	C	12.011
7	氮	Nitrogen	N	14.007
8	氧	Oxygen	O	15.999
9	氟	Fluorine	F	18.998
10	氖	Neon	Ne	20.183
11	钠	Sodium	Na	22.990
12	镁	Magnesium	Mg	24.312
13	铝	Aluminum	Al	26.982
14	硅	Silicon	Si	28.086
15	磷	Phosphorus	P	30.974
16	硫	Sulfur	S	32.064
17	氯	Chlorine	Cl	35.453
18	氩	Argon	Ar	39.946
19	钾	Potassium	K	39.102
20	钙	Calcium	Ca	40.080
21	钪	Scandium	Sc	44.956
22	钛	Titanium	Ti	47.900
23	钒	Vanadium	V	50.942
24	铬	Chromium	Cr	51.996
25	锰	Manganese	Mn	54.938
26	铁	Iron	Fe	55.847
27	钴	Cobalt	Co	58.933
28	镍	Nickel	Ni	58.710

原 子 序 数	中 文 名 称	英 文 名	符 号	相对原子质量
29	铜	Copper	Cu	63.546
30	锌	Zinc	Zn	65.374
31	镓	Gallium	Ga	69.723
32	锗	Germanium	Ge	72.594
33	砷	Arsenic	As	74.921
34	硒	Selenium	Se	78.963
35	溴	Bromine	Br	79.909
36	氪	Krypton	Kr	83.798
37	铷	Rubidium	Rb	85.468
38	锶	Strontium	Sr	87.621
39	钇	Yttrium	Y	88.906
40	锆	Zirconium	Zr	91.224
41	铌	Niobium	Nb	92.906
42	钼	Molybdenum	Mo	95.942
43	锝	Technetium	Tc	(99)
44	钌	Ruthenium	Ru	101.072
45	铑	Rhodium	Rh	102.905
46	钯	Palladium	Pd	106.421
47	银	Silver	Ag	107.870
48	镉	Cadmium	Cd	112.401
49	铟	Indium	In	114.818
50	锡	Tin	Sn	118.690
51	锑	Antimony	Sb	121.750
52	碲	Tellurium	Te	127.603
53	碘	Iodine	I	126.904
54	氙	Xenon	Xe	131.293
55	铯	Cesium	Cs	132.905
56	钡	Barium	Ba	137.337
57	镧	Lanthanum	La	138.905
58	铈	Cerium	Ce	140.116
59	镨	Praseodymium	Pr	140.907
60	钕	Neodymium	Nd	144.242
61	钷	Promethium	Pm	(145)
62	钐	Samarium	Sm	150.350
63	铕	Europium	Eu	151.964
64	钆	Gadolinium	Gd	157.253
65	铽	Terbium	Tb	158.925
66	镝	Dysprosium	Dy	162.500
67	钬	Holmium	Ho	164.930
68	铒	Erbium	Er	167.259
69	铥	Thulium	Tm	168.934
70	镱	Ytterbium	Yb	173.044

续表

原子序数	中文名称	英 文 名	符 号	相对原子质量
71	镥	Lutetium	Lu	174.967
72	铪	Hafnium	Hf	178.490
73	钽	Tantalum	Ta	180.948
74	钨	Tungsten	W	183.850
75	铼	Rhenium	Re	186.207
76	锇	Osmium	Os	190.230
77	铱	Iridium	Ir	192.217
78	铂	Platinum	Pt	195.085
79	金	Gold	Au	196.967
80	汞	Mercury	Hg	200.570
81	铊	Thallium	Tl	204.372
82	铅	Lead	Pb	207.190
83	铋	Bismuth	Bi	208.980
84	钋	Polonium	Po	(210)
85	砹	Astatine	At	(210)
86	氡	Radon	Rn	(222)
87	钫	Francium	Fr	(223)
88	镭	Radium	Ra	226.030
89	锕	Actinium	Ac	(227)
90	钍	Thorium	Th	232.038
91	镤	Protactinium	Pa	231.035
92	铀	Uranium	U	238.024
93	镎	Neptunium	Np	237.050
94	钚	Plutonium	Pu	239.050
95	镅	Americium	Am	(243)
96	锔	Curium	Cm	(243)
97	锫	Berkelium	Bk	(245)
98	锎	Californium	Cf	(246)
99	锿	Einsteinium	Es	(250)
100	镄	Fermium	Fm	(253)
101	钔	Mendelevium	Md	(256)
102	锘	Nobelium	No	(259)
103	铹	Lawrencium	Lr	(258)
104	𬬻	Rutherfordium	Rf	(261)
105	𬭊	Dubnium	Db	(268)
106	𬭳	Seaborgium	Sg	(266)
107	𬭛	Bohrium	Bh	(274)
108	𬭶	Hassium	Hs	(265)
109	鿏	Meitnerium	Mt	(266)
110	𫟼	Darmstadtium	Ds	(271)
111	𬬭	Roentgenium	Rg	(272)
112	鎶	Copernicium	Cn	(285)

原子序数	中文名称	英文名	符号	相对原子质量
113	—	Ununtrium	Uut	(287)
114	铁	Flerovium	Fl	(289)
115	—	Ununpentium	Uup	(288)
116	钋	Livermorium	Lv	(293)
117	礦	Hawkinium	Hw	(291)
118	—	Ununoctium	Uuo	(294)

分子由原子构成,原子通过化合键,以一定的次序和排列方式结合成分子。以水分子为例,是由两个氢原子和一个氧原子构成一个水分子(记为 H_2O)。一个水分子可用电解法或其他方法再分解为两个氢原子和一个氧原子,但分解后的化学性质已和水完全不同了。

分子有两种类型,一种是只由一种元素组成的,另一种是由多种元素复合而成的。对于单元素分子,又可以是单原子分子(如氦和氩),也可能是两个原子构成的分子(例如氧分子 O_2)。由多元素复合而成的分子比较多,例如一氧化碳分子(CO)、二氧化碳分子(CO_2),苯分子包含 6 个碳原子和 6 个氢原子(C_6H_6),一个猪胰岛素分子包含几百个原子,其分子式为 $C_{257}H_{383}N_{65}O_{77}S_6$。

相对分子质量是描述分子质量的物理量,它等于构成分子的所有原子的相对原子质量之和。例如 H_2O 的相对分子质量是 $(15.999+1.008×2)amu=18.015amu$。

7.1.3 阿伏伽德罗常数

相对原子质量和相对分子质量都是用 amu 为单位来度量的,它反映的是原子或分子的相对质量。相对原子质量越大的原子越重,或者说相对原子质量越大的原子质量越大。那么是不是 1kg 氧气的原子数就会比 1kg 氢气的原子数少呢？由于原子的质量实在是太小了,因此 1kg 氧气到底有多少个氧原子是十分难以一个一个数出来的。科学家们通过实验得到的结论是 15.999g 氧气的氧原子数量和 1.008g 氢气的氢原子数量是一样多的,并且把该数量定义为阿伏伽德罗常数,$N_A=6.022×10^{23}$。并把含有数量这么多的物质称为 1mol(摩尔)。可以是 1mol 原子,也可以是 1mol 分子,或 1mol 蚂蚁等。若某种原子的相对原子质量是 x,则 $6.022×10^{23}$ 个(1mol)该原子组成的物质的质量是 x g。若某种分子的相对分子质量是 y,则 1mol 该物质的质量是 y g。

图 7-1 显示了 1mol 黄金做的球和 1mol 铜做的球的直径。这两个球都含有 $6.022×10^{23}$ 个原子,但是质量和体积都是不同的。

1mol 物质的质量,我们称为摩尔质量。它是用单位"克/摩尔"(g/mol)来度量的,有时候也称为克原子量。

例 7-1：某银条的质量是 1.870kg,有多少摩尔银原子？

解：查表 7-2,得到银的相对原子质量是 107.870amu,即银的摩尔质量是 107.870g/mol,所以银条内银原子的摩尔数是 $(1.870×1000/107.870)mol=17.336mol$。

摩尔质量同样适用于由分子组成的物质,例如 1mol CH_4 的质量是 $(12.011+1.008×4)g=16.043g$。

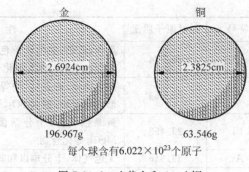

每个球含有$6.022×10^{23}$个原子

图 7-1 1mol 黄金和 1mol 铜

7.1.4 元素周期表

早期的化学家们发现,若根据原子序数从小至大排列,元素的化学性质呈现出神奇的周期性变化。在某种程度上,物理性质也呈现出周期性的变化。我们来观察一下表 7-3 所列出的前 20 位化学元素。

表 7-3 前 20 位化学元素的一些性质

原子序数	中文名	符号	相对原子质量	性　质
1	氢	H	1.008	无色气体,很容易和氧反应生成 H_2O,和氯反应生成 HCl
2	氦	He	4.003	无色气体,十分难以和其他物质发生化学反应
3	锂	Li	6.939	银白色软金属,化学性质十分活泼,很容易和氧反应生成 Li_2O,和氯反应生成 HCl
4	铍	Be	9.012	灰色金属,比锂硬,中等活泼,可形成 BeO 和 $BeCl_2$
5	硼	B	10.810	黄色或棕色非金属,很硬,不太活泼,但还能形成 B_2O_3 和 BCl_3
6	碳	C	12.011	黑色非金属,有脆性,室温下和氧、氯不反应,高温下可形成 CO_2 和 CCl_4
7	氮	N	14.007	无色气体,不太活泼,可形成 N_2O_5 和 NH_3
8	氧	O	15.999	无色气体,中等活泼,可以和大部分元素结合,形成 CO_2、MgO 等
9	氟	F	18.998	黄绿色气体,十分活泼,极其难闻,形成 NaF、MgF_2 等化合物
10	氖	Ne	20.183	无色气体,十分难以和其他物质发生化学反应
11	钠	Na	22.990	银色软金属,化学性质非常活泼,形成 Na_2O 和 NaCl 等化合物
12	镁	Mg	24.312	银白色金属,比钠硬,中等活泼,可形成 MgO 和 $MgCl_2$
13	铝	Al	26.982	银白色金属,和镁相似但不如镁活泼,形成 Al_2O_3、$AlCl_3$ 等化合物
14	硅	Si	28.086	灰色非金属,室温下和氧、氯不反应,高温下可形成 SiO_2 和 $SiCl_4$

续表

原子序数	中文名	符号	相对原子质量	性　　质
15	磷	P	30.974	黑色,红色,紫色或黄色固体,熔点低,比较活泼,可形成 P_2O_5、PCl_3 等化合物
16	硫	S	32.064	黄色固体,熔点低,中等活泼,和大部分元素能够形成化合物,形成 SO_2、MgS 等化合物
17	氯	Cl	35.453	黄绿色气体,十分活泼,极其难闻,形成 NaCl、$MgCl_2$ 等化合物
18	氩	Ar	39.946	无色气体,十分难以和其他物质发生化学反应
19	钾	K	39.102	银色软金属,化学性质非常活泼,形成 K_2O 和 KCl 等化合物
20	钙	Ca	40.080	银白色金属,比钾硬,中等活泼,可形成 CaO 和 $CaCl_2$

从表 7-3 看,2、10、18 号元素的性质十分相似,3、11、19 号元素的性质十分相似,4、12、20 号元素的性质也十分相似。有什么规律没有? 1869 年俄国科学家门捷列夫(Dmitri Mendeleev)研究发现,把他当时已知的 63 种元素依相对原子质量大小并以表的形式排列,把有相似化学性质的元素放在同一列,可以得到一个具有周期性的表,称为元素周期表。由于新的元素不断被发现,经过多年扩充后才成为当代的元素周期表(如图 7-2 所示)。

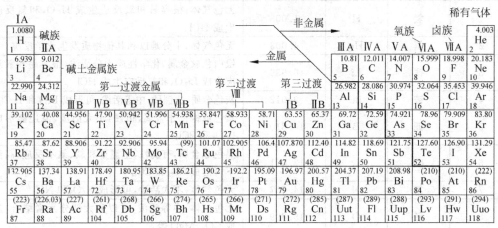

图 7-2　元素周期表

在周期表中,元素是以原子序数排列,最小的排行最先。表中一横行称为一个周期,一竖列称为一个族。除了稀有气体(最右侧一列)外,每一族用一个罗马字母和一个大写英文字母的组合表示,例如ⅠA、ⅡA、ⅢB 等。底下是单独排列的镧系和锕系,把它们单独排列只是为了这个表不至于太宽,而且镧系元素的化学性质很相似,锕系也一样。每一格的中间是元素符号,下边是原子序数,上边是相对原子质量。由于周期表能够准确地预测各种元素的特性及其之间的关系,因此在化学及其他学科中被广泛使用。

在整个元素周期表中,可分为三大类:金属、非金属和半导体,如图 7-3 所示。金属是数量最多的,位于元素周期表的左侧。非金属位于右上部分,中间交界处是半导体。金属元素倾向于失去电子形成正离子,非金属元素则相反。日常生活中用到大量的金属,因此大家都熟悉金属的物理性质,例如比较坚硬,可以机械加工(车、铣、刨、磨、锻、焊等),是良好的导电和导热材料,具有金属光泽。按照化学性质对金属分类是十分重要的,可以分为两大类:一类是轻金属,它们软,密度低,化学性质十分活泼,一般不能用于结构材料,在元素周期表中处于ⅠA和ⅡA族;另一类是过渡金属,它们硬,密度高,化学性质不太活泼,通常用于结构材料,在元素周期表中处于B族。

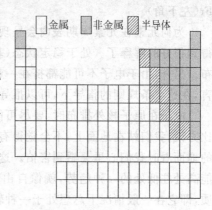

图 7-3 元素周期表中的三大类

非金属占据元素周期表的右上方以及左上角的 H 元素。通常非金属元素的化学性质和金属元素有很大的不同,基本是对立的。例如一个有延性,另一个就有脆性;一个有光泽,另一个就没有光泽。非金属常温下大部分以气态存在,固态形式存在的非金属一般没有光泽,没有延性,不太导电或导热。非金属在化学反应中倾向于获得电子形成负离子。最右一列非金属是稀有气体,它们的化学性质十分不活泼,因此也常常被称为惰性气体。在很长一段时间里,稀有气体被认为是不和任何元素形成化合物的,直到 1962 年发现了 XeF_4 和 $XePtF_6$。形成这样的化合物需要特殊的条件。在一般的条件下,稀有气体可以认为是不发生化学反应的气体。

半导体(semiconductor)处于金属元素和非金属元素的交界处。元素周期表从左到右(ⅠA-ⅦA族),从金属逐渐成为非金属,这个改变不是突然改变的,而是渐渐变化的。在金属元素和非金属元素区域的交界处,有一些元素表现出了既不是金属又不是非金属的特性,我们把它们称为半导体。常见的半导体元素有硅、锗、砷、碲等。半导体在常温下导电性能介于金属与非金属之间。无论从科技或是经济发展的角度来看,半导体的重要性都是非常巨大的。今日大部分的电子产品,如计算机、移动电话或是平板电脑当中的核心单元都和半导体有着极为密切的关联。常见的半导体材料有单晶硅、锗、砷化镓等,而单晶硅更是各种半导体材料中,在商业应用上最具有影响力的一种。

元素周期表中的每一列表示一个族,它们具有相似的化学性质和物理性质。例如ⅠA(H 除外)是碱金属,ⅡA 是碱土金属,ⅥA 是氧族,ⅦA 是卤族等。每一族具有相似的性质,例如碱土金属ⅡA族元素都会形成相似的化合物,都比ⅠA族元素要硬一些等。

同一族的元素化学性质相似。同一族元素随着原子序数的增加,其性质也在慢慢改变,例如室温下氟是气体,到了同一族的碘就变成固体了。

B族元素(ⅠB 到ⅦB、Ⅷ族)称为过渡金属。在这块区域,有些元素的性质发生了一些例外,同族元素的化学性质有时候还不如同周期的元素来得相似。例如 Fe 就和 Co 和 Ni 更加相似,而和同族的 Ru 和 Os 反而不是那么相似。这些元素大部分都具有多价状态,溶液中的阳离子通常会有颜色(其他元素的阳离子通常是无色的)。

在金属和非金属的分界区域，同一族元素的性质差异比较大。例如ⅣA族，C是非金属，Si和Ge是半导体，Sn和Pb是金属。

在元素周期表内，化学性质最活泼的非金属是F和Cl(右上角)，最活泼的金属是Cs和Fr(左下角)。

为何元素在元素周期表内会呈现周期性的变化呢？随着原子内电子结构的揭秘，已经得到很好的解释了。处于稳定状态(基态)的原子，核外电子将尽可能地按能量最低原理排布。另外，由于电子不可能都挤在一起，它们还要遵守泡利不相容原理和洪特规则。一般而言，在这3条规则的指导下，可以推导出元素原子的核外电子排布情况。

电子在原子核外排布时，要尽可能使电子的能量最低。怎样才能使电子的能量最低呢？比方说，我们站在地面上，不会觉得有什么危险；如果我们站在20层楼的阳台上，再往窗外的地面看时我们心里会感到害怕。这是因为物体在越高处具有的势能越高，物体总有从势能高处往低处的一种趋势，就像自由落体一样。电子可看作是一种物质，也具有同样的性质，即它在一般情况下总想处于一种较为安全(或稳定)的状态(基态)，也就是能量最低的状态。当有外加作用时，电子也是可以吸收能量到能量较高的状态(激发态)的，但是它总有时时刻刻要回到基态的趋势。一般来说，离核较近的电子具有较低的能量，随着电子层数的增加，电子的能量越来越大(见图7-4)。

在原子里，原子核位于整个原子的中心，电子在核外绕核作高速运动。因为电子在离核不同的区域中运动，我们可以看作电子是在核外分层排布的。按核外电子排布的3条原则将所有原子的核外电子排布在该原子核的周围，发现核外电子排布遵守下列规律：原子核外的电子尽可能分布在能量较低的电子层上(离核较近)；根据量子力学原理，若电子层数是n，这层的电子数目最多是$2n^2$；无论是第几层，如果作为最外电子层，这层的电子数不能超过8个，如果作为倒数第2层(次外层)，那么这层的电子数便不能超过18个。这一结果决定了元素原子核外电子排布的周期性变化规律。按最外层电子排布相同进行归类，它们就是周期表中同一列的元素。

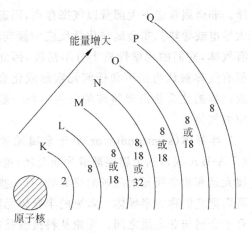

图7-4　原子核外的电子分层模型

因此决定原子的化学性质的主要是最外层电子的排列情况。当最外层包含8个电子时，通常会非常稳定。而最外层只有1～2个电子的原子会非常容易失去最外层的电子。

原子内部的电子可以被外界的热、光或粒子激发而进入更高的能级。若原子从外界获得足够的能量，可以使价电子被激发为自由电子。正是由于有自由电子，才能形成电流。一个电子被激发成自由电子后，会留下一个带正电的原子，称这个原子被电离了。带正电的称为正电离，若原子核获得了多余的电子而带负电，则称为负电离。

基于大量的实验数据，有一点已经十分清楚了，那就是化学反应只涉及核外电子的变化，而不会涉及原子核的变化。因此化学性质的周期性变化一定会和核外电子的周期性规律有关。核外电子处于不停的运动之中，具有动能和势能，其总能量是动能和势能之和。根据近代量子力学的研究成果,电子的能量状态是量子化的,也就是说电子只能处于某些特定的能量状态上,而在这些状态之间的能区不能存在(禁区)。这些能量状态可以用形象的壳层图形来表示,如图 7-5 所示。

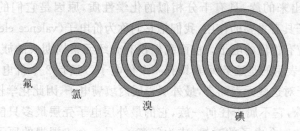

氟　　氯　　溴　　碘

图 7-5　原子核外的电子壳层结构

在图 7-5 中,原子核由于很小没有画出来。灰色的区域是电子可以存在的状态,白色的区间是不能存在的区域。习惯上把最里面的一层编号为 1,其次为 2。越靠近原子核的能量状态越低,电子倾向于先填充能量低的位置,然后逐渐到能量高的状态。每个电子壳层有一个或者几个轨道,轨道按照小写字母来编号。由于历史的原因,习惯上采用 s、p、d、f、g、h 来编号。

每一个电子壳层的轨道数量是不一样的。第 1 层只有 1 个轨道,即 s;第 2 层具有 2 个轨道,即 s 和 p;第 3 层具有 3 个轨道,s、p、d。层数增加一层,轨道数量也会增加一个。不同的轨道能够填充的电子数量也是不一样的。泡利不相容原理指出:不能有两个或两个以上的电子具有完全相同的 4 个量子数。这成为电子在核外排布形成周期性从而解释元素周期表的准则之一。因此 s 轨道只能填充 2 个电子,p 轨道 6 个($2+2^2$),d 轨道 10 个($2+2^3$),f 轨道 14 个($2+2^2+2^3$),g 轨道 18 个($2+2^4$)。每个电子壳层可以填充的电子数如表 7-4 所示。

表 7-4　原子内电子数、轨道和壳层的关系

壳层	轨道	每个轨道最多电子数	壳层最多电子数
1	s	2	2
2	s	2	8
	p	6	
3	s	2	18
	p	6	
	d	10	
4	s	2	32
	p	6	
	d	10	
	f	14	
5	s	2	50
	p	6	
	d	10	
	f	14	
	g	18	

了解了核外电子的壳层结构后,我们可以明确化学反应所涉及的电子了。化学反应所涉及的电子,主要是最外层的电子,也就是离原子核最远的那一层电子。有些原子的次外层电子也没有填满,则次外层电子也会对化学性质有些影响,只是没有最外层那么明显。因此元素周期表内表现出来的族,具有十分相似的化学性质,原因是它们的最外层电子数量相同。由于最外层电子具有重要的作用,我们把它们称为价电子(valence electron)。这里"价"的含义是指对化学反应有价值的电子。前面我们没有介绍元素周期表的族的编号的意思,例如ⅣA族,罗马数字Ⅳ表示的是这族元素具有 4 个价电子。氦有 2 个价电子,其他稀有气体均有 8 个价电子。由于对这些元素而言,最外层壳层内填满电子,因此化学性质特别稳定。

氢元素比较特殊,它不属于任何一族,它的最外层电子壳层最多只能容纳两个电子。当氢原子失去它仅有的一个电子的时候,成为氢离子,是一个赤裸裸的原子核。氢离子是最小的正离子。氢元素既可以失去电子也可以获得电子,因此它的化学性质和ⅠA族以及ⅦA族比较相似。

价电子的数量,会决定化学元素是否活泼。电子的壳层结构模型可以很好地解释为什么有的元素十分活泼,而有的元素不太活泼。一般来说,当最外层电子没有填满的时候,元素总是会通过得到电子,或者失去电子,或者和其他元素共享电子的方式,使得最外层得到填满。

7.2　化学键

不同的原子可以通过失去、获得或者共享价电子的方式结合在一起,形成化学键。例如 H^+ 和 Br^-,它们就很容易结合在一起。因为 H 给 Br 一个电子,双方都很满足。若某个原子需要两个电子,而只获得了一个,则它还会试图再获得一个电子。在一个水分子中 2 个氢原子和 1 个氧原子就是通过这样的方式结合成水分子的。

化学键的概念是在总结长期实践经验的基础上建立和发展起来的,用来概括观察到的大量化学事实。特别是用来说明原子为何以一定的比例结合成具有确定几何形状的、相对稳定和相对独立的、性质与其组成原子完全不同的分子的。电子被发现以后,1916 年 G. N. 路易斯提出通过填满电子稳定壳层形成离子和离子键或者通过两个原子共有一对电子形成共价键的概念,建立了化学键的电子理论。量子理论建立以后,1927 年 W. H. 海特勒和 F. W. 伦敦通过氢分子的量子力学分析,说明了氢分子稳定存在的原因,原则上阐明了化学键的本质。通过以后许多人,特别是 L. C. 鲍林和 R. S. 马利肯的工作,化学键的理论解释已日趋完善。

化学键在本质上是电性的。原子在形成分子时,外层电子重新分布(转移、共用、偏移等),从而产生了正、负电性间的电场力。但这种电性作用的方式和程度有所不同,所以又可将化学键分为离子键、共价键和金属键等。

7.2.1　离子键

带相反电荷离子之间的相互作用叫做离子键。成键的本质是阴阳离子间的电场力相互作用。两个原子间的电负性相差较大时(金属与非金属)容易形成离子键。例如氯和钠以离子键结合成氯化钠。价电子多的氯会从价电子少的钠抢走一个电子。之后氯会以 -1 价的方式存在,而钠则以 $+1$ 价的方式存在。两者再以库仑力因正负相吸而结合在一起,如图 7-6 所示。

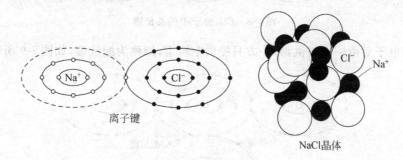

离子键　　　　　　　　　　　　　　　NaCl晶体

图 7-6　NaCl 的离子键以及晶体

一个离子可以同时与多个带相反电荷的离子互相吸引成键。虽然在离子键形成的晶体中,一个离子只能与几个带相反电荷的离子直接作用(如 NaCl 中 Na^+ 可以与 6 个 Cl^- 直接作用),但是这是由于空间因素造成的。在距离较远的地方,同样有比较弱的作用存在,因此是没有饱和性的。从这个意义上讲,离子键是可以延伸的,所以并无固定的分子结构。图 7-6 右侧显示的是 NaCl 的晶体结构示意图,每一个 Na^+ 周围有 6 个 Cl^-。

离子键亦有强弱之分。其强弱影响该离子化合物的熔点、沸点和溶解性等性质。离子键越强,其熔点越高。离子半径越小或所带电荷越多,阴、阳离子间的作用就越强。例如钠离子的半径比钾离子的半径小,则 NaCl 中的离子键较 KCl 中的离子键强,所以氯化钠的熔点比氯化钾的高。

7.2.2　共价键

共价键是原子间通过共用电子对(或理解为电子云的相互重叠)而形成的相互作用。形成重叠电子云的电子在所有参与成键的原子周围运动。一个原子有几个未成对电子,便可以和几个自旋方向相反的电子配对成键。如图 7-7 所示的是 CH_4 分子中的共价键。图中的4 个共价键,每 1 个共享 1 对电子,称为单键。

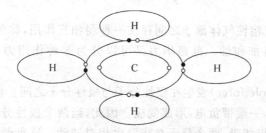

图 7-7　CH_4 分子中的共价键

若是每个键共享 2 对电子,称为双键。例如图 7-8 所示的 CO_2 的共价键。通过这样的方式,氧的最外层也有 8 个电子,碳的最外层也有 8 个电子,共同进入一个能量更低的状态。

想要拆分开它们,就需要提供一定的能量,这个能量就是化合键的结合能。

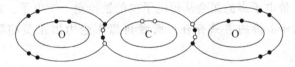

图 7-8　CO_2 分子中的共价键

若共用电子对由一方提供,另一方只提供空轨道,则称为配位键,如图 7-9 所示。

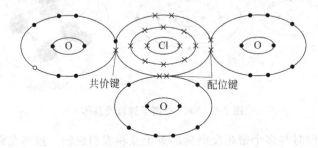

图 7-9　ClO_3 中的单键和配位键

按共用电子对是否偏移,可分为极性键($H—Cl$)和非极性键($Cl—Cl$)。极性键组成的通常称为极性分子,水就是典型的极性分子。

7.2.3　金属键

金属键也是化学键的一种,主要在金属中存在。在金属内,所有原子都和周围的很多原子共享价电子获得更低更稳定的能量状态。金属键会发生在原子核对价电子的作用力比较弱的情况下,价电子成为了自由电子。

金属键由自由电子与排列成晶格状的金属离子之间的静电吸引力组合而成。由于电子可以自由运动,金属键没有固定的方向,因而是非极性键。一般金属的熔点、沸点随金属键的强度而升高。金属键的强弱通常与金属离子半径成逆相关,与金属内部自由电子数密度成正相关(可粗略看成与原子外围电子数成正相关)。

7.2.4　范德华键

分子与分子之间或惰性气体原子之间存在一种弱相互作用,称为范德华键或范德华力(Van Der Waals),具有加和性。范德华力又可以分为 3 种作用力:取向力、诱导力和色散力。

取向力(dipole-dipole force)发生在极性分子与极性分子之间。由于极性分子的电性分布不均匀,一端带正电,一端带负电,形成偶极。因此,当两个极性分子相互接近时,由于它们偶极的同极相斥,异极相吸,两个分子必将发生相对转动。这种偶极子的互相转动,就使偶极子的相反的极相对,叫做"取向"。这时由于相反的极相距较近,同极相距较远,结果引力大于斥力。两个分子靠近,当接近到一定距离之后,斥力与引力达到相对平衡。这种由于极性分子的取向而产生的分子间的作用力,叫做取向力。

诱导力(induction force)存在于极性分子和非极性分子之间以及极性分子和极性分子之间。由于极性分子偶极所产生的电场对非极性分子发生影响,使非极性分子电子云变形(即电子云被吸向极性分子偶极的正电的一极),结果使非极性分子的电子云与原子核发生相对位移。本来非极性分子中的正、负电荷重心是重合的,相对位移后就不再重合,使非极性分子产生了偶极。这种电荷重心的相对位移叫做"变形"。因变形而产生的偶极,叫做诱导偶极,以区别于极性分子中原有的固有偶极。诱导偶极和固有偶极就相互吸引,这种由于诱导偶极而产生的作用力,叫做诱导力。在极性分子和极性分子之间,除了取向力外,由于极性分子的相互影响,每个分子也会发生变形,产生诱导偶极。其结果使分子的偶极距增大,既具有取向力又具有诱导力。在阳离子和阴离子之间也会出现诱导力。

色散力(dispersion force)在所有分子或原子间都存在。它是分子的瞬时极性间的作用力,即由于电子的运动,瞬间电子的位置对原子核是不对称的,也就是说正电荷重心和负电荷重心发生瞬时的不重合,从而产生瞬时偶极,如图 7-10 所示。色散力和相互作用分子的变形性有关,变形性越大(一般相对分子质量越大,变形性越大)色散力越大。色散力和相互作用分子的电离势也有关,分子的电离势越低(分子内所含的电子数越多),色散力越大。

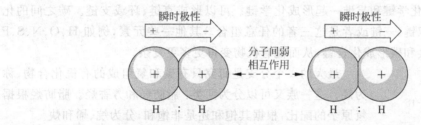

图 7-10　氢分子之间的弱相互作用

极性分子与极性分子之间,取向力、诱导力、色散力都存在;极性分子与非极性分子之间,则存在诱导力和色散力;非极性分子与非极性分子之间,则只存在色散力。这 3 种类型的力的比例大小,取决于相互作用分子的极性和变形性。极性越大,取向力的作用越重要;变形性越大,色散力就越重要;诱导力则与这两种因素都有关。对大多数分子来说,色散力是主要的。只有偶极矩很大的分子(如水),取向力才是主要的;而诱导力通常是很小的。

7.2.5　氢键

氢原子与电负性大的原子 X 以共价键结合,若与电负性大,半径小的原子 Y(O、F、N 等)接近,在 X 与 Y 之间以氢为媒介,生成 X—H...Y 形式的一种特殊的分子间或分子内相互作用,称为氢键。X 与 Y 可以是同一种类分子,如水分子之间的氢键;也可以是不同种类分子,如水合氨分子($NH_3 \cdot H_2O$)之间的氢键。

氢键不同于范德华力,它具有饱和性和方向性。由于氢原子特别小而原子 X 和 Y 比较大,所以 X—H 中的氢原子只能和一个 Y 原子结合形成氢键。同时由于负离子之间的相互排斥,另一个电负性大的原子 Y 就难以再接近氢原子,这就是氢键的饱和性。

氢键具有方向性则是由于电偶极矩 X—H 与原子 Y 的相互作用。只有当 X—H...Y 在同一条直线上时最强,同时原子 Y 一般含有未共用电子对,在可能范围内氢键的方向和未共用电子对的对称轴一致,这样可使原子 Y 中负电荷分布最多的部分最接近氢原子,这样形成的氢键最稳定。

氢键的结合能是 2~8kCal。氢键是一种比分子间作用力(范德华力)稍强,比共价键和离子键弱很多的相互作用,其稳定性弱于共价键和离子键。

7.3 有机化学

有机化学又称为碳化合物的化学,是研究有机化合物的组成、结构、性质、制备方法与应用的科学,是化学中极其重要的一个分支。含碳化合物被称为有机化合物是因为以往的化学家们认为含碳物质一定要由生物(有机体)才能制造。然而在 1828 年的时候,德国化学家弗里德里希·维勒,在实验室中首次成功合成尿素(一种生物分子),自此以后有机化学便脱离传统所定义的范围,扩大为含碳物质的化学。

有机化学是一个十分宽广的领域,因此还会再细分为一些子领域。划分的依据是碳是以怎样的方式形成化学键和与谁一起形成化学键。可以形成直链、环或支链。碳之间的化合键可以是单键、双键、三键或者是这三者的任意组合。其他一些元素,例如 H、O、N、S、P 以及卤族元素,也会和碳形成化合键,从而使有机物变得更多更复杂。

图 7-11 乙烷(C_2H_6)的分子结构

最大的一个分支是研究只有碳和氢组成的有机化合物,称为烃。这一族又可以分为两类:脂肪烃和芳香烃。脂肪烃根据氢原子的配比,根据其饱和还是非饱和,分为烷、烯和炔。

烷(alkanes)是饱和烃,碳原子和氢原子之间是单键,每一个碳原子周围有 4 个化合键,如图 7-11 所示。

烷的分子式的通用表达式是 C_nH_{2n+2}。1 个碳的是甲烷,2 个碳的是乙烷,3 个碳的是丙烷,以此类推。

烷一般是无色的,没有臭味,不溶于水,易溶于非极性的有机溶剂。

烷的化学性质比较稳定,可以被卤化、热分解或者燃烧。甲烷的卤化反应如下:

$$CH_4 + Br_2 \longrightarrow CH_3Br + HBr \tag{7-1}$$

热分解指的是在热量的催化下发生分解,例如丙烷会分解为甲烷和乙烯:

$$C_3H_8(热催化) \longrightarrow CH_4 + C_2H_4 \tag{7-2}$$

甲烷的燃烧反应如下:

$$CH_4 + 2O_2 \longrightarrow CO_2 + 2H_2O + 890kJ \tag{7-3}$$

烯(alkenes)比对应的烷少两个氢原子,因此有两个碳原子之间是双键。如乙烯的分子结构如图 7-12(a)所示。烯的分子式的通用表达式是 C_nH_{2n}。由于烯比烷少两个氢原子,因此烯是不饱和烃。烯的主要来源是烷的热分解反应,如乙烯可以从以下反应得到:

$$C_2H_6(热催化) \longrightarrow H_2 + C_2H_4 \tag{7-4}$$

再进一步少两个氢原子,就是炔(alkynes)了。因此炔有两个碳原子之间是三键,如图 7-12(b)所示。炔的分子式的通用表达式是 C_nH_{2n-2}。

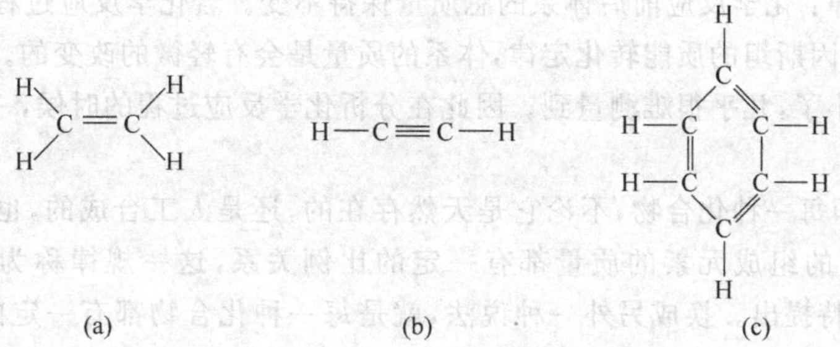

图 7-12　乙烯、乙炔和苯的分子结构

(a) 乙烯（C_2H_4）；(b) 乙炔（C_2H_2）；(c) 苯（C_6H_6）

还有一类烃称为芳香烃（aromatic hydrocarbon）。苯就是最简单的芳香烃，其结构如图 7-12(c) 所示。芳香烃是环形结构，6 个碳原子围成一圈，单键和双键交错排列。因为具有香味，因此得名为芳香烃。芳香烃的结构十分稳定，因此化学性质和饱和的烷一样，更倾向于被拆解开的反应，要向其添加一个原子比较困难。

若在碳氢化合物里面的某个氢被羟基（OH）取代，就成为醇了。例如乙烯（alcohols）的一个 H 被 OH 取代就是乙醇，其结构如图 7-13 所示。

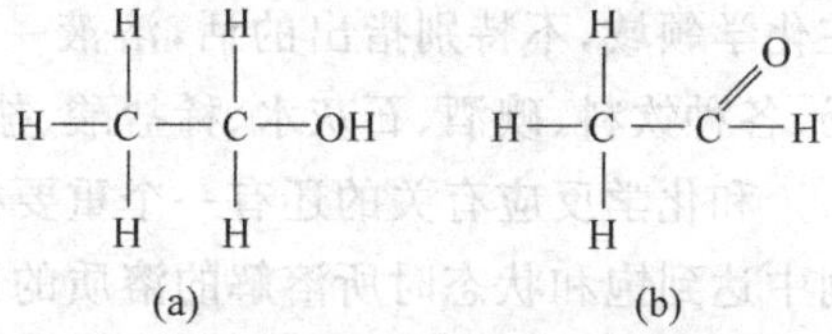

乙醇俗称酒精，是带有一个羟基的饱和一元醇。在常温、常压下是一种易燃、易挥发的无色透明液体。它的水溶液有酒味，并略带刺激，微甘。乙醇液体密度是 $0.789g/cm^3$（20℃），乙醇气体密度为 $1.59kg/m^3$，沸点是 78.3℃，熔点是 −114.1℃。易燃，其蒸气能与空气形成爆炸性混合物。能与水以任意比互溶。能与氯仿、乙醚、甲醇、丙酮和其他多数有机溶剂混溶。

图 7-13　乙醇、乙醛的分子结构

(a) 乙醇（C_2H_5—OH）；(b) 乙醛（CH_3—$\overset{O}{\overset{\|}{C}}$—H）

乙醇的用途很广，可用乙醇制造醋酸、饮料、香精、染料、燃料等。医疗上也常用体积分数为 70％～75％的乙醇作消毒剂。乙醇在国防工业、医疗卫生、有机合成、食品工业、工农业生产中都有广泛的用途。

醛（aldehyde）是由烃基与醛基（—CHO）相连而构成的化合物。醛基一般在碳链的顶端。醛基由一个碳原子、一个氢原子及一个双键氧原子组成，如图 7-13(b) 所示。醛基也称为甲酰基。

7.4　化学方程式

所有物质都是由原子组成的，原子通过各种化学键结合成为化合物。元素是化学反应的最小单元，化学反应不能使原子发生变化。不同的化合物可以组成混合物，在混合物中各种化合物保持各自的性质，例如乙醇溶解到水里组成的混合物。

化学是基于实验的科学。通过大量的试验，发现了一些化学反应过程中遵守的基本定律，例如质量守恒定律、定比定律、倍比定律等。

质量守恒定律：化学反应前后体系的总质量保持不变。若化学反应过程中有能量的吸收或释放，按照爱因斯坦的质能转化定律，体系的质量是会有轻微的改变的。但是这个质量的改变实在是太小了，几乎很难测量到。因此在分析化学反应过程的时候，一般忽略这种质量的细微变化。

定比定律：即每一种化合物，不论它是天然存在的，还是人工合成的，也不论它是用什么方法制备的，它的组成元素的质量都有一定的比例关系，这一规律称为定比定律。于1799年由普劳斯特提出。换成另外一种说法，就是每一种化合物都有一定的组成，所以定比定律又称定组成定律。

倍比定律：当甲、乙两种元素相互化合，能生成几种不同的化合物时，则在这些化合物中，与一定量甲元素相化合的乙元素的质量必互成简单的整数比，这一结论称为倍比定律。例如碳和氧可以产生两种化合物 CO 和 CO_2。在 CO 中，$1.33g$ 氧和 $1g$ 碳反应生成 $2.33g$ CO。在 CO_2 中，是 $1.33g$ 氧和 $0.5g$ 碳生产 $1.83g$ CO_2。因此同样质量的氧需要的碳的比是 $2:1$。

这几个定律是分析化学反应的基础。

溶液是由至少两种物质组成的均一、稳定的混合物。被分散的物质（溶质）以分子或更小的质点分散于另一物质（溶剂）中。物质在常温时有固体、液体和气体3种状态。因此溶液也有3种状态。例如大气本身就是一种气体溶液。固体溶液混合物常称固溶体，如合金。在化学领域，不特别指出的话，溶液一般只是专指液体溶液。在生活中常见的溶液有火锅汤、各种饮料、碘酒、石灰水、稀盐酸、盐水等。

和化学反应有关的还有一个重要概念是溶解度。在一定温度下，某固态物质在 $100g$ 溶剂中达到饱和状态时所溶解的溶质的质量，叫做这种物质在这种溶剂中的溶解度。物质的溶解度属于物理性质。

在研究化学动力学的时候，通常会关注化学反应的速度以及影响反应速度的因素。此时要考虑的基本因素有浓度、温度、压力和反应物的催化剂等。

7.4.1　平衡移动原理

勒夏特列原理（又称平衡移动原理）是定性预测化学平衡点的原理。平衡移动原理的主要内容为：在一个已经达到平衡的反应中，如果改变影响平衡的条件之一（如温度、压强或参加反应的化学物质的浓度），平衡将向着能够减弱这种改变的方向移动。

比如一个可逆反应中，当增加反应物的浓度时，平衡要向正反应方向移动。平衡的移动使得增加的反应物浓度又会逐步减少。但这种减弱不可能消除增加反应物浓度对这种反应物本身的影响，与旧的平衡体系中这种反应物的浓度相比而言，还是增加了。

在有气体参加或生成的可逆反应中，当增加压强时，平衡总是向体积缩小的方向移动。比如在 $N_2+3H_2=2NH_3$ 这个可逆反应中，达到一个平衡后，对这个体系进行加压，比如压强增加为原来的两倍。这时旧的平衡要被打破，平衡向体积缩小的方向移动，即在本反应中向正反应方向移动。建立新的平衡时，增加的压强即使被减弱，不再是原平衡的两倍。但这种增加的压强不可能完全被抵消，也不是与原平衡相同，而是处于这两者之间。

勒夏特列原理同样适用于溶解度。当一种溶质溶解到溶剂中，若过程是吸热的，则温度的增加将使溶解度增加。若溶解过程是放热的，则温度升高溶解度会降低。

7.4.2　溶液浓度

溶液内能够溶解多少溶质,是十分重要的。在压水堆核电厂中,硼酸溶解于冷却剂水中用于控制反应性(反应性的概念将在后文介绍)。因此冷却剂温度的变化,对于硼酸的浓度有明显影响。在温度降低的时候甚至还会发生硼结晶现象。

化学定量分析常涉及溶液的配制和溶液浓度的计算。利用化学反应进行定量分析时,用物质的量浓度(也称为摩尔浓度)来表示溶液的组成更为方便。溶质的摩尔浓度(molarity)是指单位体积溶液中所含溶质的摩尔数,常用单位为 mol/L,即每升溶液中溶解了多少摩尔的溶质。摩尔浓度的符号是[],例如$[H^+]$表示 H^+ 的摩尔浓度。

例 7-2：要配制 1L 1mol/L 的 NaCl 溶液,需要多少克 NaCl?

解：因为 NaCl 的摩尔质量是 58.442g/mol,因此需要 58.442g 氯化钠,然后倒入适量的水,使得总容积为 1L 即可。

实际工程中使用的描述溶液浓度的还有一个十分常用的量是 ppm(parts per million)浓度。ppm 浓度是用溶质质量占全部溶液质量的百万分比来表示的浓度,也称为百万分比浓度。ppm 就是百万分率或百万分之几。目前,在大多数科技期刊中,已经不使用 ppm,而改用 10^{-6} 或千分之一,即"‰"。ppm 换算成‰为：1ppm=0.001‰。

7.4.3　化学方程式的平衡

根据质量守恒原理,化学反应方程式的两侧各种元素的原子数要守恒。例如：

$$2Fe + 3H_2O \longrightarrow Fe_2O_3 + 3H_2 \uparrow \tag{7-5}$$

左侧有 2 个 Fe,右侧也是 2 个 Fe;左侧是 6 个 H,右侧也是 6 个 H;左侧是 3 个 O,右侧也是 3 个 O。

可以利用平衡的化学反应式计算反应产物的量。

例 7-3：若 27.9g 铁和水反应,生成多少铁锈(Fe_2O_3)?

解：根据上面的反应式,2mol 铁会生成 1mol 铁锈。27.9g 是 27.9/55.8=0.5mol,因此可以生成 1mol Fe_2O_3,是 159.6g。

7.5　酸、碱、盐和 pH 值

酸在化学上是指在水溶液中电离时会产生氢离子的化合物。如盐酸、硫酸等。酸会和很多金属元素反应释放出氢气,例如：

$$Zn + 2HCl \longrightarrow ZnCl_2 + H_2 \uparrow \tag{7-6}$$

酸在 pH 试纸上会呈现红色。酸能导电,酸和碱反应会生成盐,例如：

$$HNO_3 + KOH \longrightarrow KNO_3 + H_2O \tag{7-7}$$

酸和碳酸盐反应会释放出 CO_2,例如：

$$2HCl + CaCO_3 \longrightarrow CaCl_2 + CO_2 \uparrow + H_2O \tag{7-8}$$

　　在水溶液中会电离出氢氧根离子的是碱。碱在 pH 试纸上呈现蓝色。典型的碱如胺类物质(包括氨水,化学式:$NH_3 \cdot H_2O$)、烧碱(氢氧化钠,化学式:NaOH)、熟石灰(氢氧化钙,化学式:$Ca(OH)_2$)等。

　　碱与酸反应会形成盐。盐是指一类金属离子或铵根离子(NH_4^+)与酸根离子或非金属离子结合的化合物。如氯化钠、硝酸钙、硫酸亚铁和乙酸铵等。一般来说盐是复分解反应的生成物。盐与盐反应生成新盐与新盐;盐与碱反应生成新盐与新碱;盐与酸反应生成新盐与新酸。如硫酸与氢氧化钠生成硫酸钠和水;氯化钠与硝酸银反应生成氯化银与硝酸钠等。

　　也有其他的反应可生成盐,例如置换反应。可溶性盐的溶液有导电性,是因为溶液中有可自由游动的离子。这种盐溶液可作为电解质。

　　溶液酸性、中性或碱性的判断依据是:$[H^+]$和$[OH^-]$的浓度的相对大小。在$[H^+]>[OH^-]$呈酸性,$[H^+]=[OH^-]$呈中性,$[H^+]<[OH^-]$呈碱性。但当溶液中$[H^+]$、$[OH^-]$较小时,直接用$[H^+]$、$[OH^-]$的大小关系表示溶液酸碱性强弱就显得很不方便。为了避免用氢离子浓度负幂指数进行计算的烦琐,丹麦生物化学家泽伦森(Soernsen)在 1909 年建议将此不便使用的数值用对数代替,并定义为"pH"。数学上定义 pH 为氢离子浓度的常用对数的负值,即

$$pH = -\lg[H^+] \tag{7-9}$$

或

$$[H^+] = 10^{-pH} \tag{7-10}$$

　　在标准温度(25℃)和标准大气压下,pH=7 的水溶液(如纯水)为中性。这是因为水在标准温度和压力下自然电离出的氢离子和氢氧根离子浓度的乘积始终是 1×10^{-14},且两种离子的浓度都是 $1 \times 10^{-7} mol/L$。氢离子和氢氧根离子浓度的乘积称为离子积常数。离子积常数是化学平衡常数的一种形式。

　　pH 值小说明 H^+ 的浓度大于 OH^- 的浓度,故溶液酸性强;而 pH 值增大则说明 H^+ 的浓度小于 OH^- 的浓度,故溶液碱性强。所以 pH 值越小,溶液的酸性越强;pH 值越大,溶液的碱性就越强。

　　通常 pH 值是一个 0~14 之间的数。常温下当 pH<7 的时候,溶液呈酸性;当 pH>7 的时候,溶液呈碱性;当 pH=7 的时候,溶液呈中性。但在非水溶液或非标准温度和压力的条件下,pH=7 可能并不代表溶液呈中性。这需要通过计算该溶剂在这种条件下的离子积常数来决定 pH 为中性的值。如 373K(100℃)的温度下,pH=6.10 为中性溶液。不同温度下的水的离子积常数见表 7-5 所示。

表 7-5　不同温度下的水的离子积常数

温度/℃	离子积常数	pH 值
18	0.64×10^{-14}	7.1
25	1.0×10^{-14}	7
60	8.9×10^{-14}	6.54
100	6.1×10^{-13}	6.10
150	2.2×10^{-12}	5.83

续表

温度/℃	离子积常数	pH 值
200	$5.0×10^{-12}$	5.65
250	$6.6×10^{-12}$	5.59
300	$6.4×10^{-12}$	5.60
350	$4.7×10^{-12}$	5.66

7.6 腐蚀

核电厂的几乎所有设备中的金属都存在腐蚀问题。若腐蚀问题控制不好,会产生很严重的后果。核电厂一、二回路的管道若由于腐蚀变薄甚至穿透,会造成带放射性的冷却剂发生泄漏,从而影响核电厂的安全运行。包壳的腐蚀若得不到控制,会使包壳变脆。由于裂变产生的气体使得燃料棒内部压力升高,会把包壳胀破裂,从而高放射性的裂变产物会释放到一回路冷却剂中。腐蚀产生的金属氧化物在经过堆芯时被强中子辐射活化,然后会沉积在一回路或系统的某些滞留部位。这些强放射性会使核电厂的维护困难。若这些腐蚀产物进入运动部件内,例如阀门或泵的转轴,还会产生一系列的不利后果。

7.6.1 腐蚀理论

腐蚀是指(包括金属和非金属)在周围介质(水、空气、酸、碱、盐、溶剂等)作用下产生损耗与破坏的过程。

金属材料以及由它们制成的结构物,在自然环境中或者在工作条件下,由于与其所处环境介质发生化学或者电化学作用而引起的变质和破坏,这种现象称为腐蚀。其中也包括上述因素与力学因素或者生物因素的共同作用。某些物理作用,例如金属材料在某些液态金属中的物理溶解现象也可以归入金属腐蚀范畴。一般而言,生锈是专指钢铁和铁基合金而言的,它们在氧和水的作用下形成主要由含水氧化铁组成的腐蚀产物——铁锈。有色金属及其合金可以发生腐蚀但并不生锈,而是形成与铁锈相似的腐蚀产物。如铜和铜合金表面的铜绿,偶尔也被人称做铜锈。

腐蚀破坏的形式种类很多。在不同环境条件下引起金属腐蚀的原因不尽相同,而且影响因素也非常复杂。为了防止和减缓腐蚀破坏及其损伤,通过改变某些作用条件和影响因素而阻断和控制腐蚀过程,由此所发展的方法、技术及相应的工程措施已成为防腐蚀工程技术。

这里我们主要讨论金属在水环境中的腐蚀问题。

纯净水中虽有 H^+ 和 OH^-,但浓度很低,因此很不容易导电。若水中添加点酸、碱或盐,会大大增强水的导电性(电解液)。根据腐蚀电池理论,腐蚀过程的本质是一个电化学过程,因为腐蚀对应的化学反应涉及电荷的交换。图 7-14 显示的是铁和偏酸性的水接触时的电荷转移过程。

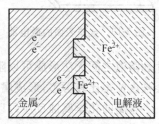

图 7-14 铁腐蚀后形成 Fe^{2+}

　　铁离子被氧化进入水中后,金属带负电荷,电解液带正电荷,于是金属和水之间产生一个电压,称为氧化电压或氧化电动势。这就好比在很小的局部形成了一个微小的化学电池。不同的金属在水中形成的氧化电动势是不一样的。有些金属,例如镁和锌,形成的电动势比铁要高。有些金属,例如铜、镍、铅形成的电动势比铁要小。表7-6列出了25℃下一些水中的电极反应电动势。这些电动势还会随着温度、pH值、离子浓度的变化而变化。氧化电动势对于理解大部分腐蚀过程十分重要。

表 7-6　25℃下一些常用元素在水中的电动势

元　素	电极反应	电动势/V
钠	$Na \longrightarrow Na^+ + e$	-2.712
镁	$Mg \longrightarrow Mg^{2+} + 2e$	-2.34
铍	$Be \longrightarrow Be^{2+} + 2e$	-1.70
铝	$Al \longrightarrow Al^{3+} + 3e$	-1.67
锰	$Mn \longrightarrow Mn^{2+} + 2e$	-1.05
锌	$Zn \longrightarrow Zn^{2+} + 2e$	-0.762
铬	$Cr \longrightarrow Cr^{3+} + 3e$	-0.71
铁	$Fe \longrightarrow Fe^{3+} + 3e$	-0.44
镉	$Cd \longrightarrow Cd^{2+} + 2e$	-0.402
钴	$Co \longrightarrow Co^{2+} + 2e$	-0.277
镍	$Ni \longrightarrow Ni^{2+} + 2e$	-2.250
锡	$Sn \longrightarrow Sn^{2+} + 2e$	-0.136
铅	$Pb \longrightarrow Pb^{2+} + 2e$	-0.126
铜	$Cu \longrightarrow Cu^{2+} + 2e$	$+0.345$
铜	$Cu \longrightarrow Cu^+ + e$	$+0.522$
银	$Ag \longrightarrow Ag^+ + e$	$+0.800$
铂	$Pt \longrightarrow Pt^{2+} + 2e$	$+1.2$
金	$Au \longrightarrow Au^{3+} + 3e$	$+1.42$

　　这样,金属的表面就会有大量的微电池,如图7-15所示。当这些微电池被外部的电解液或导电体连通时,腐蚀就会发生。正是微电池提供的这点微小的电流使得腐蚀的化学反应得以进行。例如,考虑图7-14所示的铁片泡在水里面的情形,假设铁片表面的微电池是均匀的,溶液也是均匀的,则随着铁离子进入溶液,溶液会带正电荷,铁片会带负电荷,从而形成一个从溶液指向铁片的电动势。该电动势会阻止铁离子继续进入溶液。但是实际情况是,铁片表面是不均匀的,溶液内也有杂质,因此情况会变得更加复杂。铁

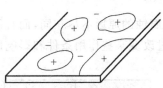

图 7-15　金属表面的微电池

片和溶液之间无法形成可以阻止铁离子进入溶液的逆电动势。在这种情况下,某些局部点会被腐蚀得比较厉害,形成腐蚀坑。

　　金属的化学腐蚀反应可以分成两步过程。第一步是氧化,第二步是去电子。氧化会释放出自由电子,而去电子是消除自由电子的过程。在氧化时,金属原子释放出自由电子(被

氧化),成为了带正电的金属离子。典型的氧化反应有:

$$Zn \longrightarrow Zn^{2+} + 2e^- \tag{7-11}$$

$$Al \longrightarrow Al^{3+} + 3e^- \tag{7-12}$$

$$Fe \longrightarrow Fe^{2+} + 2e^- \tag{7-13}$$

阳离子可以进入溶液,也可以和其他阴离子结合成化合物。氧化必须同时和去电子配合才能够完成整个反应。对大部分金属在酸性环境下的去电子为水合氢离子获得一个电子的过程,即

$$H_3O^+ + e^- \longrightarrow H + H_2O \tag{7-14}$$

因此只有通过去电子把氧化产生的自由电子去掉,金属原子才会被不断地腐蚀下来。实际的腐蚀过程是十分缓慢的、表面相对均匀的丢失金属原子的过程。在某些条件下,若有一个区域形成一个阳极或者阴极区,则可能发生不均匀腐蚀,在局部形成一个肉眼可见的腐蚀坑。

铁和钢在水中由于表面会形成氧化保护层,因此不会迅速被腐蚀掉。由于铁被氧化后极容易形成三氧化二铁,它不溶于水,容易在金属表面沉积,从而阻碍进一步的腐蚀。这种现象称为腐蚀钝化现象。锆、铬、铝、不锈钢等金属在常温的水或空气中会形成很薄的一层保护层,有时候甚至薄得肉眼无法辨别。正是由于这层薄薄的保护层,使得这些金属在水或空气中具有很好的耐腐蚀性。

除了钝化现象以外,还有一种阻止腐蚀的方式称为极化现象。随着"氧化-去电子"反应的进行,腐蚀原电池的电动势逐渐下降直到为零,使得"氧化-去电子"反应无法继续,这种现象称为极化。为了说明极化现象的原理,我们来观察一下图 7-16 所示的锌-铜原电池。

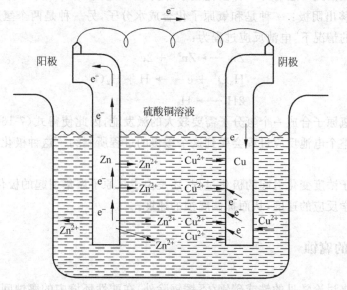

图 7-16　锌-铜原电池示意图

在锌-铜原电池中,阳极的锌比阴极的铜要活泼,因此锌被氧化成 Zn^{2+} 离子进入电解液中,留下的自由电子通过导线流向阴极。在阴极,铜离子获得电子成为铜原子沉积在阴极上。随着过程的进行,电解液中的锌离子浓度越来越高,铜离子浓度越来越低,从而使得原

电池的电动势降低,反应的速度也随之降低。这种现象是由浓度引起的极化过程。

再来看图 7-17 所示的锌-铂原电池,该电池的"氧化-去电子"反应过程为:

$$Zn \longrightarrow Zn^{2+} + 2e^- \tag{7-15a}$$

$$H_3O^+ + e^- \longrightarrow H + H_2O \tag{7-15b}$$

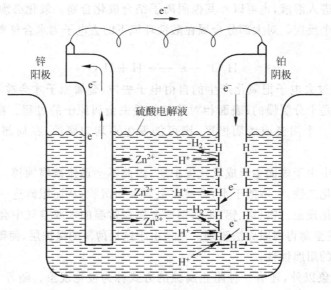

图 7-17　锌-铂原电池示意图

随着反应的进行,电解液中锌离子浓度上升,H_3O^+ 的浓度下降,同样会发生浓度引起的极化过程。但是此时还有另一种极化现象,是由于阴极附近的氢原子聚集引起的。氢原子有两种途径移出阴极:一种是和氧原子化合成水分子,另一种是两个氢原子合成一个氢分子。在缺氧的情况下,电池反应过程为:

$$Zn \longrightarrow Zn^{2+} + 2e^- \tag{7-16a}$$

$$H_3O^+ + e^- \longrightarrow H + H_2O \tag{7-16b}$$

$$2H \longrightarrow H_2 \tag{7-16c}$$

由于两个氢原子合成一个氢分子需要较大的激发能,因此使得式(7-16c)这个反应过程比较缓慢。而整个电池反应过程会受到这个缓慢的过程所制约。这种极化现象是由于氢原子聚集引起的。

不论是由于浓度变化引起的极化过程,还是由于氢原子聚集引起的极化过程,都会大大降低原电池化学反应的速度,从而抑制腐蚀的速度。

7.6.2　常见的腐蚀

下面我们来讨论常见的铁或碳钢(不锈钢除外)在酸性环境中的腐蚀问题。在这样的腐蚀过程中,金属表面被缓慢而均匀地腐蚀。

先考虑除氧水、室温、pH 接近中性的情况下的腐蚀(温度、氧气和 pH 的影响将在后面进行讨论)。此时的电化学反应为:

$$Fe \longrightarrow Fe^{2+} + 2e^{-} \tag{7-17a}$$

$$H_3O^+ + e^- \longrightarrow H + H_2O \tag{7-17b}$$

若把两步合在一起,则反应式为:

$$Fe + 2H_3O^+ \longrightarrow Fe^{2+} + 2H + 2H_2O \tag{7-17c}$$

反应产物中的 Fe^{2+} 会很快和 OH^- 离子结合形成 $Fe(OH)_2$,而 $Fe(OH)_2$ 会分解为 FeO,反应过程如下:

$$Fe + 2OH^- \longrightarrow Fe(OH)_2 \longrightarrow FeO + H_2O \tag{7-17d}$$

FeO 会沉积在金属表面,在温度低于 $500℃$ 时,FeO 是不稳定的,会继续和水反应生成三氧化二铁:

$$2FeO + H_2O \longrightarrow Fe_2O_3 + 2H \tag{7-18}$$

两个氢原子会形成氢气分子,而 Fe_2O_3 会覆盖在 FeO 上面。在 Fe_2O_3 和 FeO 之间,还会形成一层过渡层,其成分为 Fe_3O_4,如图 7-18 所示。由于在金属面和水之间形成了氧化层,失去电子的 Fe^{2+} 不能直接进入水中,而是需要通过扩散作用穿过氧化层,因此大大减缓了腐蚀反应的速度。氧化层越致密,这种效果越明显。若氧化层不是十分致密,则 Fe^{2+} 和 OH^- 等离子均可通过扩散作用穿过氧化层,加快腐蚀的速度。

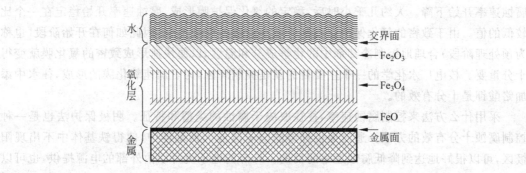

图 7-18　铁腐蚀表面示意图

温度、氧浓度和 pH 值都会影响腐蚀的速度。腐蚀反应对温度十分敏感,随着温度的升高,腐蚀反应的速度会增大。温度升高大约十几度就可以使反应速度加倍。氧浓度加大会加快腐蚀速度,这主要有两个原因。首先是氧会和氢结合成水,使得氢的极化作用被减弱;另一个原因是氧通过扩散作用穿过氧化膜后会和铁直接形成氧化物,如图 7-19 所示。

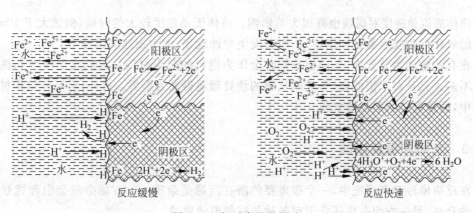

图 7-19　氧对腐蚀的影响

图 7-20 是在室温下水中(暴露于空气中,此时水中溶解有氧)放入铁,在不同的 pH 值下的腐蚀速率。在 pH 值为 4~10 的范围内,腐蚀速率基本和 pH 值无关。在 pH 值小于 4 时,FeO 变得可以溶解了,因此无法形成稳定的氧化保护膜,腐蚀速率大大增加。而且伴随着氢气的释放,也即氢极化也得到了削弱。在 pH 值高于 10 以后,腐蚀速率随 pH 值的增大而下降,这是由于 pH 值增大后更加有利于 FeO 的形成,从而快速形成氧化保护膜。

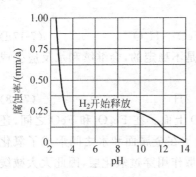

图 7-20　pH 值对腐蚀的影响

但在温度升高后,这一现象会发生变化。例如在温度达到 300℃ 时,铁在除氧水中的腐蚀速率在 pH 大于 10 后反而会变大。因此高温水环境下,pH 值控制在 8~10(弱碱性)是有利的。

在压水堆的冷却剂中,少量溶解的氢不但不会加速腐蚀,反而会因为使氧气和其化合成水而除掉氧气,从而抑制腐蚀。

当铁或钢被暴露在高温水中时,腐蚀速率随暴露时间而衰减。这主要是因为刚开始的时候还未形成氧化保护层,腐蚀速率较大。随着氧化保护层的逐渐变厚,腐蚀速率开始下降。大约几千小时后,稳定的氧化保护膜形成,腐蚀速率开始稳定在一个比较低的值。由于致密的氧化保护层有利于减小后续的腐蚀速率,因此如何在开始阶段(也称为预处理阶段)合理地控制冷却剂中的化学成分和温度,以便快速形成致密的氧化膜就变得十分重要。核电厂水化学的一个主要目的就是控制腐蚀,为了加速氧化膜的形成,往水中添加铬酸钾是十分有效的。

采用什么方法来控制腐蚀速率,往往取决于腐蚀的类型和特征。阴极保护法也是一种控制腐蚀十分有效的方法。通过提供外部的电子流进入铁基体中,使得铁基体中不出现阳极区,可以很好地达到降低腐蚀速率的目的。外部的电子流可以由外部的电源提供,也可以由可消耗的阳极(例如锌)提供。

还有一种广泛使用的方法是去除掉溶液中的某一种成分,例如通过除氧的方法去除掉氧和二氧化碳。还可以通过离子交换法去除掉溶解下来的固体,软化水质并降低电导率。也可以通过添加一些化学物质来对腐蚀进行控制。例如膜胺可以在金属表面形成粘附的有机层,从而保护金属的表面。添加磷酸盐和氢氧化钠可用于调节水的 pH 值,以便于控制腐蚀。

流体的流动速度对腐蚀也有很大的影响。流体流动速度较大的时候(例如大于 10m/s),形成的氧化保护膜容易被冲刷掉,从而会发生冲蚀现象,大大加速腐蚀速率。

在有些核动力装置中,采用铝或铝合金作为燃料的包壳材料。铝的腐蚀特性和铁基本上差不多。只是对于铝而言,形成氧化膜的预处理显得尤为重要。另外,用铝作结构材料的系统中,通常保持弱酸性的水质。

7.6.3　杂质和电偶腐蚀

在反应堆冷却剂系统中,一个很重要的潜在问题是杂质。一方面杂质会引起背景辐射水平的升高,另一方面杂质还会引起各种各样的电偶腐蚀。

杂质,主要是从腐蚀表面脱落下来的各种不溶性的氧化物固体颗粒。杂质既可以悬浮在冷却剂中,也可以粘附在金属表面或者沉积在角落缝隙里。杂质流过堆芯时会被活化,因此杂质通常有强放射性。由于杂质的强放射性,使得杂质滞留的地方背景辐射会大大提高。在系统内的温度、pH 值或其他参数发生突然变化的时候,会使得杂质突然变多,这有点像汽车突然启动时会扬起尘土一样。如何控制冷却剂系统内的杂质是十分重要的问题。

除了杂质以外,结垢也是和腐蚀相关的问题。结垢通常是指碳酸钙或碳酸镁沉积在金属表面的现象。

由于不同金属的腐蚀电动势是不同的,因此异种金属接触处容易形成一个电位差,这就是电偶腐蚀(galvanic corrosion),亦称接触腐蚀或双金属腐蚀。杂质由于成分十分复杂,因此十分容易和金属基体发生电偶腐蚀。只要两种金属能够构成微电池,产生电偶电流,则电位较低的金属(阳极)的溶解速度会增加,电位较高的金属(阴极)溶解速度会减小。所以,阴极是受到阳极保护的。阴阳极面积比增大,介质电导率减小,都会使阳极腐蚀加重。电偶腐蚀原理见图 7-21 所示。

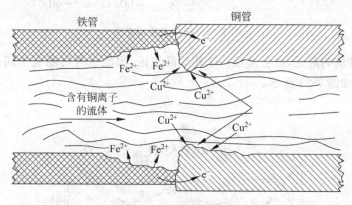

图 7-21　电偶腐蚀示意图

在图 7-21 中,两种金属管子的交接处,发生了电偶腐蚀,铁管壁(阳极)不断变薄,而铜管壁(阴极)却变厚了。电偶腐蚀可以通过阴极保护法进行保护,也可以通过使用纯净水降低电导率得到控制。

7.6.4　特殊的腐蚀

由于核电厂里的高温、高压、复杂的杂质等特殊的运行环境,还存在一些特殊种类的腐蚀,例如麻点腐蚀(简称点蚀)、间隙腐蚀、应力腐蚀等。

点蚀(pitting corrosion)会在金属表面部分地区出现纵深发展的腐蚀小孔,其余地区不腐蚀或腐蚀轻微。这种腐蚀形态叫点蚀,又叫孔蚀或小孔腐蚀。以钢材为例,不锈钢表面微小“锈孔”的迅猛增加,是造成不锈钢受到大规模腐蚀的原因。腐蚀物浓度或温度的微小变化,就能显著加快腐蚀速度。

间隙腐蚀(crevice corrosion)也是一种发生于局部的腐蚀现象。常发生于有间隙的地方,发生的条件是有不流动液体(可以理解为“死水”)存在于间隙内。开始阶段腐蚀方式为均匀腐蚀,整个间隙的腐蚀比较平均。然后发展为阴阳极腐蚀,因为有液体填满间隙,间隙口为富氧区(阴极反应失去电子),间隙内部为缺氧区(阳极反应得到电子)。因为间隙内有液体,间隙内部一直为缺氧区发生阳极反应,因为具备阴、阳极的腐蚀电池结构,腐蚀速率会大大提高。

间隙腐蚀的示意图如图7-22所示。在滞留区内,会形成一个缺氧区,形成一个加速腐蚀的阳极。除了氧以外,含氯的流体也会有这种现象。

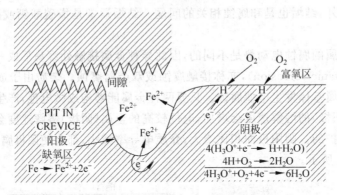

图 7-22　间隙腐蚀示意图

在发生点蚀坑的附近,也会形成一个相对滞流区,因此也有可能发生间隙腐蚀,从而扩大腐蚀的速度,如图7-23所示。

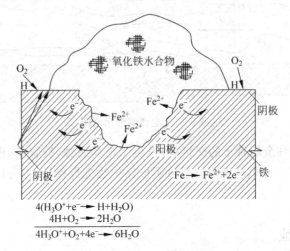

图 7-23　点蚀坑附近的间隙腐蚀

实践发现,流体中的少量的氯离子对于铁或钢的点蚀十分有害。确切的机理还不是十分清楚,比较普遍的看法是氯离子会使氧化保护层产生局部缺陷,从而在局部形成一个很小的阳极区,而其周围是面积很大的阴极区。因此阳极的腐蚀速度得到加速,加速腐蚀后形成点蚀现象。

理解了腐蚀电池的原理以后,各种各样的腐蚀现象都可以得到很好的解释。腐蚀从根本原因来看是一种电化学反应,对腐蚀的控制也可以通过控制相应的电化学反应的过程来实现。我们再用以上原理来分析一种比较特殊的腐蚀——应力腐蚀。

金属材料在应力和腐蚀环境的共同作用下引起的破坏叫应力腐蚀。这里需强调的是应力和腐蚀的共同作用。影响应力腐蚀的因素主要包括环境因素、力学因素和冶金因素。纯金属材料对于应力腐蚀具有很好的免疫力。

被广泛接受的理论认为,应力腐蚀裂纹主要是由化学吸收作用引起的。和相对弱小的物理吸收(例如铂金属对氢的吸附是很弱的物理吸收)不同,化学吸收可以看成是金属在拉伸应力的作用下,金属表面吸收了流体中的 Cl^-、OH^-、Br^- 或其他离子后在表面原子之间形成了某种化合物。这个吸附层的形成,大大减弱了相邻金属原子之间的作用力。由于此时应力依然存在,因此被削弱的金属原子之间会吸附更多的离子进去,裂缝就开始"生长"了。在极端的情形下,应力腐蚀裂缝的形成只需要几分钟的时间。

大部分的不锈钢会遭受应力腐蚀的威胁。奥氏体不锈钢主要是氯脆型应力腐蚀,这是一种晶间腐蚀。在奥氏体不锈钢的形成过程中,富铬碳化物析出区是易受应力腐蚀的区域。焊接过程中十分容易产生富铬碳化物析出区,因此对于焊缝的热处理十分重要。奥氏体不锈钢的应力腐蚀可以通过控制介质内的氯离子、氧的浓度得到控制,尽量采用低碳钢也有利于消除应力腐蚀的发生。

还有一种特殊的腐蚀是碱性应力腐蚀(caustic stress corrosion)。这种腐蚀在滞留区发生沸腾的条件下容易出现。如果流体是碱性的,并局部发生沸腾,则由于部分水蒸发,留下的溶液里碱性会得到增强,从而出现碱性应力腐蚀。

7.7　反应堆水化学

反应堆水化学的主要特征是强放射性环境下的水化学。研究反应堆水化学的主要目的是控制水质,以便控制前文所述的各种腐蚀,并减少工作人员的受照射剂量。因此主要是要控制氧、氯等对腐蚀有较大危害的物质的浓度。

反应堆的冷却剂流经堆芯后,会遭遇强辐射。堆芯内存在各种种类的辐射,包括中子、α、β、γ 射线等。冷却剂水和射线的相互作用主要是电离,即

$$H_2O \xrightarrow{辐射} e^- + H_2O^+ \tag{7-19}$$

该反应所产生的两个子体都是化学性质十分活跃的,可以产生许多后续的化学反应,例如

$$H_2O^+ + H_2O \longrightarrow OH + H_3O^+ \tag{7-20}$$

右侧的 OH 是不带电的氢氧基,化学性质也是十分活泼的。式(7-19)右侧的电子很快和水分子合成为水合电子,记为 e_{aq}^-,水合电子可以和式(7-20)右侧的 H_3O^+ 或水反应,即

$$H_3O^+ + e_{aq}^- \longrightarrow H + H_2O \tag{7-21a}$$

或

$$H_2O + e_{aq}^- \longrightarrow H + OH^- \tag{7-21b}$$

一般情况下式(7-21a)是主导的。由于反应式(7-21a)和式(7-21b)比式(7-20)要慢,因此 OH、水合电子、H 会同时存在于水中。它们可能经历如下反应中的任意一个:

$$OH + OH \longrightarrow H_2O_2 \tag{7-22}$$

$$OH + H \longrightarrow H_2O \tag{7-23}$$

$$H + H \longrightarrow H_2 \tag{7-24}$$

$$H + e_{aq}^- + H_2O \longrightarrow H_2 + OH^- \tag{7-25}$$

$$H_2 + OH \longrightarrow H_2O + H \tag{7-26}$$

式(7-22)反应生成的 H_2O_2 在高温下是不稳定的,会有如下分解反应

$$2H_2O_2 \longrightarrow O_2 + 2H_2O \tag{7-27}$$

如果我们把所有的这些反应汇总起来看,结果是这样的:

$$2H_2O \xrightarrow{\text{辐射}} 2H_2 + O_2 \tag{7-28}$$

即在射线作用下,水发生了分解。若允许氢气和氧气从系统里排出,则上述过程会一直进行下去。但是反应堆一回路的冷却剂是在一个封闭的系统中,因此氢气和氧气会在射线的作用下复合成为水,达到以下平衡式:

$$2H_2O \xleftrightarrow{\text{辐射}} 2H_2 + O_2 \tag{7-29}$$

在式(7-29)中,辐射是必要的条件。若没有辐射,则反应主要向左侧进行。辐射对一个反应的影响很难定量地确定。式(7-29)的平衡情况和辐射强度是有关的,换句话说就是平衡条件下氧气的浓度和功率水平是相关的,这会使问题变得十分复杂。还好,从定性上来看,辐射对式(7-29)的影响是向右侧进行,只是程度上会和辐射强度有关联。在工程实际中,理解了定性的方向有时候就够了。

前文介绍腐蚀的时候我们提到过,在反应堆系统中,通常会保持碱性的 pH 值,同时还需要除掉氧气。从式(7-29)可以看到,水在辐射的条件下会被分解为氢气和氧气,往水里面添加碱提高 pH 值并不能影响水的辐射分解。为了控制水中氧气的浓度,通常的做法是往里面添加氢气,使得式(7-29)尽可能地消耗掉系统内的氧气。另一方面,氢气还会和氢氧基发生式(7-26)的反应,从而抑制会产生氧气的式(7-22)和式(7-27)。因此,在反应堆运行的时候,会向水中溶入比较多的氢气,使得式(7-29)的反应向左侧推进,水的辐照分解被抑制。

冷却剂的补水箱里通常会有少量的空气,因此水中会有溶解的少量的氧气和氮气。当少量的氧气或空气进入了冷却剂系统后,富裕的氢气会立刻和氧气反应生成水。正常运行时一回路里面的氢气的浓度是足以消除少量氧气或空气进入后的扰动的,以便使腐蚀得到有效的控制。在初始启动工况或者停堆工况,还会添加额外的联氨(N_2H_4)以便控制氧气的浓度。当少量进入冷却剂系统的空气中的氧气被氢气消耗掉以后,还会留下氮气。氮气和氢气在辐射的条件下会有如下反应:

$$3H_2 + N_2 \xleftrightarrow{\text{辐射}} 2NH_3 \tag{7-30a}$$

这个反应和式(7-29)一样也是一个平衡式,所生成的氨气会和水化合成氢氧化铵(NH_4OH)。

$$NH_3 + H_2O \longleftrightarrow NH_4^+ + OH^- \tag{7-30b}$$

这个反应可以使冷却剂的 pH 值达到 9 左右,而无须添加任何碱。若添加了碱,则该反应对于 pH 值的影响不大。若系统内没有添加碱,则式(7-30b)对于 pH 值的影响十分明显。此时要关注 NH_3 的分解情况,以便于控制 pH 值。另外一方面,该反应是可以用于产生氢气的,只需要向水中加入 NH_4OH,就可以达到所需的氢气浓度。

若进入的空气太多,使水中的氢气被式(7-29)消耗尽了,则还会有以下的反应:

$$2N_2 + 5O_2 + 2H_2O \overset{辐射}{\longleftrightarrow} 4HNO_3 \tag{7-31}$$

该反应会生成硝酸,中和掉溶液中的碱,会使 pH 值发生变化。通常情况下要避免式(7-31)反应的发生,也就是说,氢气的浓度要得以保持,氢气不能被消耗尽。

当突然有大量空气进入冷却剂时,应该向冷却剂系统补氢。氧气、氢气、pH 值、氨气、硝酸的浓度联动情况如图 7-24 所示。

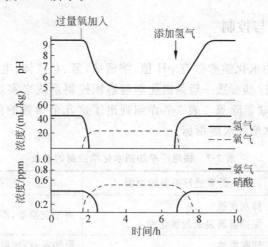

图 7-24　氢气、氧气、氨气、硝酸浓度和 pH 值的相互影响

堆芯的强辐射环境除了会产生上述化学反应外,还有一系列的核反应。其中比较重要的是 ^{16}O 原子吸收中子后的如下反应:

$$^{16}_{8}O(n,p)^{16}_{7}N(t_{1/2} = 7.13s) \tag{7-32}$$

核反应的表达习惯和化学反应不太一样,我们在后续的核物理部分还会专门介绍。这里先简单解释一下以上核反应。该反应表示一个 ^{16}O 原子吸收一个中子(n)后释放掉一个质子(p),形成了 ^{16}N 原子。^{16}N 会经历 β 衰变成为 ^{16}O 并释放出一个高能 γ 射线,其半衰期为 7.13s。

$$^{16}_{7}N \longrightarrow ^{16}_{8}O + \beta^- + \gamma \tag{7-33}$$

^{17}O 原子也有类似的反应:

$$^{17}_{8}O(n,p)^{17}_{7}N(t_{1/2} = 4.1s) \tag{7-34}$$

$$^{17}_{7}N \longrightarrow ^{16}_{8}O + \beta^- + ^{1}_{0}n + \gamma \tag{7-35}$$

核反应式(7-32)和式(7-34)对氮原子的浓度影响不大,因此从化学的角度看这两个反应无足轻重。但是这两个反应对于辐射防护来说却十分重要。这是因为一回路的冷却剂是会流出堆芯进入管路系统的,而 ^{17}O 和 ^{16}N 也就随着冷却剂进入各个地方。其衰变引起的中子和高能 γ 射线,很容易穿透管子的壁面,所以需要进行辐射防护。所幸的是这两个核素的半衰期都比较短,在停堆检修的时候不至于引起太大的麻烦。而另外两个半衰期稍微长一点的核素 ^{18}F 和 ^{13}N 倒比较重要,它们是由以下核反应生成的:

$$^{18}_{8}O(p,n)^{18}_{9}F(t_{1/2} = 112min) \tag{7-36}$$

$$^{16}_{8}O(p,\alpha)^{13}_{9}N(t_{1/2} = 10min) \tag{7-37}$$

这两个反应所需要的质子是由中子慢化时把能量传递给氢原子产生的。反应堆停堆后冷却剂中主要的放射性来源于 ^{18}F 和 ^{13}N 这两个核素。

除了氧以外，氢元素也有一个核反应需要考虑：

$$_1^2H(n,\gamma)_1^3H(t_{1/2}=12.3a) \tag{7-38}$$

这个反应是把水中的氘（在天然氢中占 0.015%）转化为了氚。氚具有很弱的 β 射线衰变（0.02MeV）。一般来说，由于氚的 β 射线能量比较低，防护比较简单，但是要注意氚比较容易进入有机体，从而引起内照射。

7.7.1 水化学参数与控制

核电厂主要关心的水化学参数有 pH 值、溶解氧、氢、总气体、电导率、氯化物、氟、硼以及放射性，一共 9 个。这些参数一般是由化学与容积控制系统来实现控制的。通过离子交换器除盐，通过氢气或联氨除氧。表 7-7 详细列出了这几个参数的信息。表 7-8 列出了压水堆核电厂运行期间典型的水质指标。

表 7-7　核电厂冷却剂水化学控制的参数

参　　数	需要进行控制的原因	控制的方法
pH	抑制腐蚀 保护金属表面的氧化膜	离子交换器，添加氢氧化铵，添加硝酸
溶解氧	抑制腐蚀	添加氢，添加联氨
氢	清除水中的溶解氧 抑制水的辐照分解 清除水中的溶解氮 防止氢脆的发生	添加氢，稳压器除气
总气体（H_2、N_2、Ar、O_2 等）	保护泵，避免气蚀 监测气体是否有泄漏	稳压器除气，备用水的除氧
电导率	减少结垢 监测腐蚀是否变大	离子交换器，上充和下泄系统
氯化物	防止应力腐蚀	离子交换器，上充和下泄系统
氟	防止锆包壳的腐蚀	离子交换器，上充和下泄系统
硼	控制反应性	添加硼酸
放射性	监测腐蚀是否增加 监测杂质的情况 监测燃料是否有损伤 监视除盐的效果	离子交换器，上充和下泄系统

表 7-8　压水堆核电厂功率运行期间典型的水质指标

项　　目	单　　位	反应堆冷却剂	蒸汽发生器二回路侧水
pH(25℃)		—	9.3～9.8
溶解氧	mg/kg	≤0.1	≤0.05
氯离子	mg/kg	≤0.15	—
氟离子	mg/kg	≤0.15	—

续表

项 目	单 位	反应堆冷却剂	蒸汽发生器二回路侧水
溶解氢	mL/kgH$_2$O	25～50	—
悬浮固体	mg/kg	≤1.0	<1.0
pH 控制剂、^{7}LiOH	mg^{7}Li/kg	0.4～2.2	—
硼酸	mgB/kg	0～2300	—
二氧化硅	mg/kg	≤1.0	<1.0
铝	mg/kg	≤0.05	—
钙	mg/kg	≤0.05	—
镁	mg/kg	≤0.05	—
阳离子电导率	μS/cm(25℃)	—	<1.0
钠	mg/kg	0.2	<0.02
氨	mg/kg	—	根据 pH 需要
排污率	m^3/h	—	尽可能最大

　　pH 值对钢铁的腐蚀速率的影响如图 7-25 所示。酸性的环境会加速腐蚀,而且 Fe$_3$O$_4$ 会溶解于酸性环境中,进一步破坏氧化保护膜,从而加速腐蚀。因此核电厂的水质通常要避免酸性环境。

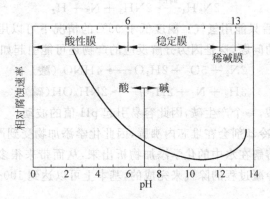

图 7-25　pH 值对腐蚀速率的影响

　　在不采用硼酸控制反应性的核设施中,pH 值一般控制的相对高一点,例如 10 左右。pH 值也不能太高,是因为太高容易出现碱性应力腐蚀。

　　在采用硼酸作为控制反应性的手段之一的核设施中,pH 值控制的相对低一点。这主要是因为硼酸是酸性的物质,添加硼酸后 pH 值会降低,pH 值通常控制在 5～7 之间。

　　在采用铝作为结构材料的核设施中,通常控制在酸性的区域,有时还通过添加硝酸来降低 pH 值。

　　控制 pH 值的主要方法是通过添加锂、铵根阳离子(NH$_4^+$)或羟基阴离子(OH$^-$)。若要添加锂,需要注意的是一定要添加 ^{7}Li,因为其他的 Li 同位素会在中子的辐照下产生氚。

　　对水中溶解氧的控制是十分重要的,因为氧会和结构材料发生腐蚀反应。氧和铁主要发生以下两个反应:

$$3Fe + 2O_2 \longrightarrow Fe_3O_4 \tag{7-39a}$$

$$4Fe + 3O_2 \longrightarrow 2Fe_2O_3 \tag{7-39b}$$

温度比较高(高于 $300℃$)的时候起主导的是生成 Fe_3O_4 的反应。Fe_3O_4 是黑色的紧附表面的氧化层。在低温下,起主导作用的是生成 Fe_2O_3 的反应。Fe_2O_3 是暗红色的铁锈,和表面的结合比较松散,容易脱落到流体中成为杂质。这两个反应都随着溶解氧浓度的升高而加速。

除了对腐蚀的以上直接影响以外,氧还会和氮气发生如下反应,使得 pH 值被降低,从而可能会间接引起腐蚀速率的增加。

$$2N_2 + 5O_2 + 2H_2O \xrightarrow{\text{辐射}} 4HNO_3 \tag{7-40}$$

因此氧浓度增加是会增大腐蚀速率的,需要严格控制水中溶解氧的浓度。在大部分核设施中,氧的浓度通常用比 ppm 要小 3 个数量级的 ppb 来表示。氧浓度会被连续监测,或者周期性地取样进行监测。氧浓度不但用于监测腐蚀的速率,还用于监测是否有空气进入了系统。

水中溶解的氧通常用氢气或者联氨(N_2H_4)进行消除,相应的反应式为:

$$2H_2 + O_2 \xrightarrow{\text{辐射}} 2H_2O \tag{7-41}$$

$$N_2H_4 + O_2 \longrightarrow 2H_2O + N_2 \tag{7-42}$$

由于 N_2H_4 在温度高于 $95℃$ 以后会迅速分解,有

$$2N_2H_4 \xrightarrow{\text{高温}} 2NH_3 + N_2 + H_2 \tag{7-43}$$

因此在温度高于 $95℃$ 后只能用氢气。温度低于 $95℃$ 的情况下可以用 N_2H_4。N_2H_4 的分解反应还会引入其他新的问题,这是因为分解反应的产物还可能引起如下反应:

$$2N_2 + 5O_2 + 2H_2O \longrightarrow 4HNO_3(\text{酸}) \tag{7-44a}$$

$$3H_2 + N_2 + 2H_2O \longrightarrow 2NH_4OH(\text{碱}) \tag{7-44b}$$

这两个反应一个产生酸,一个产生碱,因此容易引起 pH 值的波动。

对于沸水堆,由于冷却剂会在堆芯内沸腾,因此化学添加物受到严格的限制。这主要是由于沸腾过程中会把溶解在水中的化学添加物析出来,从而带来很多问题。沸水堆中氧浓度的控制主要是依靠冷凝过程的除气来完成的,基本上可以达到 $100\sim300ppb$ 的要求。

7.7.2　水处理

一般情况下,天然水(例如雨水)中存在有大量的 H_2O 以外的物质。水处理的目的就是为了去掉这些不纯的物质。去掉这些不纯的成分对于控制腐蚀、控制结垢等都是十分必要的。在核电厂中,通常要求非常纯净的水。主要原因有 3 个:首先杂质的存在会加速腐蚀;其次杂质会被活化,使得放射性到处扩散;三是传热表面会被污垢降低传热效率。

核电厂采用多种手段净化冷却剂和备用水。除氧器用于除掉溶解在水中的气体;过滤器用于过滤掉水中的固体颗粒物;离子交换器用可接受的离子替换要去除的离子。水中主要需去除的离子有两类,一类是阳离子,另一类是阴离子。阳离子有 Ca^{2+}、Mg^{2+}、Na^+、K^+、Al^{3+}、Fe^{2+}、Cu^{2+} 等;阴离子主要有 NO_3^-、OH^-、SO_4^{2-}、Cl^-、HCO_3^-、$HSiO_3^-$、$HCrO_4^-$ 等。去除这些杂质的主要手段是除盐器和离子交换器。

离子交换(ion exchange)是利用树脂和水溶液之间进行离子交换,用可接受的离子替

换掉水溶液中要去除的离子。根据树脂向水溶液里释放的离子的不同,离子交换器既可以用于去除水中的杂质,也可以用于向水中添加所需要的离子。离子交换通常是可逆的。用于离子交换的设备通常称为除盐器。除盐器的名称来源于通过离子交换,用 H^+ 替换阳离子杂质,用 OH^- 替换阴离子杂质,使水得到净化,各种溶解于水中的盐就被去除掉了。

离子交换树脂有两大类:一类是交换阳离子的,另一类是交换阴离子的。这两类离子交换树脂都是高分子聚合物。所谓高分子聚合物,是指那些由千百个原子或原子团主要以共价键结合而成的相对分子质量特别大、具有重复结构单元的化合物。有机高分子化合物可以分为天然有机高分子化合物(如淀粉、纤维素、蛋白质、天然橡胶等)和合成有机高分子化合物(如聚乙烯、聚氯乙烯、酚醛树脂等)。它们的相对分子质量可以从几万直到几百万或更大。但它们的化学组成和结构比较简单,往往是由很多结构小单元以重复的方式排列而成的。

离子交换树脂在物理形态上通常加工成很小的球,直径大约只有 0.005mm。因此湿的树脂看上去有点像透明砂,不溶于水也不溶于酸和碱。混合树脂床通常会同时装载阳离子交换树脂和阴离子交换树脂,比例大约为 2∶3。

离子交换树脂采用的高分子聚合物,很多时候采用交联的结构。如图 7-26 所示的交联聚乙烯。然后再对交联聚乙烯进行化学处理,使其能够用于离子交换。进行化学处理的时候,会用硫酸基(SO_3H)、季铵[$CH_2N(CH_3)_3Cl$]等替换聚乙烯中的某些化学键。如图 7-27、图 7-28 所示。这样处理后的 SO_3H 中的 H^+ 容易被阳离子交换,而 $CH_2N(CH_3)_3Cl$ 中的 Cl^- 容易被阴离子交换。

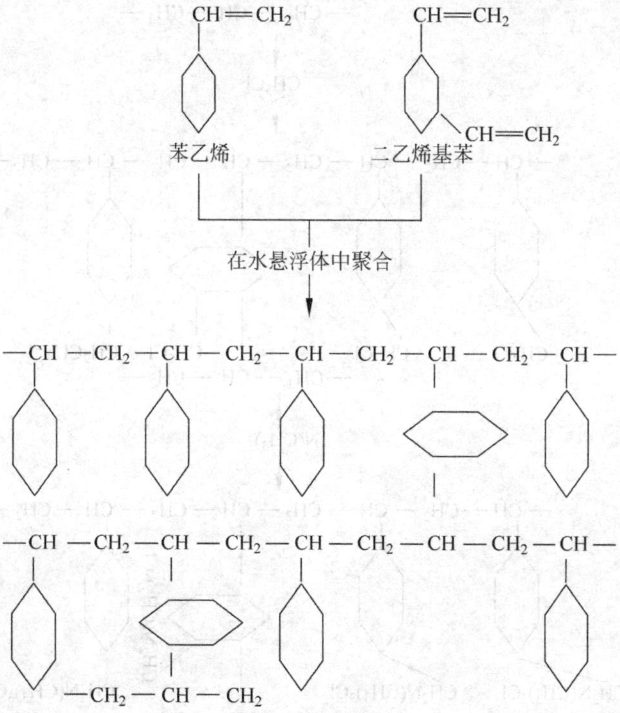

图 7-26　交联聚乙烯

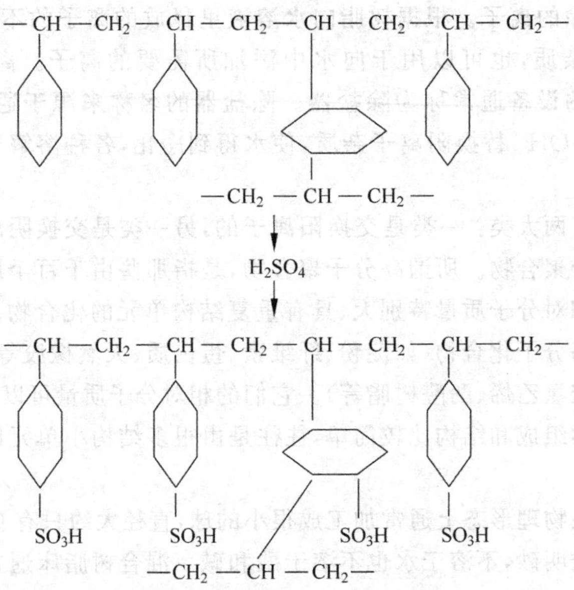

图 7-27　对交联进行硫化处理

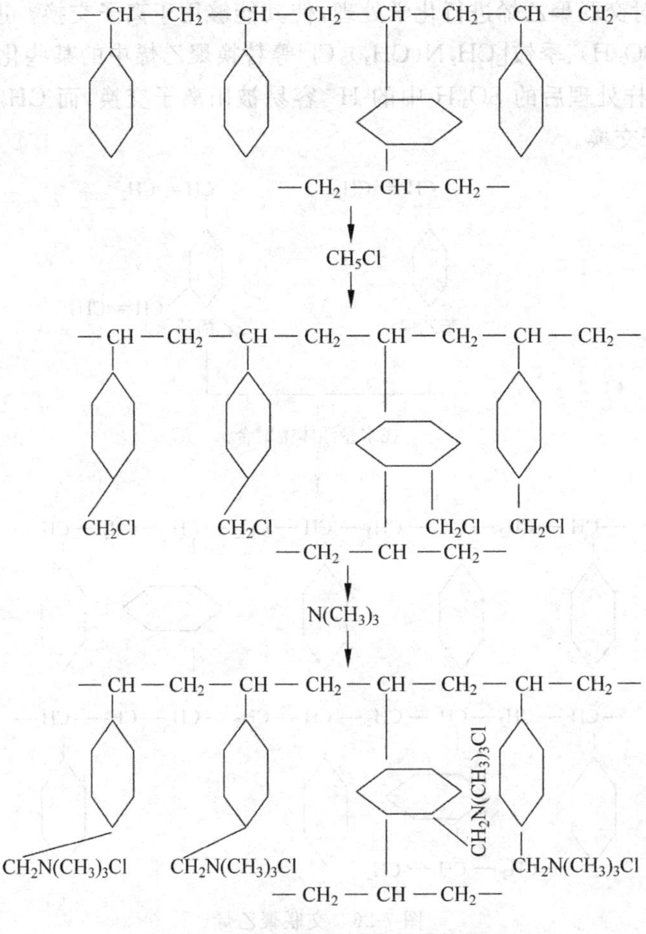

图 7-28　对交联聚乙烯进行季铵处理

把处理好的交联聚乙烯球放到除盐器内,就可以进行离子交换了。除盐器的结构通常如图 7-29 所示。

亲和度通常用来描述某种树脂和某种离子的交换能力。亲和度高的离子容易被交换。阳离子交换树脂和各种阳离子的相对亲和度如下:

$$Ba^{2+} > Sr^{2+} > Ca^{2+} > Co^{2+} > Ni^{2+} > Cu^{2+} > Mg^{2+} > Be^{2+}$$
$$Ag^+ > Cs^+ > Rb^+ > K^+ > NH_4^+ > Na^+ > H^+ > Li^+$$

阴离子交换树脂和阴离子的相对亲和度如下:

$$SO_4^{2-} > I^- > NO_3^- > Br^- > HSO_3^- > Cl^- > OH^- > HCO_3^- > F^-$$

根据这样的排序,若含有 Na^+ 离子的流体流过氢树脂床,则由于 $Na^+ > H^+$,Na^+ 会被交换出来。发生的反应为

$$H{-}R + Na^+ \longleftrightarrow Na{-}R + H^+ \tag{7-45}$$

若含有 Cl^- 离子的流体流过 OH 树脂床,则由于 $Cl^- > OH^-$,Cl^- 会被交换出来。发生的反应为

$$R{-}OH + Cl^- \longleftrightarrow R{-}Cl + OH^- \tag{7-46}$$

在图 7-29 中,上筛网和下筛网主要是为了阻隔树脂球用的。筛孔的大小要小于树脂球的大小。树脂球是可以通过顶部的流入口添加进去的,通过底部的排出口排出。

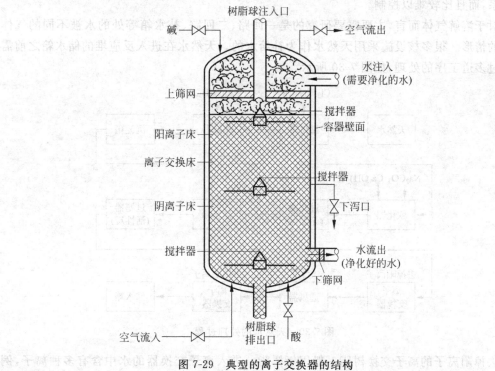

图 7-29 典型的离子交换器的结构

离子交换过程是可逆的。因此若注入的流量过大,超过了离子交换器的处理负荷的话,有可能在出口附近进行反交换的过程。因此有必要对离子交换器的出入口进行监测。通常通过监测电导率、放射性等手段进行连续监测。

离子交换器的失效模式主要有 3 种。

第一种是旁路，就是在树脂球中间存在一条直接的旁路通道，水穿过这个通道阻力很小。此时流过离子交换器的水没有和离子交换树脂进行充分的接触，从而降低了离子交换的效率。旁路的发生通常和树脂球的装载方式有关，也和容器的设计有关。

第二种失效模式是耗尽，在如图7-29的水从上往下流的情况下，上面的树脂球先发生离子交换，离子交换能力逐渐散失（称为消耗）。容器内的树脂球的交换能力不是均匀地消耗的，而是随着过程的进行，像烧蜡烛一样逐渐从上往下推进的。如果容器内的全部树脂球都散失了交换能力，称为耗尽。此时流出的水和流入的水基本相同，达不到去离子的目的。

第三种失效模式是过热。离子交换树脂的耐受温度是比较低的。一般阴离子交换树脂 $[R—CH_2N(CH_3)_3OH]$ 在温度大于 60℃ 就会开始缓慢分解，温度达到 80℃ 后分解明显加速。阳离子交换树脂（$R—SO_3H$ 或 $R—SO_3Na$）的耐受温度稍微高一点，可达到 120℃，但也比一回路系统温度要低得多。由于离子交换树脂对温度的敏感性，因此进入离子交换树脂的水的温度必须严格监测，以防止过热发生。

7.7.3　溶解气体和悬浮固体的去除

溶解气体和悬浮颗粒的去除，对于反应堆冷却剂系统而言十分重要，因为它们均和腐蚀有关系，而且比较难以控制。

对于溶解气体而言，主要需要研究的是一回路、二回路、补水箱等处的水被不同的气体接触的情形。很多核设施采用天然水作为补给水的。天然水在进入反应堆的储水箱之前需要经过多道工序的处理，如图7-30所示。

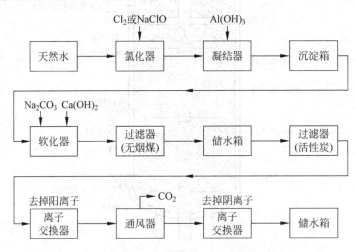

图7-30　天然水的处理过程

去掉阳离子的离子交换树脂一般用氢树脂。进入离子交换器的水中含有多种离子，例如 Na^+、HCO_3^- 等。Na^+ 主要来源于处于上游的水质软化器，HCO_3^- 是天然水中主要的杂质。天然水中的 Mg^{2+}、Ca^{2+} 等杂质已经在水质软化器中和 Na^+ 进行了交换，采用 $R—SO_3Na$ 树脂进行软化的化学反应如下：

$$2(R—SO_3Na) + Ca^{2+} \longrightarrow (2R—SO_3)Ca + 2Na^+ \tag{7-47}$$

去掉 Mg^{2+} 的反应和上面的相似。

在阳离子交换器中,用氢树脂 $R-SO_3H$ 发生的交换反应为

$$R-SO_3H + Na^+ \longrightarrow R-SO_3Na + H^+ \tag{7-48}$$

这个交换反应后水会变成酸性,一旦水里面有 HCO_3^- 就会发生如下反应释放出 CO_2 气体:

$$H^+ + HCO_3^- \longleftrightarrow H_2O + CO_2\uparrow \tag{7-49}$$

CO_2 从通风器中得到排出,通风器采用喷淋或吹气方式均可,可以去掉大部分的 HCO_3^-。在阴离子交换器中,发生如下交换反应:

$$R-N(CH_3)_3OH + Cl^- + H^+ \longrightarrow R-N(CH_3)_3Cl + H_2O \tag{7-50}$$

至此,到达储水箱的水已经接近纯净水了。

去除掉水中的溶解性气体的还有一种有效方法是通过蒸馏的方法去除——除氧器。采用电加热或者蒸气盘管加热的方式,把水加热到接近沸腾。此时溶解在水中的气体会大部分被蒸发出来,然后通过凝汽的方式回收水而排出气体,就可以除掉水中的溶解性气体。这种方法去除 CO_2、N_2、O_2 和 Ar 都很有效。利用这样的原理,也可以在压水堆一回路的稳压器中建立一个除气的空间,通过稳压器的连续运行不断去除掉一回路中的各种溶解性气体。

除了以上的方法外,压水堆一回路中还采用注入氢气和联氨的方式去除氧气,这在前文已有介绍。

对于二回路,除气主要在凝汽器中进行。除气的原理利用的是不可凝气体无法凝结的特性,有点类似于除氧气内的过程。二回路无法采用注入氢气和联氨的方式去除氧气,但是可以采用 Na_2SO_3 固体,有如下反应:

$$2Na_2SO_3 + O_2 \longrightarrow 2Na_2SO_4 \tag{7-51}$$

由于形成的 Na_2SO_4 是固体,容易附着在传热管的表面,因此很多一次通过式的直流蒸发器里面,不采用这样的方式除氧,而采用能够避免形成水垢的方式:

$$N_2H_4 + O_2 \longrightarrow H_2O + N_2\uparrow \tag{7-52}$$

$$2C_4H_9NO + CO_2 + 2H_2O \longrightarrow C_4H_9NO \cdot C_4H_9COOH + HNO_3 + H_2 \tag{7-53}$$

多余的联氨还能发生如下反应:

$$2N_2H_4 \longrightarrow 2NH_3 + N_2 + H_2 \tag{7-54}$$

$$NH_3 + H_2O \longrightarrow NH_4OH \tag{7-55}$$

这组反应能够用于控制 pH 值在 10 左右,对于控制腐蚀是有利的。

对于悬浮固体的去除,我们看一下图 7-30 中的软化器的出口处,水中存在没有沉淀掉的悬浮物和钠盐。软化器内通常用苏打灰(Na_2CO_3)和熟石灰[$Ca(OH)_2$],硬水内一般具有钙盐和镁盐[$Ca(HCO_3)_2$、$CaSO_4$、$Mg(HCO_3)_2$、$MgCl_2$]。这些盐和碳酸钠与氢氧化钙会发生如下反应:

$$Ca(HCO_3)_2 + Ca(OH)_2 \longrightarrow CaCO_3 + 2H_2O \tag{7-56}$$

$$Mg(HCO_3)_2 + 2Ca(OH)_2 \longrightarrow Mg(OH)_2 + 2CaCO_3 + 2H_2O \tag{7-57}$$

$$MgSO_4 + Ca(OH)_2 \longrightarrow Mg(OH)_2 + CaSO_4 \tag{7-58}$$

$$CaSO_4 + Na_2CO_3 \longrightarrow CaCO_3 + Na_2SO_4 \tag{7-59}$$

$$MgCl_2 + Ca(OH)_2 \longrightarrow Mg(OH)_2 + CaCl_2 \tag{7-60}$$

$$CaCl_2 + Na_2CO_3 \longrightarrow CaCO_3 + 2NaCl \tag{7-61}$$

因此在软化器内虽然 Ca^{2+} 和 Mg^{2+} 离子能够被去除掉,但是水中留下了钠盐和 $CaCO_3$、$Mg(OH)_2$ 等悬浊物。悬浊物可以通过过滤的方式去除,砂子、活性炭、无烟煤、硅藻土等都是很好的过滤物。砂子由于有 SiO_3^{2-},具有酸性,因此核工程中一般不采用。

在压水堆核电厂中,还有采用电磁过滤器去除水中的悬浮颗粒物的,这种方法在蒸汽发生器的给水和冷凝器的冷凝水中去除效果比较好。

7.7.4　水的纯净度

为了控制腐蚀,水当然越纯净越好。但是,用什么样的定量指标来描述水的纯净度呢?核电厂描述水的纯净度的定量指标如表 7-9 所示。

表 7-9　水的纯净度量化指标

纯净度等级	电导率/(μS/cm)	电解质浓度/(mg/L)
纯净(生活用水)	10	2~5
非常纯净(核电厂要求)	1	0.2~0.5
极其纯净(实验室要求)	0.1	0.01~0.02
绝对纯净(理论值)	0.054	0

电导率,是溶液传导电流的能力,单位以 Ω/m(欧姆/米)表示。溶液的电导率是可以通过离子的当量电导来进行计算的。表 7-10 列出了几种离子的当量电导的数值。

表 7-10　各种离子的当量电导

离　子	当量电导/(μS·cm^2/mol)	离　子	当量电导/(μS·cm^2/mol)
H^+	350	Na^+	51
OH^-	192	Cl^-	75

下面计算绝对纯净水的理论电导率。在 25℃ 的绝对纯净水中,H^+ 和 OH^- 的摩尔浓度都是 10^{-7} mol/L。因此电导率为

$$(350+192)\frac{\mu S \cdot cm^2}{mol} \times 10^{-7}\frac{mol}{L} \times 10^{-3}\frac{1}{cm^3} \times 10^6 \frac{\mu S}{mho} = 0.054 \frac{\mu S}{cm}$$

例 7-4:核电厂对于除盐水的要求是电导率小于 1μS/cm。若有 1mg 的 NaCl 溶解到 1L 的水中,则离子的摩尔浓度为

$$1 \times 10^{-3} \frac{g}{L} \times \frac{mol}{58g} = 1.7 \times 10^{-5} \frac{mol}{L}$$

溶液的电导率为

$$(51+75)\frac{\mu S \cdot cm^2}{mol} \times 1.7 \times 10^{-5}\frac{mol}{L} \times 10^{-3}\frac{1}{cm^3} \times 10^6 \frac{\mu S}{mho} = 2.2 \frac{\mu S}{cm}$$

可见超过了 1μS/cm。

7.7.5　水的放射化学

处于堆芯的核燃料、结构材料、包壳材料、水和水中杂质都处于强辐射下,会发生各种核

反应,产生放射性核素。具体可分为 4 种情况:

(1)水本身所产生的感生放射性:见表 7-11。^{16}N 和 ^{17}N 的放射性很强,量很大,是反应堆一回路屏蔽设计要考虑的主要因素。但半衰期短,不会导致冷却剂内的放射性积累。

表 7-11　水本身所产生的感生放射性

核 反 应	反应产物	同位素丰度/%	半衰期/s	γ 或中子能量/MeV
$^{16}O(n,p)^{16}N$	^{16}N	99.76	7.13	6.13、7.12(γ)
$^{17}O(n,p)^{17}N$	^{17}N	0.037	4.17	1.12(n)
$^{18}O(n,p)^{18}N$	^{18}N	0.204	0.63	1.07、1.65、1.98(γ)

(2)水中杂质产生的放射性:指随冷却剂进入活性区的杂质,如气体杂质氩、离子杂质钠和钾等,被中子活化而产生放射性核素(见表 7-12)。

表 7-12　水中杂质产生的感生放射性

核 反 应	反应产物	同位素丰度/%	半衰期/h	γ 能量/MeV
$^{40}Ar(n,γ)^{41}Ar$	^{41}Ar	99.6	1.83h	1.3
$^{23}Na(n,γ)^{24}Na$	^{24}Na	100	14.66h	2.75、1.37
$^{27}Al(n,α)^{24}Na$				
$^{41}K(n,γ)^{42}K$	^{42}K	6.88	12.36h	1.5

(3)裂变产物:燃料包壳破损,会造成裂变产物逸出。这会使整个一回路的放射性水平升高,影响运行和维修。^{235}U 裂变产物有 30 多种不同元素的 200 多种放射性同位素。表 7-13 列举了主要的几种裂变产物。在运行期间可以通过总 γ 探测系统、缓发中子探测系统、裂变气体和冷却剂的放射化学分析来监测燃料包壳是否破损或破损的程度,具体采用哪种方法因电厂而异。

表 7-13　^{235}U 的主要裂变产物

核 素	^{235}U 裂变产额/%	半衰期	γ 能量/MeV
^{131}I	3.1	8.04d	0.364、0.637
^{137}Cs	6.2	30a	0.662
^{144}Ce	6.0	285d	0.134、0.036
^{90}Sr	5.75	28.5a	(β 衰变)
^{85}Kr	0.29	10.7a	0.514
^{133}Xe	6.6%	5.25d	0.081

(4)活化腐蚀产物:不锈钢和镍基合金的主要成分是铁、镍和铬。它们的腐蚀产物会以四种状态出现于一回路中:溶于水的离子态;不溶于水的悬浮态颗粒或碎片;质地疏松的沉积物;覆盖在材料表面的质地致密的腐蚀产物膜。腐蚀产物经中子辐照会产生放射性核素,成为腐蚀活化产物。它们的半衰期一般比较长,会形成放射性物质积累,是有关工作人员受到辐照的主要因素。在不锈钢中钴作为一种杂质而存在,由于 ^{59}Co 会被中子活化生成放射性 ^{60}Co,它的半衰期长,γ 射线能量又高,故需限制不锈钢中钴含量。钴的其他来源

有控制棒驱动机构、冷却剂泵和阀门的高钴合金部件的腐蚀和磨蚀产物,故需在上述部件中谨慎使用高钴合金。镍来自不锈钢和蒸汽发生器传热管的镍基合金。表 7-14 中列举了几种被活化的腐蚀产物核素。

表 7-14　主要腐蚀活化产物核素

核 反 应	活化截面	反应产物	同位素丰度/%	半衰期	γ 能量/MeV
$^{58}Fe(n,\gamma)^{59}Fe$	0.68	^{59}Fe	0.33	44.5d	1.10、1.29
$^{59}Co(n,\gamma)^{60}Co$	27.2	^{60}Co	100	5.27a	1.33、1.17
$^{58}Ni(n,p)^{58}Co$	0.096	^{58}Ni	67.8	70.9d	0.81
$^{54}Fe(n,p)^{54}Mn$	0.068	^{54}Mn	2.86	312d	0.834
$^{55}Mn(n,\gamma)^{56}Mn$		^{56}Mn	100	2.58h	0.85、1.81
$^{50}Cr(n,\gamma)^{51}Cr$	12.1	^{51}Cr	4.35	27.7d	0.32

7.8　铀的提取和精制

铀的提取和精制是铀的浸出并分离浸出液中的杂质,得到铀部分浓集的工艺过程。对铀浓集物纯化,再制成铀氧化物的工艺过程称为铀的精制。

7.8.1　铀的浸出

铀的浸出,是从矿石中收集铀的过程。该工艺有干法和湿法两种,工业上一般采用湿法。浸出剂的选取视矿石性质而定,可用硫酸或碳酸的溶液。

(1) 硫酸浸出法:将浸出剂、MnO_2 或 $NaClO_3$ 等氧化剂和铁离子催化剂连同矿石一起加入浸出槽,使 U^{4+} 氧化成 UO_2^{2+}。为促进混合和氧化,浸出时可采用空气搅拌。酸与氧化剂的加入量分别为 $1\sim100g/L$ 和 $1\sim3kg/L$。浸出时间从数小时到一昼夜。对低品位铀矿石,还可采用堆浸法,即在不漏水的场地上将矿石堆平,从顶部喷淋稀硫酸直接浸出铀氧化物。更进一步的方法是将浸出剂通过钻井注入天然埋藏的矿体,选择性地将铀溶入溶液中。再抽出浸出液进行加工处理。这种方法叫做原地浸出或地浸。

(2) 碱浸出法:适用于方解石或碳酸盐矿物含量在百分之几以上的铀矿石。其浸出工序为:在矿石中加入碳酸钠溶液,获得碳酸铀酰络合离子。再加入碱便沉淀出重铀酸盐。碱浸出法一般在帕丘卡槽中进行。条件为 $70\sim85℃$,常压;浸出时间从几小时到 40h。该法的缺点是必须将矿石磨成细粉。

7.8.2　铀的提取

从浸出液提取铀,对低铀浓度或高铀浓度的矿浆分别可采用离子交换法和溶剂萃取法。离子交换法是利用固体树脂与浸出液间的化学置换反应,将含铀离子交换(或吸附)到固体树脂中去。再用酸类及其溶液进行淋洗(或解吸),得到纯化又浓集的铀溶液。

对硫酸(或碳酸盐)浸出液,采用如 Cl 型和 NO_3 型阴离子交换树脂吸附内含的铀酰络合阴离子。再用 $1mol/L$ 的盐酸(或硫酸)进行淋洗。其反应式如下：

$$4KCl + UO_2(SO_4)_3^{4-} \longrightarrow K_4UO_2(SO_4)_3 + 4Cl^- \tag{7-62}$$

$$K_4UO_2(SO_4)_3 + 4Cl^- \longrightarrow 4KCl + UO_2^{2+} + 3SO_4^{2-} \tag{7-63}$$

吸附过程是在吸附塔中进行的。在吸附时,某些如 Si、Mo、S 及 Ti 等离子在树脂上逐渐积累,使树脂的交换功能下降。这种现象称为树脂中毒。中毒的树脂可用不同浓度如 10％的 NaOH-NaCl 溶液再生。

溶剂萃取法是利用有机溶剂(称为有机相)与含铀水溶液(称为水相)混合接触,使水相中的铀萃取到有机相,再反萃取到水相,从而分离杂质达到提取的目的。典型的商用工艺有 AMEX 法和 DAPEX 法。它们分别采用胺类和磷酸类萃取剂。

AMEX 法用 30％~70％烷基叔胺作萃取剂,3％的脂肪族乙醇作稳定剂,煤油作稀释剂,在搅拌沉淀槽中进行逆流萃取。萃取和反萃取反应式如下：

$$4R_3NHCl + [UO_2(SO_4)_3]^{4-} \longrightarrow (R_3NH)_4UO_2(SO_4)_3 + 4Cl^- \tag{7-64}$$

$$(R_3NH)_4UO_2(SO_4)_3 + 5Na_2CO_3 \longrightarrow 4R_3N + Na_4UO_2(CO_3)_3 \tag{7-65}$$

饱和有机相要用酸化水洗涤,除去有机相夹带的杂质。

胺类溶剂具有很高的选择性,可分离大部分杂质(包括 Fe^{3+})。但因此会降低该溶剂的萃取能力,需加热并加入 10％的 Na_2CO_3 溶液处理使有机相再生。

ELUEX 法是一种结合使用吸附和萃取将饱和铀树脂的淋洗液直接萃取而获得高纯度铀溶液的方法。这种方法多用于杂质较多的浸出液,便于工艺废水的循环使用,从而降低试剂消耗。

化学浓集物的沉淀。将硫酸浸出液经吸附或萃取法处理后的溶液,再用 NH_3、NaOH、$Ca(OH)_2$ 及 MgO 等进行中和,使重铀酸盐沉淀下来：

$$2UO_2^{2+} + 2NH_4OH + H_2O \longrightarrow (NH_4)_2U_2O_7 + 4H^+ \tag{7-66}$$

沉淀物经压滤,在 120~175℃温度下干燥,获得称为黄饼的化学浓集物,其 U_3O_8 含量为 40％~80％。

7.8.3　铀的精制

铀的精制是指将铀水冶产品(化学浓集物)进一步分离热中子吸收截面较大的中子毒物和影响铀产品加工及燃料性质的杂质的纯化工艺过程。纯化工艺有溶剂萃取法和离子交换法。以磷酸三丁酯(TBP)为萃取剂的萃取法在工业上应用较多。该法先用硝酸溶解铀浓集物,经固液分离后将溶液进入萃取系统。萃取剂为 22％~40％的 TBP 煤油,在脉冲塔中依如下反应进行萃取：

$$UO_2^{2+} + 2NO_3^- + 2TBP \longrightarrow UO_2(NO_3)_2 \cdot 2TBP \tag{7-67}$$

然后对含铀的有机相用 $0.1mol$ HNO_3 水溶液洗涤。最后用去离子水(或稀硝酸溶液)加热至 60℃进行反萃取,获得纯净的硝酸铀酰溶液。经过滤,并根据后续工艺的要求,或加氨水沉淀制得重铀酸铵(简称 ADU)晶体;或将溶液蒸发成六水化合物 $UO_2(NO_3)_2 \cdot 6H_2O$(简称 UNH),而后加热脱硝制得 UO_3;或用 NH_3 和 CO_2 沉淀制得三碳酸铀酰铵(简称 AUC)晶体。

7.9 铀的化学转化

铀的化学转化是把铀水冶厂精制的天然 U_3O_8(黄饼)或 UO_2 等中间产品制成铀的氧化物、氟化物和金属铀的过程。

7.9.1 二氧化铀制备

天然二氧化铀是生产重水堆燃料棒束的重要原料,也是制取四氟化铀、六氟化铀和金属铀的重要中间产品。将八氧化三铀(粉末)在卧式回转炉中加热至 $800\sim870℃$ 用氢气直接还原便可制成二氧化铀(粉末),其反应式为

$$U_3O_8 + 2H_2 \longrightarrow 3UO_2 + 2H_2O \tag{7-68}$$

也可用重铀酸铵(ADU)或三碳酸铀酰铵(AUC)作原料制备 UO_2。上述 UO_2 需经硝酸溶解,然后在脉冲筛板塔中用溶剂萃取法制得高纯硝酸铀酰溶液,最后再转化为核纯陶瓷级 UO_2 粉末。反应式为

$$2UO_2(NO_3)_2 \cdot 6H_2O \longrightarrow 2UO_3 + 4NO_2 + O_2 + 12H_2O \tag{7-69}$$

$$UO_3 + H_2 \longrightarrow UO_2 + H_2O \tag{7-70}$$

上述反应分别在 $300\sim450℃$ 和 $600\sim800℃$ 下进行。

7.9.2 四氟化铀制备

UF_4 是生产金属铀和 UF_6 的关键中间产品。其制备方法有湿法和干法两种。原料均采用 UO_2。

湿法:在装有 UO_2 物料的衬胶溶解槽内注入盐酸和氢氟酸生成络合溶液,接着再渐渐注入 40% 的氢氟酸便生成 UF_4,反应温度为 $60\sim70℃$。其两步反应式为

$$UO_2 + 4HCl + HF \longrightarrow H(UCl_4F) + 2H_2O \tag{7-71}$$

$$H(UCl_4F) + 3HF \longrightarrow UF_4 + 4HCl \tag{7-72}$$

最后用真空过滤机过滤沉淀浆液,再经造浆、洗涤、干燥和煅烧获得含水量低的 UF_4。

干法:采用无水氟化氢在 $350\sim600℃$ 把固态 UO_2 直接转化为 UF_4,其反应式为

$$UO_2 + 4HF \longrightarrow UF_4 + 2H_2O\uparrow \tag{7-73}$$

反应炉常用卧式搅拌床、流化床或移动床。干法因流程短而经济性好,在工业上得到广泛应用。

7.9.3 六氟化铀制备

天然 UF_6 是用于铀富集的原料。低富集 UF_6 是制造动力堆低富集燃料 UO_2 的重要原料。工业上采用卧式炉、立式逆流反应炉或火焰炉在 $300\sim400℃$ 或 $900\sim1000℃$ 下通入纯氟直接氟化固态 UF_4 制备气态 UF_6,反应式为

$$UF_4 + F_2 \longrightarrow UF_6 \tag{7-74}$$

富集 UF_6 需将天然 UF_6 借气体扩散法或离心法富集,见第 11 章同位素分离的相关章节。

7.9.4　金属铀制备

以 UF_4 为原料,与金属钙或金属镁反应制得金属铀,反应式为:

$$UF_4 + 2Ca \longrightarrow U + 2CaF_2 \tag{7-75}$$

$$UF_4 + 2Mg \longrightarrow U + 2MgF_2 \tag{7-76}$$

工艺过程是在高纯 CaF_2 或 MgF_2 衬里的还原装置内进行的。用金属钙做还原剂时,混合粉末发生瞬间反应所释放的热量足以使金属铀和熔渣分离。而用金属镁做还原剂时,还原装置需置于电炉内加热到 $600 \sim 700℃$,引发镁热还原反应。然后反应本身的释热会使温度迅速达到 $1500 \sim 1600℃$,使铀和 MgF_2 同时熔化。冷却后金属粗铀沉积在反应装置底部,而 MgF_2 熔渣浮在表面。然后去除熔渣,经酸浸、水洗、喷砂清理表面,得到金属铀粗锭。

练习题

1. 1000g 纯金,有多少摩尔金原子?
2. 若温度为 $400℃$ 时水的离子积常数为 4.1×10^{-12},计算此时中性水的 pH 值。
3. 指出图中的电池的电流方向。

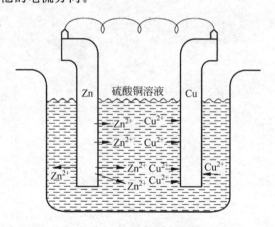

4. 简述平衡移动原理,以及它在分析化学反应式时的应用。
5. 元素周期表和核外电子分布之间有什么关系?
6. 指出以下化学反应中的错误: $Fe + H_2O \longrightarrow Fe_2O_3 + H_2$。
7. 比较原子核对整个原子的比例和太阳对整个太阳系的比例,若地球的质量相当于一个电子的质量,则太阳的质量相当于质量数为多少的原子核的质量?
8. 铀从采矿开始,一直到进行同位素分离前,都有哪些主要的工艺过程?
9. 计算猪胰岛素的相对分子质量。
10. 若用摩尔来度量全球人口总数,大约是多少摩尔?

11. 列出 4 种常见的半导体元素。

12. 为什么沸水堆冷却剂中由 ^{17}O 和 ^{16}N 引起的感生放射性不会太影响汽轮机的大修?

13. 核电厂主要关心的水化学参数有哪些?

14. 请排列以下阳离子的相对亲和度 Ni^{2+}、Mg^{2+}、Ba^{2+}、Ca^{2+}、Co^{2+}、Cu^{2+}。

15. 若有 5mg 的 NaCl 溶解到了 $1m^3$ 的纯水中,计算电导率。

16. 在主要的活化腐蚀产物中,半衰期最长的是什么核素? 如何进行控制?

17. 同位素分离为何用 UF_6 而不是 UF_4 或金属铀?

18. 核电厂一回路冷却剂中为什么要添加氢气? 如何添加?

第8章

材 料 学

材料学是研究材料组成、结构、工艺、性质和使用性能之间相互关系的学科,为材料设计、制造、工艺优化和合理使用提供科学依据。本章不详细介绍材料学领域的全部知识和进展,而是着重介绍材料学最核心的基本原理和在核工程领域的应用。

8.1 金属结构

金属是核工程系统内用的主要的结构材料,了解并掌握金属的基本结构对于理解金属材料的各种性质是十分必要的。

在上一章,我们介绍过有 5 种化学键,分别是离子键、共价键、金属键、范德华键和氢键。金属键是化学键的一种,主要在金属中存在。在金属内,所有原子都和周围的很多原子共享价电子获得更低更稳定的能量状态。

8.1.1 晶格类型

固体可以分为晶体和非晶体两大类。所谓晶体,以其内部原子、离子、分子在空间作三维周期性的规则排列为其最基本的结构特征,如图 8-1 是 NaCl 晶体的结构。

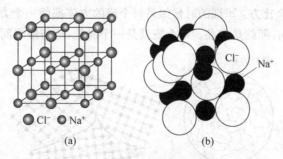

图 8-1 NaCl 晶体的结构

任一晶体总可找到一套与三维周期性对应的基本结构。在 NaCl 晶体里面,每一个 Na 原子周围都有 6 个 Cl 原子(前后左右上下)。同样地,每一个 Cl 原子周围都有 6 个 Na 原子。原子之间形成了非常规则的排列,达到一个稳定的能量最低状态。

根据基本结构的不同,有 3 种主要的晶体结构。即体心立方体结构(body-centered

cubic,BCC)、面心立方体结构(face-centered cubic,FCC)和六方密排结构(hexagonal close-packed,HCP)。3种基本结构的示意图见图8-2所示。NaCl晶体属于BCC结构。其中FCC结构和HCP结构的容积率相等,并且比BCC要高。所谓的容积率是指单位体积内能够装载的原子数量。

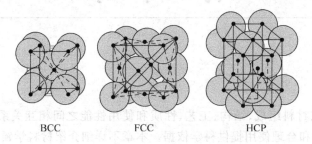

BCC   FCC   HCP

图8-2 晶体结构

金属中属于BCC结构的有α相铁、铬、钒、钼、钨等。BCC结构的金属的主要特征是高强度、低延性。FCC结构的金属有γ相铁、铝、铜、铅、银、金、镍、铂、钍等。FCC结构的金属的主要特征是强度低、延性好。HCP结构的金属有铍、镁、锌、镉、钴、铊、锆等。

8.1.2 晶粒与边界

若晶体能够以单一晶格形式向四周生长,形成均匀一致的晶体,称为单晶。例如自然界存在的天然的水晶就是一种单晶,广泛应用于半导体行业的单晶硅也是一种单晶。结晶物质在结晶过程中,如果受到外界的影响,未能发育成具有规则形态的单晶,则极有可能成为多晶。组成多晶的每一个细小的晶体称为晶粒。

金属晶体很少能够形成单晶的形态,大部分都是以多晶的形态存在。若我们把一块铁金属在显微镜下观看,会看到如图8-3(a)所示的结构,其中有大量的不规则的晶粒。晶粒之间的边界,如果再进一步放大,可以看到在原子尺度上,如图8-3(b)所示。每一个晶粒内部都是规则排列的晶体结构;而不同的晶粒之间的边界处,金属原子的排列就不是那么整齐了,形成了明显的交界。打个比方:军训的时候如果每个班的方阵都朝一个方向排列整齐那就是单晶;若一个班一个方向,那就是多晶。每个班就是一个晶粒,班与班之间的空隙叫晶粒边界。

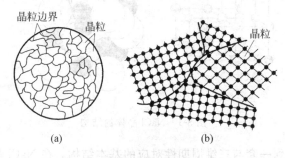

晶粒边界   晶粒   晶粒

(a)   (b)

图8-3 晶粒结构

晶粒的方向可以是杂乱无章的,如图8-4(a)所示,也可以是排列有序的,如图8-4(b)所示。有时候期望晶粒排列有序,而有的时候却不一定。例如金属铀做燃料的时候,就不希望是排列有序的,否则会有因为某个方向的过度肿胀而发生破损的危险。

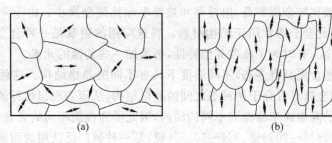

图 8-4　晶粒方向

8.1.3　多态

多态是指同一种金属在不同温度下具有不同的晶格结构,从而表现出不同的宏观形态。

例如金属铀,在温度高于 $1133℃$ 时是液体,降温到 $1133℃$ 开始凝固结晶。在 $764℃$ 以上是立方体体心结构(BCC, $a=b=c$)。温度在 $663\sim764℃$,虽然还是体心结构,但不再是立方体了,而是变成了方柱体($a=b\neq c$)。温度低于 $663℃$ 后,成为体心长方体晶格结构($a\neq b\neq c$)。如图 8-5 所示。

α 相金属铀在 $0℃$ 时的晶格参数为 $a=2.852$Å, $b=5.865$Å, $c=4.945$Å(其中 1Å $=10^{-10}$ m)。在温度升高到 $300℃$ 时, a 会增大 0.015Å, b 会减小 0.006Å, c 会增加 0.339Å,如图 8-6 所示。温度达到 $764℃$ 后,晶格逐渐变为立方体晶格。

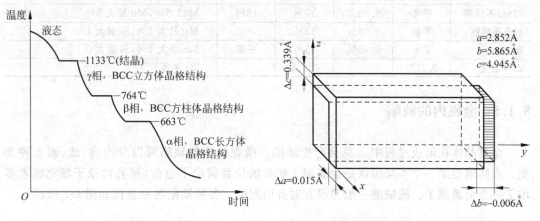

图 8-5　金属铀的 3 种状态　　　　　图 8-6　金属铀在 $0℃$ 到 $300℃$ 的晶格变化

再举两个例子,铁和锆。把铁加热到 $907℃$,会从 α 相的 BCC 结构变为 γ 相的 FCC 结构。锆在温度达到 $864℃$ 后,从 α 相的 HCP 结构变为 β 相的 BCC 结构。

8.1.4　合金

合金,是由两种或两种以上的元素经一定方法合成的具有金属特性的物质,其中至少有一种是金属元素。一般通过熔合成均匀液体后凝固而得。根据组成元素的数目,可分为二元合金、三元合金和多元合金。

合金的强度一般比纯金属要高,电导率和热导率却比纯金属小。由于强度是结构材料的最重要的性质,因此合金通常用于结构材料。普遍应用的钢就是一种合金:钢是铁原子和碳原子组成的合金。有时为了改善其他特性,再添加一些其他的元素。

前文提到过有些金属具有多态,不同温度下具有不同的晶格结构。这就使得可能通过合金的淬火过程,使金属具有介于两种态之间的晶格结构,从而表现出优异的性能。不同的淬火类型以及不同的降温速率会得到不同的结构,因此得到性能不同的合金。

304 不锈钢(含 18%～20%铬、8%～10.5%镍)是一种被广泛使用的耐腐蚀材料。根据掺杂的微量元素的不同,有很多种牌号的不锈钢用于核工业之中。不锈钢可根据铁晶体的结构分为奥氏体和铁素体两大类。奥氏体是铁原子具有 FCC 晶格,碳原子填充在铁原子之间的缝隙里,例如 304 和 316 不锈钢是奥氏体不锈钢。铁素体是铁原子具有 BCC 晶格,碳原子一样填充在缝隙里,但是不掺杂镍。例如 405 不锈钢就是铁素体不锈钢。铁素体不锈钢具有更好的焊接和加工性能,更不容易产生应力腐蚀。

其他的合金例如因科涅合金、锆合金也普遍用于核工程领域。常用合金的名称以及成分见表 8-1 所示。

表 8-1　用于核工程领域的常用合金

型号	铁	碳(最大)	铬	镍	其他元素
304 不锈钢	平衡	0.08%	19%	10%	Mn 最大 2%,Si 最大 1%
304L 不锈钢	平衡	0.03%	18%	8%	Mn 最大 2%,Si 最大 1%
316 不锈钢	平衡	0.08%	17%	12%	Mo2.5%,Mn 最大 2%,Si 最大 1%
316L 不锈钢	平衡	0.03%	17%	12%	Mo2.5%,Mn 最大 2%
405 不锈钢	平衡	0.08%	13%	—	Mn 最大 1%,Si 最大 1%
Inconel	8%	0.15%	15%	平衡	Mn 最大 1%,Si 最大 0.5%
Zr-4 合金	0.21%	—	0.1%	—	Zr(平衡)

8.1.5　金属内的缺陷

金属晶体在形成过程中难免会产生缺陷。微观晶格的缺陷可以分为点、线、面 3 种类型。点缺陷是某一个本来应该是金属原子所处的位置留出了空位,被其他原子填充或者多填了一个金属原子。线缺陷一般是没有对齐引起的。各种缺陷的示意图如图 8-7 所示。

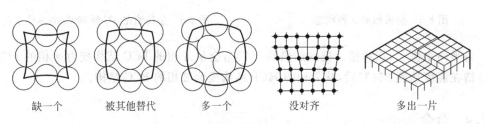

缺一个　　被其他替代　　多一个　　没对齐　　多出一片

图 8-7　晶格缺陷

除了微观晶格的缺陷外,还有宏观的缺陷。例如裂缝、气包、划痕、杂质、氧化等等。

8.2　金属属性

介绍了金属晶体的微观结构以后,就可以来观察金属的宏观属性了。金属的宏观属性和微观结构之间有密切的关系。

8.2.1　应力和应变

当我们计算刚体受力的时候(静力学),通常是假设刚体不会变形,然后分析受力平衡。但是,当我们分析金属材料内部的受力的时候,一旦金属材料受到外力的作用,无论作用力多小,材料都会发生变形。力小的时候变形小,力大的时候变形大。小的变形在外力撤销后会复原,太大的变形有可能留下无法复原的永久变形。

由于在外力作用下材料内部的变形称为应变。若产生的变形是能够恢复的,称为弹性应变。金属原子之间通过排列整齐的晶格达到一个能量最低状态,原子之间通过金属键紧密地结合在一起。当受到外力作用时,外力想要拉开结合在一起的金属原子,原子之间会类似弹簧一样产生反作用力来抵抗外力,并和外力达到平衡。应力就是这样的内部原子产生的反作用力的描述。根据外力的不同,可以产生拉伸应力,也可以产生挤压应力。当外力太大,使得材料内部的应力超过极限应力时(什么是极限应力,我们会在后文介绍),材料发生断裂失效。

虽然无法直接测量材料内部的应力,但我们可以通过受到的外力以及材料的横截面面积来得到内部的平均应力:

$$\sigma = \frac{F}{A} \tag{8-1}$$

其中,σ 是应力,Pa;F 是外力,N;A 是垂直于外力方向的横截面面积,m^2。

这样定义的应力是一个平均值,而不是有些教科书上用数学极限来定义,让面积趋于零时得到的某一点的值。

工程上碰到的应力有很多种类型,例如残余应力、结构应力、承压应力、流动应力、热应力、疲劳应力等。

残余应力(residual stress)是指构件在制造过程中,由于受到来自各种工艺等因素的作用与影响,当这些因素消失之后,若构件所受到的上述作用与影响不能随之而完全消失,仍有部分作用与影响残留在构件内,则这种残留的作用与影响,称为残余应力。

结构应力(structural stress)是指由于结构本身的质量作用在结构体上的各个部件,使得各个部件内承受相应的应力。在建筑物、桥梁、机器零部件、管路系统内均存在结构应力。

承压应力(pressure stress)是指由于容器内装载着高压流体使容器壁面承受的拉伸应力。

流动应力(flow stress)是指流体流动引起的动压力作用在管壁上产生的应力。例如水锤、水击、流量瞬变等都会对管壁产生作用力。

热应力(thermal stress)是指温度改变时,物体由于外在约束以及内部各部分之间的相互约束,使其不能完全同步自由胀缩而产生的应力。热应力在高温系统中比较重要。

疲劳应力(fatigue stress)是指在循环应力作用下,材料承受的交变应力。循环应力可能是转动或振动引起的,也可能是温度的周期性变化引起的。疲劳破坏是机械零件失效的重要原因之一。据统计,在机械零件失效中有80%以上属于疲劳破坏,而且疲劳破坏前没有明显的变形,所以疲劳破坏经常造成重大事故。所以对于轴、齿轮、轴承、叶片、弹簧等承受交变载荷的零件要选择疲劳强度较好的材料来制造。

根据外部载荷方向的不同,应力还可以分为拉伸应力、挤压应力和剪切应力,如图8-8所示。通常把拉伸应力定义为正,挤压应力定义为负。材料忍受挤压应力的能力称为抗压性能;材料忍受拉伸应力的能力称为抗拉性能。拉伸和挤压应力是垂直于应力面的,而剪切应力是平行于应力面的,因此拉伸应力和剪切应力可以同时存在。挤压应力和剪切应力也可以同时存在。拉伸应力和挤压应力因为可以互相抵消,因此不能同时存在。

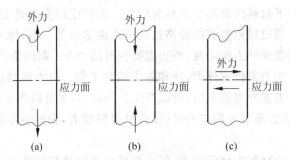

图 8-8　外部载荷引起的应力类型
(a) 拉伸应力;(b) 挤压应力;(c) 剪切应力

应变(strain)也是一个很基本也很重要的概念。尽管相应的应力还在许用的范围之内,一个部件仍然会因为变形超出许可范围而不能满足要求。应变是一个可以直接测量的量。在力的作用下(即应力)任何物体均会发生变形,怎么来刻画这种变形呢?我们引入了应变的概念。应变的定义如下:

$$\varepsilon = \frac{\delta}{L} \tag{8-2}$$

其中,δ 是总的伸长或缩短量,m;L 是无应力作用下的原始长度,m。因此应变是一个无量纲量。

应变可以分为弹性应变和塑性应变两大类。弹性应变是指应力消除以后可以恢复的应变,而塑性应变是指应力消除以后无法恢复的应变。

在室温下,绝大部分金属都既有弹性也有塑性。不过塑性通常要在应力达到一定程度以后才表现出来。在温度升高的情况下,金属更加容易表现出塑性。有些纯金属会表现出比较小的弹性。例如纯度相当高的铝、铜和金,若熔化后温度缓慢下降,使得凝固过程尽可能缓慢,则塑性会变好。而大部分合金和一些金属在室温下会表现出很好的弹性而没有多少塑性。因为在弹性区,应变是和应力呈比例关系的,因此弹性向塑性转变的应力称为比例极限,或弹性极限应力。应力超过弹性极限应力以后,总应变里面既有弹性应变也有塑性应变。

当材料产生应变的时候,材料的总体积或者密度通常是不变的。因此在某一方向发生伸长,则必然在其他方向发生缩短。也有例外的情况,例如采用预应力强化的材料,在应力方向上被拉伸,而其他方向上并没有缩短,这时候材料的密度会降低。

8.2.2 胡克定律

如何计算材料内部的应力和应变? 在弹性区,可以用胡克定律(Hooke's law)来计算。胡克的弹性定律指出:弹簧在发生弹性形变时,弹簧的弹力 F 和弹簧的伸长量(或压缩量)x 成正比,即 $F=kx$。k 是弹簧的弹性系数,它只由弹簧材料的性质决定,与其他因素无关。根据胡克定律,对于截面面积为 $A(\mathrm{m}^2)$,长度为 $L(\mathrm{m})$ 的棒,两端受到拉力 $F(\mathrm{N})$ 的作用下,胡克定律为

$$\delta = \frac{FL}{AE} \tag{8-3}$$

其中,E 是材料的弹性常数,称为杨氏模量(Young modulus),Pa。

胡克定律,曾译为虎克定律,是力学弹性理论中的一条基本定律。其内涵为:固体材料受力之后,材料中的应力与应变之间呈线性关系。把式(8-1)和式(8-2)代入式(8-3),我们可以得到胡克定律的另一种表达形式:

$$\varepsilon = \frac{\sigma}{E} \tag{8-4}$$

即应变等于应力除以杨氏模量,或者杨氏模量等于应力和应变之比:

$$E = \frac{\sigma}{\varepsilon} \tag{8-5}$$

杨氏模量是描述固体材料抵抗形变能力的物理量。杨氏模量是弹性模量的一种,除了杨氏模量以外,弹性模量还包括体积模量(bulk modulus)和剪切模量(shear modulus)。表 8-2 给出了一些材料的属性。

表 8-2　常用材料的属性

材　料	E/MPa	屈服强度/MPa	极限抗拉强度/MPa
铝	6.9×10^4	240~310	370~450
不锈钢	2.0×10^5	275~345	540~690
碳钢	2.1×10^5	205~275	380~450

例 8-1:假如某 5m 长的铝线的截面面积是 $0.05\mathrm{cm}^2$,两端作用力为 500N 时的伸长量是多少?

解:$\delta = \dfrac{FL}{AE} = \dfrac{(500\mathrm{N}) \times (5\mathrm{m})}{(0.05 \times 10^{-4}\,\mathrm{m}^2) \times (6.9 \times 10^4\,\mathrm{MPa})} = 0.0072\mathrm{m}$

体积模量有时也称体变模量。假设在 P_0 的压强下材料的体积为 V_0,则压强变大后体积会变小,其系数就是体积模量,定义为

$$K = \frac{\Delta P}{|\Delta V|/V_0} \tag{8-6}$$

剪切模量,是剪切应力与应变的比值。又称切变模量或刚性模量(modulus of

rigidity),是材料的力学性能指标之一。剪切模量是材料在剪切应力作用下,在弹性变形比例极限范围内,切应力与切应变的比值。它表征材料抵抗切应变的能力。剪切模量大,则表示材料的刚性强。剪切模量和杨氏模量之间的关系为

$$G = \frac{E}{2(1+\mu)} \tag{8-7}$$

其中的 μ 为材料的泊松比。

8.2.3 应力和应变的关系

为了测量材料的属性,通常需要进行试验,拉伸试验就是其中的一种。拉伸试验是指在承受轴向拉伸载荷下测定材料特性的试验方法。利用拉伸试验得到的数据可以确定材料的弹性极限、伸长率、杨氏模量、比例极限、面积缩减量、拉伸强度、屈服点、屈服强度和其他拉伸性能指标。从高温下进行的拉伸试验还可以得到蠕变数据。

典型的具有延性的材料拉伸试验曲线如图 8-9 所示。1 点到 2 点的区域为比例区,该区域也是胡克定律适用的区域。2 点以后,应变明显增大,胡克定律不再适用。2 点称为比例极限。3 点称为屈服点,对应的应力为材料的屈服应力。3 点材料虽然屈服了,有明显的塑性变形,但是还没有断裂。直到应力达到 4 点后,材料才开始断裂,4 点称为极限应力点。由于 3 点之后,试样的截面面积就会开始明显的收缩,因此试样中的实际应力如图 8-9 的虚线所示(实线是按照原始面积计算得到的名义应力)。

脆性材料的拉伸试验曲线如图 8-10 所示。

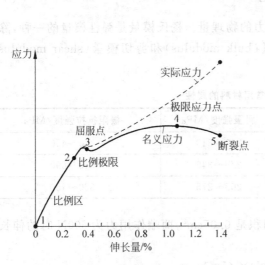

图 8-9　典型的延性材料拉伸试验曲线

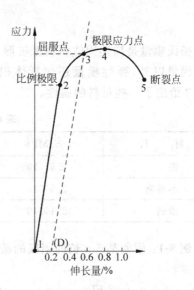

图 8-10　典型的脆性材料拉伸试验曲线

8.2.4 材料的物理性质

材料一般根据其物理性质和化学性质来选用。物理性质包括强度、极限抗拉强度、屈服强度、延性、柔韧性、刚度和硬度等。

强度(strength)是材料抵抗变形的能力。对于某一结构的强度,通常会是发生失效之前所能够承受的最大载荷。前文我们提到过,在拉伸力的作用下,材料断裂之前能够承受的载荷可能小于屈服点的载荷,这主要是因为随着应变的增大,截面面积变小的缘故。在挤压力作用下,截面会相应增大,则失效之时的载荷必然是最大的。

这个问题是可以解决的,实际上,在图 8-9 中,我们是把纵坐标处理成名义应力的,即载荷和初始截面之比,若为实际应力的话,曲线会如图中的虚线所示。材料的强度是名义应力的最大值对应的点的值(图中的 4 点)。这样定义的名义应力是不考虑试件在拉伸过程中的截面变化的。

极限抗拉强度(ultimate tensile strength)表征材料的最大均匀塑性变形的抗力。拉伸试样在承受最大拉应力之前,变形是均匀一致的。但超出之后,金属开始出现缩颈现象,即产生集中变形。对于没有(或很小)均匀塑性变形的脆性材料,它反映了材料的抗断裂抗力。在工程上,把极限抗拉强度定义为最大载荷和初始面积之比,单位是 Pa。极限抗拉强度通常简称抗拉强度。

屈服强度(yield strength)是塑性变形的开始点,是指材料在出现屈服现象时所能承受的最大应力。对于无明显屈服的金属材料,规定以 0.2% 的伸长量(图 8-10 中的 D 点)为基点,画一条与比例区相同斜率的直线,此直线和应力-应变曲线的交点为屈服强度。此时的屈服强度应表述为"屈服强度(0.2% 偏移)为多少 MPa"。

在工程实践中,通常用屈服强度来计算许用应力。但是对于像压力容器这样承受高压的容器,这样的标准是不够充分的。在 ASME 的锅炉与承压容器规范的第三部分,在关于压水堆承压容器的制造的规定中,为了弥补这一问题,采用最大剪切应力理论,感兴趣的读者可以参阅有关专著。

延性(ductility),是指材料从屈服开始到达最大承载能力或到达以后而承载能力还没有明显下降期间的变形能力。举例来说,金、铜、铝等皆属于有较高延性的材料。延性材料在断裂之前有比较大的变形,因此相对脆性断裂而言,不太容易失效。例如对于承压容器,若材料的延性比较好,则压力超过许用压力以后,容器不会马上破裂,而是会类似气球一样被吹大,从而降低内部的压力。而对于脆性材料,则会表现出马上破裂。在断裂前允许产生较大塑性应变的材料称为延性材料。在断裂前只有较小应变的材料是脆性材料。多数金属(包括碳钢)和合金在常温或高温下是延性的,混凝土和铸铁则是脆性的。

许多金属在某种条件下具有延性,而当条件变化时会转化成脆性。例如多数钢材在高温下延性很好,但在低温下会发生脆性断裂。从延性转变到脆性的温度称为无延性转变温度(NDT)。金属材料的无延性转变温度与原先的机械加工、热处理情况以及所含的杂质元素的多少有关。无延性转变温度对反应堆压力容器所用的钢材具有重要意义,这是因为该温度值随所受辐照的快中子注量率的增大而升高。为了防止反应堆压力容器的脆性破坏,必须要求压力容器在承压时的工作温度大于无延性转变温度。

晶粒细化能增加材料的延性,因此,压力容器使用的钢材规定为细晶粒钢。材料中存在的缺陷,例如小裂纹、尖锐的裂痕等都会促进脆性的发展,必须注意避免。但实际上,压力容器均会有一些可允许的缺陷,这些缺陷在使用期内可能会逐渐扩展成裂纹,促使断裂。所以在容器设计中,还需要进行必要的断裂分析,或在役检查后做必要的断裂评价工作。

柔韧性(malleability)是指材料在挤压作用下的变形能力。它和延性很类似,只是延性是材料在拉伸力作用下的变形能力。在材料受到均匀挤压力作用下，发生的变形情况如图 8-11 所示。长度方向被挤压缩短，而另外的方向却鼓了起来。

刚度（toughness）是指材料或结构在受力时抵抗弹性变形的能力，是材料或结构遭受突然的外力作用时抵抗能力的度量。刚度一般用 Charpy 测试或 Izod 测试得到。这两种测试的试件都是一块开有 V 形小槽的标准试样，如图 8-12 所示放置好后，用一个固定力臂长度的锤子砸样品。记录砸碎需要的能量就是试样材料的刚度。在 Charpy 测试中的锤子的质量和长度的乘积是 16.59kg·m（120ft·lb），而 Izod 测试用的是 33.18kg·m（240ft·lb）的锤子。两种测试方法只是锤子大小不一样而已，其他条件都相同。

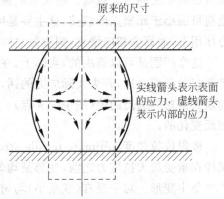

图 8-11　材料被挤压时表现出的柔韧性

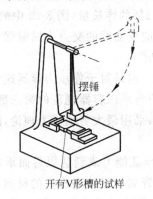
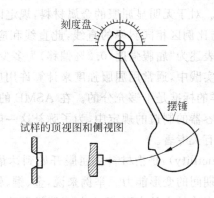

图 8-12　材料的刚度试验

硬度（hardness）是材料局部抵抗硬物压入其表面的能力。固体对外界物体入侵的局部抵抗能力，是比较各种材料软硬的指标。由于规定了不同的测试方法，所以有不同的硬度标准。各种硬度标准的力学含义不同，相互不能直接换算，但可通过试验加以对比。大部分试验都是经验性的，有 Brinell、Rockwell、Vickers、Tukon、Sclerscope 等。

布氏硬度（Brinell hardness）的测定原理是用一固定大小的外力 F 把直径为 D 的淬火钢球或硬质合金球压入被测金属的表面，保持规定时间后卸除外力，用读数显微镜测出压痕平均直径 d，然后按公式求出布氏硬度值，或者根据 d 从已备好的布氏硬度表中查出硬度值。

洛氏硬度（Rockwell hardness）没有单位，是一个无纲量的力学性能指标，其最常用的硬度标尺有 A、B、C 3 种，通常记作 HRA、HRB、HRC，其表示方法为硬度数据＋硬度符号，如 50HRC。

洛氏硬度试验是现今所使用的几种普通压痕硬度试验之一。洛氏硬度中 HRA、HRB、HRC 中的 A、B、C 为 3 种不同的标准。3 种标准的初始压力均为 98.07N（10kg 质量的重力），最后根据压痕深度计算硬度值。标准 A 使用的是球锥菱形压头，然后加压至 588.4N；

标准 B 使用的是直径为 $1.588\mathrm{mm}\left(\frac{1}{16}\mathrm{in}\right)$ 的钢球作为压头,然后加压至 980.7N;而标准 C 使用与标准 A 相同的球锥菱形作为压头,但加压后的力是 1471N。因此标准 B 适用相对较软的材料,而标准 C 适用较硬的材料。

其他几种硬度试验就不一一介绍了。

8.3　金属热处理

不同的加工工艺对金属的属性有很大的影响。核工程中使用的碳钢制造的大部件一般都需要经过热处理消除晶粒缺陷。在制造过程中,通过控制降温的速率(淬火),可以达到控制晶粒尺寸的目的。通常,降温速率越大、晶粒越小,强度和硬度都会得到加强,而刚度和延性会降低。

如何控制淬火的过程,取决于淬火的方式,一般采用的是均匀淬火的方式。均匀淬火一般把金属部件泡在水或油里进行降温。淬火的目的是使奥氏体进行马氏体或贝氏体转变,得到马氏体或贝氏体组织,然后配合以不同温度的回火,以大幅提高钢的刚性、硬度、耐磨性、疲劳强度以及韧性等,从而满足各种机械零件和工具的不同使用要求。也可以通过淬火满足某些特种钢材的铁磁性、耐腐蚀性等特殊的物理、化学性能。

焊接会使得局部的温度达到很高,很多时候会引起问题。例如 304 不锈钢在焊接时,容易使 FCC 晶格(奥氏体不锈钢)在局部地方改变为 BCC 晶格(贝氏体或马氏体不锈钢)。当焊缝冷却后,焊缝处会存在两种晶格混合的现象。由于 FCC 的结构的容积率比 BCC 要大,因此焊缝处会留下比较集中的应力。这种残留应力可以通过回火的方式部分得到消除。

回火是将工件重新加热到适当温度,保温一段时间后在空气或水、油等介质中冷却的金属热处理工艺。一般用于减小或消除钢件中的内应力,或者降低其硬度,以提高其延性或韧性。

了解了温度控制对金属加工的基本原理是调节和控制内部晶粒的结构,以便获得所需的性能,就能够理解淬火、焊接、回火等基本加工工艺了。

8.4　吸氢脆化和辐照效应

在选择核电厂所用材料时,还需要关注的一个现象是吸氢脆化。

碳钢的氢脆是指溶于钢中的氢或甲烷,聚合为气体分子,造成局部应力集中,在钢内部形成细小的裂纹。氢脆通常表现为应力作用下的延迟断裂现象。曾经出现过汽车弹簧片等镀锌件,在装配之后数小时内陆续发生断裂,断裂比例达 40%~50%。为此曾制订过严格的去氢工艺。另外,也有一些氢脆并不表现为延迟断裂现象,例如电镀挂具由于经多次电镀和酸洗退镀,渗氢较严重,在使用中经常出现一折便发生脆断的现象。

在核工程领域,吸氢脆化最令人注意的是燃料棒的锆合金包壳的氢化后降低延性的现象。锆会和水发生如下腐蚀反应:

$$Zr + 2H_2O \longrightarrow ZrO_2 + 2H_2 \uparrow \qquad (8\text{-}8)$$

这个腐蚀反应产生的部分氢气还会和锆形成氢化锆癍块($ZrH_{1.5}$)，氢化锆会使合金变脆。在氢化锆产生的地方，形成裂纹，并会不断蔓延，进而发生脆性失效。Zr-2 合金能够吸收腐蚀反应产生的 50% 的氢气，因此比较容易引起吸氢脆化失效。根据大量的观察和研究表明，锆合金的吸氢脆化和镍的含量有关。于是发展出了低镍的 Zr-4 合金，而且通过适当添加铌还可以进一步降低吸氢率。

材料辐照效应在经受中子和 γ（主要是中子）辐照后，性能会产生一定的改变。这里我们定性地讨论一下辐照效应的机理。

材料受能量大于 1MeV 的快中子辐照时，其中被中子撞击的原子会产生离位现象。在串级碰撞后，材料中会出现缺陷群组成的离位峰，同时空位和间隙原子分别通过聚集、崩塌还会形成错环、堆垛层错等现象。因为这些缺陷周围的应力场比较大，从而引起材料的硬化，并伴生脆化。同时，因材料离位峰内间隙原子非常密集。在它们的剩余能和碰撞能的作用下，使局部微区迅速升到很高温度。所以与离位峰伴生的还有热峰。但因热峰体积很小，紧接着温度又急剧下降，这如同淬火，也会造成材料硬化和脆化。金属材料受辐照引起的硬化和脆化效应，有时亦称辐照损伤。它随中子注量的增加而增加，但又随温度增加而有所复元。

此外，材料性能变化也可能由热中子辐照引起。热中子可能被材料中的原子吸收从而发生核反应。例如 ^{10}B 原子受到中子轰击后发生 (n, α) 反应生成 Li 和 α 粒子；^{58}Ni 吸收中子后先转变成 ^{59}Ni，然后由于 (n, α) 反应生成 ^{56}Fe 和 α 粒子，α 粒子俘获电子后生成氦气。缺陷的集合和氦气泡的形成对材料物理性能（密度、电导率、热导率、弹性模量等）、化学性能（如镍变成铁）和力学性能（强度、塑性、韧性、持久强度、蠕变强度、疲劳强度等）都有影响。

辐照对金属结构材料性能的影响，不同材料影响有所不同。锆合金在辐照后屈服强度会升高，而延伸率下降。辐照使强度和延性发生变化的程度取决于温度和辐照剂量。辐照强化随中子注量增加显著增大，而由于温度升高又使其减小。在这一对相反的效应中辐照强化具有决定性的作用。一般认为强度变化大致在快中子注量为 $10^{21} \sim 10^{22}\,n/cm^2$ 时趋向饱和；而延性值在快中子注量为 $3 \times 10^{19} \sim 1 \times 10^{20}\,n/cm^2$ 时达到饱和；总伸长约在快中子注量为 $5 \times 10^{20}\,n/cm^2$ 时达到饱和。此外，辐照对锆合金的蠕变性能也有显著影响。总的趋势是蠕变速率往往成数量级增加。

铁素体钢（碳钢、低合金钢等）辐照一般使铁素体钢材抗拉强度略有升高，塑性下降，延伸率下降最显著，而断面收缩率下降较少。辐照对这类钢最重要的影响是韧性降低，无延性转变温度增高，这对这类钢用于反应堆压力容器是极不利的。为了改进这类钢的使用，除改善这类钢的组织，使钢中的杂质和气体含量减少、组织均匀外，尤其是要对 Cu、Ni、P 三种元素进行控制。一般要求核容器用钢中的 Cu 的质量分数应低于 0.1%。Ni 对抗辐照性能影响较大，因此在合金中除必需的合金元素成分外，减少 Ni 的质量分数对核容器钢是有利的。此外，对核容器钢 P、S 要尽可能减少，推荐 $P \leqslant 0.012\%$，$S \leqslant 0.015\%$。

辐照对石墨的影响。辐照会引起石墨抗压和抗弯强度增加，热导率和电导率降低。辐照会加快石墨的蠕变。石墨在辐照时，在尺寸上也会发生各向异性的变化。在辐照温度很高时，会有足够的移动能力使原子的位移回到平衡位置。辐照对石墨的效应主要是潜能：

在低温辐照时产生的原子位移会使石墨中积聚大量能量。这个能量在石墨加热到 500℃ 以上时,由于位移原子复位而释放出来。当辐照中子注量达到 10^{20} n/cm² 时,潜能可达到 150J/g。如果这些能量突然释放出来,将烧坏堆内构件。保持石墨工作温度在 500℃ 以上(例如高温气冷堆)可避免这种辐照的破坏效应。

8.5　热应力

为了更好地认识热应力产生的条件,将所研究的物体设想为由许多小体积单元组成(晶粒)。如果所有小体积单元原来温度相同,受到加热后温度增量也相同,而且物体的外边界不受任何约束,则每一单元在同一方向上的膨胀量都相等。因此这些单元之间不会产生任何应力。但是如果各单元加热后温度增量不同,则即使物体外部不受任何约束或限制,也会由于内部各单元的膨胀量不同,其中任一单元的膨胀会受到温度不同的相邻单元的牵制,从而产生了应力;或者,即使每个单元的温度增量相同,而由温度变化引起的膨胀受到物体外部的约束或限制,这种情况下也会产生热应力。

反应堆中许多构件都在一定的温度下运行。这些构件除了由于内压、外载荷作用所引起的应力外,还存在着由于温度分布不均匀或热膨胀受到限制而引起的热应力。这种应力有时可达到相当大的数值,而且当温度不恒定,发生周期性变化的时候还会产生不断变化的应力,使结构材料产生疲劳。

长度为 L 的棒受均匀加热后自由膨胀量为 ΔL,则热应力与温度分布之间的关系式为

$$\Delta L = \alpha L \Delta t \tag{8-9}$$

式中 α 是材料的线膨胀系数,是温度升高 1℃ 引起的相对伸长量,量纲是 1/℃。表 8-3 列出了一些常用材料的线膨胀系数。Δt 是温度变化量,℃。

表 8-3　常用材料的线膨胀系数

材　　料	$\alpha/(1/℃)$	材　　料	$\alpha/(1/℃)$
碳钢	10.4×10^{-6}	铜	16.7×10^{-6}
不锈钢	17.3×10^{-6}	铅	29.3×10^{-6}
铝	23.9×10^{-6}		

如果在加热前将棒的两端固定,以限制棒受热后膨胀。这样当棒的温度增加 Δt 时所产生的应变为

$$\varepsilon = \frac{\Delta L}{L} = \alpha \Delta t \tag{8-10}$$

根据胡克定律,在弹性区内,应力和应变成正比,因此热应力为

$$\sigma = \varepsilon E = E \alpha \Delta t \tag{8-11}$$

其中 E 是杨氏模量。

例 8-2:两端固定的碳钢棒,温度从 60℃ 上升到 300℃ 时热应力是多大?

解:　$\sigma = \varepsilon E = E \alpha \Delta t = (2.1 \times 10^5) \times (10.4 \times 10^{-6}) \times 240 \text{MPa} = 524 \text{MPa}$

产生的热应力比碳钢的屈服应力还要大! 因此热应力是核反应堆系统里面需要重点关

注的。由于反应堆压力容器通常是一个壁厚较大的承压容器,因此在升温或者降温的时候会出现壁面的内外侧温度变化不一致,从而造成较大的热应力。若升温的时候,内侧会受到膨胀,产生压缩应力,而外侧会受到拉伸应力。降温的时候相反。这种情况下的热应力可能会使得冷侧出现裂缝。

下面我们来分析一下压力容器在承压情况下升温和降温两种过程中的壁面应力分布情况,如图 8-13 所示。容器材料的许用应力外侧比内侧略高。这是因为内侧受到的中子辐照较大,辐照会产生辐照效应,降低材料的许用应力。在升温过程中(图 8-13(a)),内侧的热应力为压应力,外侧为拉应力,与承压应力合在一起后的应力为总应力。可以看到由于热应力的作用,使得外侧的总应力比承压应力高,而内侧的总应力比承压应力有所下降。对于降温过程则相反,内侧的总应力比承压应力更高。因此降温过程相比升温过程更加危险(更加接近许用应力)。

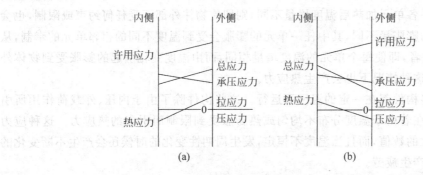

图 8-13　厚壁容器的热应力

反应堆一回路升温或降温过程要进行控制,既不能升得太快也不能降得太快。尤其是冷水注入系统的速率要控制好,否则会由于热应力造成失效。合理设计的运行规程会尽量减少升温和降温的强度和频次,会严格控制升温或降温的速率。

最后还需要指出,热应力与机械应力是有很大区别的。机械应力超过屈服极限时将使材料产生屈服后会突然断裂。而热应力超过屈服极限后所引起的屈服过程会受到一定程度的限制。这是因为材料一旦开始哪怕只是一点点的屈服,屈服过程将使热应力得到快速降低。这就是所谓热应力的自限性。所以一般塑性材料制成的容器或零部件,热应力的危害性要比承压或其他机械载荷小,对它的限制也比较宽。但对脆性材料,由于没有明显的屈服过程,热应力很难得到缓和,当其达到强度极限时容易发生破裂。

8.6　脆性断裂

构件未经明显的变形而发生的断裂称为脆性断裂。

8.6.1　脆性断裂机理

脆性断裂时材料几乎没有发生过塑性变形。如杆件脆性断裂时没有明显的伸长或弯曲,更无缩颈,容器破裂时没有直径的增大及壁厚的减薄。图 8-14 是断裂裂口形状示意图。

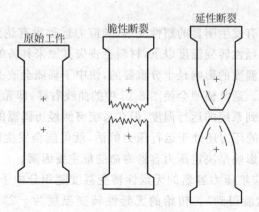

图 8-14　断裂裂口形状示意图

材料的脆性是引起构件脆断的重要原因。脆性断裂一般发生在高强度或低延展性、低韧性的金属和合金上。另一方面,即使金属有较好的延展性,在下列情况下,也会发生脆性断裂,如低温、厚截面、高应变率(如冲击)或是有缺陷。脆性断裂引起材料失效一般是因为冲击,而非过载。

经长期研究,人们认识到把材料看作毫无缺陷的连续均匀介质是不对的。材料内部在冶炼、轧制、热处理等各种制造过程中不可避免地产生一些微裂纹,而且在无损探伤检验时又没有被发现。那么,在使用过程中,由于应力集中、疲劳、腐蚀等原因,裂纹会进一步扩展。当裂纹尺寸达到临界尺寸时,就会发生低应力脆断的事故。

研究表明,对同一种钢材,不同工作温度下其韧性有很大的差别。例如碳的质量分数为0.11%的钢材在低温和高温时的冲击韧性相差几十倍。对每一种钢材而言,存在这样一个温度:在这个温度下,材料可能发生脆性断裂。这个温度叫做无延性转变温度(Nil-ductility transition temperature,NDT),如图 8-15 所示。

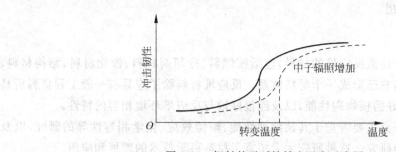

图 8-15　钢材的无延性转变温度示意图

材料的无延性转变温度不是十分确定的,它会和材料的加工、热处理和是否含有杂质等因素有关,通常需要用试验法得到,常用如图 8-12 所示的 Izod 或 Charpy 试验。

晶粒越细材料的延性会越好,因此通过热处理降低晶粒的大小可以降低无延性转变温度。另外低碳钢中添加镍、镁等微量元素也有利于降低 NDT。

8.6.2　最小无延性转变温度

脆性断裂是材料没有发生明显的塑性变形,其应力远远没有达到材料的抗拉强度时而发生的突然断裂。在无延性转变温度以下,材料会丧失其原来具备的优良机械性能。

辐照对无延性转变温度的影响是十分重要的,快中子辐照会改变钢材的晶格结构,使钢材的机械性能发生变化。通常辐照会使图 8-15 中的曲线右移,即无延性转变温度升高。虽然这个温度不至于上升到系统的运行温度,但在系统突然经历降温的瞬态过程的时候,一旦温度低于 NDT,而系统的压力还处于运行压力的话,就可能会发生脆性断裂失效。因此辐照对无延性转变温度的影响是决定压力容器寿命的最主要因素。

图 8-16 给出了反应堆压力容器的无延性转变温度随积分中子注量变化的曲线(由压力容器材料辐照样品检验得到)。初始的无延性转变温度为 $-27℃$,当积分中子注量达到 $10^{20} \mathrm{n/cm^2}$ 时,无延性转变温度可达到 $50℃$ 左右。而在运行了 $25 \sim 30$ 年后,NDT 有可能上升到 $100 \sim 160℃$,再考虑材料缺陷因素,可能使得允许温度达到 $200℃$。也就是说,在这种情况下,系统必须温度升高到 $200℃$ 以后才允许提升压力。

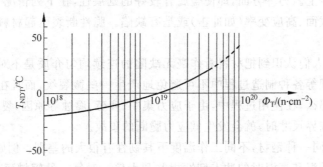

图 8-16　反应堆压力容器的无延性转变温度随积分中子注量变化的曲线

8.7　反应堆材料

反应堆材料指用于建造反应堆的材料,包括核燃料、冷却剂材料、慢化材料、结构材料、控制材料、屏蔽材料等,它已形成一个材料体系。反应堆材料除了应具有一般工程材料所具有的性能外,还应有良好的核物理性能,以及能很好地与反应堆环境相容的特性。

对反应堆材料的研究主要着重于其核物理性能、辐照效应、化学相容性等的研究,以及与各种应用有关的性能研究。这种研究大大拓宽了材料科学技术的发展和应用。

核燃料:反应堆中使用的易裂变材料有 $^{235}\mathrm{U}$、$^{233}\mathrm{U}$(铀)和 $^{239}\mathrm{Pu}$(钚)金属以及合金材料或其氧化物、碳化物、氮化物等陶瓷材料。二氧化铀是轻水反应堆使用最广的一种陶瓷核燃料。此外,核燃料还有弥散燃料和液态燃料。

冷却剂材料:用于导出反应堆内核裂变产生热量的工作介质材料,主要有气态和液态两类。常见的液态冷却剂材料有水、重水以及液态金属(钠、钠钾合金、铋、铅铋合金等)。常见的气体冷却剂材料有二氧化碳(CO_2)、空气和氦气(He)等。

慢化材料：在热中子反应堆中用于将裂变中子慢化成热中子的材料，亦称慢化剂、减速剂。常用慢化材料有固态和液态两类。固态慢化材料有石墨、铍及氧化铍。常用的液态慢化材料有轻水及重水，此外还有有机慢化材料。对于慢化材料，除了要求其具有优良的核性能外，还要求其有良好的工程使用性能。

结构材料：反应堆结构材料包括堆芯结构材料、燃料（棒）包壳材料以及反应堆压力容器、驱动机构材料等。选择商用反应堆结构材料时，应考虑其强度、韧性、耐腐蚀性以及铁素体钢抗辐照脆化的性能。核级高韧性低合金钢、不锈钢、镍基合金等广泛用作堆芯结构材料和反应堆压力容器材料。锆合金广泛用于燃料（棒）包壳材料和燃料组件结构材料。

控制材料：用于制造控制反应堆反应性的控制元件的材料，此类材料具有强吸收中子性质。这类材料有铪、银-铟-镉合金、含硼材料和稀土材料中的钐、铕、铕、钆以及它们的某些氧化物和碳化物。

屏蔽材料：反应堆结构中用于减弱各种射线、避免使工作人员及设备遭受辐照损伤的设施所用的材料，主要有铅、铁、重混凝土、水等材料。

8.7.1 核燃料

可用作核燃料的元素不多，核燃料可以分为易裂变材料、可裂变材料和可转化材料三大类。

易裂变材料（fissile material）可以在各种不同能量中子的作用下发生裂变反应，例如 ^{233}U、^{235}U、^{239}Pu 这 3 种核素。自然界存在的易裂变材料只有 ^{235}U 一种。

可裂变材料（fissionable material）是只有当能量大于某一阈值的中子去轰击其原子核时，才会引起裂变反应的核素，例如 ^{238}U。

可转化材料（fertile material）在能量低于裂变阈能的中子作用下不能发生裂变反应，但在俘获中子后能够转变成可裂变材料，例如 ^{232}Th 和 ^{238}U 是很好的可转换材料。

不过这样的划分不是绝对的，因为对于任何原子，当轰击的中子具有足够能量后，原则上都是会发生"裂变"的。

^{235}U 是存在于天然铀矿中的易裂变核燃料。在天然铀中，大量存在的是 ^{238}U，约占 99.28％，^{235}U 的含量大约只占 0.714％，其余的约 0.006％ 是 ^{234}U。^{233}U 和 ^{239}Pu 是在生产堆中用人工方法获得的两种易裂变核燃料。它们分别是由 ^{232}Th 和 ^{238}U 俘获中子而形成的。

根据核燃料的物理相态、基本特征和设计方式的不同，大致可分为固体燃料、液体燃料和弥散体燃料（见表 8-4）。固体燃料的典型结构形式是用包壳材料将燃料包封起来做成燃料元件。包壳可以防止燃料被冷却剂腐蚀，还可以阻止裂变产物从燃料芯块内跑出来。

液体燃料多以某种形式将燃料、冷却剂和慢化剂溶合在一起，又可以分为水溶液、悬浊液、液态金属和熔盐。但是由于液体燃料会腐蚀材料，而且辐照不稳定，燃料的后处理较困难，因此目前还没有达到工业应用的程度。

弥散体燃料的最初设计思想是为了提高燃料元件的传热效率，有的还把燃料和作为慢化剂的石墨做在一起，是一种比较有前途的燃料形式。

选择核燃料时首先要考虑的是对中子的裂变截面，裂变截面越大越好；其次要考虑的是燃料密度，通常希望燃料密度要大一些；此外还应考虑，组成燃料元件的物质是否容易获

表 8-4　核燃料分类表

燃料形式	形态	材　　料	适用堆型
固体燃料	金属	U	石墨慢化堆
	合金	U-Al	快堆
		U-Mo	快堆
		U-ZrH	脉冲堆
	陶瓷	U_3Si	重水堆
		$(U、Pu)O_2$	快堆
		$(U、Pu)C$	快堆
		$(U、Pu)N$	快堆
		UO_2	轻水堆、重水堆
弥散体燃料	金属-金属	UAl_4-Al	重水堆
	陶瓷-金属	UO_2-Al	重水堆
	陶瓷-陶瓷	$(U、Th)O_2$-(热解石墨、SiC)-石墨	高温气冷堆
	金属-陶瓷	$(U、Th)C_2$-(热解石墨、SiC)-石墨、UO_2-W	高温气冷堆
液体燃料	水溶液	$(UO_2)SO_4$-H_2O	沸水堆
	悬浊液	U_3O_8-H_2O	水均匀堆
	液态金属	U-Bi	
	熔盐	UF_4-LiF-BeF_2-ZrF_4	熔盐堆

得,加工制造和后处理是否困难,以及耐腐蚀、耐高温、耐辐照的性能如何等。综合考虑这些因素,目前的商用核电厂大多数采用化合物形式的陶瓷体燃料,用得最广的是 UO_2。下面我们讨论一下 UO_2 的物理性质。

UO_2 的密度

先来看理论密度。所谓理论密度是指根据材料的晶格常数计算得到的密度。UO_2 的理论密度是 $10.96g/cm^3$。然而实际制造出来的 UO_2 芯块是由粉末状的 UO_2 烧结出来的,由于制造工艺造成内部不可避免地存在空隙,达不到理论密度,计算中一般取 95% 理论密度的值,即

$$\rho = 95\%\rho_0 = 10.41g/cm^3 \tag{8-12}$$

UO_2 的熔点

UO_2 的熔点随 O/U 比和微量杂质而变化。由于 UO_2 在高温下会析出氧,使得 O/U 比在加热过程中要发生变化,因此 UO_2 的真正熔点难以测定。正是由于这个原因,不同的研究人员测得的熔点各不相同,但都在 2800℃左右,一些研究人员已测得的未经辐照的 UO_2 的熔点数据是(2840±20℃)、(2860±30℃)、(2800±100℃)、(2760±30℃)、(2860±45℃)、(2865±15℃)、(2800±15℃)等。通常工程上采用未经辐照的 UO_2 的熔点为 2800±15℃。

燃料芯块被辐照后,随着固相裂变产物的积累和 O/U 比的变化,燃料的熔点会有所下降。通常把单位质量燃料所发出的能量称为燃耗深度,单位是 J/kg,工程上习惯以装入堆内的每吨铀所发出的热能作为燃耗深度的单位,即 MW·d/t(U)。根据不断积累的反应堆运行经验,燃耗深度每增加 10^4 MW·d/t(U),其熔点下降大约 32℃。例如,燃耗深度达

50 000MW·d/t(U)的燃料,熔点为(2800−5×32)℃＝2640℃。

UO₂的热导率

UO₂热导率在燃料元件的传热计算中具有特别重要的意义,因为导热性能的好坏将直接影响芯块内的温度分布和芯块中心的最高温度。

图 8-17 是 95％理论密度下的 UO₂芯块得到的热导率与温度的关系。可以看到,在大约 1800℃时热导率最小。该关系式可以表示为

$$k_{95} = \frac{3824}{t + 402.4} + 6.1256 \times 10^{-11} (t + 273)^3 \tag{8-13}$$

其中,k 的单位是 W/(m·℃),t 的单位是℃。

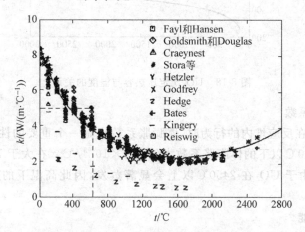

图 8-17　UO₂热导率与温度的关系

其他密度下的热导率可以用马克斯韦尔-尤肯(Maxwell-Euken)关系式计算:

$$k_\varepsilon = \frac{1 - \varepsilon}{1 + \beta\varepsilon} k_{100} \tag{8-14}$$

其中,ε 是燃料空隙率(体积份额);β 是由实验确定的常数,对于大于或等于 90％理论密度的 UO₂,$\beta = 0.5$,其他密度下,$\beta = 0.7$。

积分热导率

堆内部件材料的热导率一般都随其温度改变而变化,并且这种变化往往是非线性的。比如 UO₂燃料芯块的热导率不仅小,而且其值随燃料温度变化较大(见图 8-17)。对于这种情况,若采用平均温度下的热导率计算燃料芯块温度,将产生一定的误差;但若直接用热导率的温度函数进行求解又很复杂,因而引入积分热导率的概念。这样,在处理由温度 t_2 至 t_1 处的热传导问题时,只须取积分热导率在温度区间 $t_2 - t_1$ 的平均值作为材料的平均热导率,即

$$\bar{k} = \frac{\int_{t_1}^{t_2} k(t) \, dt}{t_2 - t_1} \tag{8-15}$$

UO₂的比定压热容

比定压热容 c_p 可以表达为温度的函数,它随温度的变化如图 8-18 所示。

25℃<t<1226℃时

$$c_p = 304.38 + 0.0251t - 6 \times 10^6 (t + 273.15)^{-2} \tag{8-16a}$$

在 1226℃≤t<2800℃时

$$c_p = -712.25 + 2.789t - 0.002\,71t^2 + 1.12 \times 10^{-6}t^3 - 1.59 \times 10^{-10}t^4 \tag{8-16b}$$

其中,t 的单位是℃;c_p 的单位是 J/(kg·℃)。

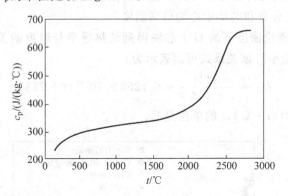

图 8-18　UO₂比定压热容与温度的关系

UO₂的体膨胀系数

在分析核燃料在反应堆内的行为时,体膨胀系数也是一个重要的性质。虽然试验结果不很一致,但在 1000℃以下的体膨胀系数大约为 $1 \times 10^{-5}/℃$。在大于 1000℃的时候,可以取 $13 \times 10^{-5}/℃$。由于 UO₂在 2450℃以上会显著蒸发,因此高温下的体膨胀系数只是定性的。

UO₂的力学性能

UO₂的力学性能见表 8-5。

表 8-5　UO₂的力学性能

纵向弹性模量/MPa	切变模量/MPa	体压缩模量/MPa	抗弯强度/MPa	抗压强度/MPa	泊松比 μ
1.75×10^5	0.75×10^5	1.645×10^5	98.0~112.0	420~980	0.303

钚

钚有 15 种同位素(²³²Pu~²⁴⁶Pu),其中最重要的是²³⁹Pu 和²³⁸Pu。²³⁹Pu 的半衰期 2.4 万年,是易裂变核素。所以含²³⁹Pu 的材料是核材料,也是制造核武器的原料。²³⁸Pu 的半衰期 86.4 年,有较高的固定衰变热,可作为空间装置和心脏起搏器的能源。

在自然界中,钚仅随铀矿痕量存在,不到铀含量的 1/10¹¹,无开采提取价值,故钚都由人工制造。由生产堆生产的钚含²⁴⁰Pu 较少,称为军用钚,可作为核武器的原料;由核电厂生产的钚称为工业钚,含百分之几的²⁴⁰Pu 和²⁴¹Pu。其中²⁴¹Pu 也是易裂变核素,可加工成新的核燃料在堆内使用。目前世界主要工业国从生产堆和动力堆的乏燃料中已提取了大量的工业钚,将来钚的主要来源是快中子增殖堆。在分离²³⁹Pu 的同时可回收一定量的²³⁷Np(镎)。²³⁸Pu 可用中子轰击²³⁷Np 来制取。

工业钚和军用钚有重大的差别,主要是²⁴⁰Pu 的含量不一样。一旦钚里面²⁴⁰Pu 的含量超过 7%以后就不能用于制造核武器了。这是因为²⁴⁰Pu 会自发裂变,导致本底中子背景过高,同时也更容易被中子所分裂。所以含²⁴⁰Pu 过高的钚在起爆压缩还未充分的时候会过早的引发大量的链式反应,从而破坏了压缩的对称性,使整体装药燃烧不完全,后果就是大大地降低爆炸当量,甚至失败,变成脏弹。所以用于核武器的钚要尽量降低^{240}Pu 的丰度,控制在 7% 以下才能合格,若用于热核武器的初级的话,则要求还要更高。因此在国际原子能机构对民用核设施进行监督的时候,一项极其重要的监督就是燃料组件不能在堆内停留时间太短(太短的话,^{240}Pu 的含量还很少)。而^{240}Pu 的含量一旦超过 7% 以后,再想把它降低是几乎不可能的,因为同位素分离^{240}Pu 和^{239}Pu 比起分离^{235}U 和^{238}U 难度大多了。

钚是银白色金属,熔点 913K,沸点 3503K。固体钚的临界质量小,只有几千克,这限制了后处理工艺中的每次操作量。钚是剧毒物质,它又是短射程的 α 发射体,吸入钚将集积于肺部、骨骼及造血组织,造成这些器官与组织的损伤。钚的微尘在空气中容易形成气溶胶,带来吸入的危险。钚的高质量同位素还能自发裂变,还放射低能 γ 和 X 射线。所以,钚的操作均需在负压的或必要时充保护气体的手套箱中进行。当钚中混有强 γ 发射体时,必须要远距离操作,并备有厚重的屏蔽墙。

^{239}Pu 和^{241}Pu 是易裂变核素,^{240}Pu 则仅在快中子堆内参与核裂变反应。当它吸收中子后可转换为^{241}Pu。^{242}Pu 一般不参与核裂变。^{239}Pu 每吸收一个中子平均释放的中子数与中子能量有关,对快中子该值为 2.9,对热中子为 2.07。因此,在快中子堆中,除维持链式反应所需的中子外,有更多的剩余中子将^{238}Pu 转换成^{239}Pu 等。所以钚在快中子堆中的利用价值约为热中子堆的 1.4 倍。同时由于钚的利用可大幅度地提高天然铀资源的利用率。例如在快中子增殖堆核电厂中,可把天然铀的利用率从<1% 提高到 60%~70%;在压水堆中也可提高到 1%~2%。

8.7.2 结构材料

对于结构材料的要求,在某种程度上要随反应堆类型而变化。除了机械性质如屈服强度和刚度等必须能满足运行条件外,热导率一般应比较高,而热膨胀系数应较小或者应与其他材料相适应,还必须能承受一定的热应力。另外,耐腐蚀性能也是十分重要的。除了上述物理和机械性质以外,堆芯内的结构材料的核性质也必须考虑,显然希望具有较小的中子吸收截面。

由于中子俘获的结果,许多材料都会变成带放射性的。这样一来,受反应堆中子照射过的设备在维护与修理上成为一个困难问题。如果容许的话,在选择材料时就应该选用那些俘获中子以后不变为放射性的物质;或者选用感生活性较弱,不发出强 γ 射线,或者半衰期比较短的物质。

表 8-6 列出了可能存在于结构材料内的各种元素,包括可能作为合金元素或杂质存在的元素。表内列出了天然产物内的丰度和它的中子吸收截面数据,还列出了所产生的放射性核素,以及它们的半衰期和穿透力最强(能量最高)的 γ 射线的能量。应该指出,表内资料只选择性地列出了半衰期较长(大于 1h)并在 β 粒子外还发射中等或高能量(>0.3MeV)γ 射线的放射性同位素。只放射 β 粒子的物质不包括在内,因为它们一般不构成严重的维护问题,如果能避免产生韧致辐射的话。

可以发现构成持久感生放射性的主要元素是铬、锰、钴、铜、锌、钽和钨。这些元素在较纯粹形式下没有一个会被用作反应堆材料的。不过,这些金属可能成为其他结构材料内的杂质或合金成分,因此必须对它们受中子照射引起的放射性加以注意。

表 8-6　结构材料内所存在金属的感生活性

元素	同位素质量数	天然丰度/%	σ_a/b	放射性核素	半衰期	射线能量/MeV
钛	50	5.3	0.04	Ti-51	72d	1.0
铬	50	4.4	16	Cr-51	27h	0.32
锰	55	100	13.3	Mn-58	2.6h	2.1
铁	58	0.33	0.8	Fe-59	46d	1.3
钴	59	100	37	Co-60	5.3a	1.3
镍	64	1.9	3.0	Ni-65	2.5h	0.93
铜	63	69	4.3	Cu-64	12.8h	1.35
锌	64	48.9	0.5	Zn-65	250d	1.12
	68	18.5	0.1	Zn-69	13.8h	0.4
锆	94	17.4	0.1	Zr-95	65d	0.92
钼	98	23.8	0.13	Mo-99	67h	0.84
钽	181	100	21.3	Ta-182	113d	1.2
钨	186	28.4	34	W-187	24h	0.76

　　用于热中子反应堆内材料的先决条件是应该具有相当小的热中子吸收截面。如果截面太大,这种材料即使具有比较好的机械性能或其他优点也不会被选中。至于具有中等截面的元素,如果有其他优点可以补偿的话,还可能被采用。由于几乎所有元素的快中子俘获截面都很小,因此选择快中子反应堆的材料时所受限制就少得多了。

　　根据热中子俘获截面的大小,可以把金属元素大体上分为 3 类:

　　(1) 热中子俘获截面小(1b 之下)的元素;

　　(2) 截面数值中等大小(1～10b)的元素;

　　(3) 截面超过 10b 的元素。

　　在截面很小或中等的金属内,软金属和熔点在 500℃ 以下的金属都可以略去,因为它们对于结构材料似乎不会有太大用处。其余的较容易得到的元素的热中子吸收截面和熔点,都列在表 8-7 内。

表 8-7　较容易得到的元素的热中子吸收截面和熔点

低热中子截面			中等热中子截面		
金属	σ_a/b	熔点/℃	金属	σ_a/b	熔点/℃
铍	0.009	1280	铌	1.1	
镁	0.069	650	铁	2.4	2415
锆	0.18	1845	钼	2.4	1539
铝	0.22	660	铬	2.9	2625
			铜	3.6	1083
			镍	4.5	1455
			钒	5.1	1900
			钛	5.6	1670

　　可以看到具有较小热中子截面的金属不多。铝常常以相当纯粹(>99.0%)的形式用作反应堆内的结构材料、燃料元件覆盖材料和其他不暴露在高温下的材料。虽然镁具有比铝稍小一些的截面,但这一点不能抵消它的高价格和加工困难。对于铍,在某种程度上也与镁

的情况一样,虽然这种金属可能在一些特殊的堆型里面用作结构材料的同时还可以兼作慢化剂和反射层材料。

金属锆,是最有前途的反应堆结构和包壳材料之一,特别是用在以高压(及高温)水作冷却剂的热中子反应堆内。锆除了热中子俘获截面很小的优点以外,还具有优秀的机械性能和加工性能,而且抗腐蚀能力也不错。不过,不要对它的高熔点发生某种误会,因为它在 400℃以上时机械强度就将减小,而且变得易被水腐蚀。

再看中等热中子截面的各个元素,可以发现材料的选择仍旧受到很大限制。铌具有良好的机械性质,但它很稀有,同时在 200℃以上就会被严重地氧化。铬和钼在加工上的困难以及钒的昂贵价格,使得这些元素只能作为合金中的微量添加元素。而铁、镍、铜在加入其他合金元素后性质就会大有改进,因而也很少以非合金形式单独应用。

这一范畴内的另一金属钛,引起了较大的注意。钛的特殊优点主要在于它在 $100\sim450℃$ 范围内具有很高的强度质量比,这使得它最适用于需要节省质量的地方。在某些环境下这一金属的抗腐蚀性是优越的,而且它很有希望用在高温下的水溶液中。钛的较高截面将限制它在反应堆堆芯内的用途,但它对腐蚀的抵抗力可能使它被应用在反应堆各系统内中子吸收不成为关键性问题的地方。例如,用来输送水溶液和用在反应堆附属的化学处理设备中。

在最熟悉的合金材料之中,各种奥氏体不锈钢具有抗腐蚀性和良好的机械性质。在反应堆内选用它们以及要考虑的因素,与其他化工和高温下应用不锈钢的情况相似。需加考虑的问题中包括:①在热处理后尚未稳定的不锈钢在一定环境下发生晶间腐蚀的可能性;②应力腐蚀的裂纹;③脆性 Sigma 相的生成,特别是在高铁分焊条沉积层内;④刀纹腐蚀;⑤由热导率低而引起的高热应力;⑥由于防腐膜被迅速流动的强腐蚀性溶液所剥落而引起的局部加速侵蚀。

表 8-1 中列出可能用于反应堆内溶液操作的一些不锈钢的大致成分。镍的合金如 Nichrone、Monel 金属、Inconel(因科镍)和 Hastelloys 等,也是重要的,特别是由于它们对熔盐和碱金属氢氧化物有相当的抵抗力。

就目前所能看到的情况看,锆是热中子反应堆内的一种非常好的结构和燃料包壳材料。因此在这里讨论一下它的某些重要性质。

锆的主要矿物是硅酸盐锆石 $ZrSiO_4$。锆并不是稀有元素,它是地壳内占第七位的常见元素。因此它比铜、铅和锌还丰富。但从核工程的观点看来,有一个重要事实是锆矿石里面总含有 0.5%~3.0%的铪,而后者具有很高的热中子吸收截面(115b)。因此,在热中子反应堆内应用的锆,必须想办法把大部分的铪去除掉。这并不是一件简单的事情,因为铪和锆的化学性质非常相似。

纯锆是一种银白色的金属,在室温与熔点(1845℃)之间存在两种同素异形体:一种是 FCC 晶格,一直稳定到 863℃;另一种是超过这一温度才稳定的 BCC 晶格。锆的物理性质,如热膨胀和热导率等,都随处理方式而变。常温下热的线膨胀系数沿六角晶轴方向是 $1.03\times10^{-5}/℃$,而在垂直方向上是 $4.5\times10^{-6}/℃$。热导率由 25℃时的 20.9W/(m·℃)下降到 300℃时的 18.8W/(m·℃)。

在温度一直高达 400℃以下时,相当纯粹的锆和它的某些合金(特别是含有少量锡的)对于空气和水(或蒸气)具有很高的抗腐蚀能力。这时在金属表面会生成一层薄的、稳定的、有粘着力的氧化膜,能够保护它不受进一步的侵蚀。在 400℃ 以上时,它就比较容易与氧及水甚至还与氮作用,同时还由于它在这种高温下失掉了大部分机械强度,因此用锆作为结构材料可能只限于 400℃ 以下。

锆与其他许多金属都能生成合金,而有些合金比纯锆的强度更大,而且抗腐蚀力更高。

锆的机械性质受到金属的处理和存在的微量杂质的影响较大。表 8-8 内列出了锆的一些机械性质,可以看到当温度上升时,抗拉强度和屈服强度都下降了。如果与其他元素如铝、锡、钼和铌等制成合金,则情况可以有一定的改善。

表 8-8　锆的机械性质

性　　质	温度 20℃	温度 210℃	温度 320℃
抗拉强度/MPa	218	136	109
屈服强度(0.2%偏差)/MPa	122	68	54
伸长率/%	25	50	60
弹性模量/10³ MPa	95	82	75
泊松比	0.35		
硬度/洛氏 A	30		

值得注意的是少量的氧和氮就会对锆金属的机械性质产生显著的影响。例如:0.1% 重量的氧能使抗拉强度加大到约 286MPa,并使 0.2% 偏移下的屈服强度增加到 177MPa,而硬度增加到洛氏 A38;但是,伸长率都会同时减小到约 14%,因而这种金属延伸性就变差了。氧和氮(和碳)的硬化效应随温度上升而减小,到了 400℃ 时这一效应就小得可以忽略了,因此这些元素并不能改善锆在高温下的性质。

锆金属很容易被氢气脆化。在常温下小到百万分之十的含氢量就足以引起 Charpy V-刻痕撞击值有显著减小。不过,在高温 300℃ 左右这种效应就小得可以忽略了。锆在生产及以后的处理过程中都可能吸收氢,但在良好真空内于 800～900℃ 下退火就可以将氢除去。

锆的加工可以利用所有的普通加工方法,例如切割、热辗、冷辗、锻造、挤压和拉拔,只要采取合理措施以防止氧化就行。对于最后通过切削加工成型的零件,甚至连上述措施也可以不需要。大的铸锭可以用普通工业辗压设备进行热锻和辗压,而无须隔绝空气。这时产生的少许表面沾染可以用处理不锈钢常用的喷砂法或浸渍法除去。而另一方面,需要加工到精确尺寸的零件就必须用稀有气体或者用钢或钢套加以保护。在挤压锆时也需要这种金属套,否则锆会被硬模擦伤。另一种办法是采用高温下的玻璃膜,它即可以在挤压时保护又可以滑润锆金属。

由于热加工方法具有容易缩小尺寸的优点,锆锭一般都以先锻而后热辗作为第一个工序。将表面清洁之后,这种金属就很容易再进行冷却,然后再在真空或稀有气体内回火以免受空气内氧和氮的侵蚀和沾染。在回火之后,冷却后的锆极富有延性(假定氧、氮和碳都已除去),而且易于切削。

锆金属具有优越的可焊性,但这种操作必须在高纯度稀有气体(如氦或氩)内进行以避免沾染。熔化了的锆具有溶解氧化物和氮化物表面薄膜的能力,这是产生高度坚实接头的一个重要因素。如果采取了适当的保护措施,用普通方法进行焊接和铜焊也是可以的。

　　锆的突出性质之一就是它在所有合理的条件下能抵抗大多数酸、碱和盐类水溶液的腐蚀。能侵蚀这一金属的物质只有氢氟酸、浓盐酸、磷酸和氯化铁及氯化铜的溶液。

　　由反应堆工程观点看来，在高温下能抵抗水的腐蚀与侵蚀的性能是很重要的。高温下锆在水中的腐蚀性质对于杂质的存在非常敏感。在所有可能存在的杂质元素中，氮、碳、铝和钛是特别有害的。其他有害的元素是氧、镁、硅和钙，但是这些元素在锆内存在的分量很少，产生不了什么影响。铜、钨、铁、铬和镍在低浓度下（最多约 0.1%）似乎对于锆在高温水内的腐蚀影响很小。

　　由于生产纯度极高的锆金属价格非常昂贵，曾经企图用加入各种合金元素的方法来改进工业产品（即电弧熔化的锆）的抗腐蚀性。就这一方面说，含锡 1.5% 以下的合金显得很有前途，特别是如果同时还存在有微量的铁、镍或铬的话。而且这些合金在高温下还具有良好的机械性质。

　　锆抵抗某些液态金属侵蚀的问题也是很重要的，因为后者可能用作反应堆冷却剂。如果锆内氧的质量分数很低，则钠和钠钾合金在 600℃ 的温度以下对于它的影响很小。据有关资料，锆对于锂、铅铋合金和铅铋锡合金侵蚀的抵抗力在 300℃ 时良好，但是到 600℃ 时就开始降低了。

8.7.3　冷却剂

　　早期的反应堆主要目的是用于研究或生产钚的，因此不希望由于裂变反应产生的热使堆芯温度上升得太高。于是用流体流经堆芯进行循环，把热量排出去，这种流体就被称为冷却剂。这个名称一直沿用至今。但对今天的反应堆来说，冷却剂的作用是把堆芯产生的热输送到用热的地方（热交换器或汽轮机）。它对反应堆进行冷却，并把链式裂变反应释放出的热量带到反应堆外面。从这个意义上，更加准确的名称应该是输热剂。不过由于冷却剂这一名称已经被广泛使用了，本书在不致引起混淆的情况下还是使用冷却剂一词。

　　由于裂变产生的能量大部分以热的形式出现，一个核反应堆必须具有适当的冷却系统以阻止反应堆内达到不应有的高温。这种温度可能取决于燃料的性质，例如铀金属在 662℃ 发生同素异形体的相态改变，同时体积有相当大的减小；或者取决于冷却剂，例如在压水堆内不希望水发生沸腾。用于冷却的介质可以是气体或液体，而对于这种物质的具体要求则主要取决于释热率（即反应堆功率密度）和运行温度。在功率输出很低而所发热量不需要加以利用的反应堆内，冷却系统可以设计得十分简单。但另一方面，为经济地生产动力的反应堆却必须在高温下运行，这时就需要对冷却剂的选择加以仔细考虑。

　　反应堆冷却剂的主要技术要求是：①具有良好的热物理性质（比热容大，密度高，热导率大，熔点低，沸点高等），以便在较小的传热面积情况下，便可从堆芯带出较多的热量；②热中子吸收截面小（特别是对热中子反应堆而言），感生放射性弱；③黏度低，以使反应堆冷却剂泵耗功小；④在反应堆中有良好的热稳定性和辐照稳定性；⑤与核燃料和结构材料有良好的相容性；⑥价廉、容易获得。热中子反应堆常用的冷却剂材料有轻水、重水、二氧化碳和氦气等。快中子反应堆常用冷却剂材料为液态金属，如钠或铅铋合金。在实际应用中，在任一具体情况下所采用冷却剂的选择，都是对这些可能相互矛盾的要求的一种折中。

　　由于冷却剂的首要目的是输送热量,因此它必须具有良好的载热性质。在一定的流动几何形状和动力状况下,要满足上述条件最好要求热导率高和比热高。在非金属液体内,黏度低对这一方面也很有好处。将冷却剂抽送流过反应堆和热交换器所需功率占全部功率输出的份额要小。这就要求用一种密度高而黏性低的冷却剂。为了在高温下使用,液态冷却剂的蒸气压力要低,这样就可以无须用坚固的承压系统。同时,冷却剂应该在较低温度下仍然保持液体状态,才能避免当反应堆停闭时有可能凝固。这两种要求在某种程度上是矛盾的,前者要求沸点高而后者又要熔点低。不过,已经知道有许多物质如液态金属和熔盐等的液相温度范围是很广的。自然,像高温气冷堆那样用气体作冷却剂时,这些问题也就不会发生了。

　　冷却剂应该对高温和核辐射都具有稳定性。同时,这些流体必须不侵蚀所接触的反应堆内外各种结构材料。由于冷却剂系统是一个动态系统,因此由于温差引起的物质转移现象可能变得很重要。就物理和化学侵蚀而言,应该把冷却剂和结构材料的选择放在一起考虑。

　　由于中子损失必须由增添反应堆燃料来补偿,因此冷却剂应该由一种或几种中子俘获截面很小的元素组成。这种限制对于快中子反应堆并不重要,因为各种物质的高能中子俘获截面总是很小的。如果冷却剂由于中子俘获的结果而产生了感生放射性,那么这种放射性应该很弱并且不带 γ 射线,以免泵、热交换器和管道等都需要屏蔽。在任何情况下,都要求冷却介质是无毒的并且也没有其他危险性,同时它也不会在受辐照以后产生危险性。当然,冷却剂应当用低廉价格取得,很昂贵的材料只有在特殊情况下才会被考虑。

　　在热中子反应堆内,还希望冷却剂所含元素具有较低的原子量。换句话说,如果冷却剂还可以兼作慢化剂的话,是比较有利的。但另一方面,在快中子反应堆内,则必须避免慢化,因而低质量数的材料应该尽可能避免采用。

　　没有一种单一物质(或混合物)能满足以上所需要的理想反应堆冷却剂应具备的全部要求。表 8-9 列出了现在或将来有希望用于反应堆冷却剂的各种材料的性质。由于每种冷却剂都要在一定的温度范围内使用,因此尽可能在表内给出了两种温度数值。

表 8-9　冷却剂材料的物理性质

冷却剂	熔点/℃	沸点/℃	温度/℃	密度/(g/cm³)	比热/(kJ/kg)	热导率/(W/(cm·℃))	σ_a/b	感生放射性
氢(1atm)	—	气体	100	6.6×10^{-5}	14.34	22.28×10^{-4}	0.33	无
			300	4.3×10^{-5}	14.63	30.76×10^{-4}		
氦(1atm)	—	气体	0	1.8×10^{-4}	5.23	13.79×10^{-4}	20	无
			100	1.4×10^{-4}	5.23	16.72×10^{-4}		
空气(1atm)	—	气体	100	9.5×10^{-4}	1.00	31.64×10^{-5}	1.5	^{16}N,7.3s,6MeV ^{41}Ar,1.8h,1.4MeV
			300	6.2×10^{-4}	1.01	4.56×10^{-4}		
CO_2(1atm)	—	气体	100	1.5×10^{-3}	0.91	20.90×10^{-5}	0.003	^{16}N,7.3s,6MeV
			300	9.5×10^{-4}	0.97	37.62×10^{-5}		
水	0	压力相关	100	0.958	4.22	7.11×10^{-3}	0.22	^{16}N,同上
			250	0.794	4.60	8.19×10^{-3}		
锂	179	1317	200	0.507	4.18	0.38	0.033	^{8}Li,0.83s,13MeV 产生的韧致辐射
			600	0.474	4.18	0.38		

续表

冷却剂	熔点/℃	沸点/℃	温度/℃	密度/(g/cm³)	比热/(kJ/kg)	热导率/(W/(cm·℃))	σ_a/b	感生放射性
钠	98	883	100	0.928	1.38	0.86	0.50	^{24}Na,1.5h,
			400	0.854	1.28	0.71		1.38MeV,2.75MeV
钠22% 钾78%	−11	784	100	0.774	0.93	0.24	1.7	^{24}Na,1.5h
			400	0.703	0.88	0.27		^{42}K,12.4h,1.5MeV
铅44.5% 铋55.5%	125	1670	200	10.46	0.15	0.10	0.1	^{210}Bi,5d,衰变成
			600	9.91	0.15	0.15		为有毒的^{210}Po
铅97.5% 镁2.5%	250	~1700	300	~10	0.15	0.13	0.16	^{27}Mg,10min, 0.84MeV,1.0MeV
氢氧化钠	323	—	350	1.79	2.32	21.74×10^{-3}	0.28	^{24}Na,1.5h, 1.38MeV,2.75MeV
			550	1.67	1.81	11.70×10^{-3}		^{16}N,7.3s,6MeV

气体一般具有辐射和热稳定性,易于操作并且没有危险性,很值得被推荐作为冷却剂。由于空气是最容易取得的,它当然是第一个被选择对象。但是空气不是一种良好的输热物质,而且和一般气体一样,将空气抽送通过冷却系统时需要大功率风机,消耗大量的电能。此外,在高温下氧(在某些情况下还有氮)容易侵蚀石墨或铍等慢化剂以及结构材料和燃料包壳材料。在一些天然铀-石墨反应堆内也有采用空气作为冷却剂,但这些一般都是尺寸很大的反应堆并且都在相当低的功率密度下运行。它们里面热流密度相当低,因此要保持燃料温度在合理水平之内并不需要太大量的空气。在这种研究堆内,空气用作冷却剂时效率低的缺点可以由设计简单的优点来补偿。在英国的生产钚的反应堆内也有用空气作冷却剂的。

虽然氢从输热和抽送动力两方面看来都是气态冷却剂内最好的一种,但是如果其中漏进空气,就会构成严重的爆炸危险。此外它还有沾染性,特别在较高的压力下,这就需要采用不被氢侵蚀或脆化的特殊材料。因此没有人建议过用氢作反应堆冷却剂。

从好几方面看来,氦都很值得推荐作为气态冷却剂。虽然它的热输运性质不如氢那样好,但它的热中子俘获截面却小得可以忽略,而且本身又不具有危险性。它对于热和辐射也是很稳定的。此外,它在化学性质上是惰性的,因此对结构和容器材料并没有影响。由于氦的价格略微有点高,因此必须采用闭合系统。而且为了节省抽送动力一般采用较高的压力,这样就会存在防止泄漏的问题。

历史上也有人建议过在生产钚和动力的两用反应堆内采用 10 大气压下的氮作为冷却剂。氮不仅具有较大的中子吸收截面,同时还由于(n,γ)反应的结果将生成放射性的^{14}C,如果^{14}C逸出就会构成一种危险。

根据安全性的考虑还曾采用过受压的二氧化碳作为冷却剂。二氧化碳内所含的碳和氧核只有很小的中子吸收截面,而这一气体本身又没有毒性或爆炸危险。二氧化碳不易侵蚀金属,但它在相当高温度下会与石墨发生反应。它在输热、抽送动力和中子吸收方面比氦稍差,但它当然更易于取得。在用二氧化碳作冷却剂方面有一些不能肯定的因素是反应堆内强辐射场对它稳定性的影响,以及它与石墨及其他材料所发生的作用。

从成本的观点看,用水作冷却剂仅次于空气。虽然水的热导率比液态金属小得多,它却具有很高的比热,而且它的黏度很低因而容易抽送。当然,水的最大优点还是在于它可以同时用作慢化剂和冷却剂。

然而,用水作冷却剂也有一些缺点。其中比较重要的是:①中子吸收截面相当大;②水会由辐照作用而分解;③对金属的腐蚀作用;④在正常压力下沸点较低;⑤由^{16}O的快中子(n,p)反应产生的^{16}N和杂质(如钠)等俘获热中子而引起的感生放射性。

为补偿中子损失可以采用稍微富集的^{235}U燃料。要减少辐照分解的程度,可以尽可能将离子性杂质除去,并添加氢气以进行控制,这在第7章的反应堆水化学章节内有介绍。

有关水在中等温度下的腐蚀性已能得到足够多的资料,因此可以做出满意的冷却系统设计。如果温度不高,可以用铝做成管道;而在更高的温度下则采用不锈钢。为了减小输热表面的腐蚀和水垢生成,水必须经过除盐或蒸馏处理使它净化。在某些情况下除气也是必要的。

为了有效率地生产电力,反应堆必须在温度大大超过水在大气压下的沸点以上运行。在这种情况下,例如在压水堆(PWR)中,必须采用高压力,而这就意味着反应堆必须封闭在耐压容器内。此外,在高温下即使不含离子性杂质和氧的纯净水也变得非常有腐蚀性,由于发生腐蚀问题和需要高压的结果,在动力反应堆内用水作冷却剂时就为材料和设备的选择带来许多限制。具备必要的强度和抗腐蚀性质的材料有:某些不锈钢、钛(或其合金)、Inconel合金和K Monel合金。此外,锆也在许多地方可以应用。

虽然早已发现沸腾水(或其他液体)是一种有效的冷却剂,因为这时可以利用它的汽化潜热。但刚开始发展核能的时候,很多人认为反应堆内有气泡的生成可能会引起不稳定因而导致功率不好控制。然而,沸水堆的设计已经证明,气泡生成不至于增加功率,反而可以减小功率。因此沸水堆也是一种不错的堆型。气泡增加反而引起功率减小的主要原因是逃脱共振几率减小(在第11章会详细介绍)以及慢化剂被局部排出后引起中子泄漏增加的缘故。

由于蒸气气泡的生成有自调节效应,一个反应堆能在沸腾条件下以稳定形式连续地运转。如果水沸腾得比正常运行功率所需的更加迅速,那么过多的气泡生成就会减小反应率,因而由裂变所产生的能量将会减少。这就倾向于使沸腾率回到所需数值。这种形式的沸水反应堆的很大优点在于它可以不用蒸汽发生器而直接产生蒸气,因此在较低的反应堆温度和压力下能得到同样的动力生产总效率,而且大大减小了抽送动力。

用作反应堆冷却剂(或慢化剂)的普通水与重水间唯一有意义的区别在于后者的热中子吸收截面小得多。这就意味着使反应堆临界所需可裂变物质可能变少,因此有可能采用天然铀作为燃料。例如加拿大设计的CANDU型反应堆就采用重水作为冷却剂和慢化剂,天然铀作为燃料。不过为了提高经济性,加拿大也在致力于改用轻水作冷却剂,重水作慢化剂,而用稍加浓铀作为燃料的方案。

如果重水能以比较合理的价格取得,那么将重水用在沸水型反应堆内作为冷却、慢化剂会是特别有利的一种应用方法。

在高热中子注量率和高温下运行的反应堆内,用液态金属作为冷却剂似乎具有吸引力。液态金属有优越的载热性质,例如热导率高、蒸气压低,原子量低的金属如锂和钠还同时具有相当高的比热和体积热容量。此外,液态金属在高温和强辐射场中都是稳定的。它们的主要缺点是操作相对比较困难以及某些金属在高温下具有腐蚀性。

　　在具有较小的热中子吸收截面而且熔点低于 500℃ 的元素中,可以选择热中子反应堆内适用的某些金属,列在了表 8-10 内。这些元素可以分为两类,就是截面小于 1b 的和截面在 1~10b 之间的。汞的热中子吸收截面很大(340b),因此没有包括在表内。但对快中子来说,其吸收截面就小得多,因此在洛斯阿拉莫斯(Los Alamos)的一个快中子反应堆内就采用汞作冷却剂。然而,汞的沸点只是 357℃,而它的蒸气压在不高的温度下已经相当大,因此一般认为它不如其他可能的金属冷却剂。

表 8-10　可以选择热中子反应堆内适用的某些金属

低热中子截面			中等热中子截面		
金属	σ_a/b	熔点/℃	金属	σ_a/b	熔点/℃
铋	0.032	271	钾	2.0	62
铅	0.17	327	镓	2.7	30
钠	0.50	98	铊	3.3	302
锡	0.65	232			

　　在表 8-10 的各元素中,钾、镓、铊并没有表现出什么显著的优点,特别是后两种元素还很贵。此外,液态镓在高温下很难有容器能盛得住,而锡也是一样。铋和铅虽然有比较满意的低截面,但它们的熔点却相当高。这两种元素的低熔点合金,质量分数为 44.5% 的铅,熔点为 125℃,则有可能作为一种反应堆冷却剂。另一种可能性是用一种铅镁低熔点合金,质量分数为 97.5% 的铅,熔点为 250℃。

　　铋用在反应堆内最重要的缺点在于它会发生 (n,γ) 反应而生成 ^{210}Bi,这是一个半衰期为 5.0d 的 β 粒子发射物,衰变后生成 ^{210}Po。^{210}Po 非常毒并且难以装盛,因此会构成特别严重的潜在危险。然而,这一问题并不是不能解决的,美国已经设计成功了一个采用铀溶于铋内做循环燃料的反应堆。液态铋的最好的容器材料就是各种铬钢,例如含 2.25%Cr-1%Mo 和 5%Cr-1.5%Si 的钢。在高温 500℃ 左右变得较严重的质量传递现象,则可以在液态金属内加入少量锆和镁来加以控制。

　　中国实验快堆用液态钠作为冷却剂。同样引人注意的还有含 22%(质量)钠和 78% 钾的合金(写作 NaK,一般称为钠钾合金),它在室温下为液体。目前一般似乎认为钠是高温下运行的反应堆内最适于用作冷却剂的液态金属。如果将氧除尽,液态钠在低于 600℃ 的温度下并不侵蚀不锈钢、镍、许多镍合金、铍或石墨。在更高温度下,在钠内可能发生质量传递,但这也能利用添加物进行控制。由于它的熔点相当高(98℃),钠有可能会在反应堆冷却系统内凝固,这可以通过用电加热器包裹钠管道的方式加以避免。无论如何,当反应堆已在高功率下运行了一段时间之后,停闭后继续发生的热量就足够在好几天内使钠维持在液态。在实验性繁殖反应堆(EBR)内也有选择输热性能比钠差一点的 NaK 做冷却剂的,因为后者在常温下是液体,因此无论在反应堆内外都没有凝固的危险。同时,在快中子反应堆内,像 EBR 那样,用一种质量数较高的元素代替一部分钠也是有利的。

　　用钠或钠合金作为反应堆冷却剂时所存在的一个缺点是中子俘获的结果会生成 ^{24}Na,这种放射性同位素的半衰期差不多是 15h。而且除了放出 β 粒子以外,还放出两个相当高能量(1.38MeV 和 2.75MeV)的 γ 射线。因此冷却剂箱、管道、泵和热交换器都需要一些屏蔽,而且维护问题也增多了。在 EBR 和中国实验快堆都采用一个次级冷却系统以减小屏蔽体积。热量由初级传入次级冷却剂的热交换器是有屏蔽的,而次级回路中的其他部分,包括蒸汽发生器内,都是无放射性的,因此无须屏蔽。

反对用液态钠(或其合金)作为冷却剂的一个主要理由是钠在接触空气或水时会有引起火灾和爆炸的危险。在采取适当措施后这种危险可以大大减小。由于对于能够操作热液态钠的信心非常大,因此在美国的潜艇中速中子反应堆内也有用它作为初级冷却剂的。在这里面用汞作为中间流体将热输入蒸汽发生器以发生蒸气;因此即使热交换器发生了泄漏,钠也不会直接与水接触,而这种漏缝的存在又可以很容易地用对汞进行观察而测量出来。

8.7.4　慢化剂

在由热中子引起裂变反应的热中子反应堆中,为了把裂变时产生的快中子的能量降低到热中子能量水平,要用慢化剂(关于中子慢化的详细介绍请参考第 11 章)。慢化剂是热中子堆中用来将燃料裂变反应释放出的快中子慢化成热中子以维持链式裂变反应的材料。质量数接近中子的轻原子核对中子的慢化最有利。此外,要求慢化剂材料的回弹性能良好,并且在慢化过程中尽量少吸收宝贵的中子。慢化后形成的热中子在与核燃料的原子核碰撞之前若被慢化剂吸收也是非常不利的,因此要选用中子吸收截面小的材料作为慢化剂。轻水、重水和石墨都是良好的慢化剂。另外,慢化剂必须和其他材料的相容性要好,自身的辐照稳定性要好,成本低,易于获得。

可以用作慢化剂的物质有普通水、重水(氧化氘)、铍(不论是金属、氧化物或碳化物)和碳(作为石墨形式)。下面就将依次讨论这些材料的性质。

由于良好的热中子反射剂性质一般与慢化剂相似,因此以下叙述可以看作同样适用于慢化剂与反射剂。五种慢化剂的重要性质都总结在表 8-11 内。其中没有包括碳化铍,因为它与空气和水的化学活泼性似乎对它的用途有所限制。石墨和氧化铍的密度随生产方法而变;表内所给出的数值都小于理论密度,但这些数值可以认为是用作反应堆材料的典型数

表 8-11　几种主要慢化剂的性质

性　　质	普通水	重水(99.75%D_2O)	铍金属	氧化铍	石墨
相对原子(分子)质量	18.0	20.0	9.01	25.0	12.0
密度/(g/cm^3)	1.00	1.10	1.84	2.80	1.62
$N/(10^{22}/cm^3)$	3.3	3.3	12.0	6.7	8.1
σ_f/b(超热中子)	49	10.5	6.0	9.8	4.8
σ_a/b(热中子)	0.66	0.0026	0.009	0.0092	0.0045
$\Sigma_f cm^{-1}$(超热中子)	1.64	0.35	0.74	0.66	0.39
$\Sigma_a cm^{-1}$(热中子)	0.023	0.000 037	0.0012	0.000 61	0.000 38
ζ	0.927	0.510	0.207	0.17	0.158
$\zeta \Sigma_s cm^{-1}$(SDP)	1.425	0.177	0.154	0.11	0.083
$\zeta \Sigma_s/\Sigma_a$(MR)	62	4830	126	180	216
扩散系数 D/cm	0.18	0.85	0.61	0.56	0.92
扩散长度 L/cm	2.88	100	23.6	30	50
费米年龄/cm^2	33	120	98	110	350
徙动长度/cm	6.4	101	26	32	54

值。缩写 SDP 和 MR 分别代表慢化能力和慢化比(见第 11 章)。在计算这些数量时所采用的是超热中子(即能量超过热能值的中子)的散射截面,因为它们决定了中子的慢化率。表内所有其他性质都是常温下热能中子的数值。

普通水是一种吸引人的慢化剂材料。因为它的价格低,慢化能力优越。但另一方面,它的中子吸收截面相当高,因此用水作慢化剂时只有采用富集铀作为燃料,才能得到临界系统。然而,只要能够获得富集铀,那么用水作慢化剂能够设计出尺寸相当小的反应堆。水的另一个优点是可以同时用作慢化剂和冷却剂。但这时水中必须除去杂质,因为后者不仅会俘获中子,而且由于(n, γ)反应可能变得有放射性。水的高纯净度对于减小腐蚀和水垢的生成也是必要的;而且杂质离子的存在常常还会促进水受核辐射的作用而分解,放出氢气和氧气。

用水作慢化剂的主要缺点之一就是它的沸点相当低。这就意味着当它用于高温反应堆时,所需压力必定很高。因而会引起设备制造上的一些问题。

由于重水具有满意的慢化能力和特别高的慢化比,因而它是一种优秀的慢化剂。在其他条件相同的情况下,用重水作慢化剂时逃脱共振吸收概率和热中子利用因数都比用石墨时高。因此,用重水作慢化剂的非均匀天然铀反应堆比用石墨作慢化剂的反应堆尺寸小,而所需燃料也少得多。事实上,天然铀与重水的均匀系统能够达到临界,而天然铀和石墨的均匀混合物则不可能达到临界。随着重水生产制备的改进与发展,重水正在得到越来越多的应用。

纯氧化氘在 3.82℃下熔解而在 101.42℃下沸腾,在两种情况下这些数值都比普通水的相应温度高了一点点。因此,在采用重水的高温系统内像采用普通水的系统一样,也需要很高的压力。重水密度在室温下大约是 1.10g/cm^3。

所有天然水都含有大约 1/6500(约 0.015%)的氧化氘,而重水就是将这种极小分量浓集到所需纯度而得到的。曾经采用过好几种方法来浓集水中的氘,其中有 3 种方法得到了大规模的工业应用,这就是电解法、蒸馏法和化学交换法。此外,还有一种可能性,就是由液态氢低温蒸馏分离氘。

生产重水的电解法的原理是:当水溶液电解时,即当电流通过水溶液时,阴极上放出的氢气所含轻同位素的分量比重同位素多些。因此留在电解槽内的水中氘的成分就部分地浓集了。在商业上常用的电解液是钠或钾的氢氧化物或碳酸盐的水溶液;阳极用镍或镀镍的钢制成,而阴极则由镍或钢制成。一个钢质电解槽可以用来兼作容器和阴极。连续进行电解就有可能得到高纯度的重水。但为了取得高浓集程度重水需要大量的电力,因而要采用这种电解方法由普通水开始提取重水,是基本不可行的。不过下面就将看到,当进料水已用其他方法部分浓集以后,电解法却是特别有价值的方法。

蒸馏法是以轻水与重水蒸气压的微小差异为依据的,这一点已经可以由它们在沸点的微小差异上看出。因此,当水被蒸馏时,首先蒸馏出来的液体内含有较高比例的轻同位素,而残液则含有较多的重同位素。因此,将天然水进行分组蒸馏,就有可能使重水浓集。由于蒸气压的差异很小,蒸馏塔内必须包含很大数目的蒸馏盘或等效级。在低压下蒸馏可以得到最高的分离效率。不管所需的设备要多大,由普通水已经通过分馏得到高纯度的重水。超过 8 级蒸馏以后水内氘的含量就由正常的 0.015% 升高到大约 90%。

化学交换法利用同位素分子化学活泼性上的微小差异进行。虽然同位素具有完全相同的化学性质,但同一元素各种同位素形态或其化合物却常常具有稍稍不同的反应速率。因此,同位素交换反应的平衡常数,即正逆反应的比速,就与1略有出入。这就使得同位素的局部分离成为可能。

曾经研究过好几种氢-氘交换反应,而其中有一些已被用来生产重水。这些反应中的一种就是水和氢气间的反应。当氘的含量不太高时,这种同位素在氢气内以 HD 形式存在而在水内以 HDO 形式存在,因此这两种同位素的交换反应平衡方程可以写作

$$\mathrm{H_2O + HD \longleftrightarrow HDO + H_2}$$ (8-17)

而平衡常数是

$$K = \frac{[\mathrm{HDO}][\mathrm{H_2}]}{[\mathrm{H_2O}][\mathrm{HD}]}$$ (8-18)

如果所有参加反应的物质都处于汽相下,这一平衡常数的数值范围约在常温下的 3.4 与 100℃下的 2.6 之间。这就意味着假如使含有一些 HD 的氢气与水蒸气达成平衡,则反应结果就会生成 HDO。可以用普通水将 HDO 由气相中洗出,因而水内的氘就被浓集了。

由于水与氢之间的同位素交换平衡建立得很缓慢,甚至在 100℃下也如此,因此有必要使用催化剂。催化剂可以是散布在木炭底子上的铂粉,也可以是镍与三氧化二铬的混合物。将水蒸气与氢的混合气流通过催化剂上面,然后用液态水洗出所生成的 HDO。将后者蒸发并再与氢气同时送过催化剂上,这就会生成更多的 HDO,如此继续下去。如果在一个对流级联系统内重复进行催化交换反应以及水蒸气与洗涤水的平衡反应,那么就可以得到相当浓集了氘的水。

氢-水交换法要求有巨大容积的氢气,因而最经济的办法是使它与以氢为重要反应物的另一过程联系起来。氨的氮与氢合成制造法满足这一要求。氢气先被引入氘的浓集车间,在这里有一定比例的氘含量在交换较轻同位素时被取走;剩下的气体于是通到氨的合成车间,对后者而言气体成分的稍微改变影响不大。

以前也曾经采用一种修正的化学交换原理,叫做"双温度法"。它所利用的是两种温度下交换反应平衡常数的差异,这种方法不需要大量的氢(或其他气体),因为氢只用作氘的载体。图 8-19 中显示了一种利用以上原理的催化水-氢交换反应的双温度方法的简单形式。

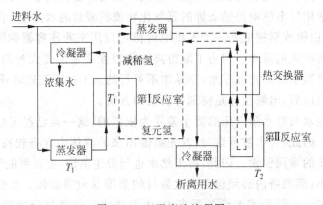

图 8-19　双温度法流程图

由左方送入的进料水被分为两部分:一部分在相当低温度 T_1 下蒸发然后送入第Ⅰ反应器并与氢气发生作用。由于发生同位素交换反应的结果,水就被氘所浓集,而氢气内的这

种同位素则减稀；另一部分进料水在高于 T_1 的温度下蒸发，并与由第Ⅰ室来的减稀氢气温合。当混合气体通过热交换器使温度升高到 T_2 以后（T_2 比 T_1 高得多），就进入了第Ⅱ反应室。由于在 T_2 温度下的水-氢交换反应的平衡常数比 T_1 温度下要小，因而氘在这时就由水进入减稀氢。在用冷凝法除去水分后，含氘量已经恢复原状的氢气又回到第Ⅰ反应室内，在那里它又再一次被减稀，这样循环不已。

如果考虑将重水由 0.015％浓集到 99.75％（这是应用在反应堆内所必需的）的问题，似乎上述方法中没有哪一种在全部浓度范围上比另一种更为优越。浓集过程的成本大部分都花费在开始几级上，这主要是由于必须要有很大的工厂才能处理巨量的水。然而，当重水的比例增大了以后，这一情况就改变了。其结果就使得开始各级通常不能用的电解方法，在浓集的最后几级就可以很好地利用了。因此，最经济的解决办法就是利用蒸馏或化学交换法，或者两者合用，来由普通水内将氘含量浓集到某种程度，然后再用电解法使产品提高到所需的浓度。

还有必要提一下在低温下用液态氢分馏法分离氘的可能性，根据某些资料显示这种方法应该可能生产出比以上方法更为廉价的重水。虽然液态氢与液态氘在大气压下沸点相差仅仅 3.12℃，但在一定温度下它们的蒸气压之比却特别大。这样，在大约 22K 温度下，这一温度在两种纯粹液体沸点之间，蒸气压之比在 H_2/HD 为 1.6，而在 H_2/D_2 则差不多是 2.5。这样高的相对挥发性意味着利用分馏法有可能获得很高的分离效率。

这种方法的主要问题在于：①大规模的工厂需要在 -250℃ 左右的低温下运行，这是进行氢的液化和精馏所必需的；②在这种低温下氢内存在的微量杂质会在进料管道内生成固态沉积物；③大量液态氢的操作所带来的危险。

石墨的核性质并不像重水那样好，但纯度相当高的石墨都能以合理的价格买到。它具有良好的机械性能和热稳定性。然而，在高温下它会与氧和水蒸气发生反应，并且会与某些金属或金属氧化物反应生成碳化物。虽然石墨是一种非金属，但它却是热的良导体，这是慢化剂所必需的性质。在正常运行条件下石墨的主要缺点在于：①与空气接触时会氧化；②抗击强度较低；③会受到核辐射的影响。

在自然界中石墨存在的数量很大。但是，由于这种状态下的石墨是相当不纯的，因此反应堆品位的石墨用人工方法由石油焦炭制成。首先将焦炭加热以驱出挥发性物质，然后磨碎并与煤焦油沥青粘结剂相混，这时的温度须保持在后者有适当流动性的范围内。这种混合物被挤压成棒状并在煤气炉内熔烧到 1500℃，使得沥青炭化并使粘结剂硬化。为了增加产品的总密度，在真空下将它用沥青浸渗然后再熔烧。这样得出的煤气焙烧碳素最后借电阻加热来进行石墨化。在最初几天内温度上升到 2700～3000℃，然后让它在三四个星期内逐渐冷却。最后产品的物理性质在某种程度上取决于焦炭磨细的程度、浸渗用沥青的类型与分量和石墨处理的温度和时间。

练习题

1. 往 $1m^3$ 体积的立方体空间内装乒乓球，BCC、FCC 和 HCP 哪种排列装得最多？为什么？

2．一根截面面积为 8mm² 的碳钢丝，用多大力才能拉断？

3．军用铍和工业铍的主要差别是什么？

4．计算温度在 600～1400℃ 范围内的积分热导率。

5．什么是无延性转变温度？它对核电厂压力容器的寿命有什么影响？

6．可用于反应堆堆芯材料的低热中子截面的元素都有哪些？

7．什么是材料的线膨胀系数？如何用它来计算热应力？

8．生产重水都有哪些方法？各有什么优缺点？

9．选择反应堆用冷却剂材料需要考虑哪些因素？

第9章

通用机械

在核工程领域使用着大量的通用机械设备。我们在这里介绍一些主要的通用机械,例如内燃机、换热器、泵、阀门、空气压缩机、液压机、蒸发器、蒸汽发生器、冷却塔、稳压器、扩散分离器等。

9.1 内燃机

内燃机,是一种动力机械,它是通过使燃料在机器内部燃烧,并将其放出的热能直接转换为机械动力的热力发动机。广义上的内燃机不仅包括往复活塞式内燃机、旋转活塞式发动机和自由活塞式发动机,也包括旋转叶轮式燃气轮机、喷气式发动机等。但通常所说的内燃机是指往复活塞式内燃机。

活塞式内燃机以往复活塞式最为普遍。活塞式内燃机将燃料和空气混合,在其汽缸内燃烧,释放出的热能使汽缸内产生高温高压的燃气。燃气膨胀推动活塞做功,再通过曲柄连杆机构或其他机构将机械功输出,驱动从动机械工作。常见的有柴油机和汽油机[23]。

先来了解一下活塞式内燃机的发展历史。活塞式内燃机起源于荷兰物理学家惠更斯用火药爆炸获取动力的研究,但因火药燃烧难以控制而未获成功。1794 年,英国人斯特里特提出从燃料的燃烧中获取动力,并且第一次提出了燃料与空气混合的概念。1833 年,英国人赖特提出了直接利用燃烧压力推动活塞做功的设计。

19 世纪中期,科学家完善了通过燃烧煤气,汽油和柴油等产生的热转化机械动力的理论,这为内燃机的发明奠定了基础。1860 年,法国的勒努瓦模仿蒸气机的结构,设计制造出第一台实用的煤气机,这台煤气机的热效率为 4%左右。这是一种无压缩、电点火、使用照明煤气的内燃机。勒努瓦首先在内燃机中采用了弹力活塞环。英国的巴尼特曾提倡将可燃混合气在点火之前进行压缩,并且指出压缩可以大大提高勒努瓦内燃机的效率。

1862 年,法国科学家罗沙对内燃机热力过程进行理论分析之后,提出提高内燃机效率的要求,这就是最早的四冲程工作循环。1876 年,德国发明家奥托(Otto)运用罗沙的原理,创制成功第一台往复活塞式、单缸、卧式、3.2kW 的四冲程内燃机,仍以煤气为燃料,采用火焰点火,转速为 156.7 转/分(rpm),压缩比为 2.66,热效率达到 14%,运转平稳。在当时,无论是功率还是热效率,它都是最高的。奥托发明的内燃机获得推广,性能也得到提高。1880 年单机功率达到 11～15kW,到 1893 年又提高到 150kW。由于压缩比的提高,热效率也随之增高,到 1897 年已达到 20%～26%。

随着石油的开发,比煤气易于运输携带的汽油和柴油引起了人们的注意,首先获得试用的是汽油。1883年,德国的戴姆勒(Daimler)创制成功第一台立式汽油机,它的特点是轻型和高速。当时其他内燃机的转速不超过200rpm,它却一跃而达到800rpm,特别适应交通运输机械的需求。1885—1886年,汽油机作为汽车动力运行成功,大大推动了汽车的发展。同时,汽车的发展又促进了汽油机的改进和提高。不久汽油机又用作小船的动力。

1892年,德国工程师狄塞尔(Diesel)受面粉厂粉尘爆炸的启发,设想将吸入汽缸的空气高度压缩,使其温度超过燃料的自燃温度,再用高压空气将燃料吹入汽缸,使之着火燃烧。他首创的压缩点火式内燃机于1897年研制成功,为内燃机的发展开拓了新途径。

狄塞尔开始力图使内燃机实现卡诺循环,以求获得最高的热效率,但实际上做到的是近似的等压燃烧,其热效率达26%。压缩点火式内燃机的问世,引起了世界机械业的极大兴趣,压缩点火式内燃机也以发明者而命名为狄塞尔引擎。

这种内燃机大多用柴油为燃料,故又称为柴油机。1898年,柴油机首先用于固定式发电机组,1903年用作商船动力,1904年装于舰艇,1913年第一台以柴油机为动力的内燃机车制成。图9-1是大型内燃式发电机。

图9-1　大型内燃式发电机

9.1.1　内燃机的结构

为了理解内燃机的工作原理,我们需要先来了解内燃机的内部构造。图9-2是一个四冲程直列式内燃机的结构示意图。

图9-3是一个类似的但汽缸按照V型排列的内燃机的结构示意图。

缸体一般是通过铸造得到的一个整体的部件,如图9-4所示是一个直列式八缸内燃机的缸体。液冷式内燃机的缸体内除了活塞缸以外,一般还有冷却水和油的通道。缸体上有安装其他部件用的各种连接。曲轴箱、机油箱和油底壳一般安装在缸体的底部,曲轴和曲轴平衡配重安装在曲轴箱内部。机油箱用于储存对曲轴进行润滑的机油。

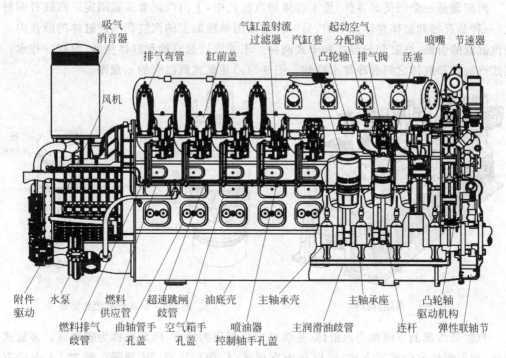

图 9-2　四冲程直列式内燃机的结构示意图

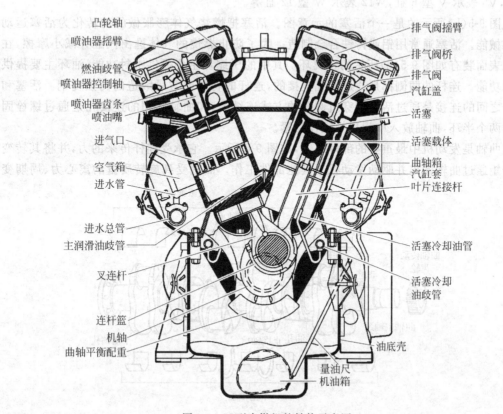

图 9-3　V 型内燃机的结构示意图

　　汽缸套是一个圆筒形零件,置于缸体的汽缸孔中,上由汽缸盖压紧固定。汽缸有两种形式,一种是直接和缸体整体加工的,另一种是采用单独加工的汽缸套塞进缸体的圆孔内。采用汽缸套的引擎,汽缸套分湿式和干式两种。干式汽缸套直接和缸体接触,没有冷却水。而湿式汽缸套和缸体之间有冷却水冷却。图9-5(a)是湿式汽缸套的示意图。

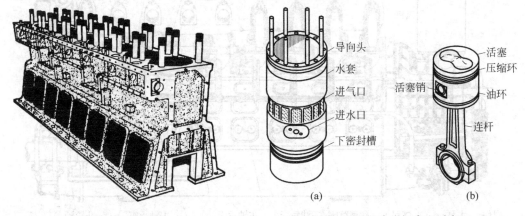

图9-4　内燃机缸体　　　　　　　　　　图9-5　湿式汽缸套和活塞

　　汽缸套内部的空间称为汽缸体,是燃料发生燃烧的地方,因此也称为燃烧室。多缸式内燃机,根据燃烧室的排列方式,可以分为直列式(L 型)、V 型、W 型等。例如 L4 表示直列4 缸,V6 表示 V 型 6 缸,W12 表示 W 型 12 缸等。

　　图9-5(b)所示的是一个活塞的示意图。活塞把燃烧气体膨胀做的功转化为活塞运动的机械能。活塞通常用铝或铸铁合金制造。为了防止燃烧的气体逃出汽缸并减小摩擦,在活塞表面装有如图9-5(b)所示的金属环。其中的压缩环主要提供密封功能,油环主要提供润滑功能。连杆的两侧都是通过圆孔连接的,连杆的材料通常是锻造的高强度钢。活塞和连杆之间的连接是通过活塞销穿过圆孔的方式连结的,和曲轴之间的连接孔是通过螺栓固定的两个半环,曲轴放入中间后把螺栓拧紧。

　　曲轴是发动机中最重要的部件之一,如图9-6所示。它承受连杆传来的力,并将其转变为转矩通过曲轴输出并驱动发动机上其他部件工作。曲轴受到旋转质量的离心力、周期变

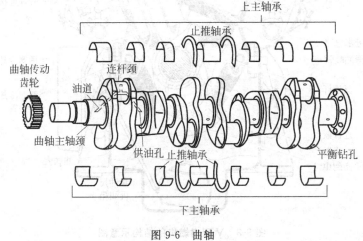

图9-6　曲轴

化的往复惯性力的共同作用,使曲轴承受弯曲扭转载荷的作用。因此要求曲轴有足够的强度和刚度,轴颈表面需耐磨、工作均匀、平衡性好。

为减小曲轴质量及运动时所产生的离心力,曲轴轴颈往往做成中空的。在每个轴颈表面上都开有油孔,以便将机油引入或引出,用以润滑轴颈表面。为减少应力集中,主轴颈、曲柄销与曲柄臂的连接处都采用过渡圆弧连接。

曲轴平衡配重的作用是为了平衡旋转离心力及其力矩,有时也可平衡往复惯性力及其力矩。当这些力和力矩自身达到平衡时,平衡配重还可用来减轻主轴承的负荷。平衡配重的数量、尺寸和安置位置要根据发动机的汽缸数、汽缸排列形式及曲轴形状等因素来考虑。平衡配重一般与曲轴铸造或锻造成一体,大功率柴油机平衡配重与曲轴分开制造,然后用螺栓连接在一起。

曲轴的一端连接的是传动齿轮,以便把旋转的机械能传递到需要运动的部件(例如汽车的轮胎),另一端一般连接一个飞轮。飞轮是转动惯量很大的盘形零件,其作用如同一个能量存储器。对于四冲程发动机来说,每四个活塞行程做功一次,即只有做功行程做功,而排气、进气和压缩三个行程都要消耗功。因此曲轴对外输出的转矩会呈周期性变化,使得曲轴转速也不稳定。为了改善这种状况,在曲轴后端装置飞轮。飞轮的主要作用是储存发动机做功冲程外的能量和惯性。飞轮可以用来减少发动机运转过程的转速波动。

缸前盖也称为汽缸盖,其作用是密封汽缸,与活塞共同形成燃烧空间,并承受高温高压燃气的作用。汽缸盖承受气体力和紧固汽缸螺栓所造成的机械负荷,同时还由于与高温燃气接触而承受很高的热负荷。为了保证汽缸的良好密封,汽缸盖既不能损坏,也不能变形。为此,汽缸盖应具有足够的强度和刚度。汽缸盖一般都由优质灰铸铁或合金铸铁铸造,轿车用的汽油机则多采用铝合金汽缸盖。

汽缸盖是结构复杂的箱形零件。其上加工有进、排气门座孔,气门导管孔,火花塞安装孔(汽油机)或喷油器安装孔。在汽缸盖内还铸有水套、进排气道和燃烧室或燃烧室的一部分。若凸轮轴安装在汽缸盖上,则汽缸盖上还加工有凸轮轴承孔或凸轮轴承座及其润滑油道。

水冷式内燃机的汽缸盖有整体式、分块式和单体式三种结构形式。在多缸内燃机中,全部汽缸共用一个汽缸盖的,则称该汽缸盖为整体式汽缸盖;若每两缸一盖或三缸一盖,则该汽缸盖为分块式汽缸盖;若每缸一盖,则为单体式汽缸盖。

燃烧之前新鲜空气要进入汽缸,燃烧之后废气要排出汽缸,通常用安装在汽缸盖上的进气阀和排气阀(如图 9-7 所示)。进气阀和排气阀的结构差不多,都是一头大一头小的设计,可以理解为是一种滑动式单向阀。也有的内燃机用汽缸套的内壁面挖槽的方式进行进气和排气,当活塞运动到挖槽处时气体可以通过槽进出缸体。也有挖槽和气阀混合设计的。

为了使内燃机能够工作,它的所有进气阀和排气阀要根据活塞的位置进行精准配合。凸轮轴就是为了实现这样的目的而设计的传动轴。凸轮轴的作用是控制气门的开启和闭合动作。虽然在四冲程内燃机里凸轮轴的转速是曲轴的一半(在二冲程内燃机中凸轮轴的转速与曲轴相同),不过通常它的转速依然很高,而且需要承受很大的扭矩。因此设计中对凸轮轴在强度和支撑方面的要求很高,其材质一般是优质合金钢。由于气门运动规律关系到

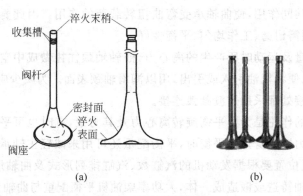

图 9-7　进气和排气阀

一台内燃机的动力和运转特性,因此凸轮轴设计在内燃机的设计过程中占据着十分重要的地位。图 9-8 是凸轮轴的示意图和实物图。凸轮轴叶是鸡蛋形一头大一头尖的形状,用于在转动时开启或者关闭气阀以及喷油阀。为了说明凸轮轴叶对气阀的控制原理,看一下图 9-9。

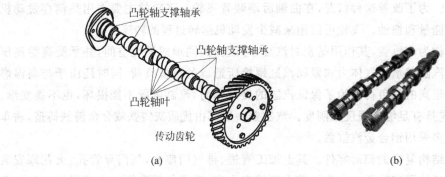

图 9-8　凸轮轴

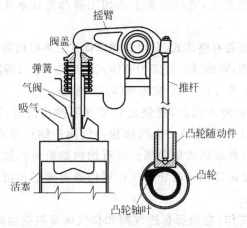

图 9-9　凸轮轴叶对气阀的控制

　　凸轮随动件随着凸轮轴的转动,根据轴叶的外表面形状而上下运动,从而推动推杆上下运动。通过摇臂对阀杆进行上下位置的控制,从而控制气阀的开闭。

9.1.2　内燃机的支持系统

为了使内燃机能够连续工作,还需要一些支持系统。内燃机支持系统有冷却系统、润滑系统、燃油供应系统、吸气系统和排气系统。

内燃机冷却系统是用吸热介质冷却高温零件,以保持内燃机在最佳温度状况下工作的系统。在内燃机中,由于汽缸套、汽缸盖、活塞和气门等机件直接与高温燃气接触受到强烈的加热,机件温度很高。这不仅会导致机件强度降低,而且可能产生很大的热应力,使机件损坏。高温还会破坏汽缸壁上的润滑油膜,使润滑油氧化变质,以致活塞、活塞环和汽缸套严重磨损、咬伤或粘着。此外,过高的温度还会使进入汽缸的空气密度降低,引起爆震、早燃等不正常燃烧。为了保证内燃机正常、可靠的运转,必须通过冷却系统对这些高温机件进行冷却。内燃机工作时,燃料燃烧所放出的热量有 20％～35％ 是由冷却系统散走的。几乎所有的内燃机都采用液体冷却的方式,载出内燃机缸体里面的废热。内燃机的冷却系统如图 9-10 所示,包括散热器、冷却剂泵、恒温器以及封闭的回路等构成。

水冷式冷却系统使高温机件的热量先传给水,然后再将热量散掉。水冷系统由节温器、散热器、风扇、水泵和水套等组成。在汽缸盖和机件中铸有存水的水套,以便使水接近受热机件。

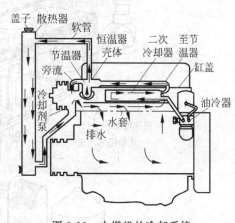

图 9-10　内燃机的冷却系统

一般采用结构紧凑、输水量大的离心水泵,由曲轴通过皮带驱动水泵。冷却水经水泵供入水套并从汽缸壁和汽缸盖吸收热量后流入散热器的上水箱内。在散热器的上下水箱间布置有许多用金属材料制成的扁平直管,管的周围装有许多薄的散热片。风扇安装在水泵皮带轮上,风扇扇动空气从散热片间流过散热器。散热器上水箱内的热水在流过散热器的扁平管内流往下水箱时,将热量传给空气而得到冷却。

由于内燃机工作时转速和负荷经常变化。按高负荷设计冷却系统的内燃机,在低负荷运转时散至冷却水的热量减少,所以冷却系统的散热能力也应相应减小,因此需要对冷却系统散热能力进行调节。调节的方法是用百叶窗改变通过散热器的空气量,或者在风扇传动中装入硅油式或磁电式离合器,由一个感温器控制。当温度升高时,离合器逐步接合,带动风扇使流经散热器的空气量增加;反之,空气量减少。用可调风扇会使结构复杂,但可减小消耗于冷却系统的功率,节约燃料。另一种方法是改变流经散热器的冷却水循环流量,以调节冷却强度。在缸盖出水口处安装的节温器的波纹筒内装有挥发液。当水温在 80℃ 左右时,挥发液的蒸气压力增大使波纹筒膨胀,推动阀杆将主阀门打开。此时副阀门关闭,从汽缸盖水套中流出的冷却水全部流入散热器进行冷却。在水温低于 70℃ 时主阀门关闭,副阀门打开。此时冷却水从汽缸盖水套流出,全部经副阀门流入水泵,再被水泵压入机体进行循环,冷却水不再流入散热器中冷却。这样,水温度很快被控制在正常运行温度,即 80～90℃。

内燃机工作时,存在摩擦的表面(如曲轴的轴颈与轴承,凸轮轴的轴颈与轴承,活塞环与汽缸壁,正时齿轮等)之间以很高的速度作相对运动。若没有润滑油,直接金属和金属进行接触,不用几分钟的时间活动部件金属表面之间的摩擦产生的巨大的热量会使工作表面熔化,导致内燃机无法正常运转。因此为保证内燃机的正常工作,必须对内燃机内相对运动部件表面进行润滑,也就是在摩擦表面覆盖一层润滑剂(机油或油脂),使金属表面之间间隔一层薄的油膜,以减小摩擦阻力、降低功率损耗、减轻磨损,延长内燃机使用寿命。润滑油不但能够润滑运动部件的表面,使得摩擦生热尽量少,而且润滑油系统还能够对部件进行冷却。内燃机的润滑系统如图 9-11 所示。润滑油(也称为机油)是储存在机油箱里的,由油泵把润滑油从底部的机油箱泵上来,泵上来之前先通过一个过滤器滤掉杂质。过滤后的润滑油通过油泵打入到顶部的机油分配槽开始往下滴油,滴到不同部位的润滑油在重力的作用下自动回流到机油箱。为了防止油压过高,油泵的出口有一个卸压旁路阀,压力大于设定压力(例如图中的内燃机是 3.5atm)时卸压阀会自动打开,以便旁路掉润滑油。

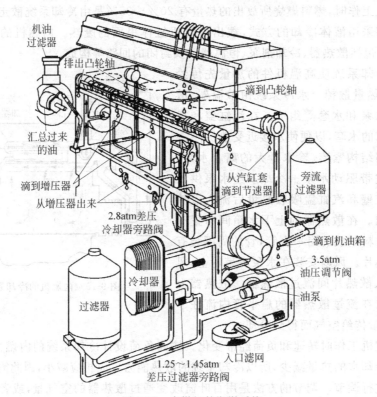

图 9-11 内燃机的润滑系统

燃油供应系统是用来供给可燃混合气的系统。当然由于燃料的不同,供给方式会有所不同。图 9-12 是内燃机燃料供应系统大概的示意图。油泵从油箱吸油,先通过一个过滤器滤掉燃油里面可能存在的杂质。油泵把油打入喷油嘴向各个汽缸供油,多余的燃油会返回到油箱。并不是所有的内燃机都设计有回流,有些车用汽油机就没有回流装置。回流的设计主要是为了给喷嘴提供必要的冷却,大型的内燃机才会有此必要。

内燃机的吸气系统有两大类:湿式的和干式的。湿式的内燃机吸气系统如图 9-13 所示。吸入的空气会经过底部的油腔以便去除掉空气中的杂质并降低空气的温度。干式的吸气系统会采用干式过滤器,纸、布或金属滤网等是常用的过滤材料。降低吸入空气的温度对于提高内燃机的效率是有利的。这是因为温度越低气体的密度越大,同样体积的空气中的氧气也就会越多,使得燃烧更加充分。

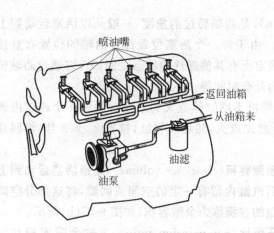

图 9-12　内燃机燃料供应系统

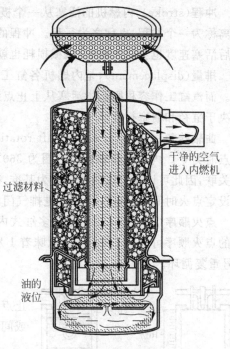

图 9-13　内燃机吸气系统示意图

为了提高内燃机的效率,还会对吸入的空气进行增压,涡轮增压是经常采用的一种增压方式。涡轮增压是一种利用内燃机运作使产生的废气驱动空气压缩机的技术。涡轮增压装置其实就是一种空气压缩机,通过压缩空气来增加内燃机的进气量。一般来说,涡轮增压都是利用内燃机排出的废气来推动涡轮室内的涡轮工作的。涡轮带动同轴的叶轮,叶轮压缩输送由空气滤清器管道来的空气,使之增压之后进入汽缸,如图 9-13 所示。

当内燃机转速增快,废气的排出速度与涡轮转速也同步增快。于是叶轮会压缩更多的空气进入汽缸。空气的压力和密度的增大可以使更多的燃料充分燃烧,相应地也需要增加燃料供给量,实现增加内燃机的输出功率。

除了涡轮增压方式(图 9-14)以外,还有一种直接增压的方式。采用内燃机的动力输出直接驱动增压器进行增压,双冲程内燃机用直接增压的方式多一些。

图 9-14　涡轮增压

内燃机的排气系统要实现三个功能,一是排出废气,二是给涡轮增压供气(如果有涡轮增压的话),三是消音。

9.1.3　内燃机工作原理

以上我们介绍了内燃机的结构和主要的支持系统。下面我们要来介绍内燃机的工作原理。在详细讨论内燃机的工作原理之前,先来介绍几个基本的术语。

缸径(bore),是指一个汽缸的直径。

冲程(stroke),内燃机的活塞从一个极限位置(上止点)到另一个极限位置(下止点)的距离称为一个冲程,也称之为行程。冲程的长度与引擎的活塞速度有直接的关系。冲程变大后活塞速度也会随之增加,机械损耗也就越大,这将直接限制引擎的最高转速。

排量(displacement),是内燃机各缸工作容积的总和。排量等于单缸排量和缸数的乘积。而汽缸工作容积则是指活塞从上止点到下止点所扫过的气体容积,又称为单缸排量,它取决于缸径和活塞行程。

曲轴转角(degree of crankshaft rotation),是曲轴转过的角度,一般是以活塞运动到上止点时为0°。内燃机曲轴旋转一圈为360°。由于每一个活塞位置都和曲轴的位置有直接的关联,因此可以通过以曲轴转角为基准,确定所有其他部件的状态。例如可以通过曲轴转角设定点火时间,燃料喷入时间,进排气门的开合时间等。

点火顺序(firing order),是指多缸式内燃机不同缸体点火的顺序。例如一个四缸内燃机的点火顺序可能是1-4-3-2,这意味着1号缸先点火,然后4号缸,接着3号,2号,再回到1号重复循环。

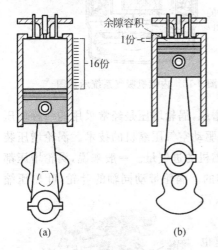

图 9-15　压缩比和余隙容积

余隙容积(clearance volume),是指活塞运动到上止点后汽缸内留有一定的空间或间隙,将这部分空间或间隙的容积称为余隙容积,如图9-15(b)所示。

压缩比(compression ratio),汽缸余隙容积和汽缸最大容积(即活塞在下止点时活塞上方的全部容积)之比。压缩比表示活塞由下止点运动到上止点时,汽缸内气体被压缩的程度。压缩比是内燃机的重要参数之一。现代汽车发动机的压缩比,汽油机由于受到爆震的限制,压缩比一般为8~11。柴油机没有爆震的限制,压缩比一般为12~22。图9-15中的内燃机的压缩比是16。

在四冲程内燃机中,凸轮轴的转速是曲轴的一半。下面我们以一个缸径3.5英寸,行程4英寸,压缩比为16的四冲程内燃机为例来说明其工作原理(如图9-16所示)。

吸气过程(图9-16(a))。当活塞向上运动到上止点之前28°(用曲轴转角来度量)位置时,在凸轮轴的作用下吸气阀打开。此时排气阀依然处于打开的状态,缸室内压力接近于大气压,便于新鲜空气进入。活塞继续向上运动。此时新鲜空气持续进入,废气持续排出,气流可对缸室进行冷却。当到达上止点之后12°的位置时,排气阀开始关闭过程,到23°时完全关闭。因此进气阀和排气阀全部处于打开状态的过程有51°。在这段时间里,流过汽缸的气体容积可以达到单缸排气量的30~50倍,这对于冷却缸体和降低空气温度十分必要。

压缩过程(图9-16(b))。在活塞运动到下止点之后的35°位置时,吸气阀开始关闭过程,到43°时完全关闭。此时汽缸内的气压为一个大气压,温度为环境温度,大约25℃。当活塞运动到上止点之前70°时,活塞向上运动了大约2.125英寸距离,大约为总行程的一半,

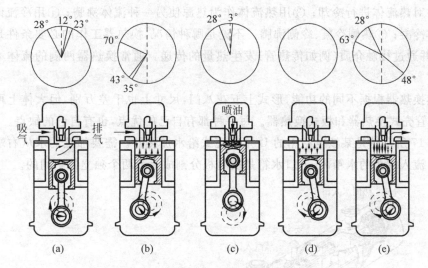

图 9-16　四冲程内燃机的循环示意图

气体被压缩到一半的容积,温度上升到大约 70℃,压力大约为 2.3atm。活塞继续向上运动,到达上止点之前 43°时,容积再次被压缩一半,温度和压力继续上升。当活塞上升到上止点时,温度可达 600℃,压力可达 50atm。

喷油(图 9-16(c))。喷油的时机要控制得很精准,使得燃烧产生的压力正好可以推动活塞对外做功。喷油从运动到上止点之前 28°开始到上止点之后 3°,持续 31°。刚喷入的时候,由于燃油处于液体状态,需要蒸发为气体,吸收了压缩空气中的热量使空气温度有所降低。一旦燃烧开始后,燃烧释放的热量可以提供给燃油进一步汽化。

做功(图 9-16(d))。在做功过程中,进气阀和排气阀都处于关闭状态,燃油和空气的均匀混合物开始剧烈地燃烧,推动活塞向下运动。燃烧温度可达 1300℃以上。燃烧释放出的能量并不能全部做功,有大约 30%的能量被金属件所吸收,然后通过内燃机冷却系统排出。还有大约 32%的能量在废气里面排出,只有大约 38%的能量被转化为活塞的机械功。有多少能量能够做功取决于汽缸的大小、压缩比等设计参数。

排气(图 9-16(e))。当活塞运动到下止点之前 48°位置时,排气阀开始打开,运行到上止点之前 63°位置时,转速达到最大值。到上止点之前 28°时,吸气阀开始打开进入下一个循环过程。

9.2　换热器

换热器(heat exchanger)也称为热交换器,是用于在两个或两个以上流体系统之间传递热量的设备。最常见的是冷热两侧流体之间的换热,一侧是热流体,另一侧是冷流体。热流体被冷却,冷流体被加热,热量从热侧传递给冷侧。如果只有一侧是流体,另一侧是固体热源的情况下,通常称为散热器,而非换热器。

换热器主要用于以下 5 种情况:①用热流体作为热源对冷流体进行加热;②用冷流体

作为热阱对热流体进行冷却;③用热流体作为热源使另一种流体沸腾;④用冷流体作为热阱使气体冷凝;⑤热侧冷凝、冷侧沸腾。不论是哪种情况,换热器工作的必要条件是两侧存在温差,并通过接触介质(例如传热管)发生热量的传递。通常换热器两侧的流体不直接相互接触。

虽然换热器根据不同的功能,形式上五花八门,尺寸上也千差万别,但大体上可以分为两大类:管壳式换热器和板式换热器。每一种都有自己的优点,也有自己的缺点。

图 9-17 所示的是某核电厂用的 U 形管壳式给水加热器。需要加热的水从右端底部的给水入口流入端头的水箱内,入口水箱是被隔板分割成上下两个独立的空间的。

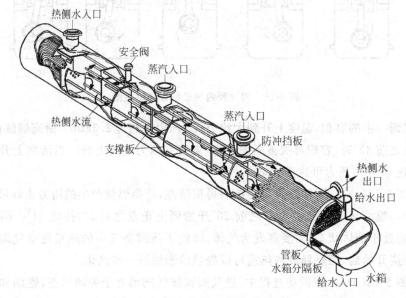

图 9-17　核电厂用给水加热器

流体进入水箱后,被管板引流到传热管束内。通过长长的 U 形管束的加热后,从右端顶部流出。热侧流体从左端顶部入口流入,从右端的侧面流出。换热器的中间有两个蒸气注入孔。正常运行的时候,换热器内的水位在 50% 左右。也就是下半部传热管泡在水里,而上半部传热管处于蒸气中。蒸气在冷凝的过程中把汽化潜热传递给管内的水。

传热管内流动的流体称为管侧,管外流体称为壳侧。传热管壁和管板是两侧流体的分割板。传热管通常采用胀接或焊接的方式和管板上的孔对接。通常把压力高的一侧设计在管侧,压力低的一侧设计在壳侧。这主要是由于管子比壳更能够承受压力的缘故。

另一种换热器的形式是板式换热器。板式换热器是由一系列具有一定波纹形状的金属片叠装而成的一种高效换热器。各板片之间形成薄薄的矩形通道,通过板片进行热量交换。板式换热器是液—液、液—汽进行热交换的理想设备。它具有换热效率高、热损失小、结构紧凑轻巧、占地面积小、安装清洗方便、应用广泛、使用寿命长等特点。在相同压力损失情况下,其传热系数比管壳式换热器高 3~5 倍,占地面积为管壳式换热器的三分之一,热回收率可高达 90% 以上。其主要缺点是板板之间的密封比较困难,因此一般不能用于高压的系统。图 9-18 是板式换热器的示意图。

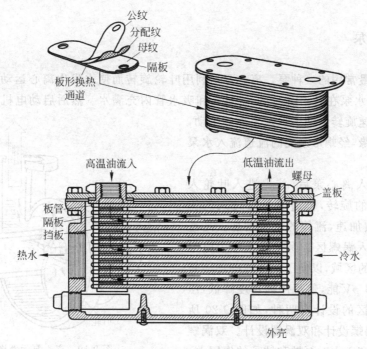

图 9-18 板式换热器

9.3 泵

泵是输送流体或使流体增压的机械设备。它将原动机的机械能或其他外部能量传送给流体，使流体能量增加。一般泵主要用来输送液体，用于输送气体的时候一般称为风机或气泵。按输送液体的性质可分为水泵、油泵和泥浆泵等。

水泵的扬程是指水泵能够扬水的高度，通常用 H 表示，单位是 m 或 mH_2O。它与泵在额定工况下的出口和入口处的压力差成比例关系。

水泵在单位时间内，机器所做功的大小叫做功率，用符号 P 来表示。动力机传给水泵轴的功率，称为轴功率，可以理解为水泵的输入功率。通常讲水泵功率就是指轴功率。由于轴承和填料之间的摩擦阻力，叶轮旋转时与水的摩擦，泵内水流的漩涡、间隙回流、进出口冲击等原因，必然要消耗掉一部分功率，所以水泵不可能将动力机输入的功率完全变为有效功率。其中一定还会有功率损失。也就是说，水泵的有效功率与泵内损失功率之和为水泵的轴功率。有效功率和轴功率之比为泵的效率。

扬程和功率之间有一定的关系，我们举一个例子来说明。

例 9-1：某泵的入口压力为 1b，出口压力为 8b，流量为 5000kg/s，流体密度为 1000kg/m³，泵的效率为 85%，假设出入口高度相同，流速也相同。计算泵的功率。

解：根据能量守恒原理，泵的轴功率为

$$P = \frac{Q(p_2 - p_1)\frac{1}{\rho}}{\eta} = \frac{5000 \times (8 \times 10^5 - 1 \times 10^5) \times \frac{1}{1000}}{0.85} = 4.1 \text{MW}$$

泵的形式多种多样，下面我们先来介绍离心泵。

9.3.1 离心泵

　　离心泵是最常用的一种泵。离心泵是利用叶轮旋转而使水发生离心运动来工作的,如图 9-19 所示。水泵在启动前,必须使泵壳和吸水管内充满水。然后启动电机,使泵轴带动叶轮和水作高速旋转运动。水发生离心运动,被甩向叶轮外缘,经蜗形泵壳的流道流入水泵的出口管路。

　　当流体进入离心泵后,首先进入叶轮入口。随着叶轮的旋转,传递能量给进入的流体,使得流体被加速,流体的动能增加。高速流体随后被推入涡螺区。涡螺区是一个流道截面不断扩大的区域,以便于把流体的动能转化为流动能,即 pV 能,使流体的速度降低,压力升高。涡螺区的设计有两种,如图 9-20 所示,分别为单涡螺设计和双涡螺设计。双涡螺设计可以减小离心力对泵轴和轴承的作用力。

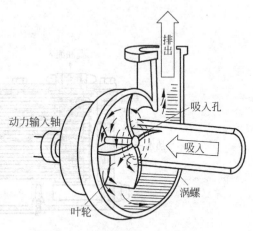

图 9-19　离心泵示意图

　　有些离心泵还会有扩压器。扩压器是一组静止的导向叶片,围绕在旋转的叶轮周围,如图 9-21 所示。目的是使刚从叶轮出来的高速流体在导向叶片的作用下,先减速扩压(增大流通截面),以提高泵的效率。

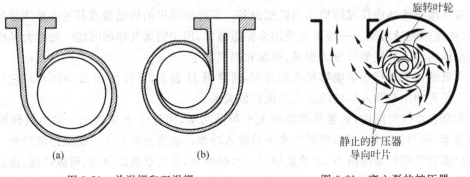

图 9-20　单涡螺和双涡螺　　　　　　图 9-21　离心泵的扩压器

　　叶轮的设计也有很多种。根据吸入口的数量可以分为单侧吸入和双侧吸入,如图 9-22 所示。

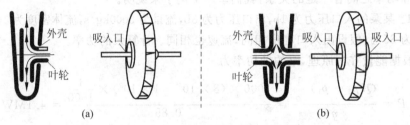

图 9-22　单侧吸入和双侧吸入

根据叶轮的形状可以分为全开放式叶轮，半开式和封闭式叶轮，如图 9-23 所示。

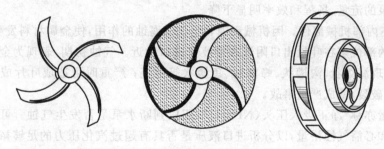

图 9-23　全开放、半开和封闭式叶轮

离心泵还可以设计成为多级的形式，以便于降低每一级叶轮出入口的压力差，如图 9-24 所示。

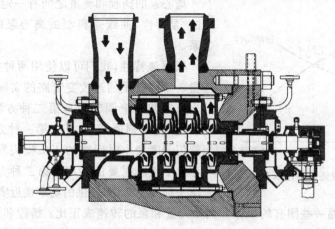

图 9-24　多级式离心泵

气蚀又称空蚀、穴蚀，是流体在高速流动和压力变化条件下，与流体接触的金属表面上发生洞穴状腐蚀破坏的现象。常发生在如离心泵叶片叶端的高速减压区。流体在此处形成空泡，空泡在高压区被压破并产生冲击压力。这个冲击压力会破坏金属表面上的氧化保护膜，而使腐蚀速度加快。空蚀的特征是先在金属表面形成许多细小的麻点，然后逐渐扩大成为孔穴。

一般气蚀形成的原因是，由于离心泵的吸入口流体压力会下降，当液体的压力低于对应温度下的饱和蒸气压时，将形成气泡。另外，溶解在液体中的其他气体也可能析出而形成气泡。随后，当气泡流动到液体压力超过饱和压力的地方时，气泡便会溃灭。在溃灭瞬时会产生冲击力。固体表面经受这种冲击力的多次反复作用，材料腐蚀加速，使表面出现小凹坑。

离心泵很难在长期运行过程中彻底消除空蚀。减少空蚀的有效措施是尽可能防止气泡的产生。首先应使与液体接触的表面具有很好的流线型，避免在局部地方出现涡流，因为涡流区压力低，容易产生气泡。此外，应当减少液体中溶解的气体含量和液体流动中的扰动，也可以限制气泡的形成。

气蚀产生的主要危害有：

（1）产生振动和噪声。气泡溃灭时，液体质点互相撞击，同时也撞击金属表面，产生各种频率的噪声。严重时可听见泵内有"噼啪"的爆炸声，同时引起机组振动。

（2）降低泵的性能。气蚀产生了大量的气泡，甚至会充满流道，破坏泵内液体的连续流动。这会使泵的流量、扬程和效率明显下降。

（3）破坏内部机械部件。因机械剥蚀和电化学腐蚀的作用，使金属材料发生破坏，通常受气蚀破坏的部位多在叶轮出口附近和排液室进口附近。气蚀初期，表现为金属表面出现麻点，继而呈现海绵状、沟槽状、蜂窝状、鱼鳞状等痕迹；严重时可造成叶片或前后盖板穿孔，甚至叶轮破裂，酿成严重事故。

气蚀裕量亦称"净正吸入压头（NPSH）"，用以判断水泵是否发生气蚀。可通过计算有效气蚀裕量和必需气蚀裕量，以分析进口液压是否具有超过汽化压力的足够裕量。大型主泵的必需气蚀裕量一般为 $50 \sim 75 \mathrm{mH_2O}$。

$$\mathrm{NPSH} = p_{su} - p_{sa} \tag{9-1}$$

其中 p_{su} 为叶轮吸入口处的压力，$\mathrm{mH_2O}$；p_{sa} 是对应温度下的饱和压力，$\mathrm{mH_2O}$。

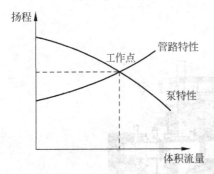

图 9-25　泵的扬程流量特性以及工作点

离心泵的扬程和流量之间有一定的关系。图 9-25 中的"泵特性"曲线是典型的离心泵的流量与扬程的关系。

根据该特性，我们可以使用两种方法来调节泵的流量。第一种是通过改变管路的实际特性（例如在泵的出口安装一个调节阀），第二种方法是通过改变泵的转速（例如调速器）。其中第一种方法成本低，但是当阀门开度变小时回路的压头损失增加，提供给泵的功率大于实际需要的功率。第二种方法成本较高，但是压头损失不变化，提供的功率接近实际需要的功率。

离心泵还遵循一些固有的规律。例如流量和泵的转速成正比；扬程和泵转速的平方成正比；泵的功率和泵的转速的三次方成正比。这些称为泵的定律，整理如下：

$$Q \propto n \tag{9-2}$$

$$H_p \propto n^2 \tag{9-3}$$

$$P \propto n^3 \tag{9-4}$$

其中，n 是转速，rpm；Q 是体积流量，$\mathrm{m^3/s}$；H_p 是扬程，$\mathrm{mH_2O}$；P 是功率，W。下面用一个例子来说明泵的这些定律的应用。

例 9-2：一台冷却剂泵的工作转速是 1500rpm，体积流量是 $10\mathrm{m^3/s}$，扬程是 $15\mathrm{mH_2O}$，泵的功率是 45kW，试计算泵的转速调整为 1800rpm 后的流量、扬程和功率。

解：

流量：$Q_2 = Q_1 \times (n_2/n_1) = 10 \times (1800/1500) = 12\mathrm{m^3/s}$

扬程：$H_2 = H_1 \times (n_2/n_1)^2 = 15 \times (1800/1500)^2 = 21.6\mathrm{mH_2O}$

功率：$P_2 = P_1 \times (n_2/n_1)^3 = 45 \times (1800/1500)^3 = 77.76\mathrm{kW}$

离心泵由于运动部件少，可适应不同的驱动器，包括直流或交流电动机、柴油机、汽轮机或空气引擎等。离心泵通常具有尺寸小、成本低、低扬程、大流量的特点。

若想增大流量，可以通过并联多台泵的方式实现；若想增大扬程，则可以采用串联的方式。图 9-26 是两台并联泵工作的流量扬程特性。当考虑管路的特性后，并联泵的共同扬程也提高了，而流量并没有两倍的流量。两泵串联的情况如图 9-27 所示。

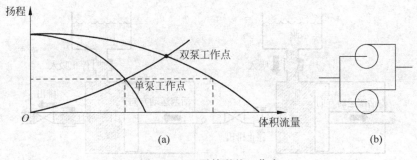

图 9-26 双泵并联的工作点

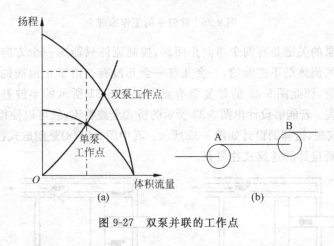

图 9-27 双泵并联的工作点

9.3.2 容积泵

容积泵(positive displacement pump)是指利用泵缸内容积的变化来输送液体的泵。容积泵基本可以分为三种类型：往复泵、转子泵、隔膜泵。

往复泵是利用活塞的往复运动来输送液体的泵,靠活塞的往复运动将能量直接以静压能的形式传送液体。由于液体是几乎不可压缩的,所以在活塞压送液体时,可以使液体承受很高的压强,从而获得很高的扬程。平常用的自行车手动式打气筒就是一个往复气泵的典型例子。

转子泵由静止的泵壳和旋转的转子组成。它没有吸入阀和排出阀,靠泵体内的转子与液体接触的一侧将能量以静压力形式直接作用于液体,并借旋转转子的挤压作用排出液体。同时在另一侧留出空间,形成低压,使液体连续吸入。转子泵的压头较高,流量通常较小,排液均匀。适用于输送黏度高、具有润滑性,但不含固体颗粒的液体。转子泵的常用类型有齿轮泵、螺杆泵、滑片泵、挠性叶轮泵、罗茨泵、旋转活塞泵等。其中齿轮泵和螺杆泵是最常见的转子泵。

隔膜泵又称控制泵,是执行器的主要类型。通过接受调制单元输出的控制信号。隔膜泵借助动力操作去改变流体流量。隔膜泵根据不同液体介质分别采用丁腈橡胶、氯丁橡胶、氟橡胶、聚偏氟乙烯、聚四六乙烯作为隔膜材料。隔膜泵可以安置在各种特殊场合,用来抽送各种常规泵不能抽吸的介质。

往复泵的原理如图 9-28 所示。活塞在缸体内作往复运动,当活塞向左运动时(a),吸入阀门打开,排出阀门关闭,从水源向缸体吸入水。当活塞向右运动时(b),吸入管道的阀门关闭,排出管道的阀门打开,向外排出水,完成一个循环。不断往复下去就能够源源不断地把水源的水泵送到目的地。

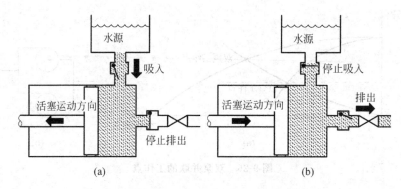

图 9-28　往复泵的工作原理

　　往复式容积泵的关键是有两个单向止回阀,控制流体只能向一个方向流动。在图 9-28 中的往复泵出口的流体是不连续的,一会儿有一会儿没有。由于止回阀的工作原理有点像电路里面的二极管,因此图 9-28 的往复泵有点类似图 5-31 所示的半波整流电路。从这里我们可以得到启发:若能够设计出图 5-33 所示的桥式全波整流,就可以使得出口获得连续的流量。这并不难实现,这样的设计如图 9-29 所示。其中图 9-29(a)是间歇式往复泵,图 9-29(b)是利用四个止回阀设计的连续式往复泵。

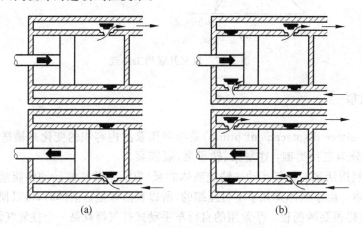

图 9-29　间歇式和连续式往复泵

　　下面介绍转子泵。齿轮泵是一种典型的转子泵,它的工作原理如图 9-30 所示。电动机带动齿轮转动,把机械能通过泵直接转化为输送流体的流动能。泵的流量只取决于齿轮的大小和转速,理论上与排出口的压力无关。因此齿轮式转子泵的扬程可以很高。

　　齿轮泵是依靠泵缸与啮合齿轮间所形成的工作容积变化和移动来输送液体或使之增压的回转泵。由两个齿轮、泵体与前后盖组成两个封闭空间。当齿轮转动时,齿轮脱开侧的空间的体积从小变大,形成负压,将液体吸入;齿轮啮合侧的空间的体积从大变小,而将液体挤入管路流出。吸入腔与排出腔是靠两

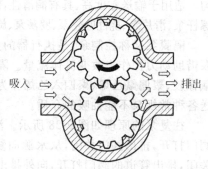

图 9-30　齿轮泵

个齿轮的啮合线来隔开的。齿轮泵的排出口的压力完全取决于泵出口处阻力的大小。

　　齿轮泵的概念是很简单的,即它的最基本形式就是两个尺寸相同的齿轮在一个紧密配合的壳体内相互啮合旋转。这个壳体的内部类似"8"字形,两个齿轮装在里面,齿轮的外径及两侧与壳体紧密配合。来自于挤出机的物料在吸入口进入两个齿轮中间,并充满这一空间,随着齿轮的旋转沿壳体运动,最后在两齿啮合时排出。

　　泵每转一圈,排出的量是一样的。随着驱动轴的不间断旋转,泵也就不间断地排出流体。泵的流量直接与泵的转速有关。实际上,由于两侧的密封不可能做到100%,因此在泵内会有少量的损失,这使泵的运行效率不能达到100%。这些泄漏的流体正好可以用来润滑轴承及齿轮两侧,使得泵可以良好地运行。对大多数挤出物料来说,可以达到93%~98%的效率。

　　对于黏度或密度在工艺中有变化的流体,这种泵不会受到太多影响。如果有一个阻尼器,比如在排出口侧放一个滤网或一个限流器,泵则会推动流体通过它们。如果这个阻尼器在工作中变化,亦即如果滤网变脏、堵塞了,或限流器的背压升高了,则泵仍将保持恒定的流量,直至达到装置中最弱的部件的机械极限(通常装有一个扭矩限制器)。

　　叶形泵也是常用转子泵的一种,如图 9-31 所示。叶形泵可以理解为是只有三个齿的齿轮泵。在设计的时候,通常会在每个齿上装上一个可更换的凹形楔,使得和泵的壁面可以紧密接触。

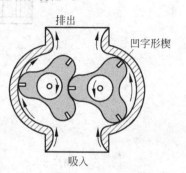

图 9-31　叶形泵

　　螺杆泵是容积式转子泵的一种,它是依靠由螺杆和衬套形成的密封腔的容积变化来吸入和排出液体的。螺杆泵按螺杆数目分为单螺杆泵、双螺杆泵、三螺杆泵和五螺杆泵。螺杆泵的特点是流量平稳、压力脉动小、有自吸能力、噪声低、效率高、寿命长、工作可靠;而其突出的优点是输送介质时不形成涡流,对介质的黏性不敏感,可输送高黏度介质。其原理图如图 9-32 所示。

　　滑片泵主要由转子、泵体、滑片及两侧盖板所组成。是依靠偏心转子旋转时泵缸与转子上相邻两叶片间所形成的工作容积的变化来输送液体或使之增压的转子泵。见图 9-33 所示。

　　隔膜泵是容积泵中较为特殊的一种形式。它是依靠一个隔膜片的来回鼓动而改变工作室容积来吸入和排出液体的。其原理图如图 9-34 所示。

　　隔膜泵主要由传动部分和隔膜缸头两大部分组成。传动部分是带动隔膜片来回鼓动的驱动机构。它的传动形式有机械传动、液压传动和气压传动等。其中应用较为广泛的是液压传动。隔膜泵工作时,曲柄连杆机构在电动机的驱动下,带动活塞作往复运动。活塞的运动通过液缸内的工作液体(一般为油)而传到隔膜,使隔膜来回鼓动。

　　隔膜泵缸头部分主要由一隔膜片将被输送的液体和工作液体分开。当隔膜片向传动机构一侧运动时,泵缸内为负压而吸入液体;当隔膜片向另一侧运动时,则排出液体。被输送的液体在泵缸内被膜片与工作液体隔开,只与泵缸、吸入阀、排出阀及膜片的泵内一侧接触,而不接触活塞以及密封装置,这就使活塞等重要零件完全在油介质中工作,处于良好的工作状态。

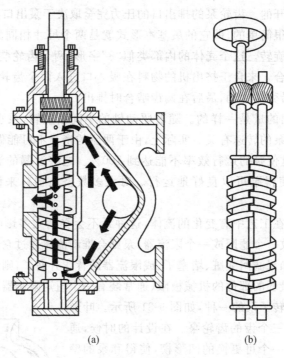

(a)   (b)

图 9-32   螺杆泵

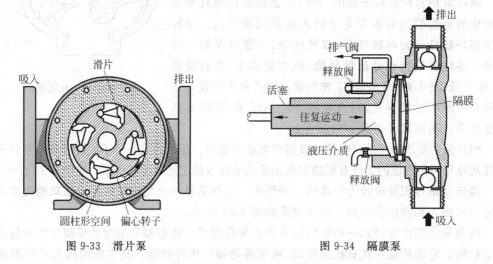

图 9-33   滑片泵

图 9-34   隔膜泵

　　隔膜片要有良好的柔韧性,还要有较好的耐腐蚀性能。隔膜通常用聚四氟乙烯、橡胶等材质制成。隔膜泵的密封性能较好,能够较为容易地达到无泄漏运行,可用于输送酸、碱、盐等腐蚀性液体及高黏度液体。

9.3.3　压水堆核电厂冷却剂泵

　　冷却剂泵用于使反应堆冷却剂在一回路中循环,将堆芯热量传输至蒸汽发生器的设备,亦称主泵。通常在每条环路设一台或两台主泵。

　　由于反应堆冷却剂有较强的放射性,所以主泵的主要技术难点是泄漏要受到控制。还由于在主泵失去电源时,要求在尽可能长的时间维持一定的流量以冷却堆芯,所以主泵一般带有厚重的飞轮,以增加转子的转动惯量。

　　主泵通常为立式、单级、离心式水泵,由交流电动机驱动。主泵的主要部件包括轴密封、飞轮、推力轴承、叶轮和导叶轮、泵壳、转轴和电动机等,如图 9-35 所示。

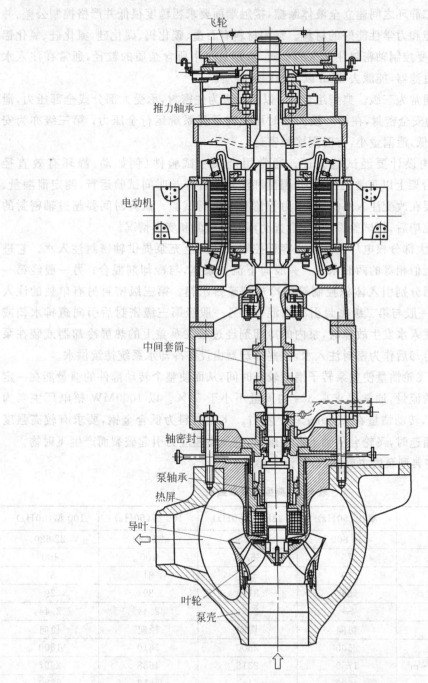

图 9-35　压水堆一次冷却剂泵三轴承泵组结构剖面图

　　轴密封是主泵最关键的部件,其设计和制造难度较大。目前常用的密封形式为控制泄漏、非接触式机械密封。其基本原理是在动环和静环两个端面之间引入密封介质,形成一层几微米厚的液膜,起润滑和冷却作用。按结构细节又可分为静压密封和动压密封。前者通常为凹槽式;后者是在摩擦副的端面上开润滑槽,介质进入槽内后,再利用旋转产生的流体楔的动压作用,挤入端面之间,形成液膜。

　　为了在动环和静环之间建立全液体摩擦,接触端面要求粗糙度很低并严格控制公差,并适当选择物理性能和力学性能好的材料。常用材料有石墨、碳化钨、碳化硅、氮化硅、氧化铝等。此外,运行时要控制轴密封注入水的水质,特别是水中所含杂质的粒径,通常在注入水管线上设置超细过滤器,能滤去 $5\mu m$ 以上的颗粒杂质。

　　一组轴密封通常为三级。典型组合为:以第一级为主密封,承受大部分或全部压力,泄漏量大;第二级为安全密封,在第一级失效时可短时承受系统运行全压力;第三级亦为安全密封,工作压差低,泄漏量小,有时用接触密封。

　　轴密封的结构设计要经试验验证。通常用全尺寸试验件(例如动、静环有效直径254mm),在试验台架上以正常工作压力、温度和注水条件作长时间试验运行,测定泄漏量、振动等数据。还要在改变注入水温度、压力等情况下进行试验。试验时间要超过轴密封的设计寿期。试验完毕后,将试验件解体,检查动环的接触面和变形情况。

　　正常运行时,大部分核电厂由化学和容积控制系统的上充泵提供轴密封注入水。它进入密封壳后分为近似相等的两股水流:一股向下流入泵体,与冷却剂混合;另一股经第一级和第二级密封后分别引入体积控制箱和冷却剂疏排水箱。第三级密封另有单独的注入水,亦分为两股:一股与第二级密封引漏水混合;另一股经第三级密封后引向疏排水箱或安全壳内。正常注入水发生故障时,泵内的冷却剂经过装在泵盖上的热屏冷却器或装在泵外的高压冷却器冷却后作为密封注入水,这些冷却器由设备冷却水系统持续供水。

　　主泵断电时,飞轮惯量使主泵转子惰走较长时间,从而使整个转动部件的惯量能在一定时间内提供适当的流量,通常要求在 30s 内流量不小于 50%。以 1000MW 核电厂主泵为例,飞轮质量约 5t,转动惯量在 1800kg·m² 左右。飞轮材料为低合金钢,要求有较高强度和冲击韧性。泵超速时,飞轮会从轴上自行落下,避免由超应力引起破裂而产生飞射物。

　　表 9-1 是一些典型泵的主要参数,供读者参考。

表 9-1　典型主泵参数表

参　　数	秦山(50Hz)	93D 型(50Hz)	100 型(60Hz)	100 型(50Hz)
额定流量/(m³/h)	16 800	21 350	22 620	22 620
额定流量下扬程/m	75	86.31	100	100
额定效率/%	79	82	81	87
铸件重量/t	88	31.8	29	29
铸件直径/m	—	2.65	2.44	2.44
出水管口位置	切向	切向	径向	径向
临界转速/rpm	2500	2600	1610	1800
标准转动惯量/(kg·m²)	1750	2318	4638	2967
电机额定功率/kW	4000	5147	5882	5882
同步转速/rpm	1500	1500	1200	1500

9.4　阀门

　　阀门是流体输送系统中的控制部件,具有截止、调节、导流、防止逆流、稳压、分流或溢流泄压等功能。用于流体控制系统的阀门,从最简单的截止阀到极为复杂的自控系统中所用的各种阀门,其品种和规格相当多。阀门可用于控制空气、水、蒸气、各种腐蚀性介质、泥浆、油品、液态金属和放射性介质等各种类型流体的流动。

9.4.1　阀门类型

　　按阀门的作用和用途分类,可以分为:

　　(1) 截断类:如闸阀、截止阀、旋塞阀、球阀、蝶阀、针形阀、隔膜阀等。截断类阀门的主要作用是接通或截断管路中的介质。

　　(2) 单向类:如止回阀(也称为单向阀或逆止阀)。止回阀属于一种自动阀门,其主要作用是防止管路中的介质倒流,防止泵及驱动电机反转,防止容器内介质的泄漏。

　　(3) 安全类:如防爆阀、安全阀等。安全阀的作用是防止管路或装置中的介质压力超过规定数值,从而达到安全保护的目的。

　　(4) 调节类:如调节阀、节流阀和减压阀。其作用是调节介质的压力、流量等参数。

　　(5) 真空类:如真空球阀、真空挡板阀、真空充气阀、气动真空阀等。其作用是在真空系统中,用来改变气流方向,调节气流量大小,切断或接通管路的真空系统元件。

　　(6) 特殊用途类:如清管阀、放空阀、排污阀、排气阀、过滤阀等。其中的排气阀是管道系统中必不可少的辅助元件,广泛应用于锅炉、空调、石油天然气、给排水管道中。排气阀往往安装在制高点或弯头等处,排除管道中多余气体、提高管道使用效率及降低能耗。

　　按阀门的主要参数,可以进行如下分类。

　　(a) 按额定工作压力分为

　　(1) 真空阀:指工作压力低于标准大气压的阀门。

　　(2) 低压阀:指额定工作压力 $p_n \leqslant 2.5\text{MPa}$ 的阀门。

　　(3) 中压阀:指额定工作压力 p_n 在 $2.5\sim6.5\text{MPa}$ 的阀门。

　　(4) 高压阀:指额定工作压力 p_n 为 $6.5\sim80.0\text{MPa}$ 的阀门。

　　(5) 超高压阀:指额定工作压力 $p_n \geqslant 100.0\text{MPa}$ 的阀门。

　　(b) 按工作温度分为

　　(1) 超低温阀:用于介质工作温度低于 $-100℃$ 的阀门。

　　(2) 常温阀:用于介质工作温度在 $-29\sim120℃$ 之间的阀门。

　　(3) 中温阀:用于介质工作温度在 $120\sim425℃$ 之间的阀门。

　　(4) 高温阀:用于介质工作温度高于 $425℃$ 的阀门。

　　(c) 按公称通径分为

　　(1) 小通径阀门:公称通径 $D_n \leqslant 40\text{mm}$ 的阀门。

　　(2) 中通径阀门:公称通径 D_n 为 $50\sim300\text{mm}$ 的阀门。

（3）大通径阀门：公称通径 D_n 为 $350\sim1200\text{mm}$ 的阀门。

（4）特大通径阀门：公称通径 $D_n \geqslant 1400\text{mm}$ 的阀门。

按阀门的结构特征，可分为：

（1）截门形：关闭件沿着阀座中心移动。如截止阀。

（2）旋塞和球形：关闭件是柱塞或球，围绕本身的中心线旋转。如旋塞阀、球阀等。

（3）闸门形：关闭件沿着垂直阀座中心移动。如闸阀、闸门等。

（4）旋启形：关闭件围绕阀座外的轴旋转。如旋启式止回阀。

（5）蝶形：关闭件的圆盘，围绕阀座内的轴旋转。如蝶阀、蝶形止回阀等。

（6）滑阀形：关闭件在垂直于通道的方向滑动。

按阀门的连接方式，可分为：

（1）螺纹连接阀：阀体带有内螺纹或外螺纹，与管道螺纹连接。

（2）法兰连接阀：阀体带有法兰，与管道法兰连接。

（3）焊接连接阀：阀体带有焊接坡口，与管道焊接连接。

（4）卡箍连接阀：阀体带有夹口，与管道夹箍连接。

（5）卡套连接阀：与管道采用卡套连接。

（6）对夹连接阀：用螺栓直接将阀门及两头管道穿夹在一起的连接形式。

按阀体材料，可分为：

（1）金属材料阀门：其大部分零件由金属材料制成。如铸铁阀门、铸钢阀、合金钢阀、铜合金阀、铝合金阀、铅合金阀、钛合金阀、蒙乃尔合金阀等。

（2）非金属材料阀门：其大部分零件由非金属材料制成。如塑料阀、搪瓷阀、陶瓷阀、玻璃钢阀等。

9.4.2　阀门的基本结构

无论什么类型的阀门，都具有以下基本的部件：阀体、阀罩、阀内部件（包括阀瓣、阀座、密封圈、阀杆等）、阀动器、填料等，如图 9-36 所示。

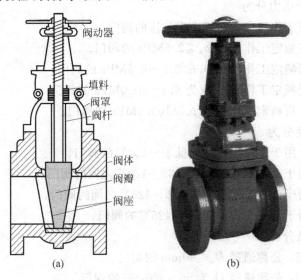

图 9-36　阀门的基本部件

　　阀体有时候也称为阀外壳,是阀门的主要承压边界,是整个阀门的主体。其余部件都是依附在阀体上的。阀体也是和流体管道相连接的部件,可以是螺纹连接、法兰连接,也可能是焊接。

　　阀罩或阀盖是用来封装阀内部件的。通常设计成可拆卸的,以便于阀门的维护。也有的阀门设计成把阀体分成两部分合在一起装配的方式,这时候可能就不需要阀罩。阀罩由于和内部的阀瓣是连通的,因此阀罩也是承压的边界。由于阀罩容易泄漏需要特别注意。

　　阀内部件根据不同的设计有不同的部件,一般都有阀瓣、阀座、阀杆、密封、阀杆套等部件。阀瓣一般是一个碟片状的部件,和阀座之间的空隙是允许流体流过的。通过控制空隙的大小,就可以控制流体的流量。很多阀门都是根据阀瓣的设计来命名的。

　　阀座是用于和阀瓣咬合以便达到密封的,有些阀门没有阀座,而直接用阀体作为咬合面。阀杆是连接阀瓣和阀动器之间的连杆,把阀动器的运动传递给阀瓣,使阀瓣作出相应的运动,达到开阀或关阀的目的。

　　阀动器是控制阀杆上下运动的部件。阀动器可以是手动的,也可以是电动的,或者气动的等。图 9-36 中的阀动器是手动的。

　　填料一般是用于密封的。在阀罩和阀杆之间一般需要填充填料,可以用多孔的亚麻或者聚四氟乙烯。填料不能填得太松也不能太紧。太松了会泄漏,太紧了会损坏阀杆。

9.4.3　典型的阀门

　　这里我们主要介绍一些核工程领域常用的阀门,例如闸阀、球形阀、球芯阀、旋塞阀、隔膜阀等。

　　闸阀(gate valve)是一个启闭件闸板。闸板的运动方向一般与流体流动方向相垂直,如图 9-37 所示。闸阀一般只用于全开或全闭,不用于调节流量。这主要是因为通过阀门的流量和阀杆的位置不成线性比例关系。

　　闸阀的闸板一般随阀杆一起作直线运动,称为明杆闸阀。通常在升降杆上有梯形螺纹,通过阀门顶端的螺母以及阀体上的导槽,将旋转运动变为直线运动,也就是将操作转矩变为操作推力。开启阀门时,当闸板提升高度等于阀门通径的 100% 时,流体的通道完全畅通。但在运行时,此位置是无法监视的。实际使用时,是以阀杆的顶点作为标志,即开不动的位置,作为它的全开位置。为避免因为温度变化会出现锁死现象,通常在开到顶点位置后,再倒回 1/2～1 圈,作为全开阀门的位置。因此,阀门的全开位置,按闸板的位置(即行程)来确定。

　　有的闸阀阀杆螺母设在闸板上,手轮转动带动阀杆转动,而使闸板提升,这种阀门叫做旋转杆闸阀或叫暗杆闸阀。

　　闸板全部关闭时,闸板和阀座之间依靠上游液体的压力密封,称为自密封。阀杆和阀盖的密封靠填料和垫圈实现。

　　闸阀具有以下特点:

　　(1) 流动阻力小。阀体内部介质通道是直通的,介质成直线流动,流动阻力小。

　　(2) 启闭时较省力。是与截止阀相比较而言的,因为无论是开或闭,闸板运动方向均与介质流动方向相垂直。

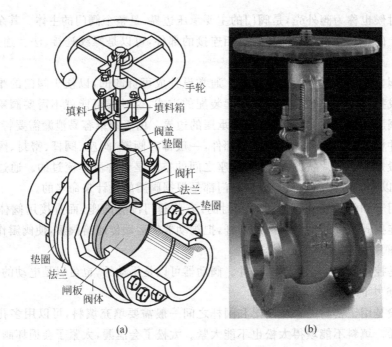

手轮
填料　填料箱
阀盖
垫圈
阀杆
法兰
垫圈
垫圈
法兰
闸板　阀体

(a)　　　　　　　　(b)

图 9-37　闸阀示意图

（3）高度大，启闭时间长。闸板的启闭行程较大。升降是通过螺杆进行的，因此水锤现象不易产生。

（4）介质可向两侧任意方向流动，易于安装。闸阀通道两侧是对称的。

（5）结构长度（系壳体两连接端面之间的距离）较小。

（6）形体简单，制造工艺性好，适用范围广。

（7）结构紧凑，阀门刚性好，密封面采用不锈钢和硬质合金，使用寿命长，采用 PTFE 填料，密封可靠，操作轻便灵活。

闸阀的主要缺点是密封面之间易引起冲蚀和擦伤，维修比较困难。

球形阀（globe valve）是最常用的阀门之一。球形阀和球芯阀有时候都简称为球阀，容易混淆。球形阀是指阀体的外形看起来像个球，阀瓣的形状可以是五花八门的。而球芯阀是指阀瓣采用球形阀瓣，外观不一定是球形的。球形阀的示意图如图 9-38 所示。

球形阀可用于关闭、开启和调节流量。球形阀的阀瓣和阀座之间的流通面积可以连续调节而不会发生流致震动，这是由于在阀瓣处流体流动的方向是和阀瓣的运动方向一致的，而不是像闸阀那样是垂直的。因此球形阀可用于调节流量。阀瓣打开时运动的方向既可以和流体的运动方向相同，也可以相反。当方向相同时，流体的动能有利于阀门开启；当方向相反时，虽不利于打开但有利于关闭。

当然球形阀也有缺点，主要的缺点是流动阻力较大。流体在流过球形阀时，为了调整流体流动的方向和阀瓣的运动方向一致，流体需要拐几次弯。如图 9-38 所示的 Z 字型球形阀拐了两个弯。

为了减小流动阻力，也有采用 Y 形流道或 90°弯道设计的，如图 9-39 所示。弯道型球形阀还可以替代管路里面的弯头，从而减小回路的流动阻力（因为弯头本来就会有流动阻力）。

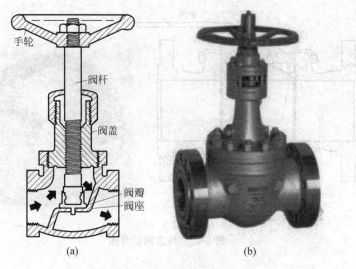

图 9-38　球形阀示意图

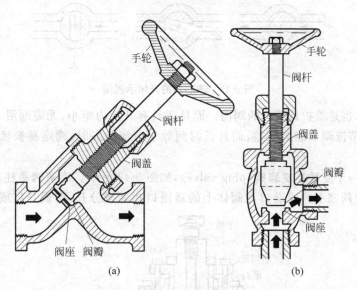

图 9-39　Y形和弯道型球形阀示意图

球形阀的阀瓣大体上有三种设计：球状、塞状和复合芯。球状阀瓣和阀座之间依靠阀杆的推力紧密结合，常用于低温和低压的系统。塞状阀瓣具有比球状阀瓣更好的节流性能，一般设计成较长的圆锥形阀塞。复合芯会采用非金属环嵌在球形或塞状阀瓣上，常用于蒸气和热水的系统。复合芯具有很好的密闭性能，而且在流体内有固体颗粒的时候也不至于毁坏阀瓣和阀座之间的接触面。

球芯阀(ball valve)指的是阀瓣为球形的阀门，通常是通过旋转球形阀瓣的方法来实现开和闭的，如图 9-40 所示。

球芯阀依靠顶部手柄的位置来控制内部球芯的角度，以实现开闭和节流功能。若从顶部往下看，转动手柄调节开闭如图 9-41 所示。

球芯阀是快速动作阀，只需要转 90°就可以从全开过渡到全闭。球芯阀是所有阀门中

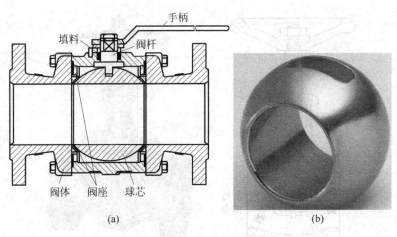

图 9-40　球芯阀示意图

图 9-41　球芯阀的开闭示意图

最便宜的阀门,也是维护最简单的阀门。而且还具有开闭力矩小、无需润滑、密封性能好等优点。缺点是节流调节能力较差,而且长时间处于节流状态时,阀座易被流体冲刷而发生腐蚀。

　　球芯阀的一个变种是**旋塞阀**(plug valve),如图 9-42 所示。旋塞阀是柱塞形的旋转阀,通过旋转 90°使阀塞上的通道口与阀体上的通道口相通或分开,实现开启或关闭。旋塞阀

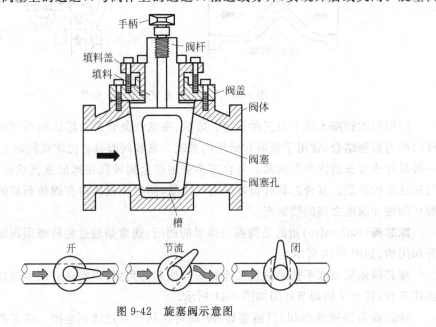

图 9-42　旋塞阀示意图

的阀塞的形状可成圆柱形或圆锥形。在圆柱形阀塞中，通道一般成矩形；而在锥形阀塞中，通道成梯形。这些形状使旋塞阀的结构变得轻巧，但同时也产生了一定的流动损失。旋塞阀最适于作为切断和接通介质以及分流，但是根据密封面的耐冲蚀性，有时也可用于节流。

　　隔膜阀(diaphragm valve)的结构形式与一般阀门很不相同，它是依靠柔软的橡胶膜或塑料膜来控制流体运动的。隔膜阀是一种特殊形式的截断阀，它的启闭件是一块用软质材料制成的隔膜，把阀体内腔与阀盖内腔及驱动部件隔开，如图 9-43 所示。常用的隔膜阀有衬胶隔膜阀、衬氟隔膜阀、无衬里隔膜阀、塑料隔膜阀等。

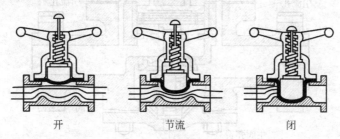

开　　　　　节流　　　　　闭

图 9-43　隔膜阀示意图

　　隔膜阀用耐腐蚀衬里的阀体和耐腐蚀隔膜代替阀瓣组件，利用隔膜的移动起调节作用。隔膜阀的阀体材料采用铸铁、铸钢或铸造不锈钢，并衬以各种耐腐蚀或耐磨材料、橡胶及聚四氟乙烯。衬里的隔膜耐腐蚀性能强，适用于强酸、强碱等强腐蚀性介质的调节。

　　隔膜阀的结构简单、流体阻力小、流通能力较同规格的其他类型阀大；无泄漏，能用于高黏度及有悬浮颗粒介质的调节。隔膜把介质与阀杆上腔隔离，所以没有填料介质也不会外漏。但是，由于隔膜和衬里材料的限制，耐压性、耐温性较差，一般只适用于 1.6MPa 压力和 150℃温度以下。

　　隔膜阀的流量特性接近快开特性，在 60% 行程前近似为线性，60% 后的流量变化不大。气动形式的隔膜阀尚可附装反馈信号、限位器及定位器等装置，以适应自控、程控或调节流量的需要。

　　减压阀(reducing valve)是通过调节，将进口压力减至某一需要的出口压力，并依靠介质本身的能量，使出口压力自动保持稳定的阀门。从流体力学的观点看，减压阀是一个局部阻力可以变化的节流元件，即通过改变节流面积，使流速及流体的动能改变，造成不同的压力损失，从而达到减压的目的。然后依靠控制与调节系统的调节，使阀后压力与弹簧力相平衡，使阀后压力在一定的误差范围内保持恒定。

　　减压阀采用控制阀体内的启闭件的开度来调节介质的流量，将介质的压力降低，同时借助阀后压力的作用调节启闭件的开度，使阀后压力保持在一定范围内。减压阀的特点是在进口压力不断变化的情况下，保持出口压力在一定的范围内。减压阀的原理图如 9-44 所示。

　　若主阀门是关闭状态，则上游流体的压力会通过高压端引流孔引导到辅助阀处。由于此时主阀的下游压力低，则辅助阀处于开通状态。高压流体通过辅助阀后，通过活塞施压孔作用在活塞的顶部。由于活塞顶部的面积比主阀阀瓣的面积要大，因此在压强相同的情况下，向下的作用力大于向上的作用力，使得在活塞的推动下，主阀的阀瓣向下运动，打开了主阀。一旦主阀打开后，主阀下游的压力会升高。下游升高的压力会通过低压端引流孔作用

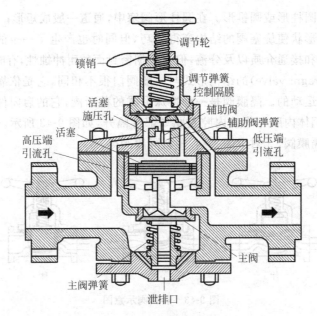

图 9-44　减压阀示意图

到控制隔膜上,而辅助阀是在控制隔膜和辅助阀弹簧的作用下动作的。控制隔膜在下游压力的推动下会向上运动,使得辅助阀开度变小,活塞顶部的压力变小,主阀瓣又会向上运动,开度变小。

因此减压阀的原理其实质是机械反馈式原理,阀门会根据下游的压力自动调整主阀的开度,以便控制下游的压力在一定的范围内。压力范围可通过调节轮进行调节。

管夹阀(pinch valve)又称为气囊阀、箍断阀等。套管是任何管夹阀最重要的零件,是管夹阀的核心。套管需要抗腐蚀、抗磨损和一定的承压能力。管夹阀的质量取决于套管的质量。用气动、电动、手动或者液动等驱动方式挤压套管,达到开关或调节的作用,如图 9-45所示。

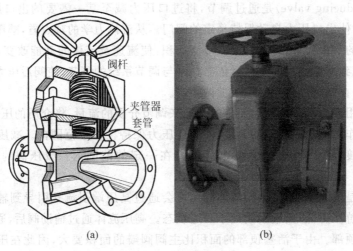

(a)　　　　　　　　　(b)

图 9-45　管夹阀示意图

介质仅从软管中通过,阀体中的其他部件就不必和化学腐蚀性的介质相接触,只需更换胶管就可以。这就意味着与其他种类阀门相比,在腐蚀性管道中使用管夹阀更经济。

蝶形阀(butterfly valve)是一种常用的节流阀。蝶形阀的构造是根据管子挡板的原理,其流动控制元件是一有倾角的盘(其材质可为金属或金属外缘包上塑胶、特氟隆等),圆盘固定在阀杆上,通过旋转阀杆来控制开闭(开、闭只须旋转 90°)。阀座可为金属、橡胶、特氟隆等材料,固定于阀体壁上。如图 9-46 所示。

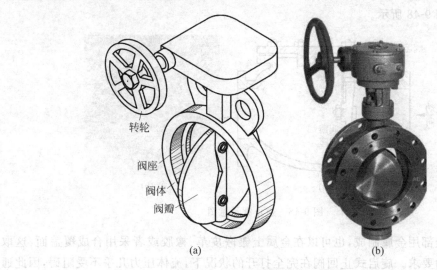

图 9-46 蝶形阀示意图

蝶形阀构造简单,其阀体重量轻,占用空间小,适合于节流及开闭之用。尤其用于大流量之控制(不太适用于小流量)。

针形阀(needle valve)是一种可以精确调整的阀门。针形阀的阀瓣是一个很尖的圆锥体,好像针一样插入阀座,由此得名。其原理如图 9-47 所示。

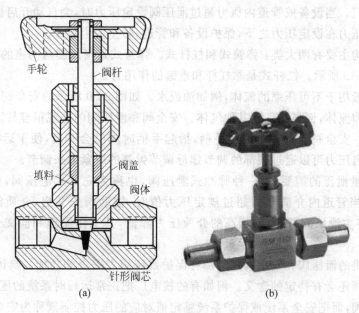

图 9-47 针形阀示意图

　　针形阀比其他类型的阀门能够耐受更大的压力,密封性能好,所以一般用于较小流量、较高压力的气体或者液体介质。针形阀与压力表配合使用是最合适的了,一般的针形阀都做成螺纹连接。

　　逆止阀(check valve)的作用是只允许介质向一个方向流动,而阻止反方向流动。又称为止回阀、单向阀、逆流阀或背压阀。通常这种阀门是自动工作的,在一个方向流动的流体压力作用下,阀瓣打开;流体反方向流动时,由流体压力和阀瓣的自身重量,闭合阀瓣,从而切断流动。如图 9-48 所示。

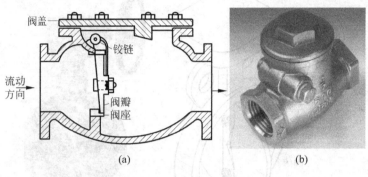

图 9-48　逆止阀示意图

　　阀瓣可以全部用金属制成,也可以在金属上镶嵌皮革、橡胶或者采用合成覆盖面,这取决于使用性能的要求。旋启式止回阀在完全打开的状况下,流体压力几乎不受阻碍,因此通过阀门的压降相对较小。

9.4.4　泄压阀和安全阀

　　泄压阀是根据系统的工作压力能自动启闭,一般安装于封闭系统的设备或管路上保护系统安全的阀门。当设备或管道内压力超过泄压阀设定压力时,会自动开启泄压,保证设备和管道内介质压力在设定压力之下,保护设备和管道,防止发生意外。

　　泄压阀结构主要有两大类:弹簧式和杠杆式。弹簧式是指阀瓣与阀座的密封靠弹簧的作用力,如图 9-49 所示。杠杆式是靠杠杆和重锤的作用力。

　　泄压阀一般用于不可压缩的流体,例如油或水。如图 9-50 所示的安全阀(safety valve)通常用于可压缩流体,例如蒸气或其他气体。安全阀和泄压阀的外观很容易区别,只要看有没有手柄即可。安全阀具有一个泄压手柄,抬起手柄时阀门会开启,便于运行时的在线检测。阀门的开启压力可以通过顶部的调节螺母调节弹簧的压紧力来调节。

　　随着大容量泄压的需要,有一种脉冲式泄压阀,也称为先导式泄压阀,由主泄压阀和辅助阀组成。当管道内介质压力超过规定压力值时,辅助阀先开启,介质沿着导管进入主泄压阀,并将主泄压阀打开,使增高的介质压力降低,其工作原理和前文介绍过的减压阀类似。

　　我们这里讲的泄压阀和安全阀其实都有保护系统压力安全的功能。具体到核电厂中,泄压阀或安全阀还会有特定的含义。例如有的核电厂把正常运行时系统的压力控制阀称为泄压阀或释放阀,而把安全系统或保护系统整定值对应的压力控制阀称为安全阀。

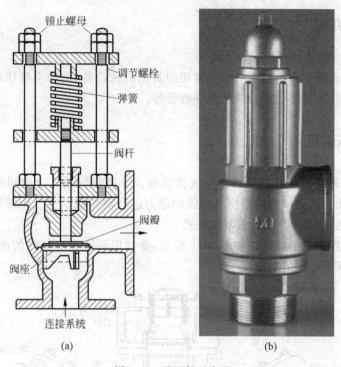

图 9-49 泄压阀示意图

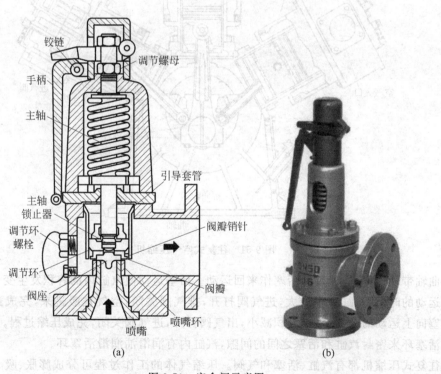

图 9-50 安全阀示意图

9.5 其他机械

在这里我们再介绍一些核工程领域常用的其他机械设备,例如空气压缩机、液压机、蒸发器、蒸汽发生器、冷却塔、稳压器、扩散分离器等。

9.5.1 空气压缩机

空气压缩机是能够持续提供压缩空气的设备。压缩空气是工业中很有用的一种原动力,例如气动阀动器就是依靠压缩空气提供的动力进行动作的。空气压缩机根据其压缩原理,可以分为三种:往复式、旋转式和离心式。

往复式空气压缩机的原理图如图 9-51 所示,是利用活塞在缸体内的往复运动,改变腔室容积,抽入和压出空气的机械。

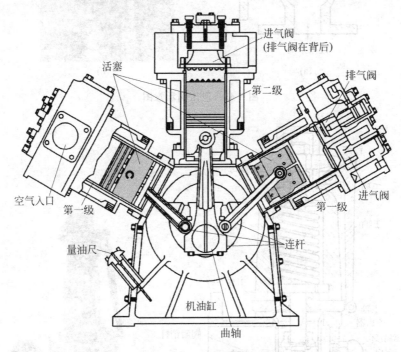

图 9-51 往复式空气压缩机

曲轴带动连杆,连杆带动活塞作来回运动。活塞运动使汽缸内的容积发生变化,当活塞向下运动的时候,汽缸容积增大,进气阀打开,排气阀关闭,空气被吸进来,完成进气过程;当活塞向上运动的时候,汽缸容积减小,出气阀打开,进气阀关闭,完成压缩过程。通常活塞上有活塞环来密封汽缸和活塞之间的间隙,汽缸内有润滑油润滑活塞环。

往复式压缩机都有汽缸、活塞和气阀。压缩气体的工作过程可分成膨胀、吸入、压缩和排气四个过程,如图 9-52 所示。

(1) 膨胀:当活塞向下移动时,缸的容积增大,压力下降,原先残留在汽缸中的余气不

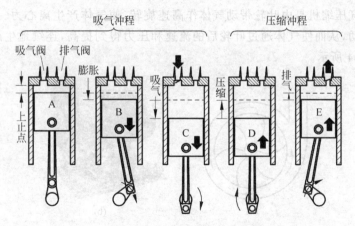

图 9-52　往复式空气压缩机的吸气冲程和压缩冲程

断膨胀。

（2）吸入：当压力降到稍小于进气管中的气体压力时，进气管中的气体便推开吸气阀进入汽缸。随着活塞向下移动，气体继续进入缸内，直到活塞移至末端（又称下死点）为止。

（3）压缩：当活塞掉转方向向上移动时，缸的容积逐渐缩小，这样便开始了压缩气体的过程。由于吸气阀有逆止作用，故缸内气体不能倒回进口管中。而出口管中气体压力又高于汽缸内部的气体压力，缸内的气体也无法从排气阀跑到缸外。出口管中的气体因排出气阀有逆止作用，也不能流入缸内。因此缸内的气体数量保持一定。活塞继续向上移动，缩小了缸内的容气空间（容积），使气体的压力不断升高。

（4）排出：随着活塞上移，被压缩气体的压力升高到稍大于出口管中的气体压力时，缸内气体便顶开排气阀进入出口管中，并不断排出，直到活塞移至末端（又称上死点）为止。

然后，活塞又开始重复上述动作。活塞在缸内不断的往复运动，使汽缸往复循环地吸入和排出气体，活塞的每一次往复称为一个工作循环。

由于设计原理的关系，就决定了活塞压缩机的很多特点。首先是运动部件多，有进气阀、排气阀、活塞、活塞环、连杆、曲轴等；其次是受力不均衡，没有办法控制往复惯性力；还有通常需要多级压缩，结构复杂；最后，由于是往复运动，压缩空气不是连续排出、有脉动。优点是热效率高、单位耗电量少；加工方便，对材料要求低，造价低廉；设计、生产早，制造技术成熟。

旋转式空气压缩机的原理和容积式泵很相似，如图 9-53 所示。旋转压缩机性能优良、结构紧凑、零部件少、工作寿命长，广泛应用于房间空调、制冷器具、汽车空调及压缩气体装置。

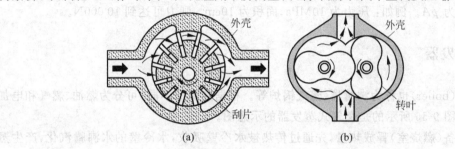

图 9-53　旋转式空气压缩机

离心式空气压缩机是由叶轮带动气体作高速旋转,使气体产生离心力。由于气体在叶轮里的扩压流动,从而使气体通过叶轮后的流速和压力得到提高,连续地生产出压缩空气,其原理如图 9-54 所示。

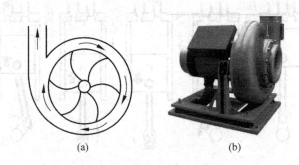

(a)   (b)

图 9-54　离心式空气压缩机

离心空气压缩机主要由转子和定子两大部分组成。转子包括叶轮和轴。叶轮上有叶片,此外还有平衡盘和轴封。定子的主体是机壳,定子上还有扩压器、弯道、回流器、进气管、排气管及部分轴封等。离心压缩机的工作原理和离心泵差不多,当叶轮高速旋转时,气体随之旋转,在离心力作用下,气体被甩到后面的扩压器中去。而在叶轮处形成真空地带,这时外界的新鲜气体进入叶轮。叶轮不断旋转,气体不断地吸入并甩出,从而保持了气体的连续流动。

离心式空气压缩机依靠动能的变化来提高气体的压力。当带叶片的转子转动时,叶片带动气体转动,把功传递给气体,使气体获得动能。进入定子部分后,因定子的扩压作用气体的动压头转换成所需的压力,速度降低,压力升高。同时利用定子部分的导向作用进入下一级叶轮继续升压,最后由蜗壳排出。

离心式空气压缩机属于速度式压缩机,流量大,压差低,在用气负荷稳定时离心式空气压缩机工作稳定、可靠。离心式空气压缩机具有结构紧凑、重量轻,排气量范围大;易损件少,运转可靠、寿命长;排气不受润滑油污染,供气品质高;大排量时效率高且有利于节能等优点。

9.5.2　液压机

液压机是一种以液体为工作介质,根据帕斯卡原理制成的用于传递能量以实现各种工艺的机器,如图 9-55 所示。

液压机的工作原理为帕斯卡原理。假设活塞的面积为 A,提供的压力为 p,则活塞上的作用力输出为 pA。例如:压力为 10MPa,面积为 $10cm^2$,则力可达到 10 000N。

9.5.3　蒸发器

蒸发器(boiler)也称为沸腾器、蒸气锅炉等。根据热源的不同,可分为燃油、燃气和电加热蒸发器。图 9-56 所示的是燃气式蒸发器的示意图。

加热设备(燃烧室)释放热量,先通过传热被水冷壁吸收,水冷壁的水沸腾汽化,产生蒸气进入汽包进行汽水分离,分离出的饱和蒸气进入供气管道(也可以通过辐射、对流方式继续吸收炉膛顶部和烟道内烟气的热量,并使其成为过热蒸气)。供水也可以用烟气的热量进行预热,以提高效率。

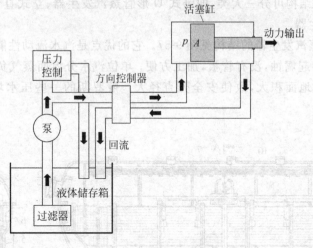

图 9-55 液压机原理图

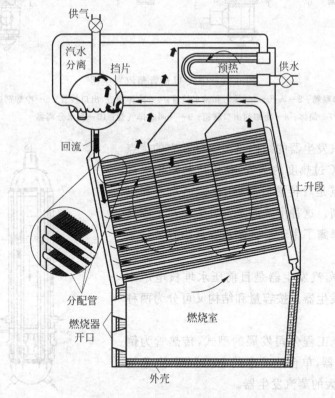

图 9-56 蒸发器

9.5.4 蒸汽发生器

蒸汽发生器(steam generator,SG)是在压水堆核电厂中,将反应堆一次侧的冷却剂热量传给二次侧水产生蒸气的专门设备。是一回路和二回路的分界,所产生蒸气用于驱动汽轮发电机发电。

蒸汽发生器按结构可分三大类,即卧式 U 形管蒸汽发生器、立式直管蒸汽发生器和立式 U 形管蒸汽发生器。

卧式 U 形管蒸汽发生器的结构见图 9-57。它的优点是汽水流动性能好,不会在传热管周围沉积淤渣而引起腐蚀,没有管板,加工方便;单位汽水分界面蒸气负荷小,汽水分离装置简单。缺点是占地面积大,致使安全壳直径大。俄罗斯的一些压水堆核电厂采用这种形式。

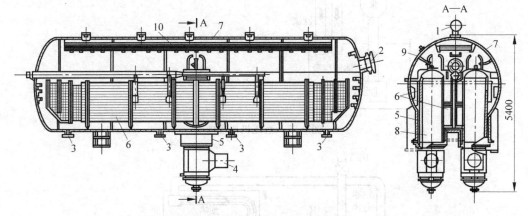

图 9-57 卧式 U 形管蒸汽发生器

1—蒸气出口联箱;2—人孔;3—排污和排水接管;4—冷却剂进、出口接管;5—冷却剂进口联箱;
6—传热管;7—筒体;8—冷却剂出口联箱;9—一回路排气管;10—汽水分离器

立式直管蒸汽发生器的结构见图 9-58。它的优点是能产生 25～30℃过热度的蒸气,使电厂热效率提高 1.5%～2%。缺点是对传热管材料、二回路水质和给水自动控制要求高。这种形式的蒸汽发生器在三哩岛核电厂事故中还暴露了由于二次侧水容量小容易烧干的缺点。

立式 U 形管蒸汽发生器是目前压水堆核电厂中使用最多的蒸汽发生器。按容量和结构又可分为两种型式:

(1)美国燃烧工程公司发展的型式,传热管为倒 U 形,带给水预热器,单台热功率约 2000MW,空重达 800t,为世界上最大的蒸汽发生器。

(2)美国西屋公司的具有代表性的型式,单台热功率约 1000MW,高约 20m,空重约 300t(见图 9-59)。法国、德国、日本等都引进西屋公司的技术加以发展,目前约占压水堆蒸汽发生器总容量的 70%以上。

下面我们介绍一下立式 U 形管蒸汽发生器的基

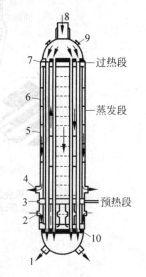

图 9-58 立式直管蒸汽发生器

1—冷却剂出口;2—给水进口(2个);3—应急给水进口;4—过热蒸气出口(2个);5—传热管;6—套筒;7—上管板;8—冷却剂进口;9—人孔;10—下管板

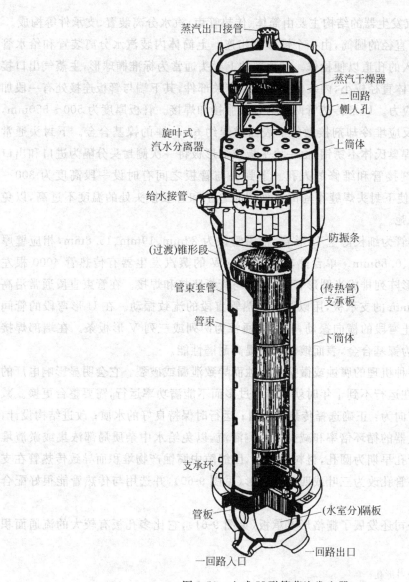

蒸汽出口接管

蒸汽干燥器

二回路
侧人孔

旋叶式
汽水分离器

上筒体

给水接管

防振条

(过渡)锥形段

(传热管)
支承板

管束套管

管束

下筒体

支承环

管板

(水室分)隔板

一回路入口

一回路出口

图 9-59　立式 U 形管蒸汽发生器

本原理。来自反应堆的冷却剂由进口水室进入管束,放出热量后由出口水室流出,经主泵升压后返回反应堆。二回路给水由给水接管进入环形馈水管,该环形管上设有许多倒 J 形小管,其作用是使给水中断时环形管不致排空,能防止给水恢复时发生水锤。倒 J 形管以不同的间距排列,使给水流量在管束冷段和热段适当分配,以改善管束的传热性能。给水由这些倒 J 形管喷出,流入下筒体和管束套筒之间的下降通道。在套筒下端折入管束,然后由传热管外侧向上流动,同时由传热管获得热量而汽化。在达到管束顶部时,含蒸气 20%～30%(质量含汽率)。汽水混合物经汽水分离器和蒸气干燥器后,蒸气干度达 99.75% 以上。干饱和蒸气经上封头顶部的出口接管沿主蒸气管道流向汽轮机。蒸气限流器通常为设在出口接管内的文丘里管,在发生主蒸气管道破裂事故(是核电厂设计基准事故的一种)时,能限制蒸气流量在额定流量的 200% 左右,使反应堆冷却剂温度不致下降过多,以防止反应性剧增而引起更严重的事故后果。

立式 U 形管蒸汽发生器的结构主要由筒体、传热管束、汽水分离装置、支承件等构成。

筒体分两段不同直径的圆筒,由一个锥形筒相连。上筒体内装汽水分离装置和给水管组件,设有人员可进入的孔道以便检修。其顶部的上封头通常为标准椭球形,主蒸气出口接管位置在中央。下筒体直径较小,内装传热管束及有关部件,其下端与管板连接处有一段加厚,以降低连接处的应力。U 形传热管两端与管板胀接和焊接。管板厚度为 500～550mm,材料为低合金钢,与反应堆冷却剂接触的下表面堆焊约 6mm 厚的镍基合金。下封头通常为半球形,内表面堆焊奥氏体不锈钢,由一块平板或弧形板将一次侧封头分隔为进口和出口两个水室,各有冷却剂接管和维修的人孔。下封头与管板之间有时设一段高度为 300～400mm 的过渡筒段,使下封头焊缝作局部热处理时管子和管板接头处的温度不过高,以免管子敏化和胀接处松弛。

传热管束的传热管为细长薄壁 U 形管,常用管径为 22mm、19mm、15.8mm,相应壁厚为 1.27mm、1.09mm、0.86mm。单台热功率 1000MW 的蒸汽发生器有传热管 4000 根左右,按三角形或正方形阵列排成半圆形管束,两端与管板胀接和焊接。在管束直段通常沿高度设 6～8 块厚约 20mm 的支承板,用以防止传热管直段的流致振动。在 U 形弯段的管间嵌置防振条,用以防止弯段的横向振动,其结构通常为两列或三列 V 形板条。在端部焊接构成框架,材料通常为镍基合金,表面镀硬铬以提高耐磨性能。

传热管容易因各种机理的腐蚀或微振动磨蚀而导致泄漏或破裂。它会明显影响电厂的可用率,严重的甚至在运行不到十年时就因堵管过多而不能满功率运行,需要整台更换。减少这类故障的改进方向为:正确选择传热管材料;运行时保持良好的水质;改进结构设计,尽可能增加蒸汽发生器的循环倍率和减少二次侧滞流,以免给水中杂质局部浓集或淤渣堆积。例如支承板的管孔早期为圆孔,材料为碳钢,因缝隙中腐蚀产物堆积而导致传热管在支承管处凹陷。以后将管孔改为三叶或四叶花瓣形(见图 9-60),并选用与传热管能很好配合的抗磨蚀的材料。

美国燃烧工程公司还发展了栅格形支承板(见图 9-61),它比多孔板有较大的流通面积和较小的接触面积。

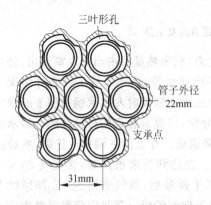

图 9-60　带有三叶流水孔的支承板

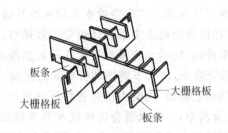

图 9-61　栅格支承板

又如在离管板上表面约 400mm 处设置流量分配板,它是中心有一个大圆孔或多边形孔的整圆板,用于使给水由下降通道折流时绝大部分由中心孔流入管束,并以较高流速掠过管板上表面,能防止淤渣沉积。此外,改进胀接和焊接工艺以避免在管子与管板连接处发生腐蚀;发展涡流检验技术,在在役检查中检测管壁减薄程度,及时堵管。采取这些措施大大减少了管子泄漏和破损故障。

汽水分离装置一般为两级:(1)汽水分离(或初级分离器)。通常由三个以上、多至一百余个圆筒形初级分离器组成,每个圆筒中置有一个旋流叶片,当汽水混合物进入圆筒上升并通过叶片时产生旋流。由离心力使水贴近圆筒壁面,经切向疏水孔排出;蒸气在圆筒中央上升流出。蒸气在达到干燥器之前,经约 800mm 重力分离空间,其中较大水滴因重力下降。(2)蒸气干燥器(或次级分离器)。通常为立式多层平行的带钩波纹板的组合件。湿蒸气在板间作波状流动时,所夹带的水滴附着在板壁上,被钩形板捕获排出(见图 9-62)。若干组合件构成双层正方形、正六角形或人字形结构,固定在上封头内。

要求汽水分离装置有良好的分离能力和疏水能力。要求汽水分离器、重力分离空间和蒸气干燥器的联合效果能使出口蒸气干度达到 99.75% 以上。汽水分离器出口蒸气干度通常在 90% 以上,分离器圆筒单位截面积的蒸气负荷可达每平方米 400~500t/h。蒸气干燥器要求在入口干度 70% 以上时出口干度能达到 99.75% 以上。分离装置的结构和尺寸通常需通过试验确定。

图 9-62　带钩波形板分离器工作原理

蒸汽发生器自身重量可达几百吨,必须设置支承件。通常在下封头或管板上设支耳,用铰接的立式支柱固定在厂房结构的底板上,使蒸汽发生器能沿主管道热段方向自由移动;并在厂房结构上设阻挡器,使位移限制在一定范围内。在管板两侧设置与主管道热段方向平行的导轨以限制横向移动。在下筒体上部整个设备的运行重心高度处设置带阻尼器的横向支承,以防地震载荷或管道破裂载荷使蒸汽发生器侧倾。

由于蒸汽发生器管板上沉积大量污渣将影响蒸汽发生器传热管的使用寿命,因此,在运行时蒸汽发生器需进行连续排污,并设置蒸汽发生器的排污系统。

影响蒸汽发生器性能的主要因素包括传热面积、循环倍率和稳态特性曲线等。

为保证核电厂在额定功率下蒸汽发生器的蒸气产量,蒸汽发生器必须保持有足够大的传热面积。一般蒸汽发生器的传热面积在设计时应考虑一定的污垢因子和堵管因子,从而使蒸汽发生器的传热面积有一定的裕量。裕量通常取 10%~15%。一台热功率为 1000MW 的蒸汽发生器设计传热面积一般在 5000m² 左右,即每平方米传热效率约 0.2MW。

进入上升管的循环水量与上升管出口蒸气量之比,称循环倍率,以符号 K 表示。循环倍率的物理意义是:在上升管中每产生 1kg 蒸气,应进入上升管的循环水量为 Kkg;或 1kg 水要全部变成蒸气,需在循环回路中循环 K 次。其值为管束任意截面上汽水两相流量与管束出口处蒸气流量的比值。它也等于管束出口处汽水混合物含汽率的倒数。例如,一台蒸汽发生器的蒸气产量为 G,如管束出口处汽水混合物中含蒸气 25%,则混合物中含水 75%,两相流量为 $4G$,所以循环倍率为 $4G/G=4$。循环倍率过低会导致二回路水杂质易局部浓集;或导致管束二回路侧出现滞流,滞流区域内水的局部浓集会引起传热管腐蚀,还可能因二回路水掠过管板表面时流速较低使淤渣在管板表面堆积,引起管壁局部减薄。循环倍率过高会使汽水分离器负荷过高而可能影响分离能力,并使二回路水冲刷传热管的流速过高而可能引起传热管的振动。通常要求循环倍率为 3～5，也有一些蒸汽发生器的循环倍率达到 8～10。

蒸汽发生器负荷降低时，一、二回路的温压减小，因此二回路侧汽压升高。至零负荷时，汽压最高，约等于此时反应堆冷却剂温度的饱和压力。以不同负荷时的二回路汽压对负荷作曲线，称为稳态特性曲线。设计取零负荷时的汽压加一定裕量作为二回路设计压力。适当选择反应堆冷却剂温度随负荷变化的关系，可使满负荷时汽压与零负荷时汽压相差不致过大，从而使二回路设计压力不致过高。

9.5.5　冷却塔

冷却塔(cooling tower)是用水作为循环冷却剂，从一系统中吸收热量排放至大气中，以降低水温的装置。其原理是利用水与空气流动接触后进行热交换产生蒸发带走热量。是利用蒸发散热、对流传热和辐射传热等原理来散去工业上或制冷空调中产生的余热的散热装置。装置一般设计为桶状，故名为冷却塔，如图 9-63 所示。

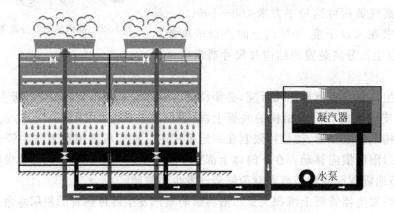

图 9-63　冷却塔示意图

随着火电和内陆核电的发展，空冷塔设计得越来越大，如图 9-64 所示。

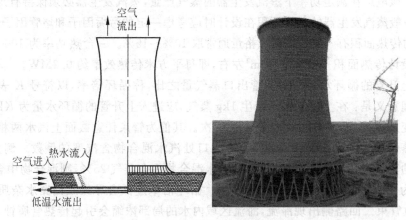

图 9-64　大型电厂用的空冷塔

9.5.6　稳压器

稳压器(pressurizer)是压水堆核电厂一回路的压力调节设备,如图 9-65 所示。稳压器的基本原理是利用图 2-4 所示的饱和汽压和温度的曲线,利用控制容器内的温度来控制所需的压力。

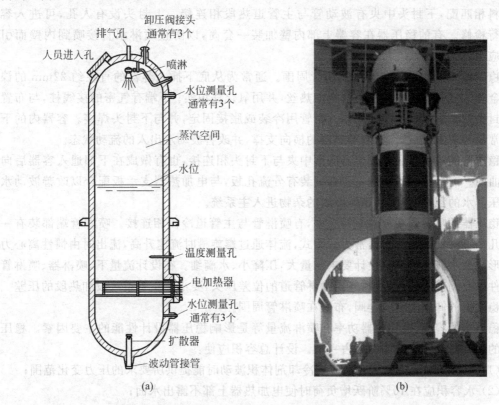

图 9-65　压水堆核电厂的稳压器

核电厂正常运行时,稳压器在有关辅助系统配合下,把一回路压力控制在正常或规定范围内。稳压器顶部设置安全阀和卸压阀,提供一回路的超压保护。此外,它还有热力除气作用,除去反应堆冷却剂中不凝结的气体、裂变产物和有害气体。

当核电厂负荷阶跃降低时,反应堆冷却剂温度升高,体积会膨胀。部分冷却剂通过波动管流入稳压器,使稳压器内蒸气空间减小,压力升高。此时,比例喷淋阀自动开启,主管道冷段内的冷却剂喷入蒸气空间,使部分蒸气凝结,从而抑制压力的上升。

如遇负荷阶跃降低较多或 100% 甩负荷,喷淋阀全开仍不能抑制压力上升,则当压力升高到某一整定值时,卸压阀会开启,将部分蒸气排入卸压箱。当压力继续升高到一回路的超压保护整定值时,安全阀会自动开启,将更多的蒸气排入卸压箱,从而防止一回路超压。

当核电厂负荷阶跃上升时,反应堆冷却剂温度瞬时降低,体积收缩。部分冷却剂通过波动管流出稳压器,使稳压器内蒸气空间增大,压力降低。此时,后备电加热器自动投入,产生蒸气,从而抑制压力的下降。

核电厂正常运行时,有一定流量的连续喷淋,使稳压器的水空间和波动管内持续有小量水流,以保持这些部分温度稳定和水质均匀;同时有一定功率的电加热器连续运行,以补偿稳压器散热损失和连续喷淋的热损失。

稳压器由容器以及附设在容器上的电加热器、波动管、喷淋器、卸压阀和安全阀等组成。稳压器的容器外观是一个立式圆筒形,上下端各有一半球形封头,通过筒式支座支承。材料为低合金钢,内壁堆焊约 6mm 奥氏体不锈钢,有时局部堆焊镍基合金,与各管道材料相匹配,下封头中央有波动管与主管道热段相连接。上封头设有人孔,可进入容器进行检修。有的稳压器在容器上部内壁加装一套筒,以防止喷淋水直接喷到内壁而引起热应力。

稳压器的电加热器布置在波动管周围。通常为从底下插入容器的直径约 22mm 的镍基合金管,上端封闭,内装镍铬合金电热丝,并用氧化镁填实;下端有气密的接线柱,与布置在下封头的套管机械连接或焊接。套管用冷装或胀接固定,并与下封头焊接。容器内的下部通常设两块支承板,作为电加热器的横向支撑,并改善波动水出入的流动状态。

稳压器的波动管通常在容器底部中央与下封头相连接,也有做成在下部通入容器后向下弯曲的。前一种结构在进入容器处装有分流孔板,与电加热器支承板配合以改善波动水与稳压器水的混合,并防止稳压器内的杂物进入主系统。

稳压器的喷淋器在容器上封头中,有喷淋管与主管道冷段相连接。喷淋管端部装有一个或几个喷淋器。喷淋器通常为螺旋式,流体通过螺旋槽时流速升高,流出时由惯性离心力作用形成细水滴。喷淋器设计要求流量大,压降小、水滴细。在设计流量下,喷淋器、喷淋管和管件以及调节阀的总压降,连同喷淋管道的位差压头,要小于主管道冷段和热段的压差。

稳压器的卸压阀和安全阀,布置在喷淋管周围。

稳压器的容积、电加热器功率和喷淋流量等是影响稳压器设计性能的主要因素。稳压器内的水空间及蒸气空间约各占一半。设计总容积应使:

(1) 水容积和蒸气容积在反应堆冷却剂体积波动时能提供所要求的压力变化范围;

(2) 水容积应在 10% 阶跃增负荷时使电加热器上部不露出水面;

(3) 蒸气容积应在 10% 阶跃降负荷时使水位不致达到高水位停堆的高度,在 100% 甩负荷时水位不致升高到安全阀和卸压阀接管的高度;

(4) 在电厂负荷阶跃变化过程中,不考虑化学和容积控制系统对冷却剂体积变化的补偿。但在电厂负荷线性变化过程中,由稳压器补偿的体积变化为 70%,由化学和容积控制系统补偿的体积变化为 40%,其中 10% 为裕量。

电功率为 1000MW 的压水堆核电厂的稳压器容积通常为 40m³ 左右,为反应堆冷却剂总体积的 15%~20%。稳压器的电加热器功率根据电厂启动时要求的稳压器内升温速率(一般取 30℃/h)决定,其中包括系统结构材料的吸热、建立蒸气空间过程中排出的热量以及散热损失。电功率 1000MW 压水堆稳压器的电加热器总功率通常在 1500kW 左右,其中连续运行的电加热器功率占总功率的 5% 左右。单根电加热器的功率通常为 20~25kW。

稳压器的最大喷淋流量应使波动流入时系统压力变化在预定的范围以内(例如 20kPa);最小连续喷淋流量应能补偿容器、波动管、喷淋管及其管件的散热损失。

9.5.7　扩散分离器

　　扩散分离器是用气体扩散法分离$^{235}UF_6$的设备,也称为扩散器,如图 9-66 所示。分离器内部的 S 形盘管是由具有微孔的分离膜制成的。由于 UF_6 气体是被压缩机送入分离器的,通过压缩机压缩后,气体的温度会比较高。因此经过入口流入后,首先要经过蒸发式冷却器的冷却。冷却器设置在分离器的内部,是管束型蒸发器。冷却的介质是液态的水,通过蒸发液态水带走热量。

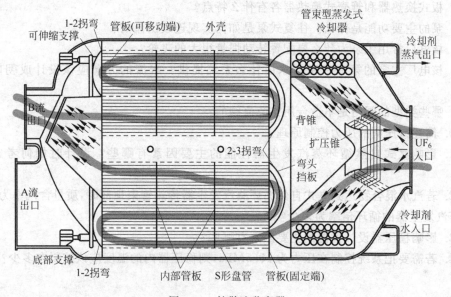

图 9-66　扩散法分离器

　　经过冷却后的 UF_6 气体随后进入 S 形盘管扩散膜。在管内会经过 3 段流程。最靠近外壳的是从右向左流动的流程 1,到了最左侧后,经过 1-2 拐弯,进入从左向右的流程 2。到了右侧的管板处后,又经过 2-3 拐弯进入流程 3。通过流程 3 后由 B 流出口流出,进入下一级的入口。而通过扩散膜后被富集了的气流从 A 流出口流出,进入上一级的入口。

　　在气体扩散工厂,会有几千级的分离器级联起来,表 9-2 列出了美国的某分离工厂的各级分离器的一些参数。

表 9-2　分离器参数

分离器型号	长度/in	直径/in	数　量
33	291	155	640
31	221	105	500
29	185	90	600
27	129	47	720
25	129	38	1560

练习题

1. 内燃机的曲轴和凸轮轴分别实现什么功能?

2. 内燃机的支持系统都有哪些? 分别实现什么功能?

3. 内燃机的直接增压和利用废气增压的方式相比,各有什么优缺点?

4. 什么是内燃机的压缩比? 车用汽油发动机的压缩比为什么不能太大?

5. 板式换热器和管壳式换热器各有什么特点?

6. 泵的主要功能是什么? 往复式泵是如何实现连续出流的?

7. 核电厂常用主泵为什么要配置转动惯量很大的飞轮?

8. 核电厂主泵的第一级密封水由什么系统提供? 水流的方向应该设计成朝内还是朝外?

9. 哪些类型的阀门是不适合用作节流阀的?

10. 简述减压阀的压力控制原理。

11. 影响立式自然循环蒸汽发生器性能的主要因素有哪些? 设计时如何考虑这些因素?

12. 若汽水混合物达到立式自然循环蒸汽发生器传热管束顶部时,质量含汽率为15%,则该蒸汽发生器的循环倍率为多少?

13. 影响稳压器设计性能的主要因素有哪些?

14. 若需要把系统控制在压力为15.5MPa,则稳压器内的温度应该控制在多少?

第 10 章

核 物 理

核物理学又称原子核物理学,是 20 世纪建立的一个物理学分支。它研究原子核的结构和变化规律;射线束的产生、探测和分析技术;以及同核能、核技术应用有关的物理问题。它是一门既有深刻理论意义,又有重大实践意义的学科。

1896 年,贝可勒尔发现天然放射性,这是人类第一次观察到的核变化。通常就把这一重大发现看成是核物理学的开端。此后的 40 多年,人们主要从事放射性衰变规律和射线性质的研究,并且利用放射性射线对原子核做了初步的探讨,这是核物理发展的初期阶段。在这一时期,人们为了探测各种射线,鉴别其种类并测定其能量,初步创建了一系列探测方法和测量仪器。大多数的探测原理和方法在以后得到了发展和应用。有些基本设备,如计数器、电离室等,沿用至今。探测、记录射线并测定其性质,一直是核物理研究和核技术应用的一个中心环节。放射性衰变研究证明了一种元素可以通过衰变而变成另一种元素,推翻了元素不可改变的观点,确立了衰变规律的统计性。统计性是微观世界物质运动的一个重要特点,同经典力学和电磁学规律有原则上的区别。

放射性元素能发射出能量很大的射线,这为探索原子和原子核提供了一种前所未有的手段。1911 年,卢瑟福等人利用 α 射线轰击各种原子,观测 α 射线所发生的偏折,从而确立了原子的核结构,提出了原子结构的行星模型,这一成就为原子结构的研究奠定了基础。此后不久,人们便初步弄清了原子的壳层结构和电子的运动规律,建立和发展了描述微观世界物质的运动规律。

1919 年,卢瑟福等又发现用 α 粒子轰击氮核会放出质子,这是首次用人工实现的核蜕变反应。此后用射线轰击原子核来引起核反应的方法逐渐成为研究原子核的主要手段。

在初期的核反应研究中,最主要的成果是 1932 年中子的发现和 1934 年人工放射性核素的合成。原子核是由中子和质子组成的,中子的发现为核结构的研究提供了必要的前提。中子不带电荷,不受核电荷的排斥,容易进入原子核而引起核反应。因此,中子核反应成为研究原子核的重要手段。在 20 世纪 30 年代,人们还通过对宇宙线的研究发现了正电子和介子,这些发现是粒子物理学的先河。

20 世纪 20 年代后期,人们已在探讨加速带电粒子的原理。到 30 年代初,静电、直线和回旋等类型的加速器已具雏形,人们在高压倍加器上进行了初步的核反应实验。利用加速器可以获得束流更强、能量更高和种类更多的射线束,从而大大扩展了核反应的研究工作。此后,加速器逐渐成为研究原子核和应用技术的必要设备。在 30 年代,人们最多只能把质子加速到 1MeV 的数量级,而到 70 年代,人们已能把质子加速到 400GeV,并且可以根据工作需要产生各种能散度特别小、准直度特别高或者流强特别大的束流。

在核物理发展的最初阶段人们就注意到射线的可能应用,并且很快就发现了放射性射线对某些疾病的治疗作用。这是它在当时就受到社会重视的重要原因,直到今天,核医学仍然是核技术应用的一个重要领域。

20世纪40年代前后,核物理随着核裂变的发现和应用进入了一个大发展的阶段。1939年,哈恩和斯特拉斯曼发现了核裂变现象;1942年,费米建成了第一个链式裂变反应堆,这是人类掌握核能的开端。粒子探测技术也有了很大的发展。半导体探测器的应用大大提高了测定射线能量的分辨率。核电子学和计算技术的飞速发展从根本上改善了获取和处理实验数据的能力,同时也大大扩展了理论计算的范围。所有这一切,开拓了可观测核现象的范围,提高了观测的精度和理论分析的能力,从而大大促进了核物理研究和核技术的应用。

通过大量的实验和理论研究,人们对原子核的基本结构和变化规律有了较深入的认识。基本弄清了核子(质子和中子的统称)之间的相互作用的各种性质,对稳定核素或寿命较长的放射性核素的基态和低激发态的性质也已积累了较系统的实验数据。并通过理论分析,建立了各种适用的模型。

通过核反应,已经人工合成了17种原子序数大于92的超铀元素和上千种新的放射性核素。这些研究进一步表明,元素仅仅是在一定条件下相对稳定的物质结构单位,并不是永恒不变的。

通过高能和超高能射线束和原子核的相互作用,人们发现了上百种短寿命的粒子,即重子、介子、轻子和各种共振态粒子。庞大的粒子家族的发现,把人们对物质世界的研究推进到一个新的阶段,建立了一门新的学科——粒子物理学,有时也称为高能物理学。各种高能射线束也是研究原子核的新武器,它们能提供某些用其他方法不能获得的关于核结构的知识。

在过去,通过对宏观物体的研究,人们知道物质之间有电磁相互作用和万有引力两种长程的相互作用;通过对原子核的深入研究,才发现物质之间还有两种短程的相互作用,即强相互作用和弱相互作用。在弱作用下宇称不守恒现象的发现,是对传统的物理学时空观的一次重大突破。研究这四种相互作用的规律和它们之间可能的联系,探索可能存在的新的相互作用,已成为粒子物理学的一个重要课题。毫无疑问,核物理研究还将在这方面作出新的重要的贡献。

核物理的发展,不断地为核能装置的设计提供日益精确的数据,从而提高了核能利用的效率和经济指标,并为更大规模的核能利用准备了条件。人工制备的各种同位素的应用已遍及理工农医各部门。新的核技术,如核磁共振、穆斯堡尔谱学、晶体的沟道效应和阻塞效应,以及扰动角关联技术等都迅速得到应用。核技术的广泛应用已成为现代化科学技术的标志之一。

10.1　原子核

核反应堆的应用取决于中子与原子核的各种反应。为了了解这些反应的性质和特点,最好首先讨论一下原子物理和原子核物理的一些基本知识。前面的章节已经初步介绍过,原子是由一个带正电荷的原子核和围绕着它的一些带负电的电子所组成,整个原子是电中性的。原子核由两种核子(即质子和中子)组成。质子带有一个单位的正电荷,其数值等于电子的电荷。事实上它就是氢原子核,即氢原子去掉它唯一的一个核外电子。

由于核子很小,为了方便起见,对核子的度量通常采用专门的单位。在第 8 章,我们已经介绍过原子核的质量的度量通常采用 amu,即原子质量单位。其定义为 ^{12}C 原子的质量的 1/12,为 1.66×10^{-24}g。能量的度量通常采用 eV(电子伏),$1\text{eV} = 1.602 \times 10^{-19}$J。

质子的质量等于 1.007 277amu。中子是电中性的粒子,不带电荷,中子的质量为 1.008 665amu。电子带一个单位的负电荷,其质量为 0.000 548 6amu。

原子核的半径大约是 10^{-13}cm 量级,如表 10-1 列出了一些核素的原子半径。

表 10-1　一些原子核的半径

核　　素	原子核半径/10^{-13}cm	核　　素	原子核半径/10^{-13}cm
$^{1}_{1}$H	1.25	$^{178}_{72}$Hf	7.01
$^{10}_{5}$B	2.69	$^{238}_{92}$U	7.74
$^{56}_{26}$Fe	4.78	$^{252}_{98}$Cf	7.89

10.1.1　原子序数与质量数

任一元素的原子核内所含的质子数就等于原子核所带的正电荷数,它叫做这一元素的原子序数,一般用符号 Z 代表。它与该元素在元素周期表内的序数相同。

因此氢的原子序数是 1,氦是 2,锂是 3,如此类推,一直到铀是 92,这是自然界中已可测知自然存在的原子量最高的元素。用人工方法已制造出许多更重的元素。

原子核内质子与中子的总数叫做这一元素的质量数,用 A 代表。上面已讲过,质子的数目是 Z,因此原子核内的中子数目等于 A-Z。由于中子和质子的质量以原子质量单位计算时都近于 1amu,因此质量数就是最接近于所讨论物质的原子量的一个整数。核素的表示方法采用图 10-1 所示的约定。

图 10-1　核素的表示方法

10.1.2　同位素

具有相同质子数,不同中子数的同一元素的不同核素互为同位素(Isotope)。元素不同于核素,"元素"是化学的术语,"核素"是核物理的术语。

我们知道,决定某一元素化学性质的是原子序数,即核内的质子数。这是由于化学性质取决于围绕原子核的(轨道)电子,而后者的数目和原子核内的质子数有关。因此,核内有同样数目质子(即原子序数相同)但质量数不同的原子,在化学性质上是几乎完全一样的(有些同位素,例如氢和氘,在氢-氘交换反应平衡常数上可以有细微差异)。虽然它们在原子核的特性上常常有显著的差异,这些原子序数相同而质量数不同的物质,互为同位素。这里"同位"的含义是指在元素周期表里面它们的位置是相同的。它们一般在化学性质上是无法区分的,但却具有不同的原子量。关于同位素的分离方法,我们会在下一章介绍。

对释放核能最重要的元素铀,在自然界中至少存在三种同位素,其质量数分别为 234,235 和 238。为了区别各种同位素,一般将质量数写在元素符号的左上角,或者把质量数跟在名称的后面,这样核素^{238}U 也可以记为铀 238、U238 等。天然铀内存在的各种同位素的比例以及相应的原子量列在表 10-2 内。

表 10-2　天然铀的同位素成分

质　量　数	丰度/%	原子量/amu
^{234}U	0.006	234.11
^{235}U	0.712	235.12
^{238}U	99.282	238.12

可以看到,^{238}U 是含量最丰富的同位素,天然铀内只含有略超过 0.7% 的^{235}U。这两种同位素在核能领域中都占据着重要的位置。^{234}U 的比例很小,几乎可以略去不计。

从核能观点看,还有一种元素也十分重要,那就是钍。钍的原子序数为 90,它在自然界中几乎只以唯一的单种核素存在,即质量数为 232 的核。虽然也存在着微量其他同位素,但比例很小,可以忽略。

10.1.3　核素图

核素图是用原子序数和原子核中的中子数作为独立坐标制作的图表,如图 10-2 所示。

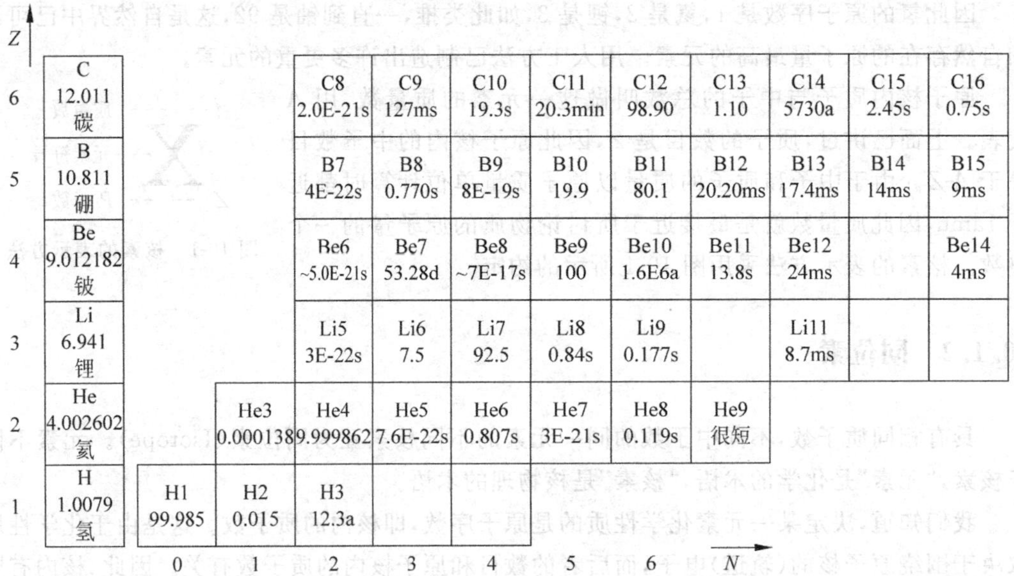

图 10-2　核素图

在核素图中,每一个格子里面是一个核素,通常会在里面写明该核素的半衰期。例如 Be7 的半衰期为 53.28 天。在一个完整的核素图里面,每一个核素的信息会如图 10-3 所示,其中图(a)是稳定核素,图(b)是不稳定核素。

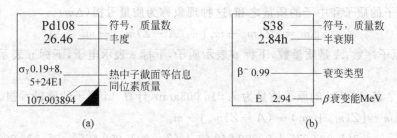

图 10-3　核素信息

在核素图中的所有核素,稳定的核素并不多,它们的分布如图 10-4 所示。从图 10-4 可以发现,随着质子数的增加,稳定核素的中子数和质子数之比发生了一些变化。质量数越大的核素,为了稳定需要的中子数越多。这一规律对于裂变核能的利用十分关键,因为这意味着一个重核裂变成为两个子核的过程中会释放出多余的中子。

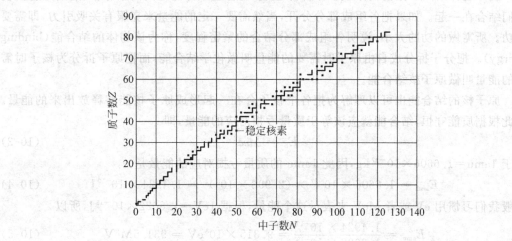

图 10-4　稳定核素分布图

10.2　质量亏损与结合能

所谓质量亏损,并不是质量消失,而是指组成原子核的所有质子与中子质量的总和与整个原子核质量之间的差别。

在原子核的水平上,宏观的质量和能量不再各自精确守恒。质量和能量之间可能发生相互转化。能量和质量的总和却呈现出一种守恒的规律,即质能守恒。能量和质量之间的关系就是著名的爱因斯坦质能方程:

$$E = mc^2 \tag{10-1}$$

其中,c 为真空中的光速,$2.998 \times 10^8 \, \text{m/s}$。

10.2.1　质量亏损

当一些中子和一些质子一起组成一个原子的时候,精确的测量显示原子的质量略微小于组成该原子的质子和中子的质量之和，这种现象称为质量亏损（Δm）。

$$\Delta m = [Z(m_p + m_e) + (A - Z)m_n] - m_a \qquad (10\text{-}2)$$

其中，Z 是原子序数，A 是质量数，下标 p 表示质子，下标 e 表示电子，下标 n 表示中子，下标 a 表示原子。

例 10-1：若已知 ^{7}Li 的原子质量为 7.016 003amu，计算 ^{7}Li 原子的质量亏损。

解：　$\Delta m = [Z(m_p + m_e) + (A - Z)m_n] - m_a$

$\Delta m = [3(1.007\,277 + 0.000\,548\,6) + (7 - 3)1.008\,665] - 7.016\,003$

$\quad = 0.042\,133\,5$amu

10.2.2　结合能

当一物体（体系）是由两个或多个部分组成时，各组成部分之间由于存在相互作用力，使它们结合在一起。如果把各组成部分分开，当然需要一定的能量来克服有关吸引力，即需要做功。所需做的功的大小，说明各组成部分结合的紧密程度，称为该物体的结合能（binding energy）。把分子拆分成自由原子时需要的能量叫做化学结合能，而把原子拆分为核子时需要的能量叫做原子核结合能。

原子核的结合能也可以理解为把各个核子合在一起形成原子核能够释放出来的能量。因此根据质能守恒，结合能就应该等于质量亏损对应的能量，即

$$E_b = \Delta mc^2 \qquad (10\text{-}3)$$

由于 1amu=1.6606×10^{-27}kg，因此 1amu 的质量亏损对应的能量是

$$E_{amu} = 1.6606 \times 10^{-27} \times (2.998 \times 10^8)^2 = 1.4924 \times 10^{-10}\text{J} \qquad (10\text{-}4)$$

一般我们习惯用 eV 或者 MeV 来表示这个能量，根据 1eV=1.6022×10^{-19}J，所以

$$E_{amu} = \frac{1.4924 \times 10^{-10}}{1.6022 \times 10^{-19}} = 9.315 \times 10^8\text{eV} = 931.5\text{MeV} \qquad (10\text{-}5)$$

例 10-2：计算 ^{235}U 的结合能，已知 ^{235}U 的原子质量为 235.043 924amu。

解：$\Delta m = [Z(m_p + m_e) + (A - Z)m_n] - m_a$

$\Delta m = [92(1.007\,277 + 0.000\,548\,6) + (235 - 92)1.008\,665] - 235.043\,924$

$\quad = 1.915\,17$amu

故 ^{235}U 原子核的结合能为

$$E_b = \Delta m E_{amu} = 1.915\,17 \times 931.5 = 1784\text{MeV}$$

10.2.3　能级理论

能级（energy level）理论最初是为了解释原子核外电子运动轨道而发展起来的一种理论。它认为电子只能在特定的、分立的轨道上运动，各个轨道上的电子具有分立的能量，这些能量值即为能级。电子可以在不同的轨道间发生跃迁。电子吸收能量可以从低能级跃迁到高能级，从高能级跃迁到低能级则会辐射出光子，该光子通常称为 X 射线。

而核能级（nuclear level）是在核外电子能级理论的基础上，认为原子核也具有各种量子化的能量状态。这些状态反映了组成原子核的核子间的相互作用以及原子核多体系统的规

律。认为除了稳定核的基态外,所有的核能级都是不稳定的。它们可以通过强相互作用发射核子、核子团或其他强子,也可以通过电磁作用发射 γ 光子或通过弱相互作用发射电子和中微子,并衰变到较低能态或邻近核素的激发态或基态。

　　因此 X 射线和 γ 射线是有区别的。X 射线是由于原子中的电子的两个能级之间的跃迁而产生的光子,而 γ 射线是原子核的能级跃迁引起的。X 射线和 γ 射线虽然其本质都是光子,但由于来源不同而具有不同的称呼。

　　图 10-5 是 ^{60}Ni 原子核的能级图。通常用画在最底下的一条横线表示基态,而所有激发态都表示成基态之上的一条横线。两条横线之间的距离和能级间的能量差成比例。某能级和基态之间的能量差称为该能级的激发能。基态的激发能为零。通常横线旁边还会标注上该能级的激发能。例如 ^{60}Ni 原子核的第一个能级的激发能是 1.332MeV,第二个是 2.158MeV,第三个是 2.506MeV。两条横线之间的向下箭头表示能级之间的跃迁,跃迁时释放出来的 γ 射线的能量取决于两个能级的激发能之差。例如 ^{60}Ni 从第二级(2.158MeV)跃迁到基态时放出的 γ 射线的能量为 2.158MeV,从第三级(2.506MeV)跃迁到第一级(1.332MeV)时放出的 γ 射线的能量为 1.174MeV。

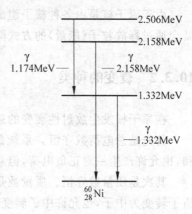

图 10-5　^{60}Ni 原子核的能级图

10.3　放射性衰变

　　自然界存在的大部分原子核是处于基态的,激发能为零。因此它们是稳定的,并不会自发释放出能量或粒子。但也有一些原子处于各种各样的激发态上,会通过核衰变自发地放出 α 射线或 β 射线(有时还放出 γ 射线),我们称其为放射性。

　　因此按原子核是否稳定,可把核素分为稳定性核素和放射性核素两类。一种核素的原子核自发地放出某种射线而转变为能级较低的状态或转变成别的核素的现象,称作原子核的放射性衰变。能发生放射性衰变的核素,称为放射性核素(或称放射性同位素)。

　　因此,放射性(radioactivity)是指某些核素自发地放出粒子或 γ 射线,或在轨道电子俘获后放出 X 射线,或发生自发裂变的性质。

10.3.1　放射性衰变的发现

　　1896 年,法国物理学家贝可勒尔在研究铀盐的实验中,首先发现了铀原子核的天然放射性。在进一步研究中,他发现铀盐所放出的这种射线和 X 射线很相似:能使空气电离,也可以穿透黑纸使照相底片感光。他还发现,外界压强和温度等因素的变化不会对实验产生任何影响。贝可勒尔的这一发现意义深远,它使人们对物质的微观结构有了更新的认识,并由此打开了原子核物理学的大门。1898 年,居里夫人又发现了放射性更强的钋和镭。由于天然放射性这一划时代的发现,居里夫人和贝可勒尔共同获得了 1903 年诺贝尔物理学奖。

此后,居里夫人继续研究了镭在化学和医学上的应用,并于 1902 年分离出高纯度的金属镭。因此,居里夫人又获得了 1911 年诺贝尔化学奖。在贝可勒尔和居里夫人等人研究的基础上,后来又陆续发现了其他元素的许多放射性核素。在已发现的 100 多种元素中,约有2600 多种核素。其中稳定性核素仅有 280 多种(属于 81 种元素),放射性核素有 2300 多种。放射性核素又可分为天然放射性核素和人工放射性核素两大类。原子序数在 83(铋)或以上的元素都具有放射性,但某些原子序数小于 83 的元素(如锝)也具有放射性。

由于原子核是由各种核子组成的一个系统,当该系统能够处于一个能量更低的状态时,就会通过释放粒子(能量)的方式降低其能量状态。

10.3.2 衰变的种类

在原子核发生放射性衰变的过程中,通过仔细的研究,发现以下几个定律要被遵守。

首先是总电荷数守恒。系统的总电荷既不能变多也不能变少。允许正负电荷发生中和,也允许产生一对正负电荷,但总电荷的代数和守恒。

其次是质量数守恒。质量数是中子数和质子数之和,在核反应过程中保持不变。允许质子转变为中子,也允许中子转变为质子。

其三是质能守恒。意味着系统的总动能变化和质量亏损对应的能量要保持守恒。能量可以转化为质量,质量也可以转化为能量。

最后是动量守恒,核反应前后系统的总动量守恒。动量守恒对衰变产物中动能的分配起决定作用。

放射性衰变主要有 α、β、γ、自发裂变、电子俘获等几种形式。α 衰变,是指衰变后释放出一个 α 粒子的衰变过程,例如:

$$\,^{234}_{92}U \longrightarrow \,^{230}_{90}Th + \,^{4}_{2}\alpha + \gamma + E_k \tag{10-6}$$

其中,E_k 是衰变过程释放出的动能。

在这个放射性衰变反应中,^{234}U 衰变成为 ^{230}Th 和 α 粒子,保持了质量数守恒。由于 ^{234}U 结合能要比 ^{230}Th 和 α 粒子的结合能低,因此过程中会释放出能量来(结合能越低表示能量状态越高)。释放出来的能量一部分被 γ 射线带走(这个反应中是 0.068MeV),余下的转化为子核的动能。因为要满足动量守恒,^{230}Th 的质量比 α 粒子大得多,因此主要的动能(约 98%)由 α 粒子携带。

β 衰变,是指衰变后释放出一个 β 粒子的衰变过程,例如:

$$\,^{239}_{93}Np \longrightarrow \,^{239}_{94}Pu + \,^{0}_{-1}\beta + \,^{0}_{0}\bar{\nu} \tag{10-7}$$

$$\,^{13}_{7}N \longrightarrow \,^{13}_{6}C + \,^{0}_{+1}\beta + \,^{0}_{0}\nu \tag{10-8}$$

为了保持质能守恒和动量守恒,这个过程必须释放出一个中微子或反中微子。我们把释放正电子的衰变过程释放出来的称为中微子,释放负电子的衰变过程释放出来的称为反中微子。

中微子又译作微中子,是轻子的一种。中微子是组成自然界的最基本的粒子之一,常用符号 ν 表示。中微子不带电,自旋为 1/2,质量非常轻(小于电子的百万分之一),以接近光速运动。中微子个头小,不带电,可自由穿过地球,与其他物质的相互作用十分微弱,号称宇宙间的"隐身人"。打个比方:若太阳是铀的原子核,则地球就好比是电子;若太阳是电子,则地球就好比是中微子。中微子实在是太小了,科学界从预言它的存在到间接证明它的存在,用了几十年的时间。

　　中微子的发现来自 19 世纪末 20 世纪初对放射性的研究。研究者发现,在量子世界中,能量的吸收和发射是不连续的。不仅原子的光谱是不连续的,而且原子核中放出的 α 射线和 γ 射线也是不连续的。这是由于原子核在不同能级间跃迁时释放的能量,是符合量子世界的规律的。奇怪的是,物质在 β 衰变过程中释放出的 β 射线的能谱却是连续的,而且电子只带走了总能量的一部分,还有一部分能量失踪了。

　　1930 年,奥地利物理学家泡利提出了一个假说:认为在 β 衰变过程中,除了电子之外,同时还有一种静止质量为零、电中性、与光子有所不同的新粒子放射出去,带走了另一部分能量。这种粒子与物质的相互作用极弱,以至仪器很难探测得到。未知粒子、电子和反冲核的能量总和是一个确定值,质能守恒仍然成立,只是这种未知粒子与电子之间能量分配比例可以变化而已。当时泡利将这种粒子命名为"中子",最初他以为这种粒子原来就存在于原子核中。1931 年,泡利在美国物理学会的一场讨论会中提出,这种粒子不是原来就存在于原子核中,而是衰变产生的。泡利预言的这个窃走能量的"小偷"就是中微子。1932 年真正的中子被发现后,意大利物理学家费米将泡利的"中子"正名为"中微子"。

　　1933 年,意大利物理学家费米提出了 β 衰变的定量理论,指出自然界中除了已知的引力和电磁力以外,还有第三种相互作用,即弱相互作用。β 衰变就是核内一个中子通过弱相互作用衰变成一个电子、一个质子和一个中微子。他的理论定量地描述了 β 射线能谱连续和 β 衰变半衰期的规律,β 能谱连续之谜终于解开了。

　　美国物理学家柯万(Cowan)和莱因斯(Reines)等于 1957 年第一次通过实验证实了中微子的存在。他们的实验实际上探测的是核反应堆 β 衰变发射的电子和反中微子。该电子和反中微子与氢原子核(即质子)发生反 β 衰变,在探测器里形成与反应堆功率之间有特定关联的信号,从而实现对中微子的观测。他们的发现于 1995 年获得诺贝尔物理学奖。

　　电子俘获反应也属于 β 衰变的一种,有时又叫做逆 β 衰变。若原子核的质子数过多,则一个内层轨道上的电子(通常是来自 K 电子层,称为 K 俘获,若来自 L 层,则称为 L 俘获),可被原子核内的一个质子俘获,形成一个中子和一个中微子,如式(10-9)所示。因为一个质子变成了一个中子,原子核的中子数加 1,质子数目减少 1,原子的质量数不变。由于反应使质子数减 1,电子俘获反应把一种元素转化成为另一种元素。新生成的原子由于核外 K 层缺了一个电子,因此必然处于激发态。其他层的电子会向 K 层跃迁从而释放出一个 X 射线,如图 10-6 所示。

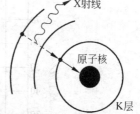

图 10-6　电子俘获示意图

$$_{4}^{7}\text{Be} + _{-1}^{0}\text{e} \longrightarrow _{3}^{7}\text{Li} + _{0}^{0}\nu \qquad (10\text{-}9)$$

　　γ 射线是从原子核的能级跃迁过程中释放出来的高能光子。处于激发态的原子核可以通过 γ 射线衰变的方式进入到基态。所释放出来的 γ 射线由于还必须穿过核外电子层,因此还有可能发生内部转换。这里的所谓内部转换是指核外某个电子吸收了 γ 射线的能量,获得了自由。然后再发生核外电子能级的跃迁使原子回到基态。在这个过程中,γ 射线的能量被转换为一个电子和一个 X 射线的能量。

　　原子核在衰变过程中,还可能处在同质异能态(即原子核的一种平均寿命长得足以被观察的激发态)的 γ 跃迁。它是放射性衰变的一种形式。长寿命的同质异能态通常在核素符号的左上角质量数后面加上 m 来表示。例如 ^{60m}Co 与 ^{60}Co 的电荷数和质量数都相同,但半衰期不同,前者为 10.5min,后者为 5.27a。通常将具有相同质量数和原子序数,而处在不同核能态的一类核素称为同质异能素。

自发裂变也是原子核衰变的一种类型。自发裂变是指处于基态或同质异能态的原子核在没有外加粒子或能量的情况下发生的裂变现象。自发裂变和 α 衰变是重核衰变的两种不同方式,两者有竞争。对铀核,自发裂变和 α 衰变相比很小,仅仅是刚可被探测到。但对某些人工制造的超重核素,例如 ^{252}Cf 的自发裂变则是主要的衰变形式。^{252}Cf 是重要的自发裂变中子源。

10.3.3 衰变链

当有一个核素发生放射性衰变后,所生成的核素不一定是稳定的。还会继续发生放射性衰变,从而形成衰变链(decay chian)。衰变链中有一系列核素,其中某一个核素经放射性衰变而转化成下一个核素,直到达到一个稳定的核素。前一个核素称为母体,转化后的核素称为子体,随着衰变的连续,子体可以有很多代。

例如,

$$^{91}_{37}\text{Rb} \xrightarrow[58.0\text{s}]{\beta^-} {}^{91}_{38}\text{Sr} \xrightarrow[9.5\text{h}]{\beta^-} {}^{91}_{39}\text{Y} \xrightarrow[58.5\text{d}]{\beta^-} {}^{91}_{40}\text{Zr} \tag{10-10}$$

$$^{215}_{85}\text{At} \xrightarrow[0.10\text{ms}]{\alpha} {}^{211}_{83}\text{Bi} \xrightarrow[2.14\text{min}]{\alpha} {}^{207}_{81}\text{Tl} \xrightarrow[4.77\text{min}]{\beta^-} {}^{207}_{82}\text{Pb} \tag{10-11}$$

连续衰变系列通称为放射系。在地壳中存在三个天然放射系。例如,钍系从 ^{232}Th 开始,经过 10 次连续衰变,最后到稳定核素 ^{208}Pb。反应堆内的裂变产物也常常要连续衰变,直至转变为稳定核素为止。例如,^{140}Xe 要经过 4 次 β^- 衰变,转变到稳定核素 ^{140}Ce。

根据大量的观测发现,在原子核的衰变链中,某一核素将会发生何种衰变是能够预测的,预测方法如图 10-7 所示。

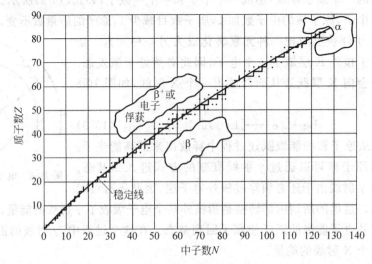

图 10-7　放射性衰变的预测图

根据图 10-7,α 衰变一般只发生在总核子数很大的区域,β$^+$ 衰变或电子俘获发生在质子数偏多的区域,β$^-$ 衰变发生在中子数偏多的区域。

10.3.4 半衰期

放射性核素衰变的快慢常用半衰期来表示。半衰期是一定量的原子核衰变掉一半所需要的时间。半衰期的范围可从 10^{10} a $\sim 10^{-9}$ s。半衰期除太长或太短难以测定的之外,其余的从 10^{-9} s 到几年都可用不同方法测定。

任何一种放射性原子核在单独存在时,随时间呈指数衰减。t 时刻的原子核数为

$$N(t) = N_0 e^{-\lambda t} \tag{10-12}$$

式中 λ 为衰变常数,N_0 表示时间为零时刻的母核数。衰变常数 λ 的大小决定了衰变的快慢。它只与放射性核素的种类有关。衰变常数 λ 与半衰期 $t_{1/2}$ 成反比,λ 越大,表示放射性衰减得越快,显然衰减到一半所需要的时间也就越短。它们的关系是

$$\lambda = \frac{\ln 2}{t_{1/2}} = \frac{0.693}{t_{1/2}} \tag{10-13}$$

衰变常数是某种放射性核素的一个原子核在单位时间内进行自发衰变的概率。因为 λ 是常数,单位是 1/s。所以每个原子核不论何时衰变,其单位时间内衰变的概率均相同。这意味着,各个原子核的衰变是独立无关的,每个原子核衰变完全是随机性事件。定义了半衰期以后,放射性核素的衰变规律如图 10-8 所示。每过一个半衰期,母核的数量减少一半。

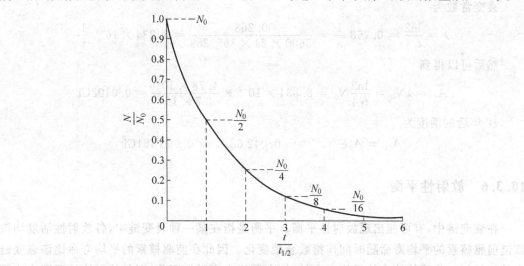

图 10-8　核衰变速率示意图

平均寿命 τ 是在某特定状态下原子或原子核系统的平均存活时间。对大量放射性原子核而言,有的核先衰变,有的核后衰变。各个核的寿命长短一般是不同的,从 $t=0$ 到 $t \to \infty$ 都有可能。但对某一类核素而言,平均寿命 τ 是个常数。平均寿命 τ 和衰变常数互为倒数,即

$$\tau = \frac{1}{\lambda} \tag{10-14}$$

10.3.5 放射性活度

由于测量放射性核的数目极不方便,且常常没有必要,而人们感兴趣又便于测量的是:一定量的某种放射性物质,在一个适当短的时间间隔中所发生的自发衰变数除以该时间间隔所得的商,即衰变率$-\dfrac{\mathrm{d}N}{\mathrm{d}t}$,亦称放射性活度。其表达式为

$$A \equiv -\frac{\mathrm{d}N}{\mathrm{d}t} = \lambda N = \lambda N_0 \mathrm{e}^{-\lambda t} = A_0 \mathrm{e}^{-\lambda t} \tag{10-15}$$

式中$A_0 = \lambda N_0$,是$t = 0$时的放射性活度。放射性活度和放射性核数具有同样的指数衰减规律。

因此,放射性活度,是指放射性元素或同位素每秒衰变的原子数。目前放射性活度的国际单位为Bq(贝可[勒尔]),1Bq就是每秒有一个原子衰变。历史上曾用Ci(居里)作为放射性活度的单位。1居里是指一克镭的放射性活度,等于3.7×10^{10}Bq。

例 10-3:某放射源具有20μg^{252}Cf,已知^{252}Cf的半衰期为2.638年,试计算初始时刻该源的放射性活度和12年后的活度。

解:先需要计算初始时刻的原子数量

$$N_0 = \frac{20 \times 10^{-6}}{252.08} \times 6.022 \times 10^{23} = 4.78 \times 10^{16}$$

衰变常数为

$$\lambda = \frac{\ln 2}{t_{1/2}} = 0.263\,\frac{1}{\mathrm{a}} = \frac{0.263}{3600 \times 24 \times 365.25\,\mathrm{s}} = 8.334 \times 10^{-9}\,\frac{1}{\mathrm{s}}$$

然后可以得到

$$A_0 = \lambda N_0 = \frac{\ln 2}{t_{1/2}} N_0 = 8.334 \times 10^{-9} \times \frac{4.78 \times 10^{16}}{3.7 \times 10^{10}} = 0.0108\mathrm{Ci}$$

12年后的活度为

$$A_{12} = A_0 \mathrm{e}^{-0.263 \times 12} = 0.042\,68 A_0 = 0.000\,461\mathrm{Ci}$$

10.3.6 放射性平衡

在衰变链中,有可能出现放射性平衡。平衡是指在某一种衰变链中,各放射性活度均按该链前驱核素的平均寿命随时间作指数衰减变化。因此在前驱核素的平均寿命比该衰变链中其他任何一代子体核素的平均寿命长时,有可能出现平衡现象,即各放射体的活度之比不随时间变化。

放射性平衡有两种情况,一种是若前驱核素的平均寿命不是很长,但比该链中其他任何一代子体核素的平均寿命长。在时间足够长以后,整个衰变系列会达到暂时平衡,各子体随母体的半衰期(或平均寿命)而衰减,如图10-9(a)所示。图中曲线a表示子体的放射性活度随时间的变化;曲线b表示母体的放射性活度随时间的变化;曲线c表示母体、子体的总放射性活度随时间的变化;曲线d表示子体单独存在时的活度变化。

还有一种情况是,如果前驱核素的平均寿命很长,以致在考察期间,前驱核素总体上的

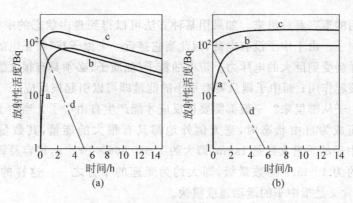

图 10-9 放射性平衡

变化可以忽略。那么在相当长时间以后(一般为连续衰变系列中最长的子体半衰期的 5～7 倍以上)放射系列可达到长期平衡。即各子体的放射性活度都等于母体的活度,如图 10-9(b) 所示。在未达到平衡以前,子体的活度随时间而增加,一直到达放射性平衡为止。

人工放射性核素的生长过程类似于长期平衡的过程,因此在用反应堆或加速器制备放射性核素时,大约照射 5 个半衰期后,放射性活度就可认为达到饱和了。

例如,考虑生产 ^{140}Ce 的以下衰变链:

$$^{140}_{56}\text{Ba} \xrightarrow[12.75\text{d}]{\beta^-} {}^{140}_{57}\text{La} \xrightarrow[1.678\text{d}]{\beta^-} {}^{140}_{58}\text{Ce} \tag{10-16}$$

其衰变链的平衡过程如图 10-10 所示。

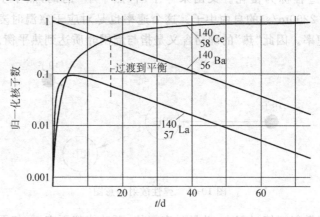

图 10-10 ^{140}Ba 衰变链的平衡过程

10.4 中子与物质相互作用

中子和原子核可以发生很多种相互作用,包括散射、吸收或裂变等过程。

10.4.1 散射过程

中子与极少数几种核物质(其中一种就是 ^{235}U)的某种特定形式的相互作用可以使核能

以可以实际应用的形态释放出来。如果用某种方法可以得到自由状态的中子,即得到存在于原子之外的中子。由于中子没有电荷,因此当它接近一个原子核(带正电的)时,不像带正电荷的质子那样会受到巨大的电斥力。带电的粒子(如质子)必须具有很大能量以克服电斥力才能与原子核起作用;而中子则只要有很小的能量即可以引起核反应。

那么自由中子从哪里来?一般都需要核反应才能产生自由中子。当中子从原子核的核反应中发射出而成为自由状态时,毫无例外地都具有很大的能量,其数量级一般在 $1\sim 10\mathrm{MeV}$。由于中子的质量大致是 $1\mathrm{amu}$,即大约 $1.660\,566\times10^{-24}\mathrm{g}$,很容易算出这些高能中子的运动速度约为 $10^{7}\mathrm{m/s}$ 的数量级,即大约为光速的十分之一。这样的中子常被称为**快中子**,“快”的含义是指中子的运动速度很快。

当中子穿过物质时,它们就与原子核碰撞而发生散射,这时快中子就把能量传给运动较慢的核。这种散射碰撞包括两种类型:弹性的和非弹性的。

在弹性散射中,动量及动能两者都守恒,如图 10-11 所示。在碰撞之后,中子动能的一部分(或全部)变为受撞核的动能。这种过程可以用经典力学定律,用“弹子球”式碰撞来进行处理。在中子与基本静止核的每次碰撞中,前者都将一部分(或全部)动能传递给原子核,因而速度就降低了。对于质量一定的原子核而言,中子所传递出的能量的多少将取决于它的散射角度。对于一定的散射角度而言,散射核质量越小,则中子传出能量的比例越大,因而其慢化程度也越大。这里出现一个叫“慢化”的词,是由核反应产生的平均能量为 2MeV 的快中子在与慢化剂的原子核不断碰撞的过程中损失能量,使自己的能量和速度逐渐降低成为热中子,这一过程称为**慢化**。又出来一个叫“热中子”的词,**热中子**通常指动能约为 $0.0253\mathrm{eV}$(速率约 $2200\mathrm{m/s}$)的自由中子。这个速率也是对应于室温时麦克斯韦-玻耳兹曼分布下的最可几速率。因此“热”的确切含义是指与周围介质达到热平衡。

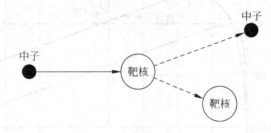

图 10-11　弹性散射示意图

在一个非弹性散射碰撞过程中,动量是守恒的,而动能却不守恒,如图 10-12 所示。

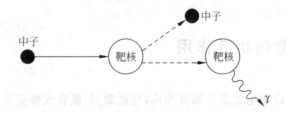

图 10-12　非弹性散射示意图

中子的动能的一部分转化成为受撞核的内(势)能,有时也叫做激发能。非弹性中子散射与散射核的特定性质有关,而且一般只发生在中子动能相当大的情况下。对于中等质量数或高质量数的元素,能被卷入非弹性碰撞的中子至少要具有 0.1MeV 以上的能量。如果散射物质的质量数较低,则所需中子能量甚至还要更高些。

10.4.2 热中子

大约在 0.1MeV 以下的能量范围内,就不再发生非弹性碰撞。但中子与核之间的弹性碰撞仍然会有效地使中子慢化,一直到中子的平均动能等于散射介质原子(或分子)的平均动能为止(达到热平衡)。这一能量取决于介质的温度,能量已减低到这一数值范围之内的中子叫做热中子。一个热中子的平均能量由下式给出:

$$热中子平均能量 = 8.6 \times 10^{-5} t_k \, eV \tag{10-17}$$

这里 t_k 是用绝对温标表示的散射介质的温度。于是,在常温(即大约 295K)下,热中子的平均能量大约为 0.0253eV。

热中子的平均速率用下式表示:

$$热中子的平均速率 = 1.3 \times 10^4 \sqrt{t_k} \, cm/s \tag{10-18}$$

因此在常温下,它大约是 $2.2 \times 10^3 m/s$。在各种温度下,热中子的平均能量和速率列在表 10-3 中。

表 10-3 热中子的平均速度和能量

温度/℃	能量/eV	速率/(m/s)
25	0.026	2.2×10^3
200	0.041	2.8×10^3
400	0.058	3.4×10^3
600	0.075	3.8×10^3
800	0.092	4.2×10^3

为了给快中子和热中子划一个界限,在核工程中,快中子指能量在 0.1MeV(即 10^5 eV)以上的中子。能量由 10^5 eV 至 1eV 的中子被称为中速中子。而能量约在 1eV 以下的叫做慢中子。而热中子是与周围环境处于热平衡状态的中子。能量稍高于热能(即在中速范围下端)的中子有时也叫做超热中子。

中子的慢化问题在许多反应堆内都占据很重要的地位,而用于这一目的的材料就叫做慢化剂。一种好的慢化剂就是能在很少几次碰撞中就使快中子的速率大大减小的物质。因此,由低质量数原子组成的物质是很好的慢化剂。普通水(H_2O)、重水(D_2O)、铍、氧化铍和碳都曾被用在各种反应堆内作为慢化剂。由于良好的慢化剂材料必须不显著地吸收中子,因此,轻元素锂和硼就被排除在外了。

10.4.3 辐射俘获效应

中子能够与原子核发生几种不同类型的俘获反应,这里只讨论对于核反应堆较重要的两种反应。在一种称为辐射俘获的反应中,核俘获了中子而生成高能态(或受激态)下的复核。然后,过剩能量以电磁辐射(一般称为俘获 γ 射线)的形式放出,而复核就回到正常态

（或基态）。例如^{238}U的这一过程可以用下列方程表示出来：

$$\ _0^1 n + \ _{92}^{238} U \longrightarrow (\ _{92}^{239} U)^* \longrightarrow \ _{92}^{239} U + \ _0^0 \gamma \qquad (10\text{-}19)$$

激发（高能）态的复核用右上角的星号标明。

可以看到，辐射俘获反应的产物是原反应物的一种同位素，因为它们的原子序数相同，不过前者的质量数比后者多1。在许多情况下，复合核都是有点不稳定的，并表现出放射性，通过衰变成了另一种核，而同时发出某种标识辐射。在所讨论的这种情况下，核辐射差不多总是由电子构成，这时电子一般都叫做β粒子，而且常常随伴发生γ射线以带走过剩的能量。

辐射俘获反应用符号(n,γ)表示，意指在过程内有一个中子被俘获，而有一个γ射线被放出。式(10-19)所产生的^{239}U核是放射性的，它衰变时放出一个负β粒子，即

$$\ _0^1 n + \ _{92}^{238} U \longrightarrow \ _{93}^{239} Np + \ _0^0 \gamma + \ _{-1}^0 \beta \qquad (10\text{-}20)$$

产物是原子序数为93元素的一种同位素，称为镎（Np），它在自然界中天然存在的分量无法测出。镎239也是β放射性的，而且衰变得相当迅速，衰变过程如下：

$$\ _{93}^{239} Np \longrightarrow \ _{94}^{239} Pu + \ _{-1}^0 \beta \qquad (10\text{-}21)$$

这时生成了原子序数为94的元素的同位素^{239}Pu，叫做钚。元素钚在自然界中仅以极微量存在。^{239}Pu也是放射性的，虽则它衰变得十分缓慢，放出α粒子。但^{239}Pu的重要性在于它既可用于原子弹又可用于核反应堆内来释放核能。

由天然存在的^{232}Th的(n,γ)反应开始，也会发生类似上述过程的一系列衰变。这时，

$$\ _{90}^{232} Th + \ _0^1 n \longrightarrow \ _{90}^{233} Th + \gamma \qquad (10\text{-}22)$$

产物是钍的同位素^{233}Th。它相继地经过两级衰变，第一级是

$$\ _{90}^{233} Th \longrightarrow \ _{91}^{233} Pa + \ _{-1}^0 \beta \qquad (10\text{-}23)$$

第二级是

$$\ _{91}^{233} Pa \longrightarrow \ _{92}^{233} U + \ _{-1}^0 \beta \qquad (10\text{-}24)$$

这里的产物就是^{233}U，它是在天然中基本上不存在的一种易裂变核素。它很缓慢地发射α粒子，而且，虽然它在目前还没有大量生产，但将来却可能在核能利用中占据一个重要地位。

这里所举辐射俘获过程的例子恰好属于两种高原子序数的元素，但事实上由氢到铀所有的元素，都或多或少地会发生这种反应。对于氢的过程是

$$\ _1^1 H + \ _0^1 n \longrightarrow \ _1^2 H + \gamma \qquad (10\text{-}25)$$

这里用符号^{2}H表示的产物，就是氢的稳定重同位素氘。虽然这种反应并不能用来制造氘，但它对核反应堆设计的某些方面却很重要。

10.4.4　粒子发射

在粒子发射（partical ejection）反应过程中，吸收中子后形成的复合核具有足够高的激发能，使得能够释放出一个粒子。例如

$$\ _5^{10} B + \ _0^1 n \longrightarrow (\ _5^{11} B)^* \longrightarrow \ _3^7 Li + \ _2^4 \alpha \qquad (10\text{-}26)$$

该反应和下面要介绍的裂变反应有点类似，是^{10}B核在中子的作用下发生了分裂。

10.4.5 裂变反应

还有一种十分重要的中子反应类型是核裂变。在裂变过程中,核吸收中子后所生成的复核非常不稳定,以致立即分裂成为两个或多个裂变碎片。某种核发生裂变的具体途径是多种多样的,只有很少一部分裂变核以对称的形式分裂。因此,当某一种核发生裂变时,就会生成许多种不同的裂变碎片。碎片中大多数都是有放射性的,它们以不同速率进行衰变,放出 β 粒子和 γ 射线,而这样生成的产物本身常常仍然带有放射性。例如,在^{235}U 的裂变中,就生成了质量数由 72 到 160 的八十多种初级产物。每种产物在转化为稳定核之前平均要经过三级放射性衰变。结果,在很短时间之后,裂变产物中就存在有三十多种不同元素的二百多种放射性同位素了。

由中子俘获引起的核裂变只存在于最重的元素内,其中最重要的是钍、铀和钚。某些同位素,最显著如^{233}U,^{235}U 和^{239}Pu,由慢(或热)中子以及快中子都能产生裂变,而另外一些同位素如^{232}Th 和^{238}U,则需要快中子才能引起裂变。

对于^{232}Th 和^{238}U,在大约 1MeV 处有一个相当明显的阈能界限,能量小于这一数值的中子不可能引起任何可观的裂变。然而,重要的是,这两种物质(特别是后一种)都会进行自发裂变,例如 1g ^{238}U 每小时内有 24 个核发生自发裂变。这一事实对于某些反应堆的启动过程是具有重要意义的。

有充分的理论根据可以相信,只有含奇数中子的高质量数核才能在寻常情况下相当稳定,而又能与慢中子发生裂变反应。在天然存在且较多的核物质中,只有^{235}U 能满足以上条件。由于它的质量数等于 235,而原子序数等于 92,因此它核内所含中子数(即 235－92＝143)为奇数。人造的^{233}U 和^{239}Pu 也包含奇数中子,并能由慢中子引起裂变。至于具有这种性质的其他稳定物质,则由于不可能取得足够分量,因而似乎没有什么实用意义。

从利用核能的观点看来,裂变的重要性有两方面。第一,这一过程放出大量能量;第二,由中子引起的这种反应本身又会释放出中子。于是就有可能在适当条件下使这种裂变反应一旦开始,就自行持续下去,而连续不断地产生能量。

10.5 核裂变

核裂变(nuclear fission)是指可裂变原子核裂变成两个,少数情况下,可分裂成三个或更多个质量为同一量级的核并放出能量的核反应。裂变反应包括用中子轰击引起的裂变和自发裂变。自发裂变除了用作中子源外(如^{252}Cf),其他如^{240}Pu 等在堆内的自发裂变,一般不予考虑。所以在反应堆内有意义的是指用中子轰击某些可裂变原子核时,引起重原子核发生裂变的一种反应。在这样的裂变过程中常有大量的能量释放,且伴随着放出若干个次级中子。

核裂变反应一般可用式(10-27)所示的核反应式来描述

$$U + n \longrightarrow X_1 + X_2 + \nu n + E \tag{10-27}$$

其中用 U 表示可裂变核,n 是中子,X_1 及 X_2 分别代表两个裂变碎片核,ν 表示为每次裂变平均放出的次级中子数，E 表示每次裂变过程中所释放的能量。

10.5.1　核裂变的液滴模型

　　液滴模型是从原子核内核子与核子强耦合这一性质出发而建立的一种原子核模型。这个模型在一定程度上能够阐明原子核的核裂变现象，如图 10-13 所示。

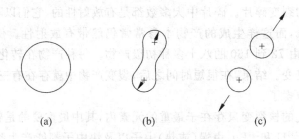

(a)　　　　　　　　(b)　　　　　　　　(c)

图 10-13　核裂变的液滴模型

表 10-4　临界能量和最后一个中子的结合能

核　　素	临界能量 E_c/MeV	最后一个中子的结合能 E_{bn}/MeV	$(E_{bn}-E_c)$/MeV
^{232}Th	7.5	5.4	-2.1
^{238}U	7.0	5.5	-1.5
^{235}U	6.5	6.8	$+0.3$
^{233}U	6.0	7.0	$+1.0$
^{239}Pu	5.0	6.6	$+1.6$

　　在图 10-13 中的(a)状态，原子核处于基态，由于原子核内部的核力把中子和质子结合在一起，形成一个稳定的核。当一个中子进入以后，原来的平衡被打破，形成的复合核(b)处于高能级状态，内部核力不足以把所有核子约束在一起，球形的原子核开始变形。若激发能大于某一临界能量(发生裂变所需要的最小激发能，不同材料的临界能量见表 10-4)，原子核变形成为哑铃形状。由于核力是短程力，此时中间部分的核力减弱，而质子之间的电斥力是长程力，基本没有变化，因此斥力大于核力，裂变就发生了(c)。

10.5.2　裂变材料

　　能进行裂变(无论由何种过程引起)的核素称为可裂变核素，其原子核一般都是质量数大的重核。目前最重要的可裂变核素为 ^{233}U，^{235}U，^{239}Pu 和 ^{232}Th，^{238}U。按它们的原子核是否易于裂变而分成两类。当用任意能量的中子轰击时，都能引起其原子核裂变，称为易裂变材料(fissile material)。例如 ^{233}U，^{235}U，^{239}Pu 这三种核素，根据表 10-4，它们的 $(E_{bn}-E_c)$ 都大于零，因此用任意能量的中子轰击时，都会引起裂变。

　　在自然界中，天然存在的易裂变材料只有 ^{235}U，它的一个典型的裂变反应为

$$_{0}^{1}n+_{92}^{235}U\longrightarrow(_{92}^{236}U)^{*}\longrightarrow_{55}^{140}Cs+_{37}^{93}Rb+3(_{0}^{1}n) \tag{10-28}$$

在这个反应中，^{235}U 被一个中子击中后形成了复合核 ^{236}U，被激发到了 ^{236}U 的激发态，使原子核发生了分裂，并释放出 3 个中子。

另一类是只有当用能量大于某一阈值的中子去轰击其原子核时,才会引起裂变反应的核素,称为可裂变材料(fissionable material)。例如,对^{238}U,只有用能量大于 1.5MeV 的中子去轰击其原子核时,才会有裂变反应发生。

某些核素在俘获中子后,经过放射性衰变会生成一种新的人工易裂变核素,这样的材料称为可转化材料(fertile material)。例如,^{238}U 俘获一个中子后,经过两次 β 衰变,最终变成易裂变核素^{239}Pu,如式(10-19),式(10-20),式(10-21)。同样,^{232}Th 核俘获一个中子后最终生成新的人工易裂变核素^{233}U,如式(10-22),式(10-23),(10-24)。主要的两种可转化材料^{238}U 和^{232}Th 的转化途径如图 10-14 所示。

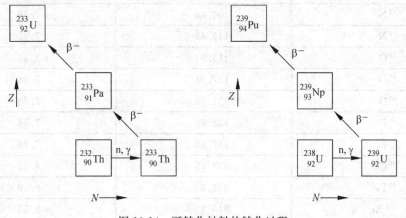

图 10-14   可转化材料的转化过程

10.5.3   比结合能

在前文我们介绍结合能的时候计算过^{235}U 的结合能是 1784MeV,这是形成^{235}U 的总的结合能。若平均到每个核子,则是比结合能。^{235}U 的比结合能是 1784MeV/235＝7.59MeV。若把每个稳定的核素的比结合能计算出来,可以绘制成如图 10-15 所示的比结合能曲线。表 10-5 列出了一些核素的结合能和比结合能的具体数值。

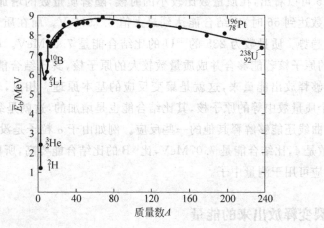

图 10-15   比结合能

表 10-5　一些核素的结合能和比结合能

核　素	结合能 E_b/MeV	比结合能 E_b/(MeV/核子)
^{2}H	2.224	1.112
^{2}He	8.481	2.827
^{4}He	28.30	7.07
^{6}Li	11.99	5.33
^{7}Li	39.24	5.61
^{12}C	92.16	7.68
^{14}N	104.66	7.48
^{15}N	115.49	7.70
^{15}O	119.95	7.46
^{16}O	127.61	7.98
^{17}O	131.76	7.75
^{17}F	128.22	7.54
^{19}F	147.80	7.78
^{40}Ca	342.05	8.55
^{56}Fe	492.3	8.79
^{107}Ag	915.2	8.55
^{129}Xe	1087.6	8.43
^{131}Xe	1103.5	8.42
^{132}Xe	1112.4	8.43
^{208}Pb	1636.4	7.87
^{235}U	1783.8	7.59
^{238}U	1801.6	7.57

　　从图 10-15 可以看出,在质量数比较小的时候,随着质量数的增加,比结合能呈现增大的趋势。质量数达到 56 时,比结合能达到最大值 8.79MeV。而在质量数超过大约 60 后,呈现出下降的趋势。质量数为 235 的^{235}U 的比结合能是 7.59MeV。因此从结合能的观点看,质量数小的原子核若能够合并成质量数较大的原子核,其比结合能是增大的,因此这样的过程应该能够释放出能量来,这就是聚变反应的基本原理。相反,若质量数较大的原子核,分裂成两个质量数中等的原子核,其比结合能也是增加的,这就是裂变反应的基本原理。

　　比结合能曲线还能够解释其他的一些反应。例如由于 α 粒子是没有核外电子的 He 原子核,其质量数是 4,比结合能是 7.07MeV,比^{10}B 的比结合能要高,所以能够发生式(10-26)的反应。该反应可用于测量中子。

10.5.4　核裂变释放出来的能量

　　若质量数较大的原子核,分裂成两个质量数中等的原子核,其总结合能是增加的,因此能够释放出能量来。那么如何来计算裂变反应释放出来的能量呢？考察一下以下裂变反应：

$$_0^1 n + _{92}^{235}U \longrightarrow (_{92}^{236}U)^* \longrightarrow _{55}^{140}Cs + _{37}^{93}Rb + 3(_0^1 n) \tag{10-29}$$

这个裂变反应把 ^{235}U 原子核裂变成为质量数为 140 的 Cs 和质量数为 93 的 Rb，并释放出 3 个中子。Cs 和 Rb 还会进行 β 衰变。把 Cs 和 Rb 的比结合能确定出来，就可以计算结合能的变化了。如图 10-16 所示。

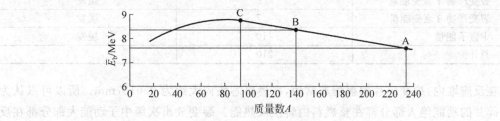

图 10-16 裂变反应的比结合能

通过计算，^{93}Rb 的结合能是 809MeV，^{140}Cs 的结合能是 1176MeV，因此可得

$$\Delta E_b = (809 + 1176) - 1786 = 199MeV \tag{10-30}$$

除了利用结合能计算裂变能以外，也可以用质量亏损的方法来计算裂变能，这种方法往往更加准确。

表 10-6 ^{235}U 原子核裂变过程中的核素和核子的质量

核素或核子	质量/amu	核素或核子	质量/amu
^{235}U	235.043 924	^{140}Cs	139.909 10
^{93}Rb	92.916 99	^1n	1.008 665

根据表 10-6 的数据，可以得到式（10-29）的裂变反应的质量亏损是 0.200 509amu，从而得到裂变能是 186.8MeV。

在 ^{235}U 原子核的实际裂变过程中，并不都按照式（10-29）进行裂变。核裂变反应的结果生成几个中等质量数的裂变碎片。有很多可能的核裂变方式，其中绝大多数是分裂成两个裂变碎片核。对于热中子引起的 ^{235}U 的裂变来说，已发现了约 30 多种不同的裂变方式，也即约有 60 多种裂变碎片。裂变碎片的质量数大都分布在 72～158 之间。几乎所有的裂变碎片都是不稳定的，它们要经过一系列 β 及 γ 衰变。这样在最终裂变产物中可能包括了有 300 多种不同核素的各种放射性及稳定同位素。图 10-17 显示了在热中子和 14MeV 快中子作用下的不同质量数裂变产物的产额分布情况。因此最可几产额是 95 和 140。实际的测量表明，^{235}U 每一次裂变释放出的可利用的能量大约为 200MeV，其中 80% 以上是以裂变碎片的动能形式放出的。裂变能量的分配方式如表 10-7 所示。

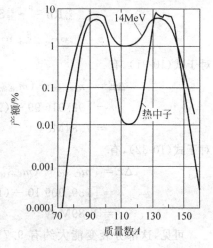

图 10-17 裂变产物的产额分布

表 10-7 ^{235}U 的裂变释放能的分配

能 量 形 式	能量/MeV	发 射 时 间
裂变碎片功能	167	瞬发
裂变中子动能	5	瞬发
瞬发 γ 能量	5	瞬发
(n,γ)反应	10	瞬发
裂变产物 γ 衰变能量	6	缓发
裂变产物 β 衰变能量	7	缓发
中微子能量	10	缓发
总计	210	

在反应堆内,裂变碎片的射程非常短,在燃料芯块内大约为 0.0127mm。所以可以认为裂变碎片的动能绝大部分都在核燃料内转换成热能。裂变放出次级中子动能大部分都在反应堆内被各种材料吸收转换成热能。裂变放出次级中子本身有一部分也将被反应堆内各种材料吸收,发生(n,γ)反应,并释放出约 10MeV 能量。虽然这部分能量不是核裂变直接放出来的,但它也是裂变带来的直接后果,并且是瞬发的形式释放出来的。有相当一部分 γ 射线将在反应堆内被吸收并转换成热能,故而通常在反应堆计算中把它们也归入到裂变反应所释放出可利用的能量内。

由于中微子不带电,其质量又很小,几乎不与反应堆内任何物质作用。故而中微子所携带的 10MeV 左右的能量在反应堆内是无法利用的。

确切地讲,每次裂变反应后所放出的可利用能量会随着堆型而有差别。但在作一般计算时,可以近似地认为,对 ^{235}U 核每次裂变后,在反应堆中可利用的能量约为 200MeV。其他可裂变核素原子核每次裂变放出的可利用能量也近似为这个数值。在压水堆中,可利用的裂变能量中,大约 97% 是分配在燃料内,不到 1%(为 γ 射线)的能量在反应堆的屏蔽层里,其余能量分配在慢化剂、冷却剂和结构材料内。

可利用的能量中还包括了裂变产物衰变过程中放出的 γ 及 β 射线,但这部分能量的释放是有一段时间延迟的。我们来估算一下裂变产物 β 衰变的能量,考虑以下两个衰变链,

$$_{37}^{93}\text{Rb} \xrightarrow{\beta} {}_{38}^{93}\text{Sr} \xrightarrow{\beta} {}_{39}^{93}\text{Y} \xrightarrow{\beta} {}_{40}^{93}\text{Zr} \xrightarrow{\beta} {}_{41}^{93}\text{Nb} \tag{10-31}$$

$$_{55}^{140}\text{Cs} \xrightarrow{\beta} {}_{56}^{140}\text{Ba} \xrightarrow{\beta} {}_{57}^{140}\text{La} \xrightarrow{\beta} {}_{58}^{140}\text{Ce} \tag{10-32}$$

对于式(10-31),有

$$\Delta E = [m_{\text{Rb-93}} - (m_{\text{Nb-93}} + 4m_e)] \times 931.5$$
$$= [92.916\,99 - (92.906\,38 + 4 \times 0.000\,548\,6)] \times 931.5$$
$$= 7.84\text{MeV}$$

对于式(10-32),有

$$\Delta E = [m_{\text{Cs-140}} - (m_{\text{Ce-140}} + 3m_e)] \times 931.5$$
$$= [139.909\,10 - (139.905\,43 + 3 \times 0.000\,548\,6)] \times 931.5$$
$$= 1.89\text{MeV}$$

可见,这部分衰变能大约有 9.73MeV。考虑到裂变产物的产额分布,通常取 7MeV。另外,裂变产物 γ 衰变能量取 6MeV,见表 10-7。它们占了总可利用能量中的大约 6.5%。

当反应堆一旦停止运行后,裂变能量中的大部分由于裂变反应的终止而不再释放出。但在停堆前形成的裂变产物,此时仍然存在,且处于不断衰变过程中。所以,裂变产物衰变时,放出的 β 及 γ 射线及其能量,仍然在停堆后相当一个时期内要释放出来,因此反应堆在停堆后仍需要进行冷却和屏蔽。将这些衰变热从停堆后的堆芯中导出,已成为核反应堆安全研究中重要的问题之一。

裂变产物中有些核素有较长的半衰期或较强的放射性,这将给它们的运输及最终安全储存都带来一系列的特殊问题。这也是在利用裂变能量时必须考虑的重要问题之一。有些裂变产物如 ^{135}Xe 和 ^{149}Sm 都具有相当大的热中子吸收截面,它们将会吸收反应堆内的热中子,从而影响到反应堆的中子平衡,这些问题我们将在下一章讨论。

练习题

1. 为何一个重核裂变成为两个子核的过程中会释放出来中子?

2. 什么是同质异能素? 它和同位素有什么差别?

3. 某放射源具有 $1mg^{252}$Cf,试计算初始时刻该源的放射性活度。

4. 考古学家可以根据 ^{14}C 的放射性衰变,来确定古生物距今生活的年代。因为活着的生物体内 ^{14}C 的含量和大气内的 ^{14}C 含量是一致的,因此几乎不变。而新陈代谢一旦停止以后,^{14}C 的含量便开始变化。所以可以根据古生物 ^{14}C 的现存量来确定古生物的生存年代。已知 ^{14}C 的衰变常数 λ 为 0.000 120 97/年,若某古生物的化石中测到的 ^{14}C 剩余量为大气含量的 5%,请问这个生物生活在多少年之前?

5. 中子与物质的相互作用有哪些?

6. 为什么核反应堆停堆以后还会不断释放热量?

第 11 章

核反应堆理论

核反应堆，又称为原子能反应堆，或简称反应堆，是能维持可控、自持的链式核裂变反应以实现核能利用的装置。本章要讨论的核反应堆理论的核心内容包括核反应堆物理（nuclear reactor physics）、核反应堆运行、核燃料循环等内容。

核反应堆物理是研究在中子的时间、空间、运动方向及能量分布的一门学科。就物理本质而言，反应堆物理基本上是建立在以下两方面知识基础上的一门学科：

（1）中子核反应的一些基本实验结果，特别是各种核素的中子吸收、散射和裂变截面随中子能量变化的规律。反应堆物理利用了核物理中的这些成果，对中子核反应的微观截面加以整理、编辑和评价后，作为反应堆物理的基本数据。

（2）描述中子群体空间运动及增殖过程的数学模型。反应堆物理的研究方法是利用已知截面数据，用数学模型或实验方法定量描述中子群体时间、空间的输运及增殖过程，并计算出一些主要的物理参量来说明中子增殖系统的物理性能。这些包括临界特性、反应性、功率分布、动态参数、燃耗、控制特性，增殖特性等。

核反应堆的安全特性在很大程度上取决于反应堆的物理特性。例如，对于压水堆核电厂，当由于某个外界扰动造成功率上升时，冷却剂的温度上升；由于冷却剂的负反应性温度效应，造成反应性下降，从而迫使功率回降。所以它有一种负反馈效应，能够对反应堆的稳定运行起保护作用。反应堆物理设计除了要保证反应堆具有良好的运行安全特性外，还要考虑在各种事故工况下反应堆的物理状态，防止出现可能危及公众和环境的重大放射性释放事故。

反应堆物理计算是通过理论计算的方法，研究反应堆内部大量中子与物质的相互作用引起中子增殖以及中子在物质中运动的规律。反应堆物理计算内容包括反应堆临界、燃耗、功率分布控制、反应性控制、反应堆稳定性与安全性等，它们要满足设计要求和安全准则。

对单个中子来讲，它在介质内，一直进行运动，直到它被吸收或从反应堆表面逸出为止，其运动轨迹是杂乱无章的折线，这是一个无规则的随机过程。但是，实际上，要讨论的是大量中子的统计行为，它们所造成的宏观行为是可以描述的。注意到中子运动不仅和空间点有关，而且和运动方向及其速度（即能量）有关。这样建立的方程为中子输运方程。

建立中子输运方程所遵守的一条基本原则，就是中子数守恒或中子数平衡。在一定体积内，中子数密度随时间的变化率应等于它的产生率减去消失率。这样得出的输运方程能精确表示出中子的空间、能量和运动方向分布。但在一般情况下很难求出输运方程的解析解。即使在计算机上利用数值方法求解，也是非常复杂和困难的事情。因此在早期的反应堆物理计算中，它往往只用在一些实际上需要精确计算的局部区域中，或作为基准比较用。

在大型反应堆的堆芯中,中子的空间分布是接近各向同性的。这样就可以近似地认为中子的分布与运动方向无关,使问题得到大大简化。通过这种近似简化得到的方程称为中子扩散方程。把分群法应用于扩散方程后,这样最终得出堆内中子空间分布的方程是一组联立多群扩散方程组。在每个方程中只出现空间变量,与能量有关的中子截面参数将作为常数出现在方程内。多群扩散方程是反应堆物理计算中最常用的方程。

由于反应堆堆芯成分、几何结构的复杂性,多群扩散方程是不可能用解析方法求解的。随着计算机和计算技术的发展,目前借助于计算机的数值方法几乎已成为反应堆物理计算中普遍采用的主要方法。

综上所述,核反应堆的理论核心是研究中子的行为,我们先来讨论一下自由中子的来源。

11.1 中子源

一般意义上讨论中子源通常是指能释放出中子的装置。从手持放射性源到中子研究设施的研究堆和裂变源。中子源一般用于普通工业应用,例如石油测井、中子治疗等。我们这里主要讨论的是核反应堆里面的中子源。启动一个核反应堆必须有中子源,对反应堆而言,中子的来源主要有两种途径:一是天然的自发裂变源,二是人工的中子源。

11.1.1 天然中子源

在反应堆堆芯内的有些材料会发生自发裂变(spontaneous fission)或者 α 衰变,从而产生一定量的中子。表 11-1 显示了一些会自发裂变的核素。自发裂变是原子核在没有外来粒子轰击或外来能量加入的情况下发生的裂变,是放射性衰变方式之一。1940 年 K. A. 彼得扎克和 G. N. 弗廖罗夫首先观察到 ^{238}U 核自行发生裂变的现象,并估计其半衰期为 $10^{16} \sim 10^{17}$ 年。最新的物理研究认为,自发裂变是量子力学隧道效应的结果。原子核边界有一裂变势垒,原子序数比钍低的核素,裂变势垒太高,几乎不可能自发裂变;随着超铀核素的不断产生,自发裂变率增大,逐渐成为一些超铀核素的主要衰变方式。例如 ^{254}Cf 的 α 衰变只占 0.31%,自发裂变占 99.69%。

表 11-1 自发裂变或 α 衰变的中子源

核 素	裂变半衰期/a	α 衰变半衰期/a	中子数/(g·s)
^{235}U	1.8×10^{17}	6.8×10^{8}	8.0×10^{-4}
^{238}U	8.0×10^{15}	4.5×10^{9}	1.6×10^{-2}
^{239}Pu	5.5×10^{5}	2.4×10^{4}	3.0×10^{-2}
^{240}Pu	1.2×10^{11}	6.6×10^{3}	1.0×10^{3}
^{252}Cf	66.0	2.65	2.3×10^{12}

另一个反应堆内可能的固有中子源是硼的核反应,如下:

$$^{11}_{5}B + ^{4}_{2}\alpha \longrightarrow ^{14}_{7}N + ^{1}_{0}n \tag{11-1}$$

在天然硼中，^{11}B 的丰度为 80.1%（见图 10-2）。要利用这个反应作为中子源有些条件，这是因为 α 粒子的射程极短，通常无法穿透燃料棒的包壳，因此需要特殊的结构设计。

对于一个已经运行过的核反应堆，例如换料以后的再启动，还有一个重要的中子源是氘的如下反应：

$$^2_1H + ^0_0\gamma \longrightarrow (^2_1H)^* \longrightarrow ^1_1H + ^1_0n \tag{11-2}$$

由于已经运行过的反应堆内有足够的高能 γ 射线，而所有用水作为冷却剂的反应堆内均有氘的存在（氘在天然水里的丰度是 0.015%），因此这是一个十分重要的中子源。

11.1.2 人工中子源

由于以上所述的天然中子源很弱或者依赖于反应堆的运行历史，因此有时候需要人工中子源来启动核反应堆。

一种可以安装在反应堆内的最强的人工中子源是 ^{252}Cf，这种中子源唯一的缺点是价格十分昂贵。价格之所以昂贵的主要原因是锎十分稀有，并且合成的难度极大。直到 1975 年，全世界才大约有 1 克的锎，所以它是目前最贵的元素之一。美国某工厂用核反应堆制造锎 252，到 1980 年累计生产 2 克。1980 年的价格曾高达 100 万美元/毫克。到 1994 年的价格虽降到了 1 千万美元/克，仍然是当年黄金价格的一百万倍。因此一些核反应堆采用钋铍中子源。

$$^9_4Be + ^4_2\alpha \longrightarrow (^{13}_6C)^* \longrightarrow ^{12}_6C + ^1_0n \tag{11-3}$$

这种中子源需要在铍金属内掺杂一些 α 衰变核素以提供 α 粒子，例如掺杂镭、钋或钚，然后用不锈钢或其他合金包起来。另外，铍的最后一个中子的结合能只有 1.66MeV，因此如果 γ 射线的能量超过 1.66MeV，还可以发生如下反应：

$$^9_4Be + ^0_0\gamma \longrightarrow (^9_4Be)^* \longrightarrow ^8_4Be + ^1_0n \tag{11-4}$$

此时需要在铍中子源内填充适量的强 γ 辐射源，经过辐照的锑（Sb）是很好的强 γ 辐射源。可以把辐照好的锑装在用铍薄片包成的小圆柱体内，然后外面再包上护套。

11.1.3 压水堆中子源组件

压水堆核电厂的中子源组件包括初级中子源组件和次级中子源组件，用于提高反应堆启动时的中子注量率水平，以使源量程核测仪器能可靠地测出中子注量率水平，从而保证反应堆安全启动。

初级中子源组件结构与可燃毒物组件基本相同，由连接柄和初级中子源棒组成。初级中子源组件共 2 组，每组含有一根初级中子源棒，中子源材料为 Cf 源或 Po-Be 源，它会自发地发射出中子，每根初级中子源棒的源强不小于 3.6×10^8 n/s。初级中子源采用双层不锈钢包覆，用于反应堆首次启动。

次级中子源组件结构与控制棒组件基本相同，共 2 组，由连接柄和次级中子源棒组成。次级中子源棒由不锈钢包壳、Sb-Be 源芯块和上下端塞组成。Sb-Be 源是一种稳定源材料，锑在反应堆运行期间吸收中子活化，锑的 γ 射线轰击铍而释放出中子。次级中子源组件用于反应堆换料后启动，其最低中子强度要求停堆换料 3~4 个月后仍不小于 3.6×10^8 n/s。

初级中子源组件和次级中子源组件均为堆芯内固定的不动部件。反应堆内的中子源主要用于启动反应堆,一旦启动起来以后,反应堆是能够自己产生中子并维持一定的中子数量的。因为核反应堆是能维持可控、自持的链式核裂变反应的装置。核反应堆通过合理布置核燃料,使得在无须补加中子源的条件下能在其中发生自持链式核裂变过程。下面我们来讨论如何才能达到"维持可控"的,由于"维持可控"的主要含义是在反应堆内维持一定数量的中子水平,因此需要先来讨论中子和物质的相互作用。

11.2　核截面

为了讨论中子与物质的相互作用,我们在式(6-14)中,曾介绍过 σ 是发射体材料的热中子吸收截面,cm²。当时我们并没有详细介绍中子核反应截面的物理含义,现在我们来重点讨论一下这个十分基础的物理量。

11.2.1　中子核反应截面

中子核反应截面(nuclear reaction cross section of neutrons)是中子作为入射粒子,与物质的原子核产生各种核反应的概率的一种度量。因此中子核反应截面是用以描述中子核反应概率的大小的一个物理量。中子核反应截面有微观截面和宏观截面,我们先来看微观截面。

微观截面 σ 表示平均一个入射中子与一个靶核发生相互作用的概率大小的一种度量。物理意义是单个粒子入射到单位面积内只含一个靶核的核反应概率,反应截面具有面积的量纲。假如有一单向均匀平行中子束,其强度为 I(即单位时间内通过垂直于中子飞行方向平面的单位面积上有 I 个中子),垂直入射在单位面积的薄靶上,薄靶厚度为 Δx,靶片内单位体积中的原子核数(核子数密度)是 N,由于某种核反应使出射中子束强度减弱了 ΔI,如图 11-1 所示。

则微观截面定义为

$$\sigma = \frac{-\Delta I / I}{N \Delta x} \qquad (11-5)$$

式中,$-\Delta I / I$ 为平行中子束中与靶核发生作用的中子所占的份额;$N \Delta x$ 为单位面积薄靶上的靶核数。式(11-5)是用于测量微观截面的计算公式,比较难以理解,下面我们用通俗一点的方法来介绍一下微观截面的概念。

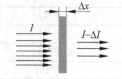

图 11-1　薄靶示意图

先思考这样一个假想的问题:假如足球场上均匀撒有足球(如图 11-2 所示),平均每平方米内有一个足球,此时从高空扔下一个小米粒,请问小米粒能够砸中足球的概率有多大?

先不着急计算,我们先来分析这个概率和哪些因素有关。首先,和足球场的大小有关吗?只要确保该小米粒能够落到足球场内,则小米粒砸中足球的概率和足球场大小没有关系,只和足球场内的单位面积内的足球数量有关系。其次,和足球的大小有关系吗?显然有关系,确切地讲,应该和足球的截面(平行光束下的投影面积)有关。因此足球的截面是小米粒砸中足球的概率大小的一种度量。

小米粒

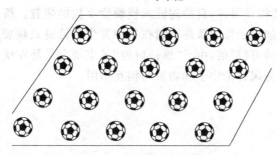

图 11-2　小米粒砸足球示意图

若足球的截面是 $0.03m^2$,每平方米有 1 个足球,则小米粒砸中足球的概率是 0.03。若每平方米有 3 个足球,且每个足球的位置都是随机的,则概率为 $1-0.97^3 \approx 0.087$;若每个足球的位置不能重叠,则概率为 $3 \times 0.03 = 0.09$。

因此微观截面具有面积的量纲,是一个中子和一个靶核发生相互作用的概率大小的一种度量。或者说其数值等于一个中子和单位面积上的一个靶核发生相互作用的概率。需要注意一点,"概率"是没有量纲的,而"概率大小的度量"可以是有量纲的。

根据表 11-1,^{238}U 原子核的半径是 7.74×10^{-13} cm,^{235}U 原子核的半径和它差不多。因此一个铀原子核在平行光束下的投影面积大约是 $2 \times 10^{-28} m^2$。度量原子核的微观截面一般用巴(b)作为单位,$1b = 10^{-28} m^2$,或 $1b = 10^{-24} cm^2$。

由于中子和靶核之间可以发生多种核反应,不同的核反应会有不同的微观截面。我们用 σ_a 表示微观吸收截面;σ_s 表示微观散射截面等。微观总截面 σ_t 为各种微观截面之和,即 $\sigma_t = \sigma_a + \sigma_s + \cdots$。几种常用核材料对 0.0253eV 能量的中子的裂变截面和吸收截面如表 11-2 所示。

表 11-2　几种材料对 0.0253eV(2200m/s)中子的裂变截面和吸收截面

材　料	裂变截面 σ_f/b	吸收截面 σ_a/b
^{233}U	531	579
^{235}U	582	681
^{238}U	—	2.70
^{239}Pu	743	1012

例 11-1:假设 $1cm^2$ 的面积上随机均匀分布有 10^5 个 ^{235}U 原子,速度为 2200m/s 的一个中子飞进该面积内,和 ^{235}U 原子发生裂变反应的概率是多少? 若面积为 $1nm^2$,则概率又为多少?

解:根据表 11-2,对于 2200m/s 的中子,^{235}U 原子裂变截面是 582b。若原子不能互相重叠,则概率为

$$p = n\frac{\sigma}{A} = 10^5 \times \frac{582 \times 10^{-28}}{1 \times 10^{-18}} = 5.82 \times 10^{-17}$$

若面积为 $1nm^2$,假设原子不能互相重叠,则概率为

$$p = n\frac{\sigma}{A} = 10^5 \times \frac{582 \times 10^{-28}}{1 \times 10^{-18}} = 5.82 \times 10^{-3}$$

若能互相重叠,则概率为

$$p = 1 - \left(1 - \frac{\sigma}{A}\right)^n = 1 - \left(1 - \frac{582 \times 10^{-28}}{1 \times 10^{-18}}\right)^{100\,000} = 5.803 \times 10^{-3}$$

从例 11-1 可以看出,当概率在 10^{-3} 量级以下,不考虑可重叠引起的误差不大。当然,上面把中子比作小米粒,靶核比作足球的例子和微观世界的现象还有一点差别。在足球场上,小米粒只有打中足球的投影面积内才能和足球发生碰撞,或发生相互作用。而在微观世界里却不一定,有可能中子只要飞入靶核的一定势力范围内就可以和靶核发生相互作用。也就是说,在微观世界里,^{235}U 原子核与中子发生相互作用的截面可能比原子核的投影截面 2b 要大得多。例如对于 0.0253eV 的热中子,^{235}U 原子核的裂变截面可以达到 582b。

在测定核俘获反应截面(吸收截面)时还表现出某些有趣的特点。图 11-3 显示了某元素的吸收截面随中子能量的变化情况。

虽然在一定能量下的中子实际吸收截面随着核的种类而有很大不同,但当中子能量变化时,这些截面数值却表现出相似的变化趋势。低能中子的吸收截面比较大,而高能中子(即快中子)的吸收截面则小得多。由于慢中子与原子核的许多反应(不限于辐射俘获反应)发生得比快中子反应迅速,因此为了增大反应概率,常常故意使快中子减低速度。这就是许多核反应堆内采用慢化剂的目的。

在慢中子区,吸收截面按"$1/v$ 律"的方式随着中子速度的增加而减小。这就是说,在这一区域中,截面数值与中子对核的速度成反

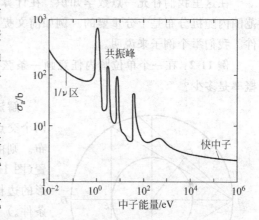

图 11-3　典型的吸收截面和中子能量的关系

比。从物理上看,这可以想象成中子与核相互作用概率取决于中子在核附近的逗留时间,而后者是与 $1/v$ 成比例的。

在中间能量区的下部,例如对于能量在 $1 \sim 1000$eV 的中子,常常在某些能量上出现某种核反应率(即截面)变得特别大的现象,这种现象在中等或高质量数核素中格外显著。这种现象属于共振现象。具有等于(或接近)共振值能量的中子,进行某一核反应的概率就比具有较高或较低能量的中子大得多。

在快中子区,由于中子的速度足够快了,截面基本就接近于原子核的投影面积了。

我们来看一个共振峰的例子。^{236}U 有一个 6.8MeV 的量子能级,由于 ^{235}U 原子吸收一个中子释放出来的结合能,可以通过质量亏损进行计算,为

$$(235.043\,925 + 1.008\,665 - 236.045\,563) \times 931 = 6.54\text{MeV}$$

所以 ^{235}U 原子对 $6.8 - 6.54 = 0.26$MeV 的能量的中子会发生共振吸收。

有了微观截面的概念之后,我们再来建立宏观截面的概念。宏观截面 Σ 是一个中子与单位体积内原子核发生核反应的概率大小的一种度量。先来看一个例子,若 1nm^3 内均匀分布有 10^5 个 ^{235}U 原子,速度为 2200m/s 的一个中子飞进该区域内,和 ^{235}U 原子发生裂变反应

的概率是多少?

和前面的例子不同的是,中子穿过第一层靶核后,还有机会和后面的靶核发生反应,原来 2 维的概率问题变成了 3 维的概率问题。为此我们定义一个物理量,叫做宏观截面。宏观截面是微观截面与单位体积内靶核数(核子数密度)的乘积,即

$$\Sigma = N\sigma \tag{11-6}$$

对于 $1nm^3$ 内均匀分布有 10^5 个 ^{235}U 原子的情况,核子数密度是 $10^5/10^{-27}=10^{32}/m^3$,则宏观截面是 $\Sigma = N\sigma = 5.82 \times 10^6 m^{-1}$。为了确定这种情况下一个中子与 ^{235}U 原子发生裂变反应的概率,还需要知道靶的厚度。若入射面积是 $1nm^2$,(在这个面积上中子随机射入),则靶的厚度为 $1nm$,而概率约为 5.82×10^{-3}。这个概率等同于 $1nm^2$ 内有 10^5 个 ^{235}U 原子时的 2 维情况下的概率(例 11-1)。可见,同样的体积情况下,概率会随入射面积的变化而变化。因此宏观截面描述的是具有单位表面积的单位体积内,1 个中子和原子核发生反应的概率大小的一种度量。

在这里我们补充一点数学知识。在计算一个事件的概率的时候,先确定什么量在什么范围内随机分布是十分重要的。例如前文提到的入射中子在单位面积上随机入射这样的条件。我们举个例子来说明。

例 11-2:在一个单位圆内任意画一条弦,请问弦的长度大于内接等边三角形的边长的概率是多少?

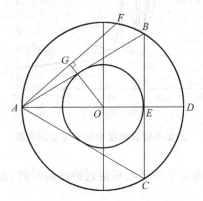

图 11-4　单位圆内的任意一条弦

解法 1:考虑到任意一条弦都和圆必然有且只有两个交点,则若假设这两个交点在圆周上均匀随机分布。则由于点是随机的,不妨假设一个点固定在 A 位置(图 11-4),可以计算出弦的长度大于内接等边三角形的边长的概率是 1/3。(F 点落在 BDC 弧上的满足条件。)

解法 2:考虑到任意一条弦都有一个到圆心的距离(OG),若假设 OG 的长度在 $0 \sim 1$ 之间随机均匀分布,则可以计算到弦的长度大于内接等边三角形的边长的概率是 1/2。

解法 3:考虑到任意一条弦都有一个中点(G),若假设中点 G 的位置在单位圆内是均匀随机分布的,则可以计算到弦的长度大于内接等边三角形的边长的概率是 1/4(半径 1/2 的圆的面积和单位圆的面积之比)。

以上三种解法都是正确的,所不同的只是对"任意画一条弦"与"随机均匀分布"之间的关系有着不同的理解。

所以,宏观截面是一个中子穿行单位距离与靶核发生相互作用的概率大小的一种度量,它的单位是 m^{-1}。所需要的条件是在中子入射的单位面积上是随机入射的中子,穿行了单位距离,自然就是单位体积内的概率了。宏观截面不是面积,而是为了计算三维情况下中子和靶核相互作用的概率而从微观截面延伸出来的一个概念。对应于不同的微观截面有着相应的宏观截面,例如:$\Sigma_a = N\sigma_a$,表示宏观吸收截面。同样,宏观总截面 Σ_t 为各种宏观截面之和。

还有一点需要注意的是,宏观截面的计算式是 $\Sigma = N\sigma$,也就是说采用的是原子的投影

面积不能互相重叠的情况。我们来看一下图 11-5,3 维空间内互不重叠的靶核投影到 2 维平面上是会发生重叠的。因此计算 1 个中子和单位体积内的原子核发生相互作用的概率应该用下式计算:

$$p = 1 - \left(1 - \frac{\sigma}{A}\right)^n = 1 - \left(1 - \frac{\sigma}{A}\right)^{N \cdot V} \tag{11-7}$$

其中 N 是核子数密度,V 是体积。在 σ/A 很小的时候,可以近似为互不重叠的情况,即

$$p \approx (NV)\frac{\sigma}{A} = N\sigma \frac{V}{A} = N\sigma \Delta x = \Sigma \Delta x \tag{11-8}$$

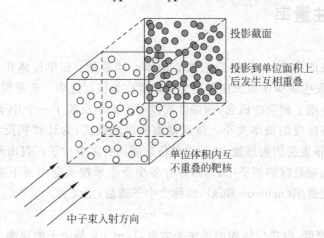

图 11-5　单位体积内发生作用的概率

11.2.2　平均自由程

在研究气体分子运动的统计力学中,有一个物理量叫做平均自由程。它是在一定的条件下,一个气体分子在连续两次碰撞之间可能通过的各段自由程的平均值。微观粒子的平均自由程是指微观粒子与其他粒子碰撞所通过的平均距离。我们可以把这个概念引入到中子学领域,定义中子的平均自由程,符号为 λ,定义为中子在介质内与原子核连续两次相互作用之间穿行的平均距离。经过分析,可以得到

$$\lambda = \frac{1}{\Sigma} \tag{11-9}$$

即平均自由程是宏观截面的倒数,单位为 m。同样,对于产生不同的核反应,有着不同的平均自由程,如 λ_a 表示吸收平均自由程,λ_s 表示散射平均自由程等。

引入平均自由程的概念主要是为了加深对宏观截面的理解,宏观截面是平均自由程的倒数。

11.2.3　截面的温度效应

热中子是和周围介质达到热平衡的中子。在反应堆中,堆芯平均温度达到 300℃ 左右,而截面数据通常给出的是中子能量在 0.0253eV(295K)时的截面数值(见表 11-2),对于其他温度下的热中子的平均裂变截面,可按下式计算:

$$\sigma_{\rm f} = \sqrt{\frac{295}{273+t}} \times \sigma_{\rm f,0.0253} \tag{11-10}$$

其中，t 的单位是℃。

例 11-3：计算温度为 260℃时 ^{235}U 的裂变截面。

解：$$\sigma_{\rm f} = \sqrt{\frac{295}{273+t}} \times \sigma_{\rm f,0.0253} = \sqrt{\frac{295}{273+260}} \times 582 = 433\text{b}$$

11.3　中子注量率

在计算反应堆的功率的时候，我们关心的核心问题是：在单位体积（例如 1cm^3）燃料内，单位时间（1s）发生多少次核反应？这个物理量称为核反应率。若是裂变反应，则称为裂变率。前面我们介绍了截面的概念，例如微观截面的大小反映了一个中子和单位面积上的一个原子核发生核反应的概率大小。微观截面和宏观截面，为计算核反应率打下了基础。但是，还需要一个很重要的物理量，也就是单位时间内有多少中子在轰击靶核？就好比前面举过的那个小米粒砸足球的例子中，每秒钟有多少个小米粒从空中落下来？描述这个因素的物理量是中子注量率（neutron flux），也称为中子通量，定义为

$$\varphi = nv \tag{11-11}$$

其中，n 是中子数密度，即单位体积内的中子数量，$1/\text{m}^3$；v 是中子的速率，m/s。

这样定义的中子注量率的单位是 $\text{n}/(\text{m}^2\text{s})$。因此中子注量率就是指空间某一点，单位时间内接收到的不论以何种方向进入以该点为球心的小球体内中子数目除以该球体的表面积所得的商。即单位时间内穿过单位面积的中子数。若用前面举的小米粒砸足球的例子，小米粒注量率就是单位时间内砸到单位面积足球场上的小米粒数量。反应堆动态学（reactor kinetics）就是专门研究核反应堆内中子注量率随时间变化的规律和产生这些变化的物理原因的分支学科。

单位体积内的自由中子数称为中子数密度，表示自由中子在介质内的密集程度。中子数密度与中子速度的乘积称为中子注量率，表示单位体积内所有的自由中子在单位时间内飞行的总距离。

中子注量率与宏观截面的乘积称为中子与核反应率密度，它表示单位时间、单位体积内的自由中子与原子核发生反应的数目。

单位时间内垂直地流过平面单位面积的净中子数称为中子流密度，它表示自由中子在介质中流动强弱的情况。在描述中子扩散现象时要用到中子流密度。

11.3.1　斐克定律

在介质内，中子通过与原子核的相继碰撞散射，趋向由高粒子数密度区迁移至低密度区的现象，称为中子的扩散，是核裂变反应堆和某些中子实验装置内中子空间运动的基本现象。

中子在介质中运动的问题是一个非常复杂的问题。但是如果对介质和中子作以下简化

假设：介质是无限的；介质是均匀的(因此所有截面都是常数,与位置无关)；介质中没有外中子源；在实验室坐标系中的散射是各向同性的；中子注量率是位置的缓慢变化的函数；中子注量率不随时间变化。那么可以得到

$$J = -D \, \mathrm{grad}\varphi \tag{11-12}$$

式中,J 为中子流密度；φ 为中子注量率；D 为中子扩散系数。如果我们对比一下第 3 章介绍的计算热传导的傅里叶定律,见式(3-3),可以发现中子的扩散和热量的扩散遵循类似的规律。

从式(11-12)可见,中子流密度与中子注量率的负梯度呈正比关系。这一关系在形式上与用于描述液体和气体分子扩散现象的斐克定律相同,因此也称为斐克定律。尽管在推导斐克定律时作了若干假定,从而使得该定律不是一个完全精确地描述反应堆内的中子扩散的运动规律。但是由于该定律已反映了中子扩散的基本现象,加上表述中子流密度和中子注量率之间关系的简单性,使该定律成为初等扩散理论的基础。

11.3.2　中子扩散方程

利用斐克定律可进一步得到表示单位时间从单位体积内泄漏出去(若为负值则表示进来)的中子数。这个物理量也称泄漏率密度,可以通过推导证明它等于 $-D\,\nabla^2\varphi$。如果已知介质中任一小体积元内中子产生和中子消失的速率,那么,就可得到中子注量率随时间变化所满足的方程为

$$\frac{1}{\nu}\frac{\partial\varphi}{\partial t} = D\,\nabla^2\varphi - \Sigma_\mathrm{a}\varphi + S \tag{11-13}$$

式中,φ 为中子注量率；ν 为中子速度；D 为中子扩散系数；Σ_a 为宏观吸收截面；S 为中子源密度；∇^2 为拉普拉斯算符,不同坐标系下拉普拉斯算符的形式见第 1 章的介绍。

方程(11-13)称为中子扩散方程。如果中子注量率不随时间变化,则可得到稳态中子扩散方程

$$D\,\nabla^2\varphi - \Sigma_\mathrm{a}\varphi + S = 0 \tag{11-14}$$

如果此方程中没有中子源,则可得到无源稳态中子扩散方程

$$D\,\nabla^2\varphi - \Sigma_\mathrm{a}\varphi = 0 \tag{11-15}$$

为了求解还需要确定该方程的边界条件,对于中子扩散方程,一般常用的边界条件有：与真空交界处,从真空射向介质的中子流密度为零；在两种不同介质的交界面处,中子注量率连续,中子流密度也连续；中子注量率必须是有限的单值非负的实数。由于中子扩散方程是二阶的偏微分方程,一般需要两个边界条件。

根据介质的几何形状不同,宜用不同的坐标系来表示中子扩散方程并求解,这里我们不详细讨论具体的求解推导过程,只列出均匀裸堆的一些结论。

均匀裸堆(均匀介质无反射层)是一个极其简化的堆芯模型。虽然工程实际中的反应堆由于堆芯内有冷却剂和结构材料的存在,堆芯内介质不可能均匀分布,但是做了很多简化的均匀堆模型,在进行理论分析的时候还是极其有用的。这是因为通过对均匀裸堆的分析,我们可以从总体上把握一个反应堆的各项特性。均匀裸堆的热中子注量率的解析解如表 11-3 所示。

表 11-3   均匀裸堆活性区热中子注量率分布

几 何 形 状	坐标	热中子注量率分布
厚度为 a 的无限大平板，a_e 为外推厚度	x	$\varphi_0 \cos\left(\dfrac{\pi x}{a_e}\right)$
边长为 a,b,c 的长方体，a_e,b_e,c_e 为外推边长	x,y,z	$\varphi_0 \cos\left(\dfrac{\pi x}{a_e}\right)\cos\left(\dfrac{\pi y}{b_e}\right)\cos\left(\dfrac{\pi z}{c_e}\right)$
半径为 R 的球体，R_e 为外推半径，等于 $R+0.71\lambda$	r	$\varphi_0 \sin\left(\dfrac{\pi r}{R_e}\right)\Big/\left(\dfrac{\pi r}{R_e}\right)$
半径为 R，高度为 L 的圆柱体，R_e 为外推半径，L_e 为外推高度，等于 $R+1.42\lambda$	r,z	$\varphi_0 J_0(2.405r/R_e)\cos\left(\dfrac{\pi z}{L_e}\right)$

目前绝大部分的动力堆都采用圆柱形堆芯，圆柱形均匀裸堆的热中子通量密度分布在高度方向上为余弦分布，半径方向上为零阶贝塞尔函数分布。

11.3.3   自屏效应

实际的反应堆一般不是均匀堆。在反应堆内有些局部地方的中子注量率可能会明显比周围要低，称为自屏效应。例如在燃料棒内部，由于热中子在进入燃料棒中心区域之前会被逐渐吸收，导致到达中心时中子注量率明显低于燃料棒表面处中子注量率。在共振峰附近能量的中子尤其容易被自屏掉，因为共振截面通常很大。

11.4   反应堆功率

为了计算反应堆内的裂变功率或功率密度，需要先确定裂变反应率，简称裂变率。

11.4.1   裂变反应率

在单位时间（1s）单位体积（1cm³）燃料内，发生的裂变次数，称为裂变反应率。

$$R = \Sigma_f \varphi = N_{235}\sigma_f \varphi \tag{11-16}$$

其中，R 为裂变率，单位是 $1/(cm^3 \cdot s)$；Σ 为宏观截面，单位是 $1/cm$；σ 为微观截面，单位是 cm^2；N_{235} 为 ^{235}U 的核子密度，单位是 $1/cm^3$；φ 为中子注量率，单位是 $n/(cm^2 \cdot s)$；下脚标 f 表示裂变。

11.4.2   体积释热率

体积释热率是指单位时间、单位体积内释放的热量。要注意的是，体积释热率指的是在该单位体积内转化为热能的能量，并不是在该单位体积内释放出的全部能量，因为有些能量（例如射程较远的 γ 射线）会在别的地方转化为热能，有的能量（例如中微子的能量）甚至根本就无法转化为热能加以利用。

均匀化后堆芯内的体积释热率 q_V 为

$$q_V = E_t \Sigma_f \varphi \tag{11-17}$$

其中，E_t 是每次裂变释放的热量，约 200MeV，这样得到的体积释热率的单位是 MeV/(cm^3 · s)。

11.4.3 堆芯核功率

根据体积释热率，我们可以得到堆芯的总功率，即有

$$P = 1.6021 \times 10^{-7} E_t \Sigma_f \varphi V \tag{11-18}$$

其中，P 是堆芯总热功率，单位是 W；V 是反应堆堆芯体积，单位是 m^3；φ 为中子注量率，单位是 1/(cm^2 · s)；Σ_f 为宏观裂变截面，单位是 1/cm；E_t 是每次裂变释放的热量，单位是 MeV。

对于一个特定的反应堆，堆芯体积是不变的。在一段相对较短的时间内（几天或几个星期），易裂变材料的核子数密度也是相对不太变化的，因此宏观裂变截面也基本不变化。于是，根据式(11-18)，反应堆的功率就和中子注量率呈线性比例关系。

对于长期运行的情况，考虑燃耗会发生变化，为了保持相同的功率，中子注量率在寿期末会有所升高。

11.5　中子慢化

中子慢化(neutron moderation)是由中子散射引起中子能量降低的过程。在热中子堆（简称热堆）中，发生裂变反应的中子的能量比它们刚从裂变反应释放出来的时候要低得多。因此在热堆中，需要有慢化剂材料来对中子进行减速，通常减速越快越好。

11.5.1　中子的减速

在热中子反应堆中，核裂变主要发生在中子动能小于 1eV 的热能区内。而裂变产生的次级中子是快中子，其平均能量为 2MeV。因此，将中子动能降低的慢化过程就成为热中子反应堆内中子运动的基本过程。

中子与原子核的核散射反应可使中子慢化。散射反应包括非弹性散射和弹性散射。非弹性散射可使中子损失较多的动能，但非弹性散射只发生在中子动能为 MeV 数量级的高能区内，而弹性散射在任何能量区域内均可发生。因此，热中子反应堆内中子慢化主要依靠弹性散射。

弹性散射后中子动能 E' 与散射前的动能 E 的比值满足

$$\frac{E'}{E} = \frac{1}{2}\big[(1+\alpha) + (1-\alpha)\cos\theta_c\big] \tag{11-19}$$

其中，θ_c 为质心系中的散射角（见图 11-6）；α 为与原子核的质量数有关的系数，为

$$\alpha = \left(\frac{A-1}{A+1}\right)^2 \tag{11-20}$$

其中 A 为与中子发生弹性散射的原子核的质量数。

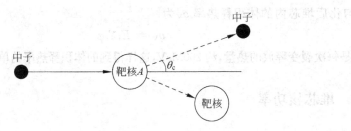

图 11-6　中子与原子核的弹性散射

当 $\theta_c = 0$ 时，$E' = E$。说明若散射后的中子不改变方向，则中子也不损失动能。实际上在这种情况下，中子没有和原子核发生碰撞。因为只要发生了碰撞，一定会发生运行方向的变化。

当 $\theta_c = \pi$ 时，$E' = \alpha E$。说明若散射后中子的运动方向与散射前相反时，则中子动能下降最多。但中子与原子核发生一次弹性散射只能损失部分的动能，所损失动能的大小与靶核原子核的质量数有关。原子核的质量数越小，所损失动能越大。因此，从散射观点讲，对反应堆慢化剂材料应选核质量数小的元素。除此以外，慢化剂的宏观散射截面 Σ_s 应较大，宏观吸收截面 Σ_a 应较小。

每次碰撞中子能量的自然对数减少的平均值称为平均对数能降，记作 ξ（ξ 值越大说明每次散射平均损失的中子动能占碰撞前的动能的比例越大）。

$$\xi = \ln E - \ln E' = \ln\left(\frac{E'}{E}\right) \tag{11-21}$$

ξ 对于每种材料而言是个常数，不同的材料具有不同的平均对数能降。因此它是用于比较材料的慢化能力的一个有用的参数。它通常被制成表以便查阅，在没有表可查的情况下也可以用下式估计：

$$\xi = \frac{2}{A + \frac{2}{3}} \tag{11-22}$$

该估计式对质量数 A 大于 10 的原子核比较准确，对于质量数小于 10 的原子核，会有超过 3% 的误差。

有了平均对数能降后，就可以计算出中子能量从 E_1 慢化到 E_2 所需的碰撞次数了，即

$$N = \frac{\ln E_1 - \ln E_2}{\xi} \tag{11-23}$$

我们通常用平均对数能降和热中子宏观散射截面的乘积，即 $\xi\Sigma_s$ 表示慢化能力。慢化能力与热中子宏观吸收截面 Σ_a 的比值称为慢化比。慢化比是慢化剂慢化性能的综合指标。慢化比越大，慢化剂的综合性能越好。一些常用慢化剂材料的参数如表 11-4 所示。

表 11-4　中子从 2MeV 慢化到 0.0253eV 慢化剂材料参数

材　料	ξ	碰撞次数 N	慢化能力 $\xi\Sigma_s$	慢化比 $\xi\Sigma_s/\Sigma_a$
H_2O	0.927	20	1.425	62
D_2O	0.510	36	0.177	4830
He	0.427	43	9×10^{-6}	51

续表

材　料	ξ	碰撞次数 N	慢化能力 ξΣ_s	慢化比 ξΣ_s/Σ_a
Be	0.207	88	0.154	126
B	0.171	106	0.092	0.000 86
C	0.158	115	0.083	216

例 11-4：把中子从能量 2MeV 慢化到 1eV,采用水作为慢化剂的话,需要碰撞几次?

解：根据表 11-4,水的平均对数能降是 0.927,则

$$N = \frac{\ln E_1 - \ln E_2}{\xi} = \frac{\ln \dfrac{2 \times 10^6}{1}}{0.927} = 16$$

11.5.2　裂变时中子的释放

在裂变反应过程中释放出的次级中子称为裂变中子。每次裂变放出的次级中子平均数用 ν(读作"纽")表示。ν 值的大小和易裂变核的种类及引起裂变的中子能量有关。中子能量越大,ν 值也越大。例如,热中子轰击^{235}U,ν 值为 2.43(即每次裂变平均放出 2.43 个次级中子);若用热中子轰击^{239}Pu,那么 ν 值为 2.84。但若用快中子(例如能量为 1MeV 的快中子)去轰击^{239}Pu,那么 ν 值为 2.98。正因为在裂变反应的同时,有次级中子释放出来,而且 ν 值大于 1,这样就有可能使链式反应维持下去。ν 值是一个极其关键的数值。

日常生活告诉我们,用火柴去点煤是很难直接点燃的。这是因为煤和氧气的反应虽然是放热反应,但该反应需要先吸收热量。当用火柴去点的时候,煤和氧气的反应无法"自持",即煤自身释放出来的热量不足以去加热周围其他的煤继续燃烧。只有当燃烧的煤多起来以后,反应才是可持续的,煤就会持续不断地燃烧,直到烧完为止。这种现象和核反应堆内的自持链式裂变反应有些类似,只是这时候自持的条件不是能量了,而是中子数量。

在一般反应堆中,次级中子的作用可归纳为以下几方面:为了链式反应的持续进行,至少要有一个次级中子再去轰击易裂变核素的原子核并引起裂变;有一部分次级中子由于运动而要泄漏出反应堆;另有一部分被堆内其他材料吸收,其中有一部分可被反应堆内可转换核素(例如^{238}U)吸收产生新的易裂变核素。所以设法提高 ν 值,并且设法减少泄漏及无用吸收,就可能使在反应堆内消耗易裂变核素的同时,生成新的易裂变核素,从而实现易裂变核素的转换,甚至可能造成易裂变核素的增殖。这是快中子增殖堆的基本原理。

裂变时放出的次级中子的平均能量约为 2MeV。所以若是在用热中子轰击^{235}U 引起裂变反应的热中子反应堆内,为了链式反应的持续进行,必须把裂变放出的次级中子的能量降低到热能附近。这要求在热中子反应堆堆芯内放置慢化剂,使高能次级中子与其原子核发生碰撞后,降低中子的能量,从而变成热中子。

裂变反应放出的次级中子中的绝大部分(99%以上)是在裂变后的极短时间内(可能小于 10^{-13}s)放出的。通常将这部分中子称为瞬发中子。这些中子能量包含范围很广,由 10MeV 以上一直到十分小的数值。然而,绝大多数能量都在 1~2MeV 之间(见图 11-7)。另外还有一小部分(不足 1%)是由于裂变碎片在衰变过程中释放出来的,称为缓发中子。

例如如下反应:

$$_{35}^{87}\text{Br} \xrightarrow[55.9\text{s}]{\beta^-} {}_{36}^{87}\text{Kr} \xrightarrow{\sim 0\text{s}} {}_{36}^{86}\text{Kr} + {}_0^1\text{n} \tag{11-24}$$

对^{235}U裂变,缓发中子总数约占整个裂变次级中子总数的0.6%。它实际上是由几种不同裂变碎片的衰变所放出来的。

现已测得^{235}U热中子裂变缓发中子先驱核大致可分为6组。表11-5给出了^{235}U热中子裂变时缓发中子的6组数据。

表 11-5 ^{235}U热中子裂变时缓发中子

组	半衰期 t_i/s	能量/keV	产额 β_i	平均时间 l_i/s
1	55.7	250	0.000 21	78.64
2	22.7	560	0.001 42	31.51
3	6.22	430	0.001 27	8.66
4	2.3	620	0.002 57	3.22
5	0.61	420	0.000 75	0.716
6	0.23	430	0.000 27	0.258
合计	—	—	0.0065	—

缓发中子在全部裂变中子中所占的份额用β表示,称之为缓发中子份额。对^{235}U的热中子裂变,$\beta=0.0065$。

缓发中子的平均能量要比瞬发中子的低。

虽然缓发中子在裂变产生的次级中子总数中所占比例不大(小于1%),但它对反应堆动态过程却有着极其重要的影响。也正由于有缓发中子的存在,才使链式裂变反应成为可控的。

11.5.3 中子代时间

两代中子之间的平均时间,称为中子代时间(neutron generation time)。决定瞬发中子的代时间的因素有三个:

(1) 快中子慢化所需时间;

(2) 热中子在被核燃料吸收之前存在的时间;

(3) 吸收后到裂变释放出下一代中子需要的时间。

快中子慢化的时间是$10^{-6} \sim 10^{-4}$s,依赖于不同的慢化剂材料。在水堆中,热中子在被核燃料吸收之前存在大约10^{-4}s。吸收后到裂变释放出下一代中子需要的时间大约是10^{-13}s。因此热堆中的瞬发中子的代时间大约为10^{-4}s。

对于缓发中子,平均代时间是6组缓发中子的平均时间。也包含三个因素:

(1) 快中子慢化所需时间;

(2) 热中子在被核燃料吸收之前存在的时间;

(3) 吸收后到缓发中子先驱核释放出下一代中子需要的时间。

起主要作用的是第三个因素,因此热堆中的缓发中子的代时间大约为12.5s。

若两代中子之间的时间只有10^{-4}s,反应堆将是十分难以控制的。由于有了缓发中子,

总体的平均代时间为

$$\bar{t} = \bar{t_p}(1-\beta) + \bar{t_s}\beta = 10^{-4} \times 0.9935 + 12.5 \times 0.0065 = 0.0813\text{s} \qquad (11\text{-}25)$$

在式(11-25)中,快中子的代时间基本可以忽略。由于有缓发中子,中子的代时间增大了,才使链式裂变反应成为可控的。否则,以目前的控制水平,只能像核武器那样引爆而无法控制其能量按需要的速率释放出来。

11.5.4 中子能谱

在堆芯内的中子,有处于各种能量状态的。中子数量或中子注量率的份额随能量分布的规律称为中子能谱。

裂变瞬间释放出来的中子也不是都具有同一个能量状态。图 11-7 显示了 ^{235}U 裂变瞬发中子的能谱。能谱曲线的纵坐标是每 MeV 的能量区间内中子数的份额,因此能谱曲线下的面积积分为 1。可以看到裂变瞬发中子的能量在 0.1~10MeV 之间,主要的能量集中在 1MeV 左右的能量,最可几能量为 0.7MeV,平均能量在 2MeV 左右。

由于裂变瞬发中子产生后,会迅速和周围介质相互作用,形成新的中子能谱。图 11-8 是典型的快堆和热堆内的中子能谱。

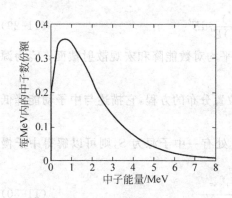

图 11-7 ^{235}U 裂变瞬发中子的能谱

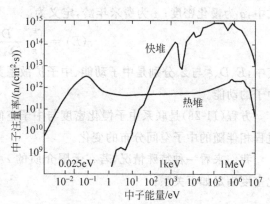

图 11-8 热堆和快堆的中子能谱

图 11-8 的纵坐标是按照中子注量率来画的,并且横坐标和纵坐标都采用了对数坐标。我们可以看到,在快堆中,高能中子的中子注量率较高。在热堆中,能量高于 0.1MeV 的区间的能谱和裂变瞬发中子的能谱差不多。而在能量处于 1eV~0.1MeV 之间,近似服从 $1/E$ 的分布。为了分析热中子堆能谱的分布规律,我们需要来研究中子的慢化过程。

若慢化剂为氢,吸收剂具有无限质量,在这两种原子核构成的无限大混合介质内,中子慢化能谱满足:

$$\Sigma_t(E)\varphi(E) = \frac{S_0}{E_0} + \int_E^{E_0} \frac{\Sigma_s^H(E')\varphi(E')}{E'}dE' \qquad (11\text{-}26)$$

式中 $\Sigma_t(E)$ 为能量 E 处的宏观总截面;$\Sigma_s^H(E)$ 为介质中氢的宏观散射截面;$\varphi(E)$ 为无限介质内中子慢化能谱;S_0 为中子源密度;E_0 为源中子动能;E 为中子动能。若吸收很小,则方程的解为

$$\varphi(E) = \frac{S_0}{\Sigma_s(E)E} \propto \frac{1}{E} \tag{11-27}$$

即在慢化过程中,中子慢化能谱与 $1/E$ 呈正比关系,这种形式的慢化能谱称为 $1/E$ 谱或费米谱。

如果假定中子与原子核发生散射每次碰撞只损失较少的动能,大量中子与原子核发生散射就形成了能量的连续变化,这种模型称为连续慢化模型。连续慢化模型与中子扩散模型联合,可得到费米年龄方程,用于求解连续慢化模型下包含空间分布的中子能谱。

11.5.5 费米年龄方程

为了描述费米年龄方程,先引入两个物理量。单位时间、单位体积、单位能量间隔内中子与原子核发生相互作用的总次数称为碰撞密度;单位时间、单位体积内慢化通过某一特定能量的中子总数称为慢化密度。

费米年龄方程为

$$\nabla^2 q(r,\tau) = \frac{\partial q(r,\tau)}{\partial \tau} \tag{11-28}$$

式中,q 为慢化密度;τ 为费米年龄,定义为

$$\tau(E) = \int_E^{E_0} \frac{D(E')}{\xi\Sigma_s(E')E'}dE' \tag{11-29}$$

其中,E、D、ξ 与 Σ_s 分别是中子动能、中子扩散系数、平均对数能降和宏观散射截面;E_0 为源中子的动能。

方程(11-28)是联系中子慢化密度与中子空间位置分布的方程,它描述与中子动能降低过程相伴随的中子空间分布的变化。

我们来看一种特殊情况,若在无限介质的 $r=0$ 处有一中子源为 S,则可以解得中子慢化密度满足如下关系:

$$\nabla q(r,\tau) = S\frac{e^{-r^2/4\tau}}{(4\pi\tau)^{3/2}} \tag{11-30}$$

从式(11-30)可见,费米年龄较小(即中子动能较接近源中子能量)的中子在空间上分布在较靠近源的地方,离源较远处中子的费米年龄较大(即中子动能较低)。

费米年龄的单位是 m^2,而不是时间单位。它的物理意义是,对于各向同性的单能点中子源,中子由能量为 E_0 慢化到能量为 E 的直线位移均方值的 $1/6$。中子在介质中的位移均方值是可以用实验方法测量的,这就是说费米年龄也可以用实验方法间接测得。

11.5.6 中子的最可几速率

中子的最可几速率(most probable velocity)取决于周围介质的温度,有

$$\nu_p = \sqrt{\frac{2kT}{m_n}} \tag{11-31}$$

式中,k 是玻耳兹曼常数,1.38×10^{-23} J/K;m_n 是中子的质量,1.66×10^{-27} kg。

例 11-5：计算 20℃和 260℃下中子的最可几速率。

解：20℃时，

$$v_p = \sqrt{\frac{2kT}{m_n}} = \sqrt{\frac{2 \times (1.38 \times 10^{-23}) \times (20 + 273)}{1.66 \times 10^{-27}}} = 2207 \text{m/s}$$

260℃时，

$$v_p = \sqrt{\frac{2kT}{m_n}} = \sqrt{\frac{2 \times (1.38 \times 10^{-23}) \times (260 + 273)}{1.66 \times 10^{-27}}} = 2977 \text{m/s}$$

可见，最可几速率随周围介质的温度升高而升高。

11.6 中子循环与反应堆临界

中子循环也称为中子生命循环(neutron life cycle)，是中子在反应堆中由裂变产生开始，直到引起新的裂变，产生下一代裂变中子的全过程。包括散射、慢化、泄漏、吸收和裂变等因素。这样一代代延续的中子循环即形成可持续可控的链式裂变反应。快堆和热堆的中子循环有很大差别，这里主要讨论的是热堆内的中子循环。

这就好比我们考察一个地区的蚂蚁总数，新的蚂蚁不断孵化出来，长大的蚂蚁会经历被天敌消灭、饥饿、自然灾害、自然死亡等各种因素而消失。因此若新孵化的和消失的速率基本相等，蚁群总数量将达到一个平衡，基本保持不变。若某一些因素发生变化，使平衡被打破，则蚁群总数量就会发生变化。

反应堆临界是指反应堆内，中子的产生率和消失率之间保持平衡，使链式反应得以持续地进行下去的状态。

具有给定几何布置与材料组成的堆芯或装置能够达到临界所需的最小尺寸，称为临界尺寸或临界大小。临界反应堆内核燃料的装载量，也就是维持自持链式裂变反应所需的易裂变物质的最小质量，称为临界质量。

一座反应堆的临界质量通常指反应堆芯部中没有控制棒和化学补偿毒物情况下的临界质量。反应堆的临界质量取决于反应堆的类型、材料成分、几何形状等条件，但对于任何一个特定的反应堆系统，它是一个确定的数值。但对于不同的设计，临界质量可以差别十分巨大。例如，用^{235}U 作燃料的反应堆，其临界质量可以小于 1kg，也可以大到 200kg。前者是含有^{235}U 富集度为 90%左右的铀盐溶液系统的临界质量，后者是天然铀石墨反应堆中所含的^{235}U 质量。反应堆的临界条件可以通过增殖因数来表示。

11.6.1 增殖因数

前文介绍过，中子引发的裂变反应是能再生产出中子的，这种过程显然具有链式反应的潜在可能性。但是如果要在核反应堆内加以应用，那么裂变链必须是自持的。如果裂变所产生的每一个中子都能够引起另一个核的裂变，那么，由于每次裂变平均产生两个以上的中子，毫无疑问是可以使裂变链持续下去的。然而，由于各种原因，实际上只有一部分裂变中子能够引起进一步的裂变。

　　首先,可能没有足够数量的高能中子来推持裂变链。例如,用纯^{238}U 或纯^{232}Th 作燃料的系统内的情况就是如此,这时需要能量至少为 1MeV 以上的中子才能引起裂变。当然,大部分裂变中子所具有的能量是比这一数值高的,然而由于它们与原子核发生非俘获碰撞(特别是非弹性碰撞)的结果,能量会迅速降低到裂变阈能值以下。因此,^{238}U 或^{232}Th 作为核燃料的装置是不可能维持自持链式反应的。但是用^{233}U、^{235}U 或^{239}Pu 时不会发生上述问题,因为这时能量很低的中子也能引发裂变。

　　其次,应该注意到由裂变产生的中子也会参与各种非裂变反应。甚至在纯粹可裂变物质中,也不是所有被吸收的中子都会引起裂变。这是由于总有一定的发生其他过程的概率(大小取决于中子能量),特别是辐射俘获过程。例如,在^{235}U 所吸收的热中子内,只有约84％会引起裂变;而在^{239}Pu 内,这一比率仅仅是 65％。此外,反应堆内存在的各种非裂变核也会吸收一些中子,因此被吸收的中子就不能再用来引起裂变。

　　最后,由于系统的几何大小通常是有限的,中子不可避免地会由系统的表面泄漏出去,这些中子就损失掉了。

　　一个核反应堆可以认为由以下材料组成:含有易裂变物质(如^{233}U、^{235}U 或^{239}Pu)的燃料,使中子慢化的慢化剂,传递裂变所产生的热量所需的冷却剂以及维持固定的几何结构所需要的结构材料。因此实现一种自持链式反应取决于中子参与以下四种主要因素的相对程度:

　　(1) 中子由系统内漏出,一般叫做泄漏。

　　(2) 被燃料内的易裂变核和其他可裂变核(^{238}U 或^{232}Th)非裂变俘获。这一过程有时也称为共振俘获,因为它最容易发生在共振能量上。

　　(3) 被冷却剂、慢化剂和各种其他物质(如结构材料、裂变产物和各种可能存在的杂质)非裂变俘获,叫做寄生俘获。

　　(4) 被易裂变材料和可裂变材料俘获而引发裂变。

　　上面总结的这 4 种因素都需要消耗系统中的中子,只有第 4 种因素(即裂变反应)中,有新的中子产生出来。如果最后一种过程内产生的中子数目恰好等于(或超过)由泄漏、寄生俘获、裂变与非裂变俘获中损失的中子总数,那么就应当可以产生一个自持反应。

　　图 11 9 显示了用^{235}U 作为燃料的反应堆内可能存在的中子循环。由这一假想情况可以看出,在一个用^{235}U 作燃料的反应堆内,被吸收或漏出的中子总数是 1000 个,而裂变产生

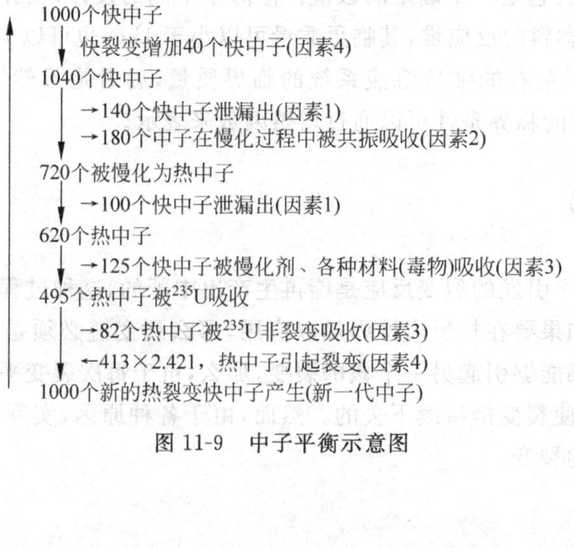

```
                  1000个快中子
                  │ 快裂变增加40个快中子(因素4)
                  ▼
                  1040个快中子
                  │ →140个快中子泄漏出(因素1)
                  │ →180个中子在慢化过程中被共振吸收(因素2)
                  ▼
                  720个被慢化为热中子
                  │ →100个快中子泄漏出(因素1)
                  ▼
                  620个热中子
                  │ →125个快中子被慢化剂、各种材料(毒物)吸收(因素3)
                  ▼
                  495个热中子被$^{235}$U吸收
                  │ →82个热中子被$^{235}$U非裂变吸收(因素3)
                  │ ←413×2.421,热中子引起裂变(因素4)
                  ▼
                  1000个新的热裂变快中子产生(新一代中子)
```

图 11-9　中子平衡示意图

的中子数也是 1000 个,这种条件就代表一种稳态的自持链式裂变反应。

如果漏出的中子和在非裂变过程内被俘获的中子总数超过 587 个,那么能引起^{235}U 裂变的慢中子数额会少于 413 个,因而再产生的新一代中子就必然小于 1000 个。这种裂变链是收效性的,由于两代中子之间的间隔时间很短,因此反应在很短时间内就会停止。另一方面,如果泄漏的和非裂变俘获的中子数小于 587 个,那么就有 413 个以上的中子引起裂变,结果得到的裂变快中子数就大于 1000 个。这时候裂变链就是发散的,中子数量会越来越多。

以上所述的链式反应的条件可以用一个叫做增殖因数的量表示出来。增殖因数是反应堆中新生一代的中子数与产生它们的直属上一代中子数之比,或中子的产生率与中子的消失率之比,通常用符号 k 表示。在反应堆系统内,中子主要是由裂变反应产生的。

中子的消失有两种途径,即在反应堆内被吸收和从反应堆表面泄漏出去。根据是否考虑泄漏,增殖因数可分为无限增殖因数和有效增殖因数。

(1) 无限增殖因数:假想的无限大增殖介质的增殖因数,通常用 k_∞(读作 k 无穷)表示。对于无限大系统,没有中子泄漏损失,中子由核裂变产生,并且仅由于被系统内各种材料的吸收而损失。

(2) 有效增殖因数:有限大反应堆系统的增殖因数,通常用 k_{eff} 表示(读作 k 有效)。

无限增殖因数为

$$k_\infty = 新一代中子数/上一代被吸收的中子数 \qquad (11\text{-}32)$$

考虑泄漏这个因素,有效增殖因数为

$$k_{\mathrm{eff}} = 新一代中子数/上一代消失的中子数 \qquad (11\text{-}33)$$

对有限大系统必须考虑中子的泄漏损失。不泄漏概率不仅与系统的材料特性,也与系统的大小和几何形状有关。因而,在没有外中子源时,有限大反应堆系统的临界条件是 $k_{\mathrm{eff}}=1$,这时反应堆处于稳态,反应堆内中子有一个稳定的分布。若 $k_{\mathrm{eff}}<1$,则系统是次临界的,当没有外中子源时,中子注量率就会不断衰减到零。若 $k_{\mathrm{eff}}>1$,系统是超临界的,中子注量率将随时间不断地按指数规律增长。提醒一下"没有外中子源"的前提条件,在有外中子源的情况下,这些结论会发生变化。

11.6.2　四因子公式

四因子公式,是分析无限增殖因数的公式,为

$$k_\infty = \varepsilon p f \eta \qquad (11\text{-}34)$$

其中,ε 是快裂变因子,p 是逃脱共振吸收概率,f 是热中子利用因数,η 是增殖因子。

快裂变因子,是指快裂变(快中子引起的裂变)引起的快中子数量的增加倍数。

$$\varepsilon = 所有裂变产生的中子数/热裂变产生的中子数 \qquad (11\text{-}35)$$

在图 11-9 的例子中,$\varepsilon=1040/1000=1.04$。

逃脱共振吸收概率,是指快中子在慢化成热中子的过程中,有多大概率能够逃脱共振吸收,即

$$p = 慢化成热中子的数量/开始慢化的快中子数量 \qquad (11\text{-}36)$$

在图 11-9 的例子中,$p=720/900=0.8$。

热中子利用因数,是指易裂变燃料吸收的热中子数占被吸收的总热中子数之比,即

$$f = 燃料吸收的热中子数量/所有材料吸收的热中子数量 \tag{11-37}$$

在图 11-9 的例子中,$f = 495/620 = 0.799$。

增殖因子,为热裂变释放出的快中子和燃料吸收的热中子数量之比,即

$$\eta = 热裂变产生的快中子数量/燃料吸收的热中子数量 \tag{11-38}$$

在图 11-9 的例子中,$\eta = 1000/495 = 2.02$。

这样,得到 $k_\infty = \varepsilon p f \eta = 1.04 \times 0.8 \times 0.799 \times 2.02 = 1.343$。

表 11-6 显示了主要的材料的每次裂变释放的中子数以及增殖因子。

表 11-6　裂变释放的平均中子数

核　　素	热　裂　变		快　裂　变	
	ν	η	ν	η
^{233}U	2.49	2.29	2.58	2.40
^{235}U	2.42	2.07	2.51	2.35
^{239}Pu	2.93	2.15	3.04	2.90

11.6.3　有效增殖因数

无限增殖因数不包括泄漏的因素,只有介质的几何尺寸为无穷大的情况才会不存在泄漏。为了考虑泄漏,k_{eff}用六因子公式计算,定义如下:

$$k_{eff} = \varepsilon L_f p L_t f \eta \tag{11-39}$$

六因子公式里面添加了两个因素:快中子不泄漏概率 L_f 和热中子不泄漏概率 L_t。在图 11-9 的例子中,$L_f = (1040 - 140)/1040 = 0.865$,$L_t = (720 - 100)/720 = 0.861$。包含六因子的中子循环如图 11-10 所示。

有效增殖因数可以看作由两部分组成。一部分取决于系统内存在物质的成分与布置,另一部分则取决于系统的大小。前者称为无限介质增殖因数 k_∞,它等于每一代内所产生的平均中子数与被吸收的平均中子数之比。换句话说,它事实上就是一个无限大系统中没有中子泄漏损失时的有效增殖因数。后者和系统的几何有关,一般来说体积越大泄漏出去的中子所占的比例会越小。

11.6.4　临界大小

如果对于特定材料的成分和布置,无限介质增殖因数 k_∞ 大于 1,那么这种系统必然会有某一大小,使得 k_{eff} 能够等于 1。换句话说,这样的反应堆必定有某种大小,使得由裂变产生的中子数与泄漏和吸收的中子数正好相互平衡,这就叫临界大小,也就是使链式反应恰好能自持的大小。

在这里我们定义一个叫做不泄漏概率的量,如下:

$$P = k_{eff}/k_\infty = L_f L_t \tag{11-40}$$

由于中子在整个反应堆内产生,而泄漏却只发生在外表面上,显然,当系统的体积对面

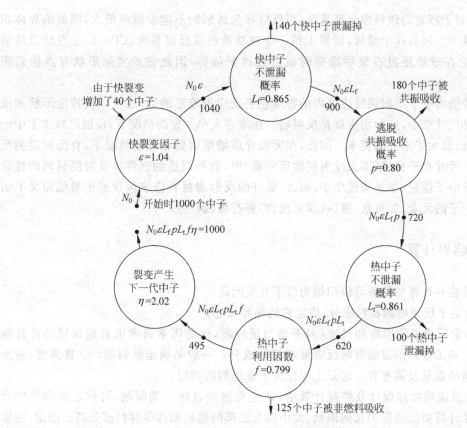

图 11-10　中子循环示意图

积的比增大时,中子的不泄漏概率也会增大。例如,我们讨论一个半径为 R 的圆球,体积对面积的比正比于 R,因而半径越大,则不泄漏概率也越大。因此,如果某一系统小于临界大小,则 P 的数值也小于临界反应堆的 P 值,因而 $k_\infty P$(即 k_{eff})就将小于 1。由上述情况可以推论,这时链式反应将会收敛,而系统就是次临界的。另一方面,如果反应堆的尺寸超过反应堆的临界大小,那么 k_{eff} 就会大于 1,而系统也将成为超临界的,它能产生一个发散的裂变链。

决定临界大小的因素之一显然就是无限介质增殖因数。如果后者比 1 大得多,那么 P 相当小就可以满足临界系统 $k_{eff}=1$ 的要求。如果 k_∞ 仅仅比 1 稍大一点,像用天然铀作燃料的反应堆那样,那么这一系统只有在尺寸很大时才能成为临界的,这时 P 只比 1 稍小一点。

如果系统的性质使得 $k_\infty < 1$,那么,它永远也不能成为临界的,因而不可能发生自持链式反应。例如,天然金属铀燃料与石墨慢化剂均匀混合物就属于这种情况。但是,将燃料与慢化剂布置成栅阵的形式,使天然金属铀块或棒适当分布在石墨格子中间,k_∞ 值就会变为稍稍大于 1。如果将反应堆造得很大,使中子的相对泄漏数减少,那么不泄漏概率就充分接近 1,而能使 k_{eff} 等于 1。因此,天然铀-石墨反应堆都是很大的。例如,美国的第一个芝加哥反应堆(CP—1)和它的扩建堆(CP—2),橡树岭的 X—10 反应堆,布鲁克哈汶(Brookhaven)反应堆和汉福特(Hanford)的各个反应堆都属于这种设计方案。

在决定临界大小的各个因素中,k_∞ 值是最基本的,此外也还有其他一些因素。其中就有反应堆的形状(或几何形状)。由于在所有体积相等的几何形状中,球形具有最小的表面积。显然,对于特定的燃料慢化剂系统,当反应堆为球形时不泄漏概率最大,因而临界体积(或质量)最小。因为这个缘故,世界上第一个成功的链式反应系统(CP—1)是设计成球形的;然而,它在球形还没有最后造完时就已经达到临界,因此它的实际形状有点像扁圆球体。

用一种能将中子反射回反应堆内的物质包裹反应堆堆芯的话,还可以使特定形状和成分下的临界尺寸变小,这种物质就是反射层。在堆芯大小一定的情况下,反射层减少了中子的泄漏,因而加大了不泄漏概率。因此,在无限介质增殖因数相等的情况下,有反射层的反应堆在堆芯尺寸小于裸堆(即无反射层的反应堆)时,就可以达到临界。反射层材料的性质主要取决于中子能量,如果是慢中子,那么,最好的反射层材料应该包含原子量低而又不明显吸收慢中子的元素,如重水、铍(或其氧化物)和石墨(碳)等。

11.6.5　临界计算

反应堆临界计算的任务可以归纳为以下几类问题:

(1) 给定了反应堆的材料成分,确定它的临界尺寸。

(2) 给定反应堆的形状和尺寸(对于动力反应堆,这些因素通常由其他领域的计算确定,如材料、热工等),确定临界时反应堆的材料成分。一般是确定燃料的^{235}U富集度,或所需控制毒物的数量及其布置。这是工程设计中常遇到的情况。

(3) 在反应堆物理设计及燃耗计算中,还经常遇到这样一类问题,可称之为临界性计算。临界性计算指反应堆的几何形状、大小以及芯部的燃料和其他材料成分都已给定,需要计算出反应堆的有效增殖因数或反应性。

临界计算是反应堆物理设计的重要部分,除了求出反应堆临界时的体积大小和燃料成分及燃料装载量外,还有一个重要的任务是确定临界状态下系统内中子注量率的分布。而堆芯内的释热率或功率的分布是和中子注量率分布成比例的。

反应堆临界计算常用的方法有:连续慢化理论和分群扩散理论。连续慢化理论就是前面介绍过的费米年龄方程。而分群扩散法是研究多能中子扩散的一种近似方法。它是计算带有反射层或多区反应堆的有效和常用方法。

在分群扩散理论中,将中子能量从上限能量到热能之间分为若干个能量区间,或者叫做"能群"。同一能群中子的扩散、散射和吸收用适当平均后的群参数和群截面(称为"群常数")来描述。各群中子的输运行为用能群扩散方程描述。在这种分群理论中,最简单的是"单群"理论,但是它只能给出比较近似的结果。在热中子反应堆计算中,尤其对于以石墨或重水为慢化剂的反应堆,常常采用两群扩散理论。这时,只要群常数选取得当,就能给出比较好的结果。随着计算技术的发展及新的堆型(如快中子反应堆)的出现以及对反应堆计算提出更高的要求,很多设计采用少群(2～4 群)或多群理论进行计算。

在计算非均匀反应堆时,必须考虑栅格的非均匀效应。通常分两步进行:

(1) 计算非均匀栅格的物理参数,在计算时必须考虑到非均匀效应的影响。然后把非均匀反应堆等效成等价的均匀反应堆,这称为均匀化过程。

(2) 应用均匀反应堆的理论对等效均匀反应堆进行临界计算。

11.7 反应性

当我们用 k_{eff} 来分析中子循环的时候,若每一代中子的 k_{eff} 保持为一个常数,则可以预测中子数量随时间的变化情况。若初始时中子数是 N_0,则第 n 代的中子数为

$$N_n = N_0(k_{\text{eff}})^n \tag{11-41}$$

例 11-6:若初始时刻有 1000 个中子,$k_{\text{eff}} = 1.002$,计算 50 代以后有多少中子?

解: $$N_{50} = N_0(k_{\text{eff}})^{50} = 1000 \times 1.002^{50} = 1105$$

若上一代有 N_0 个中子,那么这一代就有 $N_0 k_{\text{eff}}$ 个中子。中子数的变化为 $N_0 k_{\text{eff}} - N_0$,则两代之间的中子数的相对变化率为

$$\rho = \frac{N_0 k_{\text{eff}} - N_0}{N_0 k_{\text{eff}}} = \frac{k_{\text{eff}} - 1}{k_{\text{eff}}} \tag{11-42}$$

我们把这个量定义为反应性(reactivity)。根据不同的 k_{eff},反应性可能是大于零、小于零或等于零。反应性的绝对值越大表示偏离临界的程度越大。用反应性来表示反应堆偏离临界程度的一种度量有时候比较方便。

例 11-7:若 k_{eff} 为 1.002 和 0.998,计算反应性。

解: $$\rho = \frac{1.002 - 1}{1.002} = 0.001\,996 \quad \text{和} \quad \rho = \frac{0.998 - 1}{0.998} = -0.0020$$

我们可以看到,这样定义的反应性是一个无量纲的数。由上面的例子可以看到,反应性通常是一个很小的数。为了便于交流和表达,通常会人为地给反应性规定一个单位。历史上曾用"元"作为反应性的度量单位,规定 1"元"=0.065,然后再规定"分",1"分"是 1"元"的百分之一。现在已经基本不用了。现在比较流行的单位是 $\Delta k/k$。更小的刻度是 %$\Delta k/k$,mk 或 pcm 等。

$$1\%\Delta k/k = 0.01\ \Delta k/k \tag{11-43}$$
$$1\text{mk} = 0.001\ \Delta k/k \tag{11-44}$$
$$1\text{pcm} = 0.000\,01\ \Delta k/k \tag{11-45}$$

反应堆中重要的反应性值有剩余反应性、控制毒物的价值、停堆深度等。几种主要堆型的各种反应性值见表 11-7。

在反应堆中没有任何控制毒物(如控制棒、可燃毒物和化学补偿毒物等)的条件下,反应堆的反应性称为剩余反应性。反应堆的剩余反应性的大小与反应堆的运行时间和工况有关。在反应堆运行时,反应堆的剩余反应性可以理解为可以投入的所有正反应性的总量。

控制毒物投入堆芯时所引起的反应性变化的绝对量为控制毒物的价值,亦称控制毒物的反应性当量。在反应堆运行时,控制毒物的价值可以理解为可以投入的所有负反应性的总量。

停堆深度,当全部控制毒物投入堆芯时的反应堆所达到的次临界度。显然停堆深度等于全部控制毒物的价值与反应堆的剩余反应性之差。它与反应堆的运行时间和工况有关。

表 11-7　几种主要堆型的各种反应性值　　　　　　　　　　　$\Delta k/k$

项　　目	沸水堆	压水堆	重水堆	高温气冷堆	钠冷快堆
清洁堆芯的剩余反应性					
在 20℃时	0.25	0.293	0.075	0.128	0.050
在运行温度时		0.248	0.065		0.037
在平衡氙和钐时		0.181	0.035	0.073	
总的被控价值	0.29	0.32	0.125	0.210	0.074
控制棒的价值	0.17	0.07	0.035	0.16	0.074
可燃毒物的价值	0.12	0.08	0.09	0.10	
化学补偿价值		0.17			
停堆深度					
冷态和清洁的堆芯	0.04	0.03	0.05	0.082	0.024
热态和平衡氙和钐时		0.14		0.137	0.037

11.7.1　反应性系数

反应堆内的中子数量以及随时间的变化,可以通过反应性确定。而影响反应性的因素很多,例如燃耗、温度、压力、裂变产物等都会影响反应性。

下面我们来分析各种影响反应性的因素——反应性系数(reactivity coefficient),定义为

$$\alpha_x = \frac{\Delta \rho}{\Delta x} \tag{11-46}$$

其中,x 为某一个因素。如考虑温度的影响,就是反应性温度系数,简称温度系数;冷却剂的空泡份额的影响称为反应性空泡系数,简称空泡系数。

这些参数的变化往往是由于反应堆内中子注量率或功率的变化引起的。而反应堆内中子注量率的变化又是反应性的变化引起的。这样就形成一种反馈效应。反馈的强弱用反应性系数来表征。反馈效应的正负影响反应堆的稳定性与安全。为了保证反应堆的安全,要求反应性系数是负值。常用的反应性系数有温度系数、空泡系数及功率系数等几种。

例 11-8:若慢化剂温度系数为$-8.2\text{pcm}/℃$,若温度降低5℃,会引入多少反应性?

解:　　　　　　　　$\Delta\rho = \alpha_T \Delta T = (-8.2)\times(-5) = 41\text{pcm}$

11.7.2　温度系数

温度系数是指温度变化 1K 或 1℃引起反应性的变化,即

$$\alpha_T = \frac{\Delta\rho}{\Delta T} \tag{11-47}$$

堆芯中各种成分(燃料、慢化剂和冷却剂等)的温度及其温度系数都是不同的。反应堆总的温度系数等于各成分的温度系数的总和,即

$$\alpha_T = \sum_i \frac{\Delta\rho}{\Delta T_i} = \sum_i \alpha_{Ti} \tag{11-48}$$

式中 T_i 和 α_{Ti} 分别为堆芯中成分 i 的温度和温度系数。其中起主要作用的是燃料温度系数

和慢化剂温度系数。

(1) 燃料温度系数。核燃料温度变化 1K 或 1℃引起的反应性的变化,即

$$\alpha_{T_f} = \frac{\Delta \rho}{\Delta T_f} \qquad (11-49)$$

式中 T_f 为堆芯中核燃料的温度。

反应堆的热量产生于燃料内,燃料温度变化对反应堆功率变化的响应是瞬时的。所以燃料的温度效应是一个瞬时效应,它对反应堆的安全起着十分重要的作用,一般要求该系数必须为负。

燃料温度系数主要是由燃料的共振吸收多普勒(Doppler)效应引起的,故又称多普勒反应性系数。燃料温度升高将使 ^{238}U 原子的运动速度增加,从而共振吸收峰被展宽,如图 11-11 所示。对于静止的 ^{238}U 原子核,只会对能量为 E_0 的中子发生共振吸收,而温度升高后,会导致能量在 E_0 附近的更多的中子被共振吸收,从而引入负的反应性。因此对采用低富集度核燃料的反应堆来说,多普勒反应性系数是负值。在水堆中对多普勒展宽影响较大的是 ^{238}U 和 ^{240}Pu。

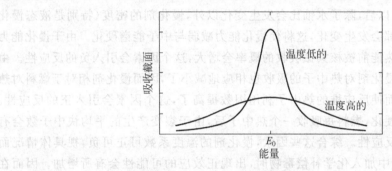

图 11-11 多普勒展宽

此外,核燃料因温度变化会引起热膨胀,导致核燃料密度变小,从而会引入反应性变化,这种机理对金属铀燃料比较重要。

(2) 慢化剂温度系数。慢化剂温度变化 1K 所引起的反应性的变化,即

$$\alpha_{T_m} = \frac{\Delta \rho}{\Delta T_m} \qquad (11-50)$$

其中 T_m 为慢化剂的温度。

由于热量从燃料到慢化剂有一个热传递的过程,因此慢化剂的温度变化对功率变化来说要滞后一段时间。慢化剂温度效应是一种滞后效应。

根据前面的介绍,热堆中的慢化剂材料一般具有以下特点:中子散射截面较大、中子吸收截面较小和每次碰撞中子能量损失较大。

分析慢化剂的温度效应,有一个比值十分重要,就是慢化剂和燃料的核子数密度之比(在水堆中称为水铀比)。增大水铀比,中子的泄漏会降低,慢化剂中中子的吸收会增加(Σ_a 增大),因此热中子利用因数会降低。减小水铀比,会使慢化时间变长,共振吸收变大,同时还会引起中子泄漏增加。因此水铀比对反应性的影响十分复杂,热堆中的水铀比对热中子利用因数、逃脱共振吸收概率以及 k_{eff} 的影响如图 11-12 所示。可以看到存在一个最合理的水铀比,使得 k_{eff} 可以达到最大。水铀比过小称为欠慢化,水铀比过大称为过慢化。

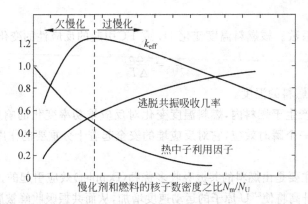

图 11-12 水铀比对热中子利用因数、逃脱共振吸收概率以及 k_{eff} 的影响

在实际的工程设计中,轻水堆一般设计成欠慢化的。这是因为若设计在过慢化区,在温度升高的时候,会由于水的膨胀使水的密度降低,从而水铀比降低,引入正的反应性。温度升高引入正的反应性,这不是偏安全的设计。温度升高引入负的反应性是设计人员希望的。

慢化剂的温度升高以后,除了水铀比会发生变化以外,慢化剂的密度(特别是液态慢化剂)及其微观中子截面都会发生变化,这将使慢化能力减弱与中子能谱硬化。由于慢化能力的减弱,中子未慢化至热能前被核共振吸收的概率会增大,这个因素会引入负的反应性。由于慢化剂密度的减小,慢化剂对热中子的吸收也相应地减小了,因而慢化剂相对于燃料对热中子的吸收减少了,从而使反应堆的热中子利用因数提高了,这个因素会引入正的反应性。此外,由于中子能谱的硬化,燃料每吸收一个热中子后,由于裂变产生的平均快中子数会有所降低,从而引入负的反应性。综合这些因素,慢化剂的温度系数可正可负,视具体情况而定。尤其当液体慢化剂中加入化学补偿毒物时,出现正效应的可能性会有所增加。因而在压水堆核电厂里,为了使其具有负反应性系数,对化学补偿剂(硼)的含量应加以限制(硼浓度一般限制在 $1.3 \times 10^{-3} \sim 1.4 \times 10^{-3}$ 以下)。

11.7.3 压力系数

压力系数为在反应堆中,冷却剂压力变化所引起的反应性变化,即

$$\alpha_p = \frac{\Delta \rho}{\Delta p} \tag{11-51}$$

压力系数主要是由压力变化会引起慢化剂的密度变化导致的,因此有时候也称为慢化剂密度系数。压力升高,慢化剂密度会增大,从而水铀比增大。在设计成欠慢化的反应堆中,这个因素会引入正的反应性。在压水堆中,压力系数的值通常很小,比慢化剂的温度系数要小得多,所以一般不太引起重视。在沸水堆中,由于压力对密度的影响比较大,因此压力系数会比较大,不过也没有下面要介绍的空泡系数关键。

11.7.4 空泡系数

在冷却剂会沸腾的堆芯中,例如沸水堆,空泡系数是指冷却剂内的空泡份额变化百分之

一所引起的反应性变化,即

$$\alpha_V = \frac{\Delta\rho}{\Delta x_V} \tag{11-52}$$

式中 x_V 表示在冷却剂内气泡所占的体积百分数。

以液体作慢化剂和冷却剂的反应堆中,由于冷却剂的沸腾(包括局部沸腾)产生的气泡占据了液体慢化剂的空间,这将导致以下一些影响:慢化剂对中子吸收的减少,从而使反应堆的热中子利用因数提高;中子泄漏会增加;慢化能力会变差;中子能谱会被硬化。这些影响中,有些是正效应,有些是负效应。总的净效应是正还是负与反应堆的类型及其核特性有关,并与空泡出现的位置有关。一般来说,对于压水堆是负效应,而对大型快中子反应堆,可能出现正效应,特别是当空泡出现在堆芯中心区时。

几种典型反应堆的反应性系数如表 11-8 所示。

表 11-8 典型反应堆反应性系数

项 目	沸水堆	压水堆	重水堆	高温气冷堆	钠冷快堆
燃料温度系数/(10^{-5}/K)	$-4 \sim -1$	$-4 \sim -1$	$-1 \sim -2$	-7	$-0.1 \sim -0.25$
慢化剂温度系数/(10^{-5}/K)	$-50 \sim -8$	$-50 \sim -8$	$-3 \sim -7$	$+1.0$	
空泡系数/(10^{-5}/%功率)	$-200 \sim -100$	0	0	0	$-12 \sim +20$

11.7.5 功率系数

反应性功率系数是单位功率变化所引起的反应性变化,也称为反应性微分功率系数,简称功率系数,即

$$\alpha_P = \frac{\Delta\rho}{\Delta P} \tag{11-53}$$

式中 P 为反应堆的功率。

反应堆的功率发生变化时,堆内核燃料的温度、慢化剂的温度以及冷却剂中的空泡份额都会发生变化,从而引起反应性的总变化。因此,功率系数 α_P 是所有和功率有关的反应性系数的总合。在整个堆芯寿期中,要求它都是负的。通常在堆芯寿期末其负值的绝对值会更大,这是由于末期慢化剂的负温度效应增大的缘故。

11.8 中子毒物

这里所说的毒物,不是指材料的化学毒性或生物毒性,而是特指中子的吸收截面较大的材料——中子毒物。

对于压水堆核电厂,出于经济性考虑,反应堆具有较大的剩余反应性以用于补偿核电厂运行期内各种效应(例如燃耗、裂变产物毒性、燃料和冷却剂温度效应等)所引起的反应性亏损。在反应堆运行初期,对剩余反应性采用三种形式的中子毒物补偿,它们是控制棒、可燃毒物和化学补偿毒物(即溶于冷却剂内的可溶硼)。化学补偿毒物主要用于控制和补偿慢的反应性变化,补偿燃耗和裂变产物毒性效应引起的反应性亏损;而控制棒主要用于控制和

补偿快的反应性变化。

这三种毒物是主动添加的,以便于控制反应性。还有一种毒物是非主动添加的,是裂变产物引起的毒性,最主要的是氙(^{135}Xe)、钐(^{149}Sm)等。

11.8.1 可燃毒物

压水堆为了减少补偿初始堆芯剩余反应性所需的硼浓度,并展平中子注量率,避免出现慢化剂正温度系数而在堆芯内布置一定量的可燃毒物棒。将含有可燃耗的中子吸收材料(硼、钆等)封装,制成可燃毒物棒,并用连接板连接,组成可燃毒物组件。还有的压水堆为了提高燃耗深度,延长换料周期,在燃料芯块中加入 Gd_2O_3、Er_2O_3 或硼化锆等可燃毒物,使核电厂的经济性有很大提高。

若不往堆内添加可燃毒物的话,反应堆运行一段时间后,由于燃料的燃耗增加,很快就会不能达到临界了。为了继续临界就得频繁换料。为了延长换料周期,设计了可燃毒物。所谓的可燃,是指随着燃耗的增加,毒性也会被"燃烧"掉,这样材料的毒性正好和易裂变核素的消耗成正比。燃料新的时候燃料富集度高,可燃毒物的毒性也强,等燃耗加深了,毒性也降低了,正好达到匹配,可以明显地增加燃耗,延长换料周期。

11.8.2 可溶毒物

除了可燃毒物棒以外,压水堆中还采用可溶毒物,溶解在冷却剂中,并且浓度可以通过化学与容积控制系统进行调节。最常用的可溶毒物是中子吸收截面很大的硼酸溶液。通过调节冷却剂系统中的硼酸浓度,可以实现添加或移出反应性,达到控制反应堆内剩余反应性的目的。紧急注硼系统还是一种很有效的备用停堆系统。

可燃毒物棒和可溶毒物各有自己的优缺点。可燃毒物棒分布不均匀,但可以按照要求布置在不同的区域,达到功率展平的目的。可溶毒物在堆芯内分布均匀,但调节速度比较慢。

11.8.3 控制棒

还有一类毒物是不可燃的毒物,通常用于各种控制棒。控制棒是用于控制反应性的可动部件。也就是说,反应堆内链式反应的强弱,可用控制棒进行控制。另外,控制棒还可用于控制反应堆的功率分布,避免形成较大的局部功率峰,确保燃料元件的温度不超过设计极限值。

控制棒主要用于控制和补偿快的反应性变化。控制棒的主要功能是:

(1) 补偿从热态零功率至满功率燃料和慢化剂温度效应引起的反应性亏损以及由于功率再分布引起的反应性变化;

(2) 用以实现提高或降低反应堆功率,或者移动控制棒实现快速的负荷跟踪,使核电厂具有变工况运行能力;

(3) 在各种运行工况下,用控制棒实现快速或紧急停堆,并保持一定的热停堆反应性裕度；

（4）补偿变工况时的瞬态氙效应所引起的反应性变化，以及借助于控制棒移动来抑制氙振荡。因此压水堆内控制棒是按不同功能进行分组，一般分为停堆控制棒组，控制功率空间分布的控制棒组以及功率调节控制棒组。

为了使控制棒能有效地控制反应性，对于热中子反应堆，采用吸收中子强的材料（例如，碳化硼、银-铟-镉合金、铪等）作控制棒。常用材料的中子性能如表 11-9 所示。

表 11-9　几种常用元素的中子微观吸收截面及其共振吸收峰

元　素	主要核反应	丰度/%	微观吸收截面	
			0.0253eV	共振吸收峰及对应能量/eV
^{10}B (B)	^{10}B(n,α)^{7}Li	18.8	3837 760	
^{107}Ag		51.4	35	1225(16.6),466(42)
^{109}Ag (Ag)	(n,γ)	48.6	92 66	25 720(5.1),174(31)
^{113}Cd (Cd)	(n,γ)	12.3	2000 2550	63 415(0.175)
^{113}In		4.3	12	1977(2.7)
^{115}In (In)	(n,γ)	95.7	203 196	2926(1.46),867(3.8),1044(9.1)
^{155}Gd		14.7	61 000	8500(2.7),3540(6.4)
^{157}Gd (Gd)	(n,γ)	15.7	240 000 3600	6370(17)
^{174}Hf		0.16	400	900
^{176}Hf		5.2	30	8090
^{177}Hf	(n,γ)	18.5	370	1610
^{178}Hf		27.1	80	500
^{179}Hf		13.8	65	18
^{180}Hf		35.2	10	

注：元素栏内带括弧的为天然元素。

选择控制棒的材料要考虑的因素，除了材料的吸收截面以外，还要考虑控制棒对功率分布的扰动和控制棒本身的材料消耗。有些材料具有很大的中子吸收截面（黑棒材料），但是这样的棒会把棒周围的中子几乎全部吸收掉，引入较大的中子注量率畸变（见图 11-13）。而且由于吸收截面很大，必然吸收体材料的消耗也会加大。因此有时候会用一些所谓的"灰棒"。灰棒只吸收掉棒周围的部分中子，通过合理设计灰棒的材料成分，也可以达到控制棒所需要的吸收中子性能。压水堆控制棒一般采用银-铟-镉合金，其质量比大致为 80%、15%、5%，并

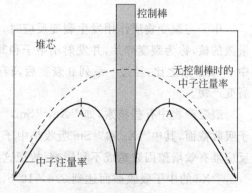

图 11-13　控制棒对局部中子注量率的影响

且做成束棒状,以减小插入控制棒后所引起的功率畸变。

控制棒根据其功能可以分为:

(1) 粗调棒(shim rod),用于相对较大的反应性的添加或移出;

(2) 细调棒(regulating rod),用于精细的调节,便于控制功率和温度到目标值;

(3) 安全棒(safety rod),用于快速引入巨大的负反应性,主要用于紧急停堆(scram 或 trip)。

并不是所有反应堆都需要这三种棒,依赖于具体的设计。若粗调棒也可以缓慢地移动,则可以替代细调棒。

控制棒能控制的反应性大小,用控制棒的反应性价值来表征。描述控制棒的价值通常用积分价值和微分价值两个量。

图 11-14 显示了从顶部插入的控制棒(压水堆通常采用顶部插入,沸水堆通常采用底部插入的设计),从底部开始抽出时在不同的棒位处能够引入的正反应性的示意图。积分价值就是从底部到顶部能够引入的总的反应性,而微分价值指的是图中曲线的斜率。可以看到微分价值在控制棒的位置处于中间时比较大,如图 11-15 所示。

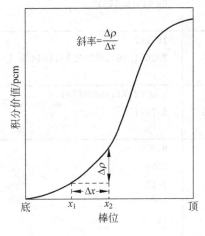

图 11-14　控制棒的积分价值

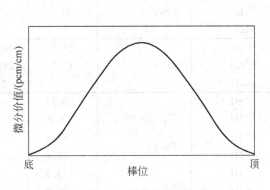

图 11-15　控制棒的微分价值

11.8.4　氙

中子与裂变物质作用发生裂变反应时,易裂变材料的原子核一般被分裂成两个中等质量数的核,称为裂变碎片,并发射出中子和其他放射性射线。这些裂变碎片几乎都有过大的中子-质子数之比,经过一系列 β 衰变后,转变为各种稳定核。裂变碎片及其衰变产物统称裂变产物。

裂变产物中有些核素,如 ^{135}Xe,^{149}Sm,^{151}Sm,^{113}Cd,^{155}Gd 和 ^{157}Gd 等,具有相当大的热中子吸收截面,其中 ^{135}Xe 和 ^{149}Sm 吸收热中子尤为强烈。在反应堆内,它们消耗堆内中子,对反应堆有效增殖因数造成不利影响,故把这些中子吸收截面大的裂变产物视作"毒素"。

^{135}Xe 的中子吸收截面达到 $2.6 \times 10^6 b$,是对反应堆的运行有重大影响的毒素。理解氙的来源和在堆内的平衡,对于理解反应堆的安全运行十分必要。

^{135}Xe 主要通过两种途径生成：一是由裂变直接产生，对于^{235}U 裂变，它的产额为 0.228%；二是从裂变产物^{135}I 经 β 衰变转化而来，对于^{235}U 裂变，^{135}I 的产额为 6.386%，其中 91% 将转化为^{135}Xe。由此可见，^{135}Xe 主要来源于^{135}I 的 β 衰变。图 11-16 表示了碘和氙的生成过程。

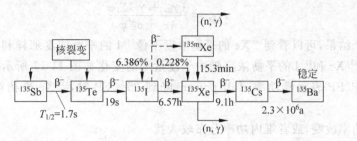

图 11-16　氙的生成

^{135}Sb 和^{135}Te 的半衰期和^{135}I 的半衰期比起来较短，因此可以近似认为^{135}I 是直接由裂变产生的（产额为 6.386%）。^{135}I 不是中子的强吸收体，但其衰变子核^{135}Xe 是中子的剧毒物。大约 95% 的^{135}Xe 是由^{135}I 衰变而来的。因此^{135}I 的半衰期在反应堆的运行中扮演着十分重要的角色。

当反应堆启动后以稳定功率运行时，^{135}I 和^{135}Xe 的浓度随着运行时间的增长而增加。经过 5～6 个该同位素半衰期后，达到平衡浓度（或称饱和浓度）。这相当于在稳定功率下运行 2～3 天，就可达到平衡浓度。这时，^{135}I 和^{135}Xe 的产生率正好等于其消失率，因此它们的浓度基本保持不变。平衡氙浓度时引起的反应性亏损称为平衡氙毒，它的大小与反应堆功率密度和核燃料的富集度有关。

为了理解^{135}I 的平衡过程，根据^{135}I 核素的来源和消失，有

$$\frac{dN_I}{dt} = \gamma_I \Sigma_f \varphi - \lambda_I N_I - \sigma_a^I N_I \varphi \tag{11-54}$$

其中，λ 是衰变常数，σ 是微观截面，γ 是裂变产额，^{135}I 的裂变产额可近似认为是 6.386%。由于^{135}I 的微观吸收截面十分小，因此最后一项基本可以忽略，得到

$$\frac{dN_I}{dt} = \gamma_I \Sigma_f \varphi - \lambda_I N_I \tag{11-55}$$

当^{135}I 的浓度达到平衡时，式(11-55)的左边等于零，得到平衡态的浓度为

$$N_I = \frac{\gamma_I \Sigma_f \varphi}{\lambda_I} \tag{11-56}$$

因此^{135}I 的平衡态浓度和中子注量率呈线性比例关系，也就和功率呈线性比例关系。也就是随着功率的增大，^{135}I 的平衡态浓度会增大。

再来看一下^{135}Xe 的平衡方程，

$$\frac{dN_{Xe}}{dt} = \gamma_{Xe} \Sigma_f \varphi + \lambda_I N_I - \lambda_{Xe} N_{Xe} - \sigma_a^{Xe} N_{Xe} \varphi \tag{11-57}$$

其中的最后一项发生了如下反应，

$$^{135}_{54}Xe + ^{1}_{0}n \longrightarrow ^{136}_{54}Xe + \gamma \tag{11-58}$$

所生成的^{136}Xe 不是中子的强吸收体，因此该反应是堆内主要的去除^{135}Xe 毒性的过程。去除的速度取决于^{135}Xe 的浓度和中子注量率（也即功率水平）。^{135}Xe 的平衡浓度为

$$N_{Xe} = \frac{\gamma_{Xe}\Sigma_f\varphi + \lambda_I N_I}{\lambda_{Xe} + \sigma_a^{Xe}\varphi} \qquad (11\text{-}59)$$

由于 ^{135}Xe 的浓度要达到平衡，那么 ^{135}I 的浓度也一定是平衡的，把式（11-56）代入式（11-59），可得

$$N_{Xe} = \frac{(\gamma_{Xe} + \gamma_I)\Sigma_f\varphi}{\lambda_{Xe} + \sigma_a^{Xe}\varphi} \qquad (11\text{-}60)$$

根据这个结果，可以看到 ^{135}Xe 的平衡浓度不像 ^{135}I 的平衡浓度那样和中子注量率呈线性比例关系。^{135}Xe 和 ^{135}I 的平衡浓度随中子注量率的变化如图 11-17 所示。当反应堆的功率从 100%FP（FP 表示满功率，full power）降到 25%FP 时，^{135}Xe 平衡浓度的降低不到一半。

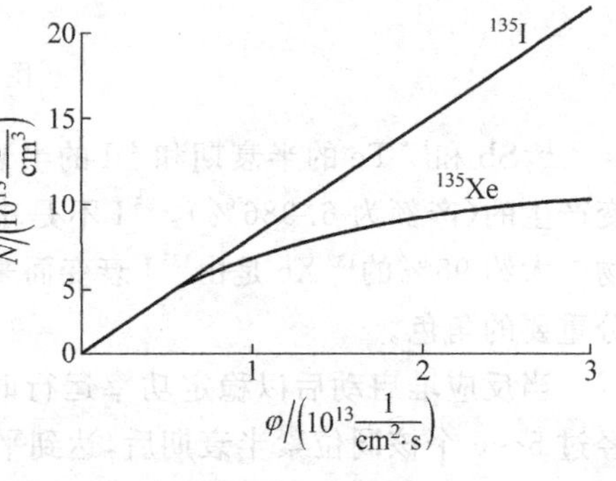

反应堆功率改变，或者堆内功率分布较大扰动，都会引起氙的不稳定中毒。停堆后出现的碘抗现象以及由于堆内局部功率扰动激励的氙振荡现象是瞬态氙的两个典型例子。

停堆后，中子注量率很快降低到几乎接近零。碘的生成和氙的消失就都几乎停止了，因为它们和中子注量率成比例。^{135}Xe 的平衡方程（11-57）变为

$$\frac{dN_{Xe}}{dt} = \lambda_I N_I - \lambda_{Xe}N_{Xe} \qquad (11\text{-}61)$$

图 11-17　平衡浓度与中子注量率的关系

达到平衡的碘和氙分别以 6.57h 和 9.1h 的半衰期继续进行衰变。当碘的浓度比氙的浓度大，且大于 λ_{Xe}/λ_I 倍时，碘衰变成氙的速率，比氙的衰变速率快，则在停堆后的一段时间内，氙的浓度将增加。过一段时间后（10～11 小时），碘的浓度不断下降，碘衰变成氙的速率也就减弱了，于是，氙的浓度达到最大值后就会逐渐下降，如图 11-18 所示。

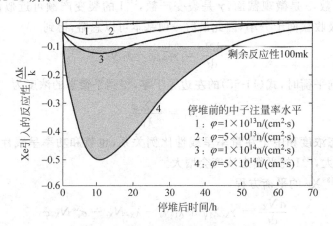

图 11-18　停堆后 ^{135}Xe 引入的负反应性

停堆后反应堆的反应性由于 ^{135}Xe 的浓度不断积累引起的中毒现象称为"碘坑"（Xenon dead time）。碘坑的深度与反应堆的中子注量率有关。中子注量率越高，碘坑越深。在反应堆的设计中，必须考虑这一因素。在碘坑期内，若剩余反应性大于零，反应堆能重新启动；

若剩余反应性小于零,则反应堆无法重新启动,只能等待爬出碘坑后再启动,从而使反应堆再启动受到一定的限制。特别是对剩余反应性较小的石墨堆。图 11-18 中阴影部分是剩余反应性为 100mk 的情况下的无法启动区域。

克服碘坑的办法有两种:一种是在堆内加入更多的燃料,使其有足够剩余反应性克服碘坑,但这种方法要有相应的安全措施。另一种是适当地控制停堆程序,例如停堆前的中子注量率水平控制在 5×10^{13} n/(cm^2·s)以下,可以使停堆后氙的积累比较少,这样反应堆再启动将会受到较小的限制。

氙还会引起功率振荡。氙振荡是反应堆内氙浓度和功率分布产生空间振荡的现象。在大型热中子反应堆内,局部区域功率扰动会引起局部区域氙浓度和增殖因数的变化。反过来,后者又引起前者的变化。两者相互作用有可能产生氙致功率振荡。为了理解震荡的机理,可以把过程分为以下几步:

(1) 初始功率分布不对称(例如局部控制棒的移动或没对齐),导致堆芯内不同区域氙的(n,γ)消失速率不一样,当然碘的积累速度也不一样;

(2) 高中子注量率区(高功率区),由于氙的(n,γ)消失速率增大,氙浓度降低,中子注量率增大。在低中子注量率区(低功率区),情况恰好相反,氙的(n,γ)消失速率减小使得功率降低;

(3) 高功率区功率反而升高,低功率区功率反而降低,使得堆芯内的功率更加不对称。所幸高功率区的碘的浓度也随功率升高而升高,低功率区的碘浓度随功率降低而降低。因此高功率区的碘浓度升高会使氙浓度也升高,遏制功率的进一步上升。低功率区也类似。

这种周期性的功率分布的空间震荡周期大约为 15 小时。如果氙致功率振荡不加以控制和抑制,有可能危及堆芯安全。由于这种氙的瞬态过程比较缓慢,振荡周期比较长,利用控制棒移动能有效地加以控制和抑制。对于具有负的温度系数的反应堆,这种震荡会很快被温度的负反馈消除掉,这也是为什么反应堆设计十分强调负的温度系数的一个重要原因。

除了停堆工况以外,在正常运行的功率调节过程中也要关注氙浓度的变化。图 11-19显示了功率从 50%FP 调节到 100%FP 再降低到 50%FP 过程中氙浓度的变化情况。开始时反应堆运行在 50%FP 功率水平,并且运行时间已超过 50 小时(达到平衡氙浓度需要的

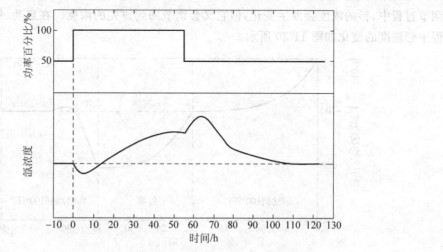

图 11-19 功率调节过程中^{135}Xe 浓度的变化

时间),突然功率升高到 100%FP。此时氙浓度表现出先下降后上升的特性。过了大约50 小时后,达到一个新的平衡,平衡浓度比 50%FP 时要高。功率水平从 100%FP 降低到50%FP 的情况正好相反,氙浓度表现为先上升后下降。再过 50 小时后再次达到平衡浓度。

11.8.5　钐

钐(^{149}Sm)是仅次于氙的第二个重要的裂变产物毒素。它的热中子吸收截面也很高,达到 4.1×10^4 b。钐主要是由 ^{149}Nd(钕)衰变来的,反应式如下:

$$^{149}_{60}\mathrm{Nd} \xrightarrow[1.72\mathrm{h}]{\beta} {}^{149}_{61}\mathrm{Pm} \xrightarrow[53.1\mathrm{h}]{\beta} {}^{149}_{62}\mathrm{Sm} \tag{11-62}$$

所产生的 ^{149}Sm 是稳定的核素。由于 Nd 的半衰期(1.72h)比 Pm(钷)的半衰期(53.1h)要短得多,因此可以近似认为 Pm 是直接从裂变而来的,则 Pm 的平衡方程为

$$\frac{\mathrm{d}N_{\mathrm{Pm}}}{\mathrm{d}t} = \gamma_{\mathrm{Pm}} \Sigma_{\mathrm{f}} \varphi - \lambda_{\mathrm{Pm}} N_{\mathrm{Pm}} \tag{11-63}$$

得到平衡态时 Pm 的浓度为

$$N_{\mathrm{Pm}} = \frac{\gamma_{\mathrm{Pm}} \Sigma_{\mathrm{f}} \varphi}{\lambda_{\mathrm{Pm}}} \tag{11-64}$$

^{149}Sm 的平衡方程为

$$\frac{\mathrm{d}N_{\mathrm{Sm}}}{\mathrm{d}t} = \gamma_{\mathrm{Sm}} \Sigma_{\mathrm{f}} \varphi + \lambda_{\mathrm{Pm}} N_{\mathrm{Pm}} - N_{\mathrm{Sm}} \sigma_{\mathrm{a}}^{\mathrm{Sm}} \varphi \tag{11-65}$$

由于 ^{149}Sm 的裂变直接产额几乎为零,因此上式可以简化为

$$\frac{\mathrm{d}N_{\mathrm{Sm}}}{\mathrm{d}t} = \lambda_{\mathrm{Pm}} N_{\mathrm{Pm}} - N_{\mathrm{Sm}} \sigma_{\mathrm{a}}^{\mathrm{Sm}} \varphi \tag{11-66}$$

这样,把式(11-64)代入式(11-66),可以得到平衡时 ^{149}Sm 的浓度为

$$N_{\mathrm{Sm}} = \frac{\gamma_{\mathrm{Pm}} \Sigma_{\mathrm{f}}}{\sigma_{\mathrm{a}}^{\mathrm{Sm}}} \tag{11-67}$$

钐的平衡浓度和氙有点不太一样,它与中子注量率水平几乎没有关系。在反应堆功率调节过程中,钐的浓度会发生变化,但它又会调节回到原先的浓度。在启动、停堆、再启动过程中钐浓度的变化如图 11-20 所示。

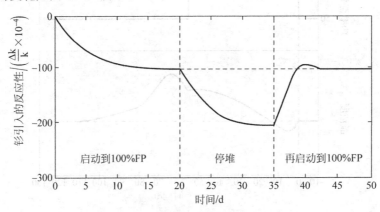

图 11-20　轻水堆中钐引入的反应性的变化

11.9　次临界系统的源倍增

对于次临界系统,例如停堆状态下的核反应堆,不可避免地会存在一定的中子源,包括天然中子源和人工中子源。当次临界系统的有效增殖因数发生变化,或反应性发生变化时,有源的次临界系统内的中子注量率水平会发生变化。为了理解反应堆的动态过程,需要先来理解次临界系统的源倍增(subcritical multiplication)。

11.9.1　次临界系统的源倍增因子

我们先来看一个简化的例子。

假如一个反应堆处于停堆状态,k_{eff}是 0.6,是一个次临界系统。若在这样的次临界系统里面引入 100 个中子,由于这些中子会引发裂变反应,但是系统处在次临界状态,因此中子总数是无法保持稳定的,会随着时间而减少。每代中子数量的变化如表 11-10 所示。

表 11-10　每代中子数量的变化

代数	1	2	3	4	5	6	7	8	9	10	11	12
中子数	100	60	36	22	13	8	5	3	2	1	0	0

可以看到,到了第 11 代就没有了。但是如果中子源是持续释放中子的,情况会不同。假如中子源能够每代均释放 100 个中子,情况会变成表 11-11 所示。

表 11-11　每代中子数量的变化

代数	1	2	3	4	5	6	7	8	9	10	11	12
	100	60	36	22	13	8	5	3	2	1	0	0
		100	60	36	22	13	8	5	3	2	1	0
			100	60	36	22	13	8	5	3	2	1
				100	60	36	22	13	8	5	3	2
					100	60	36	22	13	8	5	3
						100	60	36	22	13	8	5
							100	60	36	22	13	8
								100	60	36	22	13
									100	60	36	22
										100	60	36
											100	60
												100
中子总数	100	160	196	218	231	239	244	247	249	250	250	250

因此,每代产生 100 个中子的源会使得 $k_{eff}=0.6$ 的次临界系统内维持 250 个中子的水平。我们看到,由于有裂变反应的贡献,源的强度被放大了 2.5 倍。我们把这个放大系数称为次临界系统的源倍增因子(subcritical multiplication factor),定义为

$$M = \frac{1}{1 - k_{\text{eff}}} \tag{11-68}$$

例 11-9：若某次临界系统的有效增殖因数为 0.986，求该系统的源倍增因子。

解：
$$M = 1/(1 - 0.986) = 71.4$$

因此这个系统会把 1000 中子/s 的源强度放大到 71 400 中子/s 的强度。

在表 11-10 的例子中，我们是用每代中子的数量来描述的，而实际上每代中子的寿命不是 1s。那么对于"把 1000 中子/s 放大到 71 400 中子/s"的结论是否会存在问题呢？读者可以自己思考一下。

11.9.2　反应性变化对源倍增因子的影响

在次临界系统中，中子的数量水平和源强度之间的关系为

$$N = SM \tag{11-69}$$

其中 S 是源的强度。把式(11-68)代入式(11-69)，得到

$$N = \frac{S}{1 - k_{\text{eff}}} \tag{11-70}$$

则根据源强度和 k_{eff} 就可以计算出反应堆内的中子的数量水平。但在实际的次临界系统中，很难准确地知道源的强度到底是多少。那么如果不知道源的强度的情况下，能否用源倍增因子给我们一些有价值的东西？

我们考虑同一个次临界装置的两个时刻点，在这两个时刻点中子源的强度可以认为是不变的，k_{eff} 分别为 k_1 和 k_2，则有

$$\begin{cases} N_1 = S\left(\dfrac{1}{1 - k_1}\right) \\ N_2 = S\left(\dfrac{1}{1 - k_2}\right) \end{cases} \tag{11-71}$$

或

$$\frac{N_1}{N_2} = \frac{1 - k_2}{1 - k_1} \tag{11-72}$$

我们可以看到，由于源的强度在两个时刻点是相同的，因此在两式相除的时候被消除掉了。

在核反应堆中，中子数量是通过中子探测器来测量的。若用 C_R 来表示计数器的计数率，则式(11-72)变为

$$\frac{C_{R1}}{C_{R2}} = \frac{1 - k_2}{1 - k_1} \tag{11-73}$$

例 11-10：一个反应堆的反应性为 −1000pcm 时的计数为 42(1/s)，当引入 500pcm 的正反应性后，计数率会是多少？

解：
$$k_1 = \frac{1}{1 - \rho_1} = \frac{1}{1 - (-0.010\,00)} = 0.9901$$

$$k_2 = \frac{1}{1 - \rho_2} = \frac{1}{1 - (-0.010\,00 + 0.005\,00)} = 0.9950$$

$$C_{R2} = C_{R1} \frac{1 - k_1}{1 - k_2} = 42 \times \frac{1 - 0.9901}{1 - 0.9950} = 83(1/s)$$

11.9.3　用源倍增因子外推临界

由于源倍增因子和 k_{eff} 有确定的关系，因此可以通过源倍增因子来预测临界。当向次临界系统投入正反应性时，k_{eff} 会变大，更加接近于 1，因此 M 也会变大。当 $k_{eff} = 1$ 时，M 会趋于无穷大。无穷大是无法作图的，因此通常会用其倒数 $1/M$ 来作图进行外推。我们把式(11-68)转化为

$$\frac{1}{M} = 1 - k_{eff} \tag{11-74}$$

再结合式(11-73)，得到

$$\frac{1}{M} = \frac{C_{R0}(1 - k_0)}{C_R} \tag{11-75}$$

实际操作的时候，参考计数率 C_{R0} 是加入反应性之前的计数率。启动的过程是步进式提升控制棒引入正反应性。每提升一步都需要停留一会儿，等计数率稳定下来再进行下一步提棒。然后根据得到的计数画出 $1/M$ 曲线。我们来看一个具体的例子。

测得的数据如表 11-12 所示。画出的 $1/M$ 曲线如图 11-21 所示。通过外推，$1/M = 0$ 的位置就是临界点。

表 11-12　提棒距离和计数率

提棒距离/in	计数率/(1/s)	C_{R0}/C_R
0	50(C_{R0})	1
2	55	0.909
4	67	0.746
6	86	0.581
8	120	0.417
10	192	0.260
12	500	0.100

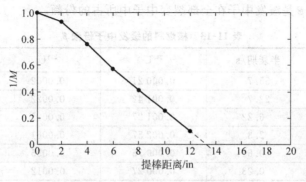

图 11-21　提棒距离和 $1/M$ 的曲线

11.10 反应堆动态学

反应堆动态学(reactor kinetics)是研究核反应堆内中子注量率随时间变化的规律和产生这些变化的物理原因的分支学科。

按动态过程的时间特征,可将反应堆动态所涉及的问题大致分为三类:

(1) 瞬变过程。如反应堆的启动、反应堆的功率调节,以及反应堆事故所引起的各种瞬变过程等。

(2) 慢瞬变过程。如裂变产物引起的中毒、氙振荡等。这些过程进行得较为缓慢,往往长达数小时或天的数量级。

(3) 长期变化。如反应堆的燃耗、核燃料的转换与增殖等。这些变化是十分缓慢的,往往是以月、年累积计算的。

反应堆动态学主要是研究第一类瞬变问题。至于对第三类长期慢变化过程,常采用分阶段的静态分析方法。

11.10.1 反应堆动态方程

由于反应性的变化而引起反应堆内中子注量率随时间的瞬时变化,往往由一组称之为反应堆动态方程的方程来描写。在工程上,为了描述方便起见,常采用点堆模型,即认为反应堆内各点的中子数密度随时间变化的规律是一致的,与空间位置无关。

考虑缓发中子的点堆动态方程可以表达如下

$$\begin{cases} \dfrac{\mathrm{d}N}{\mathrm{d}t} = \dfrac{\rho - \beta}{\Lambda}N + \sum_{i=1}^{I} \lambda_i C_i + S \\ \dfrac{\mathrm{d}C_i}{\mathrm{d}t} = \dfrac{\beta_i}{\Lambda}N - \lambda_i C_i, \quad i = 1, 2, \cdots, I \end{cases} \tag{11-76}$$

式中,N 为反应堆内中子数密度;C_i 为第 i 组缓发中子先驱核子数密度;λ_i 为第 i 组缓发中子先驱核的衰变常数,缓发中子是由先驱核在经过 β 衰变后的核跃迁过程中释放出来的;S 为中子源强度;Λ 为中子一代的平均时间;ρ 为反应堆的反应性;β_i 代表第 i 组缓发中子的份额(见表 11-13),β 是缓发中子在全部裂变中子中所占的份额。

表 11-13　核燃料的缓发中子份额 β_i

i	半衰期/s	^{235}U	^{238}U	^{239}Pu
1	55.7	0.000 21	0.0002	0.000 21
2	22.7	0.001 42	0.0022	0.001 82
3	6.22	0.001 27	0.0025	0.001 29
4	2.3	0.002 57	0.0061	0.001 99
5	0.61	0.000 75	0.0035	0.000 52
6	0.23	0.000 27	0.0012	0.000 27
合计	—	0.006 49	0.0157	0.0061

$$\beta = \sum_{i=1}^{I} \beta_i \tag{11-77}$$

在一般情况下,点堆动态方程是一个非线性的微分方程。它的求解,一般采用数值解法。在有反馈的情况下,需要知道反应堆内各种参数的变化所引起的反应性的变化,它用各种反应性系数来表征反应性随各种效应变化的变化率。同时要匹配一些反映该参数随时间与反应堆功率变化关系的方程组,如反应堆热工水力学方程等,联立求解。涉及这些动态问题,往往称之为反应堆动力学(reactor dynamics)。

当中子注量率的空间分布发生局部激烈变化时,点堆动态方程不适用,解决这类动态问题,需要解空间时间相关的中子动态方程,这方程一般是很复杂的。它的求解,只能采取数值计算方法,或半数值的近似方法,在近似方法中,常用有效的方法有因子分解法(或称准静态方法)和综合法。

在有些特殊情况下,点堆动态方程可以被简化得到解析的结果。

11.10.2　倒时方程

点堆动态方程(11-76)表示反应堆内中子数密度随时间的变化率是由裂变所产生的瞬发中子和缓发中子以及外源所产生的中子引起的。先驱核子数浓度也随时间变化。缓发中子的延发性质对反应堆的动态特性有重要影响。

在反应性 ρ 为常数的情况下,反应堆内中子数密度的变化与反应性 ρ 有一个简单关系,这一关系常用反应性方程或倒时方程来表示。可以证明,在 ρ 发生阶跃变化,由 0 变为常数 ρ_0 时,方程(11-76)的解是以下各指数项之和,即

$$N(t) = \sum_{i=1}^{I} A_i e^{\omega_i t} \tag{11-78}$$

其中,A_i 为各指数项的系数,由初始条件决定。ω_i 满足方程式

$$\rho_0 = \Lambda \omega + \sum_{i=1}^{I} \frac{\beta_i \omega}{\omega + \lambda_i} \tag{11-79}$$

即满足反应性方程或倒时方程,它是联系 ρ_0 与 ω 的关系式。这个方程有 $I+1$ 个根,其中 I 个根为负实数,而另一个根为符号与 ρ_0 的符号相同的实数。当 ρ_0 为正值时,倒时方程有一个正根。此时式中除一项 $A_0 e^{\omega t}$ 外,其余所有的项都是随时间衰减的。因而,当时间足够长以后,堆内中子数密度的变化主要由第一项来决定,即

$$N(t) \approx A_0 e^{\omega_0 t} \tag{11-80}$$

11.10.3　反应堆周期

根据式(11-80),反应堆的功率为

$$P(t) = P_0 e^{\omega_0 t} = P_0 e^{t/\tau} \tag{11-81}$$

其中,$\tau = 1/\omega_0$,称为反应堆周期(亦称反应堆时间常数)。它代表反应堆内中子数密度变化 e 倍所需的时间。周期越小表示功率变化越快速。若周期为正,功率会增大;若周期为负,则功率会减小。

倒时方程(11-79)如果用反应堆周期来表示,则有

$$\rho_0 = \frac{\Lambda}{\tau} + \sum_{i=1}^{I} \frac{\beta_i}{1 + \lambda_i \tau} \tag{11-82}$$

在实际应用此公式时,考虑到缓发中子的初始能量和瞬发中子的初始能量的不同,需要修正 β_i,用 $(\beta_i)_{\text{eff}}$ 来表示。瞬发中子的能量大约是 2MeV,而缓发中子的平均能量大约为 0.5MeV(见表 11-5)。能量的不同会引起两个差别:一是六因子公式(11-39)中的快裂变因子 ε,缓发中子的快裂变因子比瞬发中子的要明显小;二是快中子不泄漏概率 L_{f},缓发中子的快中子不泄漏概率比瞬发中子的要大。通常这两个因素用一个修正因子来进行修正,得到

$$(\beta_i)_{\text{eff}} = \zeta \beta_i \tag{11-83}$$

$$\beta_{\text{eff}} = \sum_{i=1}^{I} (\beta_i)_{\text{eff}} \tag{11-84}$$

对于高富集度燃料的小型堆,快中子不泄漏概率的增大可能是主要的,因此修正因子会大于 1。对于大型热中子反应堆,快裂变因子的降低会是主要的,修正因子会小于 1(大型商用压水堆大约为 0.97);对于快中子反应堆 $(\beta_i)_{\text{eff}}$ 可能大于 β_i,亦可能小于 β_i,根据具体情况而定。

除了需要修正 β_i 外,λ 也同样需要进行修正。衰变常数表示先驱核在单位时间内的衰变份额,例如衰变常数为 0.1s^{-1},表示每秒钟有 10% 的先驱核会发生衰变。由于在反应堆的动态过程中,先驱核的浓度不是固定不变的,因此需要修正衰变常数来反映这个变化。如果反应堆运行在一个稳定的功率水平,则所有的先驱核的浓度都达到了平衡。当反应堆升功率时,短寿命的先驱核会比长寿命的先驱核衰变得更多。λ_{eff} 会更加靠近短寿命的先驱核的 λ_i。反过来,在降功率的瞬态中,λ_{eff} 会更加靠近长寿命的先驱核的 λ_i。作为一个估计,稳态的时候 λ_{eff} 大约为 0.08s^{-1},升功率时 λ_{eff} 大约为 0.1s^{-1},降功率时 λ_{eff} 大约为 0.05s^{-1}。准确的值需要根据具体的堆芯材料和实际的反应性来确定。

有了 β_{eff} 和 λ_{eff} 后,计算反应堆周期的公式为

$$\tau = \frac{l^*}{\rho} + \frac{\beta_{\text{eff}} - \rho}{\lambda_{\text{eff}} \rho + \text{d}\rho/\text{d}t} \tag{11-85}$$

其中,l^* 是瞬发中子的平均寿期,瞬发中子的寿期很短,对热中子反应堆约为 10^{-4}s。

若反应性小于 β_{eff},光有瞬发中子不足以维持链式裂变反应,泄漏和吸收的中子比产生的瞬发中子要多。若没有缓发中子,则中子数密度会下降。由于有缓发中子,因此引入一个正的阶跃反应性,会使得功率发生一个瞬跳,然后慢慢变化,如图 11-22 所示。

由于瞬发中子在引入反应性的时候立刻产生反应,因此功率突然以很快的速度上升。但是很快,由于光有瞬发中子无法达到临界,功率的上升速率马上降低。后面功率的上升速率主要由缓发中子决定。

在引入一个负阶跃反应性的时候,情况也类似,如图 11-23 所示。

如果引入的正反应性大于 β_{eff},则情况会发生重大的变化。此时光靠瞬发中子就能使系统达到临界,功率的升高速率将是维持瞬跳时的速率,很快就会达到很高的功率,如图 11-22 中的虚线所示。这种现象称为瞬发临界,是一定要避免的。

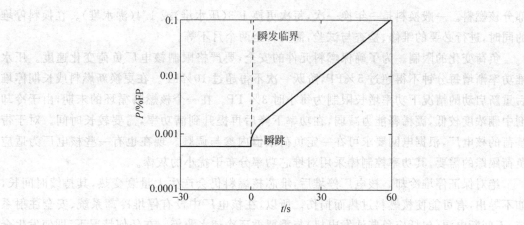

图 11-22　引入正的阶跃反应性后的功率变化

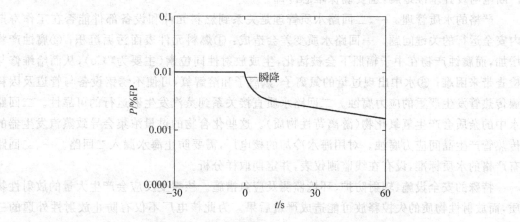

图 11-23　引入负的阶跃反应性后的功率变化

11.11　核电厂运行

核电厂运行的基本原则和火力发电厂一样,是根据电网的负荷需求来调节反应堆功率,从而使核电厂出力与电网负荷需求平衡。核电厂的能量来源于反应堆核燃料内发生的可控核裂变链式反应。核裂变不仅释放出能量,同时产生具有强烈放射性的裂变产物及中子活化产物。裂变链式反应的控制及放射性产物的处理是核电厂所特有的。核电厂的运行特点是在运行时确保安全,不让超量放射性物质逸出厂外对周围环境造成有害影响,同时又要提高经济性,使其在能源市场中具有竞争力。不同堆型的核电厂具有基本相同的运行特点,但也有不同之处。下面介绍轻水堆核电厂的基本运行特点。

宜作基本负荷运行。由于核电厂安全要求高,系统复杂,建造周期长,所以,核电厂造价远高于火力发电厂,但其燃料费用相对较低。为了提高经济性,核电厂宜作为基本负荷电厂在额定功率或尽可能接近额定功率的情况下连续运行,这可以使核电厂具有较高的容量因子。此外,核电厂带基本负荷运行还可减少因功率变动而产生的放射性水处理量。

定期更换燃料。轻水堆核电厂装满核燃料后,按照事先拟定的换料方案定期停堆更换部分核燃料。一般换料是一年换一次,每次更换 1/3(压水堆)或 1/4(沸水堆)。在换料停堆的同时,进行必要的维修、检查与试验,需要一至两个月不等。

负荷变化的限制。为了确保燃料元件的安全,要严格限制核电厂负荷变化速度。压水堆功率渐增每分钟不得超过 5%FP,阶跃一次不得超过 10%FP。在更换新燃料或长期停堆后重新启动的情况下功率增长限制为每小时 3% FP。在一个核燃料循环的末期,由于冷却剂中硼浓度较低,硼稀释能力减弱,在功率下降后再提升到满功率,需要较长时间。对于带基荷的核电厂,根据电网要求可在一定负荷限值内参与调频。现在也有一些核电厂为适应负荷跟踪的需要,其功率控制棒采用对堆芯功率分布干扰小的灰棒。

绝对保证停堆冷却。核电厂停堆后,堆芯核燃料仍会产生大量衰变热,其持续时间长,如不导出,有可能使核燃料过热而损伤。所以,在核电厂中设有停堆冷却系统、安全注射系统、不间断电源(包括应急柴油发电机)与重要循环冷却水源等。在任何情况下,即使发生全厂断电与设计基准地震,也要确保堆芯冷却。

严格的水质管理。一、二回路水质管理是关系到燃料元件和设备部件能否在工作寿期内安全运行的关键问题。一回路水质变差会造成:①燃料元件表面污垢沉积;②腐蚀产物增加,而腐蚀产物在中子辐照下会被活化,生成放射性同位素(主要为^{60}Co),从而给维修与检查带来困难;③水中出现过量的氯离子、氟离子和溶解氧,可使不锈钢设备与管道及因科镍传热管发生严重的应力腐蚀。二回路水质直接关系到蒸汽发生器运行的可靠性。二回路水中的杂质会产生氢氧化物(游离苛性物质)。这些化合物的过量浓集会导致蒸汽发生器的传热管产生晶间应力腐蚀。对用海水冷却的核电厂,需要防止海水漏入二回路。一、二回路有严格的水质标准,设有在线监测仪表,并定期取样分析。

特殊的安全设施、辐射防护、环境监测及应急措施。核裂变反应会产生大量的放射性物质,而放射性物质的失控释放可能造成严重后果。为此核电厂不仅有防止放射性外逸的三道屏障——燃料包壳、一回路承压边界和安全壳——还设有保护这三道屏障的专设安全设施。在运行中密切监视三道屏障的完整性并确保专设安全设施和安全重要系统的可用性。此外,反应堆和一回路设备设有阻挡辐射的各种屏蔽措施,以保护工作人员安全。沸水堆的蒸气中含有放射性物质,所以对汽轮机及蒸气管路也需要屏蔽。核电厂在正常运行时,仍然要处理一定量的放射性废物。核电厂采用多种测量手段来进行厂区内外的辐射监测,包括工艺过程辐射监测、厂内区域辐射监测及厂外的辐射环境监测。在核电厂运行前,还必须制定出发生重大事故时的应急措施及实施方案。

对运行人员的严格要求。运行人员,特别是反应堆操纵员与高级操纵员,对核电厂的安全运行负有直接责任。所以核安全法规规定,对反应堆操纵员与高级操纵员,要经过长期系统的培训,在上岗前通过由国家主管部门主持的考核,包括在核电厂培训用仿真机上所进行的各种操作考核。合格者由国家核安全监管机构发给执照。发照两年后,还要重新复核一次,在确认持照人有足够的连续运行经历并完成了必要的定期再培训之后,才延续执照的有效期。

最终需退役处置。核电厂在终止运行后,必须进行退役处置,最终使厂址达到不受限制地利用或与生态相容的环境。这是一个用时很长的过程,根据各国的退役技术政策,一般需要几年到几十年,甚至上百年。

11.11.1 反应堆启动

当反应堆首次启动,或从长期停堆后再次启动,自发裂变的天然中子源可能是十分微弱的。在一些反应堆中,甚至低到超出源量程仪表的响应范围。这种情况通常需要人工中子源来帮助启动反应堆。若中子源的强度足够,则根据前文介绍过的次临界系统的源倍增原理,可以很好地检测启动过程中中子注量率的变化情况。

由于中子源的存在,使得在未达到临界之前就可以获得很高的中子注量率水平,便于监测启动过程,因此大部分反应堆的启动过程都会依赖于中子源。只是若反应堆已经运行过,并停堆没有太久,自发裂变的源中子强度足够检测的话,就不需要外加的人工中子源。

临界位置的估计要用到如图 11-21 所示的 $1/M$ 图表。在启动反应堆之前,操纵员要先预估临界的位置。若实际测量到的 $1/M$ 曲线和预估的差异较大时,通常会意味着反应堆并没有按照设计的要求在运行,需要停下来检查问题。

刚停堆几个小时的时候,由于前文介绍过的碘坑现象,有可能即使把全部控制棒都提出来也无法使反应堆达到临界,因此必须对碘坑进行估计,在碘坑内是禁止试图启动反应堆的。

在给定的一组条件下,例如停堆后的时间、温度、压力、燃耗、钐和氙的浓度等,存在一个确定的棒位使反应堆能够达到临界。因此为了确定临界位置,需要仔细确定这些条件。对大部分的反应堆,主要要考虑以下几个因素。

首先是堆芯的基础反应性,该反应性是临界棒位处的堆芯反应性,不考虑氙的影响,只考虑燃耗的影响。

其次是直接的氙反应性,根据停堆时的氙浓度,然后进行自发衰变,因此该反应性取决于停堆前的运行历史和停堆后的时间。

然后是间接的氙反应性,根据停堆时的碘的浓度以及碘的衰变计算。

最后是温度反应性反馈,依据当时的温度和稳态运行温度之间的温度差确定。

11.11.2 核电厂启动

与火电厂不同,核电厂的启动是指从反应堆冷态次临界状态到并网发电;停运是指从电网解列回到冷态次临界状态。这个过程包括几个阶段:①在冷态次临界状态或冷停堆时的冷态启动;②在热态次临界状态或热停堆时的热态启动;③低功率运行;④并网发电。热态启动是冷态启动过程中的一个阶段。低功率运行是一种过渡工况,既包括只带厂用电负荷运行状态,也包括向电网送电的准备状态。不同堆型核电厂的启动与停运方式各有其特点。下面以压水堆核电厂为例说明正常启动与正常停运的主要阶段与特点。

正常启动。正常启动有冷态启动与热态启动之分。热态启动包括碘坑过程中的启动。反应堆冷却剂温度在 60℃ 以下的启动称为冷态启动。短时间停运并保持冷却剂温度在 280℃ 以上的启动称为热态启动。核电厂首次装载燃料后的启动称为初次启动。

冷态启动。反应堆在停堆换料或维修之后,其内充满浓度约为 $2100\mu g/g$ 的含硼冷却

水,所有控制棒组都在最低位置,冷却剂温度低于 60℃,堆芯处于次临界状态。启动步骤如下:

(1) 一回路充水(一次冷却剂)和排气:向一回路充水结束后,降低蒸汽发生器二次侧水位到零功率水位整定值。

(2) 启动一次冷却剂泵和投入稳压器电加热器:首先,将一回路中的一次冷却剂压力升到 2.5MPa,将停堆控制棒组和温度控制棒组提升到堆芯顶部,以便在意外硼稀释事故时,确保足够的停堆裕度。启动主泵并投入稳压器电加热器的运行,使冷却剂逐渐升温。当一次冷却剂温度达到 90℃ 时,添加氢氧化锂(LiOH),以控制水的 pH 值,并加联氨,使冷却剂中的溶解氧达到规定值。温度升到 100～130℃ 时,通过手动控制在容积控制箱上部把 N_2 置换为 H_2,建立氢气空间,使容积控制箱水位控制阀转为自动。当稳压器内水温达到与 2.5～3.0MPa 相对应的饱和温度(221～232℃)时,手动控制降低稳压器水位,在稳压器上部建立汽腔,并调节稳压器水位,当该水位达到零功率水位整定值时,冷却剂系统的压力由稳压器自动控制。

(3) 一回路升温升压:采用稳压器的电加热器和主泵转动的机械能,使一回路水的温度和压力逐渐提升。其温度上升速率应按规定。

系统到达热停堆压力和温度时,系统的压力控制可由手动转为自动。在升温过程中,多余的热量由蒸汽发生器二次侧蒸气排向大气或旁通到汽轮机的凝汽器。

(4) 反应堆启动:压水堆反应性是随核燃料的燃耗和一次冷却剂的温度而改变的。在临界启动时,一次冷却剂温度必须保证启动在负温度系数下进行。在启动过程中,应尽量保持一次冷却剂温度不变。可将一次冷却剂硼浓度逐渐稀释到估算的临界浓度,然后慢慢提升控制棒使堆内中子数逐渐增大,直到反应堆临界,使机组达到热备用状态,由于受辅助给水容量的限制,反应堆功率一般控制在≤2%FP 水平。

(5) 二回路启动:反应堆临界后,需要进行二回路系统的启动准备。首先启动汽动给水泵,将辅助给水切换到主给水,将蒸气旁路向大气排放切换到向汽轮机凝汽器排放。然后,将反应堆功率升到 5%～10%FP(根据不同类型机组,此功率水平有所不同),用来自蒸汽发生器的蒸气,对主蒸气管道和汽水分离再热器进行暖管,对汽轮机进行低速暖机。暖机合格后将汽轮机组按规定的速率升速,直至达到额定转速。

(6) 并网发电及提升功率:反应堆功率上升到为额定功率的 10%～15% 时,发电机进行并网,并带最小负荷(约为发电机额定功率的 5%)运行。逐渐关闭向汽轮机凝汽器排汽的旁通阀,使反应堆与汽轮机之间达到功率平衡。继续增加负荷,当反应堆功率超过额定功率的 15% 时,将反应堆控制从手动切换到自动。

(7) 功率运行:压水堆核电厂带功率运行时,一般采用一回路中的一次冷却剂进、出水温的平均温度进行调节。当负荷变化时,改变控制棒在堆芯的插入深度以改变反应堆的出力,使一、二回路之间达到新的平衡。同时调整一回路中的一次冷却剂硼浓度,使控制棒在最优位置,以保证堆芯的功率分布偏差不超过规定值。

在功率运行中,由于燃料的燃耗和裂变产物的积累(即中毒和结渣),反应性将降低,通过调节一次冷却剂中硼浓度来补偿此反应性损失。

为保证燃料棒的安全,核电厂的负荷瞬变值和负荷变化率均应小于规定值。

热态启动。核电厂处于热停堆,一回路温度与压力接近零功率额定值时,可直接启动反应堆使之达到临界。然后按"冷态启动"中第(5)与第(6)步骤进行操作,将汽轮机组投入运行。

碘坑过程中的启动。碘坑过程中的启动属于热态启动。一般指在满功率运行达到平衡氙毒后热停堆不久的启动。停堆后,裂变产物中的主要毒物^{135}Xe的变化分为三个阶段。第一阶段,由于^{135}Xe的消失速度减慢,氙毒逐渐增加,反应性损失增大,称为积毒阶段。第二阶段约在停堆后 11h,氙毒达到最大值,反应性损失最大,又称碘坑最大值。第三阶段,^{135}Xe的衰变速度大于^{135}Xe的产生速度,氙毒逐渐减小,反应性损失减小,称为消毒阶段。约在停堆 24h 后,氙毒基本消失。

碘坑过程中的启动带来一定的操作复杂性。

(1)积毒阶段启动:可直接按顺序提升调节棒组使反应堆达到临界。在接近临界时,应避免进行使一次冷却剂平均温度突变或一次冷却剂中硼稀释的操作。

(2)最大碘坑中启动:在反应堆的燃料循环中后期,碘坑深度可能大于停堆时的剩余反应性。这时即使把控制棒组全部提出,也不可能使反应堆达到临界。只有对反应堆冷却剂进行适当的硼稀释操作,才有可能使反应堆启动。但反应堆一旦启动后,随着功率的提升,毒素氙因大量吸收中子而迅速减少,使得反应性相应地上升。此时又需要对一次冷却剂加硼。因此在最大碘坑中启动,操作十分复杂,且产生大量废水,所以应尽量避免这种情况。反应堆在寿期末,在最大碘坑中可能根本无法启动。

(3)在消毒阶段启动:由于氙的自发衰变引入了正反应性,因而不再需要对一次冷却剂进行硼稀释操作。相反,在进行临界估算时为了避免反应堆在零功率棒位以下临界,可能还需要进行适当的硼化。此时的操作必须十分小心,防止反应性引入速率过大而出现短周期事故。

11.11.3　核电厂停运

核电厂正常停运是指从电网解列到把反应堆降到次临界状态,根据停堆目的把反应堆维持在热停堆或退到冷停堆。

热停堆是短期停堆,手动将功率补偿棒组和温度控制棒组插入堆芯使反应堆次临界,停堆棒组保持在堆芯顶。这时,冷却剂系统保持或接近热态零功率时的运行温度和压力。一回路温度通过控制蒸气向大气或凝汽器的排放来维持,其能量来自堆芯的余热和主泵做功,蒸汽发生器给水由辅助给水系统供给。一回路压力由稳压器自动控制维持。热停堆期间,至少保持一台主泵运行。

当反应堆热停堆时间超过出现碘坑最大值的时间后,堆内氙毒逐渐减少,可能会使反应堆重返临界。因此,必须根据预计在热停堆的停留时间进行硼化,使冷却剂中的硼浓度达到安全停堆深度的要求。

经过降温降压,反应堆从热停堆进入冷停堆。为了抵消一回路在降温过程中,因负温度效应而引入堆芯的正反应性,同时为了保证有足够的停堆深度,降温前必须进行硼化,当达到冷停堆状态所要求的硼浓度后,开始降温降压。其过程是:提出温度控制棒组到堆芯顶部,用蒸汽发生器经旁路系统向凝汽器(如凝汽器不可用,则向大气)排放,将一回路冷却剂降温到 180℃,压力为 2.5MPa。此时,投入停堆余热导出系统,用该系统继续降温,同时淹灭稳压器汽腔,直到温度低于 90℃ 达到冷停堆状态。

11.11.4　核电厂状态

核电厂状态分为运行状态和事故状态两大类。运行状态又分为正常运行及预计运行事件;事故状态又分为事故工况(包括事故与极限事故)及严重事故。核电厂状态按发生频率由高至低排列,则分别为正常运行、预计运行事件、事故工况和严重事故。

核电厂设计中,必须遵循这样的原则:导致高辐射剂量或放射性大量释放的状态的发生频率要低,而发生频率较高的状态的辐射后果要小。核电厂状态分类的目的就在于对不同的状态规定不同的系统响应上的限制,即给以对应的可接受限值。从而使设计能满足核安全要求。

核电厂状态分类是以工程判断、设计及运行经验为基础而确定的。核电厂状态分类在美国早期核电厂的安全分析报告中已采用,并大致定型。应用约 30 年来,主要是在分析的事件与事故清单上有所完善。这种状态分类方法,已为拥有核电厂的国家较普遍采用,但各国采用的可接受限值上有所不同。中国采用的核电厂状态分类也与此相类同。

正常运行,核电厂在规定运行限值和条件范围内的运行,包括停堆状态、功率运行、停堆过程、启动过程、维护、试验和换料。

预计运行事件,或称中等频率事件,在核电厂的寿期内可能发生一次或多次。在发生这类事件情况下,当核电厂的运行参数达到规定限值时,保护系统应能关闭反应堆,但在进行了必需的校正动作后,反应堆可重新投入运行。预计运行事件的可接受限值为:①反应堆冷却剂系统的压力小于 110% 设计值;②燃料元件包壳表面不发生偏离泡核沸腾;③放射性释放低于正常运行限值。

稀有事故,这类事故对于单座核电厂来说,不大可能发生,从整体核电厂运行经验来说,有可能会发生。如发生这类事故,允许堆芯有少量燃料元件受到损坏,需要依赖专设安全设施来缓解其后果。稀有事故的可接收限值为:①堆芯保持其几何形状和可冷却性;②反应堆冷却剂系统压力小于 120% 设计值;③在隔离区(2h 内)及低人口区(8h 内)边界上,个人辐射剂量限值(按美国标准)为:甲状腺剂量 300mSv,全身剂量 25mSv(对于一些发生频率很低的事故,其限值为:甲状腺剂量 750mSv,全身剂量 60mSv)。

极限事故,极不可能发生的事故,其发生频率小于 10^{-4} 次/(堆·年)。这类事故可能导致燃料元件有重大损伤,但不致引起限制其后果的系统丧失功能,反应堆冷却剂系统和反应堆厂房不会受到附加的损伤。极限事故的可接受限值为:①堆芯保持其几何形状和可冷却性;②反应堆冷却剂系统压力小于 120% 设计值;③在隔离区(2h 内)及低人口区(8h 内)边界上,个人辐射剂量限值(按美国标准)为:甲状腺剂量 3000mSv,全身剂量 250mSv。

严重事故,导致燃料元件严重损坏,堆芯熔化,安全壳完整性可能受到破坏,放射性物质大量释放的事故。核电厂的这类事故预计发生频率受到国家核安全管理机构安全目标的限制。

11.12　同位素分离

同位素在自然界中的丰度，又称天然存在比，指的是该同位素在这种元素的所有天然同位素中所占的比例。丰度的大小一般以百分数表示，人造同位素的丰度为零。

天然铀是 U^{238}、U^{235} 和 U^{234} 的混合物，其中 U^{238} 的丰度是 99.27%，U^{235} 的丰度是 0.714%，剩余的是微量的 U^{234}。核电厂用的核燃料一般是 U^{235} 富集度约 3.5% 的燃料。富集度是重量比，丰度是原子数之比，它们之间有确定的转化关系：

$$C_{235} = \frac{\dfrac{x_{235}}{M_{235}}A_{00}}{\dfrac{x_{235}}{M_{235}}A_{00} + \dfrac{1-x_{235}}{M_{238}}A_{00}} = \frac{1}{1 + 0.9874\left(\dfrac{1}{x_{235}} - 1\right)} \tag{11-86}$$

其中，M_{235} 是 ^{235}U 的摩尔质量，即 235g/mol；M_{238} 是 ^{238}U 的摩尔质量，即 238g/mol；C_{235} 是 ^{235}U 的丰度（核子数之比），x_{235} 是 ^{235}U 的富集度（重量之比），A_{00} 是阿伏伽德罗常数，6.022×10^{23}。

根据同位素的丰度，可以计算其核子数密度。所谓核子数密度，是指单位体积内的某核素的原子核数目，如 UO_2 中 ^{235}U 的核子数密度 N_{235} 为

$$N_{235} = \frac{\rho_u}{M_u}A_{00}C_{235} \tag{11-87}$$

鉴于天然铀中 ^{234}U 的含量仅占 0.008%，故铀浓缩的实质就是实现 ^{235}U 与 ^{238}U 的分离。又因为 ^{235}U 与 ^{238}U 的物理和化学性质基本相同，从而给它们的分离带来很大的困难。

美国曼哈顿工程计划就开发了四种富集方法，即热扩散法、电磁法、气体扩散法和气体离心法。1944 年世界上第一次公斤量级的 ^{235}U 是在美国橡树岭实验室用电磁法分离出来的。其前级富集是用热扩散法把天然丰度的 ^{235}U 浓缩到丰度为 0.86%，然后供入电磁分离器进一步浓缩到武器级丰度。1945—1946 年间证明气体扩散法要比其他三种方法优越，先后停止了其他三种方法的工业开发。从此以后直到 20 世纪 80 年代，气体扩散法一直在富集铀方法上占主导地位。至今世界上大部分富集铀仍然是用气体扩散法生产的。但气体扩散法有很大的缺点，主要是耗电量大，约占成本的 70%，此外工厂的基本建设投资也很大。

在研究过的各种分离方法中，已具备工业应用价值的有三种，即气体扩散法、高速离心法和喷嘴分离法。激光法和化学交换法也有希望获得实际应用。

11.12.1　分离功和价值函数

两种及两种以上的同位素气体组分形成混合物，这一过程是自发的熵增加过程，而从混合物中提取出某种同位素气体，或将混合物中各种同位素组分分离开来，则是非自发熵减小的过程。要使非自发过程进行，则必须要投入一定的补偿，这就是分离功（separate work）。投入的分离功的多少，应该正比于系统熵的减少。

在这里我们介绍的是 $^{235}UF_6$ 和 $^{238}UF_6$ 的混合物的二元分离问题。

我们先来看同位素分离过程的物料平衡。假设进料为 $F\text{kg/s}$ 丰度为 C_f 的天然铀，浓缩

产品为 $P\text{kg/s}$ 丰度为 C_p 的浓缩铀,尾料为 $W\text{kg/s}$ 富集度为 C_w 的贫化铀(见图 11-24),则根据总质量守恒有 $F=P+W$,根据 ^{235}U 的质量守恒,有

$$FC_f = PC_p + WC_w \tag{11-88}$$

则可以得到

$$\frac{F}{P} = \frac{C_p - C_w}{C_f - C_w} \tag{11-89}$$

进料 $F\text{kg/s}$ $C_f\text{ U-235}$ | 同位素分离设备 | 产品 $P\text{kg/s}$ $C_p\text{ U-235}$

尾料 $W\text{kg/s}$ $C_w\text{ U-235}$

图 11-24　同位素分离物料平衡图

那么分离得到 1kg/s 丰度为 C_p 的产品需要投入多少分离功率呢?分离功在实际工程上有很重要的意义,一个分离装置的分离能力和一个工厂的分离能力都是用分离功的大小来表示的。浓缩铀的成本通常也是以单位分离功的成本来表示的。

计算分离功的价值函数是通过熵的概念引入的,对于 N 种同位素气体混合物,熵与同位素丰度之间的关系为

$$S_i = -R\ln C_i \tag{11-90}$$

其中 R 为气体常数,C_i 为第 i 种同位素的丰度,则混合物的总熵为

$$S = \sum_{i=1}^{N} C_i S_i = -R \sum_{i=1}^{N} C_i \ln C_i \tag{11-91}$$

对于一个系统,所有的组分具有相同的 C_i 的情况是熵最大的,也就是最无序的状态。任何 C_i 不等于 C_j 的状态都意味着出现有序性。对于二元系统,涉及两种成分 i 和 j。所以 i,j 两种成分之间丰度分布的有序度等于 i 成分相对于 j 成分的有序度加上 j 成分相对于 i 成分的有序度。由于熵是反映无序度的,所以每摩尔第 i 种成分相对于第 j 种成分的无序度为 $S_i - S_j$,其有序度与无序度相差一个负号,即有序度为 $S_j - S_i$。在 1 摩尔气体混合物中,只有 C_i 摩尔 i 成分,所以 1 摩尔气体混合物中 i 成分相对于 j 成分的有序度为 $C_i(S_j - S_i)$。同理 1 摩尔 j 成分相对于 i 成分的有序度为 $S_i - S_j$,每摩尔气体混合物中有 C_j 摩尔 j 成分,所以 1 摩尔气体混合物中 j 成分相对于 i 成分的有序度为 $C_j(S_i - S_j)$。这样,在 1 摩尔气体混合物的总的有序度为

$$C_i(S_j - S_i) + C_j(S_i - S_j) = (C_i - C_j)(S_j - S_i) \tag{11-92}$$

对于二元系统,有 $C_2 = 1 - C_1$,因此总的有序度为

$$\psi = R(2C - 1)\ln\frac{C}{1-C} \tag{11-93}$$

我们把与气体常数无关的部分定义为价值函数(也称为分离势函数),为

$$V(C) = (2C - 1)\ln\frac{C}{1-C} \tag{11-94}$$

因此价值函数是正比于同位素气体混合物中丰度分布的有序度的一个物理量。这个函数的图像如图 11-25 所示。

我们可以看到,这样定义的价值函数在富集度为 50% 的时候是 0,而在富集度为 0 或者 100% 的时候为无穷大。其物理含义为两种组分均匀混合的时候为零,而将其完全分离的时候,则为无穷大。

这样,就可以用价值函数来计算分离功或分离功率了。进行分离之前的 $F\text{kg/s}$ 富集度为 C_f 的进料的势为

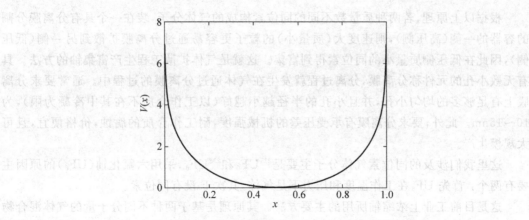

图 11-25   同位素分离价值函数

$$\Phi_{\mathrm{f}} = V(C_{\mathrm{f}})F \tag{11-95}$$

分离后的尾料和产品的势为

$$\Phi_{\mathrm{p}} + \Phi_{\mathrm{w}} = V(C_{\mathrm{p}})P + V(C_{\mathrm{w}})(F - P) \tag{11-96}$$

我们把式(11-95)和式(11-96)这两个势之差,定义为分离功率。即

$$\Psi = V(C_{\mathrm{p}})P + V(C_{\mathrm{w}})(F - P) - V(C_{\mathrm{f}})F \tag{11-97}$$

由于价值函数为无量纲的,因此分离功率的单位与 P、F 的量纲相同,是 kg/s。若 P 和 F 不是流量,而是质量,则计算得到的是分离功。

例 11-11:假定进料为天然铀,尾料富集度为 0.2%,试计算生产 1kg 富集度为 3.3% 的浓集铀产品需要的天然铀重量和分离功。

解:需要的进料天然铀质量为

$$m = \frac{C_{\mathrm{p}} - C_{\mathrm{w}}}{C_{\mathrm{f}} - C_{\mathrm{w}}} = \frac{0.033 - 0.002}{0.007\,12 - 0.002} = 6.055\mathrm{kg}$$

先计算进料、尾料和产品的价值函数,得

$$V(C_{\mathrm{f}}) = 5.009$$
$$V(C_{\mathrm{w}}) = 6.238$$
$$V(C_{\mathrm{p}}) = 3.616$$

根据式(11-97),需要的分离功为

$$V(C_{\mathrm{p}})P + V(C_{\mathrm{w}})(F - P) - V(C_{\mathrm{f}})F$$
$$= 3.616 \times 1 + 6.238 \times (6.055 - 1) - 5.009 \times 6.005$$
$$= 4.82\mathrm{kg}$$

11.12.2 扩散法同位素分离

下面我们来介绍扩散法的基本原理。气体中的原子、分子或离子等粒子,任何时候都在杂乱无章地向各个方向作直线运动,在运动的途中和任意物体相碰撞都会改变运动方向,但不改变平均运动速率的大小。同一空间内的所有粒子具有相同的动能,若粒子具有不同的质量,则它们具有不同的速率。因此质量小的粒子运动的速率大,质量大的粒子运动的速率小。

根据以上原理,若两种质量数不同的同位素构成的气体分子,装在一个具有分离膜分割的容器的一侧(高压侧),则速度大(质量小)的粒子更容易通过分离膜扩散到另一侧(低压侧),因此在低压侧质量小的同位素得到富集。这就是气体扩散工程生产富集铀的方法。具有无数小孔的元件称分离膜,分离过程就发生在气体通过分离膜的过程中。通常要求分离膜上有足够多的均匀小孔,并且小孔的半径越小越好(以工作介质不在其中冷凝为限),为 $10\sim15$nm。此外,要求分离膜有承受压差的机械强度,耐工作介质的腐蚀,价格便宜,且可大规模生产。

这里我们涉及的同位素气体分子主要是 $^{235}UF_6$ 和 $^{238}UF_6$,采用六氟化铀(UF_6)的原因主要有两个:首先 UF_6 在工作温度和压力下是气体,其次 F 没有同位素。

这是目前工业上浓缩铀所用的主要方法。其原理是基于两种不同分子量的气体混合物在热运动平衡时,具有相同的平均动能和不同的运动速度,即

$$\frac{1}{2}m_1V_1^2 = \frac{1}{2}m_2V_2^2 \tag{11-98}$$

$$V_1/V_2 = \sqrt{m_2/m_1} \tag{11-99}$$

式中,V_1、V_2 分别表示 $^{235}UF_6$ 和 $^{238}UF_6$ 分子的平均速度,m_1,m_2 则分别表示它们的质量。

显然,从式(11-99)可看出,较轻分子的平均速度大,较重分子的平均速度小,因此较轻分子同容器壁和扩散膜碰撞的次数,相对说来要比较重分子多。而扩散膜上又具有允许分子通过的微孔,故 $^{235}UF_6$ 和 $^{238}UF_6$ 两种气体就会以不同的速度通过扩散膜而扩散。

图 11-26 为一单级气体扩散过程示意图。当 UF_6 混合气体流过扩散级时,一部分气体从高压侧通过扩散膜进入低压侧,在低压侧得到微小浓缩,而在高压侧则是 ^{238}U 有所浓缩(^{235}U 被贫化了),由此便实现了两种同位素的分离。

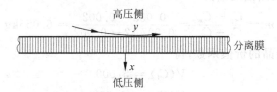

图 11-26　单级气体扩散过程

一个扩散级的分离效果通常用级分离系数(α)来表示。级分离系数的定义为:产品中所需同位素的相对浓度与资料中该同位素相对浓度的比值。级分离系数理论上的最大值(α_0)等于两种组分的相对分子质量比值的平方根。即

$$\alpha_0 = \sqrt{m_2/m_1} = \sqrt{352/349} = 1.0043 \tag{11-100}$$

实际的分离系数 α 远低于理论值,具体数值取决于设备结构、膜的特性及其他工艺条件。描述分离膜的分离能力的分离系数的定义为

$$\alpha = \frac{y}{1-y} \bigg/ \frac{x}{1-x} \tag{11-101}$$

其中,y 是低压侧的 ^{235}U 的摩尔分数,简称 $^{235}UF_6$ 的浓度或轻气体的浓度;x 是 ^{235}U 在高压侧的 ^{235}U 的浓度。

一台分离器与其附属设备构成气体扩散厂的最小分离单元,称为一个扩散级。由于单级的分离效果不大,为了得到 5% 的浓缩铀,便需要把近千个扩散级串联起来;如要生产高

浓铀便需串联数千个扩散级。这种联接称为级联,见图 11-27(b)所示。

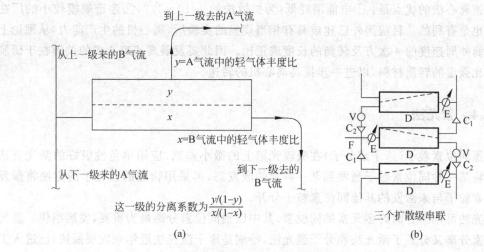

图 11-27　级联分离的某一级

用气体扩散法分离铀同位素,为使工艺气体通过扩散膜,必须在级间不断地对它进行重新压缩,因此气体扩散厂要消耗大量的电能。一座生产能力为 17 000t 分离功单位/a 的扩散厂,需要消耗的总电功率约为 600 万 kW。压缩气体所用的功最后全部变成废热。因此在选择扩散厂厂址时,必须考虑大量的冷却水消耗。

尽管用气体扩散法分离铀同位素存在上述问题,但因其具有工艺过程比较简单、设备运行稳定可靠、容易在工程上实现等优点,所以这种铀的浓缩方法为各国所普遍采用。

11.12.3　高速离心法

在高速旋转的离心机中,借助于离心力场的作用,也可实现轻、重同位素间的分离。在离心机转筒中,较重分子趋近转筒外周浓集。较轻分子靠近转轴浓集,如图 11-28 所示。

从转筒外周和中心引出气体流,就可分别得到略为贫化及略为浓缩的两股流分。

对于铀的浓缩,高速离心法比气体扩散法更为有效,因为离心机的分离系数不是取决于分子质量比的平方根,而是取决于两种分子的质量差。对于质量数相差为 3 的 $^{235}UF_6$ 和 $^{238}UF_6$ 分子来说,若使用转筒外周速度为 300m/s 的离心机,分离系数可达到 1.058。由此可见,为达到一定的铀富集度所需串联的级数将比扩散法少得多。如从天然铀生产 5% 的浓缩铀时,若用扩散法约需 900 个扩散级,而用转筒外周速度为 400m/s 的离心机,只要 27级就够了。若选用更高转速的离心机,所需级数还将进一步减少。但由于单个离心机的生产能力太小,要达到一定

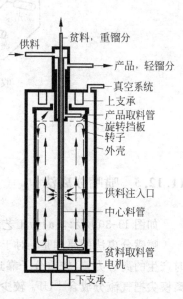

图 11-28　高速离心法分离同位素示意图

的工业生产规模,在各级中必须并联许多台离心机。

高速离心法的优点是:①电能消耗低,为扩散法的 $1/10\sim1/7$,②建造规模较小的厂在经济上也是有利的。目前国外已建成具有相当规模的实验厂,离心机的生产能力,从理论上讲与转筒外周速度的 4 次方及转筒的长度成正比。因此要发展高速离心机的关键在于研制具有高比强度的转筒材料,以进一步提高离心机的转速。

11.12.4　激光法

根据同位素粒子(原子或分子)在吸收光谱上的微小差别,应用单色性极好的激光有选择性地将某一种同位素粒子激发到某一特定的激发态,再采用物理的或化学的方法将激发的同位素粒子与未激发的其他同位素粒子分开。

激光法可用于分离许多元素的同位素,其中以铀同位素分离最为重要,发展很快。激光铀同位素分离又分原子激光法和分子激光法,特别是原子激光法近年来发展最快,已进入工业化论证阶段。

原子激光法的全称为原子蒸发激光同位素分离法(AVLIS),其原理如图 11-29 所示,整个装置包括激光器系统和分离器系统两大部分。用电子枪加热金属铀,产生高温铀蒸气原子束。再用铜蒸气激光器产生的激光辐照铀蒸气原子束,使之产生 ^{235}U 原子的三步选择性光激发和电离,同时用电磁场使 ^{235}U 离子产生偏转,与留在原子束中的 ^{238}U 原子分开,从而实现分离。

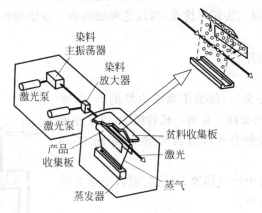

图 11-29　原子激光法示意图

11.12.5　喷嘴分离法

如图 11-30 所示,(a)为工艺示意图,(b)为喷嘴结构示意图。

喷嘴分离法的原理是:对于供料液,如果把分流劈置于适当的位置,根据气体通过曲壁时产生的离心力差,较重分子靠近壁面富集,较轻分子远离壁面富集。利用喷嘴出口处的分离楔尖把气流分成含 $^{235}UF_6$ 较少的贫料流和含 $^{235}UF_6$ 较多的产品流,从而实现轻、重同位素的分离。

喷嘴分离法单级的分离能力介于气体扩散法与高速离心法之间(级分离系数约为

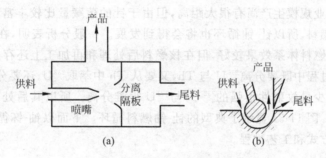

图 11-30 喷嘴分离法示意图

1.015)。由于该法的动力消耗比扩散法还高,因而至今在工业上仍处于试生产阶段。

除上述浓缩铀的几种基本方法外,还有一些铀同位素分离法处于研究开发阶段。表 11-14 列出了几种铀浓缩方法的工艺参数比较。

表 11-14 几种铀浓缩方法的工艺参数比较

方　法	分离系数	操作温度/℃	操作压力/MPa	装料量 g(U)/(分离功·a)	电力消耗度/kg(分离功)
气体扩散法	1.0043	70～100	0.071～0.101	100～200	2500
高速离心法	1.1	40～50	<0.101	0.15	100～400
喷嘴分离法	1.015	40	0.025	100	6600
激光法	大	—	—	少	大
化学交换法	1.0013	20	—	500～1000	600

11.13 核燃料循环

核燃料循环是核燃料所经历的生产、使用、储存或后处理、再制造等一系列工艺过程的总称,常简称燃料循环。由于临界质量的限制,核燃料不可能在反应堆内一次燃尽。对富集铀反应堆(如压水反应堆),卸出的燃料中除含^{235}U 0.8%～0.9%外,尚含一定量的^{239}Pu 和裂变产物。因此,乏燃料并非废物,其中的易裂变核素可以回收复用。据估计,钚的复用可以节省天然铀和铀同位素分离功的需要量分别为 20% 和 24%。在快中子增殖堆核电厂的情况下,裂变燃料和转换材料的回收复用更是必不可少的环节。

11.13.1 循环方式

可用于在反应堆中进行链式反应的易裂变核素为^{235}U、^{239}Pu 和^{233}U。^{238}U 和^{232}Th 为可转换核素,在吸收中子后它们分别通过以下反应可变成易裂变核素^{239}Pu、^{233}U。

因此,核燃料循环有两个体系,一是铀-钚燃料循环,另一个是钍-铀燃料循环。前者是由天然铀开始,利用^{235}U 作为核燃料,使^{238}U 在堆内吸收中子后转换成^{239}Pu,再以^{239}Pu 作为新核燃料的循环;后者先由钍矿提炼钍,并置于堆内吸收中子后转换为^{233}U,再以^{233}U 作为新核燃料的循环。

铀-钚循环是当前已在工业规模上实现了的燃料循环体系,而钍-铀循环则还处在研究和试验之中,距工业规模生产尚有很大距离,但由于钍的蕴藏量比较丰富,^{233}U 又是具有良好核性能的裂变燃料,所以钍-铀循环也将会得到发展。一般分析表明,在高温气冷堆中采用^{235}U-^{232}Th-^{233}U 燃料体系效果较好,但在核燃料后处理和再加工上还存在一些特殊问题。主要是在后处理过程中既要分离^{235}U 与 Th,又要从 Th 中萃取^{233}U,还要分离裂变产物。另外,乏燃料中混有少量放射性很强的^{232}U,与^{233}U 很难分离。所以其后处理工艺比铀-钚循环的要复杂得多。图 11-31 显示了典型的钍-铀燃料循环。下面以铀-钚循环为例具体讨论燃料循环的循环方式和工艺过程。

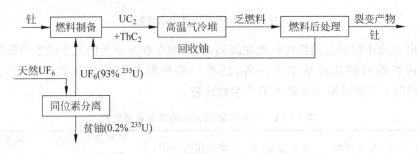

图 11-31 钍-铀燃料循环

核燃料循环中的工艺过程包括:铀矿地质勘探;铀矿石开采;铀的提取和精制;铀的化学转化;铀的富集;燃料组件制造;反应堆内使用;乏燃料储存;乏燃料运输;核燃料后处理;放射性废物处理和放射性废物处置。图 11-32 给出 1000MW 压水堆燃料循环(负荷因子 80%)的三种方式。表 11-15 为几种热中子堆核电厂的燃料需要量。

表 11-15　几种热中子堆核电厂的燃料年需要量

(电功率 1000MW,燃耗 33 000MW·d/tU)

堆 型		压 水 堆	沸 水 堆	重 水 堆
初装料量	低富集铀/t	75	110	145
	富集度/%	2.6^{235}U	2.2^{235}U	天然
	折合天然铀/t	385	466	145
	分离功/t 分离功单位	225	253	—
年换料量	低富集铀/t	25	37	140
	富集度/%	3.3^{235}U	2.6^{235}U	天然
	折合天然铀/t	165	190	140
	分离功/t 分离功单位	104	111	—

一次通过是燃料循环中的一种方式,即不从乏燃料中回收铀、钚,这样天然铀的利用率只有约 0.5%。复用经后处理回收的铀、钚,可把天然铀利用率提高到 1%~2%。在快中子增殖堆中多次重复使用回收的铀、钚,可使铀的总利用率提高到 60%~70%。采用一次通过方式还是循环利用方式,取决于技术的可行性和经济的合理性。就经济性而言,后处理成本和天然铀价格起决定作用。据国际原子能机构(IAEA)国际核燃料循环评价(International Nuclear Fuel Cycle Evaluation,INFCE)工作组的研究报告,当每千克 U_3O_8 超过 88 美元时,燃料循环利用才能在有些国家显示经济性。快中子堆能大量节省铀资源,但基建投资高昂,目前发电成本还不能与热中子堆相竞争。

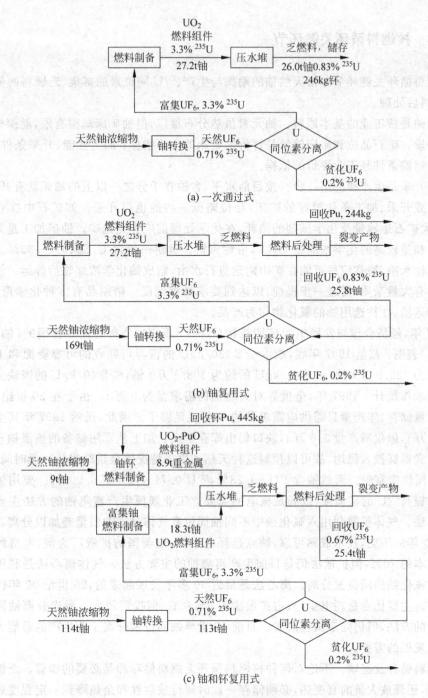

图 11-32 铀-钚燃料循环

　　自 20 世纪 80 年代以来，铀价下跌，而燃料循环后段费用上涨，因而有些国家主张采用一次通过式。另一些国家则认为一次通过不利于核资源的充分利用，应将回收的铀、钚先用于热中子堆。也有的主张将卸出的燃料元件暂储存，待铀价上涨到一定程度时再后处理回收其中的铀、钚，复用于反应堆。制定核燃料循环的方针时，必须根据本国的经济发展、能源供需情况及长期核能发展规划进行分析，才能做出最佳的决策。

11.13.2 核燃料循环关键环节

核燃料循环关键环节包括天然铀的勘探与生产、^{235}U 同位素的富集、乏燃料的储存及运输、核燃料后处理。

天然铀是核工业的基本原料。铀元素虽然分布很广,但铀矿床却很有限,勘探是确定铀矿床的手段。矿石品位和矿床储量是评价铀矿床的主要指标;加工性能、开采条件、能否综合利用及运输条件是工业评价的依据。

铀矿开采是生产铀的第一步。按目前水平,含铀在千分之一以上的铀矿就有开采价值,对露天矿或开采、加工条件较好的矿床,品位略低一些的也可开采。如矿石中掺有较多废石,会加大矿石运输量及化学试剂的消耗,在化学处理前应先经选矿。铀矿加工是先将矿石浓集成含铀量较高的化学浓缩物 U_3O_8,俗称黄饼。黄饼一般含 U_3O_8 40%～80%。湿法化学处理通称水冶,通常应尽可能在矿山附近进行水冶,制成铀化学浓缩物后外运。铀化学浓缩物仍含有大量杂质,需进一步提纯,以达到要求的核纯度。精制品有多种化学形式,为便于储存和运输,往往选用铀的氧化物作为产品。

1998 年,经济合作与发展组织核能机构(NEA/OECD)公布的世界各国的《铀资源、生产与需求》表明:截至 1997 年底,成本≤\$130/kgU 的世界可回收的可靠资源和Ⅰ类估计附加资源为 429.9 万 t 铀,≤\$80/kgU 的约为 308.5 万 t 铀,≤\$40/kgU 的因缺少数据及保密原因未作统计。1997 年,全世界对天然铀的需求量为 6 万 t。由于在 20 世纪 80 年代天然铀大量储存,年产量只需供应需求量的 60% 就足够了。因此,虽然 1997 年其生产能力已达 4.2 万 t,但仅需产量 3.6 万 t,缺口仍由库存解决。加上从军用储备的核级铀和从核弹头卸下的武器钚投入民用,故可以预料这种天然铀供求情况将会延续很长一段时间。

^{235}U 同位素富集。天然铀含 ^{238}U 99.28%,^{235}U 0.71% 及 ^{234}U 0.006%。要用铀同位素分离技术提高 ^{235}U 的富集度,以满足核电的需要。工业规模生产富集铀的方法主要有扩散法和离心法。气体扩散利用六氟化铀中不同铀同位素气体分子的质量差加以分离。扩散法已有约 50 年的历史,技术成熟可靠,缺点是耗电过大,以美国的扩散厂为例,电费约占单位分离功成本的 70%,但扩散法仍是目前生产富集铀的主要方法。气体离心法是利用离心力将气态六氟化铀的同位素分离。离心法是最近 30 多年发展起来的,20 世纪 90 年代已用于工业生产。主要优点是耗电少,只占扩散法的 5% 左右,但投资较大。激光分离铀同位素是很有前途的方法,但仍处于试验阶段。目前,全世界铀同位素分离工业生产的总能力可满足今后核电发展的需要。

乏燃料储存及运输。不论对何种核燃料循环乏燃料储存都是必要的步骤。乏燃料的比活度很高,还释放大量的衰变热,必须储存一段时间待放射性和余热降到一定程度后再进行操作及处理。从反应堆中卸出的乏燃料首先在堆旁水池储存几个月到几年,然后再运到离堆较远的地方储存。这中间需要进行乏燃料的运输。乏燃料由于具有很强的放射性,因此,乏燃料运输不仅技术复杂,费用大,而且必须在严格的控制下进行,以确保运输的安全。

核燃料后处理。轻水堆核电厂卸出的乏燃料约含 0.8% 的 ^{235}U 和近 1% 的工业钚。分离所得的工业钚可用作热中子堆或快中子堆的燃料。

核燃料后处理已有约 50 年历史。溶剂萃取流程已通用于工业生产,不仅可处理天然金属铀乏燃料和低富集铀氧化物燃料,改进后有可能用于快堆乏燃料的处理。现在世界各主要核工业国如法国、英国、俄罗斯、日本等均已拥有一定的核燃料后处理能力,为今后核资源的循环利用提供了初步条件。

11.13.3 核燃料循环成本

核电厂每生产 1kWh 电量需花费在核燃料循环方面的费用为核燃料循环成本,是核电厂发电成本的重要构成之一,在进行成本分析时,有两种成本计算方法。

方法一:计算核电厂为生产 1kWh 电量需花费在核燃料循环方面的全部费用。它既包括运行过程中所消耗核燃料的费用,又包括为维持反应堆临界而长期积压在反应堆内的那部分核燃料的费用。前者称为可变燃料成本,后者称为固定燃料成本。核燃料循环成本为可变燃料成本和固定燃料成本之和。

方法二:计算核电厂为生产 1kWh 电量所消耗核燃料的全部核燃料循环费用,即只计入可变燃料成本而不计固定燃料成本。把固定燃料成本计入基本建设投资内,按折旧(或投资回收)费计入发电成本。

平衡循环换料核燃料费和可变燃料成本的计算。在运行过程中,一般经过几个换料周期后,换料循环趋于平衡。整个运行过程中所消耗核燃料的费用,一般都用平衡循环的补充换料的核燃料费来代表。

平衡循环可变燃料成本的计算公式为

$$C_c = \frac{\tilde{P}\tilde{M}}{TE} \tag{11-102}$$

式中,$\tilde{P}$、$\tilde{M}$ 分别为平衡循环下补充换料的核燃料价格和核燃料量;T 为平衡循环周期(a);E 为平衡循环内平均年供电量(kWh)。

固定燃料成本的计算,一般采用首炉核燃料费减去平衡循环补充换料核燃料费来计算。首炉核燃料费是首次装载的各种 ^{235}U 富集度核燃料费用之总和。计算公式为

$$Q = \sum_{i=1}^{n} P_i M_i \tag{11-103}$$

式中,Q 为首炉核燃料费;P_i、M_i 分别为第 i 种 ^{235}U 富集度核燃料的价格和核燃料量。首炉核燃料费中计入基本建设投资的那部分费用为

$$I = Q - \tilde{P}\tilde{M} \tag{11-104}$$

则方法一中的固定燃料成本为

$$C_f = \frac{\varepsilon I}{E} \tag{11-105}$$

式中,ε 为年折旧率(或资金年回收率);E 为年供电量。

核燃料价格 P 为单位重量核燃料的核燃料循环费用,它包括核燃料循环所有环节(天然 U_3O_8 的购置、转化、富集、元件制造、乏燃料后处理、废物处置、回收铀钚的出售以及与上述环节相关的运输、储存等)的直接费用和间接费用。

直接费用包括:

(1) 天然 U_3O_8 购置费:在计算天然 U_3O_8 的购置费时,要考虑 U_3O_8 转化成 UF_6 中的损

耗、元件制造中的损耗和铀的富集过程中投入原料量与生产量之间的关系。若装入反应堆核燃料的铀重量为 u，那么需要购置的天然 U_3O_8 中的铀重量 U 为

$$U = u \times \frac{1}{1-f_1} \times \frac{1}{1-f_2} \times \frac{x_P - x_W}{x_F - x_W} \tag{11-106}$$

式中，x_P、x_F、x_W 分别为铀同位素分离过程中，产品、原料、尾料中 ^{235}U 的富集度；f_1、f_2 分别为转化过程和元件制造过程中铀的损耗率。

若按单位铀重量计算的天然 U_3O_8 的价格为 c_1，那么购置天然 U_3O_8 的费用为 c_1U。

(2) U_3O_8 转化成 UF_6 的转化费：购置的 U_3O_8 通过转化厂全部转化成 UF_6。若每单位重量进厂铀的转换费为 c_2，那么总转化费为 c_2U。

(3) 铀富集费：生产单位重量低富集铀所需的分离功 S 为

$$S = V(x_P) + \frac{x_P - x_F}{x_F - x_W}V(x_W) - \frac{x_P - x_W}{x_F - x_W}V(x_F) \tag{11-107}$$

其中 V 为式(11-94)定义的价值函数。在工程中，一般不区分富集度和丰度，因为两者十分接近。

由铀富集工厂提供给元件制造厂的低富集铀重量为 $u/(1-f_2)$，若单位分离功的价格为 c_3，那么铀富集费为

$$c_3 u \frac{S}{1-f_2} \tag{11-108}$$

(4) 元件制造费、燃料后处理费、运输费、储存费和废物处置费等，按相应的加工量、处理量、运输量、储存量同对应的价格相乘计算。

(5) 回收铀、钚的出售。乏燃料经后处理回收的铀和钚，仅当有用户购买时，才能转化为经济收入，所以这个收入只能作为记账收入。

出售回收钚的收入，按单位重量铀的核燃料，经辐照后乏燃料中所含易裂变钚量(扣除后处理损耗的 ^{239}Pu 和 ^{241}Pu)乘上裂变钚的价格计算。

出售回收铀的收入，计算比较复杂。设回收铀中 ^{235}U 的富集度为 x_E，一般高于天然铀中 ^{235}U 的富集度。出售回收铀的收入应同通过铀富集工厂用天然铀生产同一富集度的铀的费用相等。由铀富集工厂生产单位重量富集度为 x_E 的低富集铀需天然铀

$$\frac{1}{1-f_1}\frac{x_E - x_W}{x_F - x_W} \tag{11-109}$$

生产单位重量低富集度为 x_E 的低富集铀需分离功 S' 为

$$S' = V(x_E) + \frac{x_E - x_F}{x_F - x_W}V(x_W) - \frac{x_E - x_W}{x_F - x_W}V(x_F) \tag{11-110}$$

出售单位重量回收铀的收入即为

$$(c_1 + c_2)\frac{1}{1-f_1}\frac{x_E - x_W}{x_F - x_W} + c_3 S' \tag{11-111}$$

间接费用包括花费在核燃料循环各环节上的利息、资金报酬、税收及保险等费用。间接费的计算比较复杂，核燃料循环各环节发生费用的时间，有的在发电前若干年，有的在发电后若干年，涉及的时间长，变化多，又与付款方式有关。一般预先根据实际情况，划出现金支付流，再按给定的贴现率，折算到发电时刻，然后作综合分析。

练习题

1. 计算温度为 300℃时^{235}U 的裂变截面。

2. 在温度为 295K,体积为 1cm³ 的立方体内,均匀随机分布有 10^{18} 个^{235}U 原子核,热中子注量率为 10^{13} 个 n/(cm² · s),计算裂变反应率。

3. 体积为 1cm³ 的立方体空间内有均匀随机分布的 10^5 个^{235}U 原子核,任意方向射进来的 1 个能量为 0.0253eV 中子能和原子核发生裂变反应的概率是多大?

4. 热中子反应堆内为什么希望中子被减速得越快越好?

5. 请推导弹性散射后中子动能 E' 与散射前的动能 E 的比值满足

$$\frac{E'}{E} = \frac{1}{2}\left[(1+\alpha) + (1-\alpha)\cos\theta_c\right]$$

6. 计算^{235}U 热中子裂变时缓发中子的平均代时间。

7. 若燃料温度系数为 -0.2pcm/℃,若燃料平均温度降低 50℃,会引入多少反应性?

8. 若反应性为 0.001,计算 k_{eff}。

9. 在热中子反应堆中,^{135}Xe 的主要生成途径有哪几种?

10. 为什么停堆后钐浓度会上升?

11. 一个反应堆的反应性为 -1000pcm 时的计数为 45(1/s),当计数率升高到 500(1/s)时的反应性是多大?

12. 核电厂的核燃料两种成本计算方法的根本差异是什么?

13. 某核电厂一次换料需要 27.2t^{235}U 富集度为 3.3% 的核燃料,假设贫料的富集度为 0.2%,进料的富集度为 0.71%,计算需要多少分离功和多少天然铀。

14. ^{235}U 富集度约 3.5% 的核燃料^{235}U 的丰度是多少?

15. 论述铀和钚复用式循环的优缺点。

第 12 章

辐 射 防 护

辐射指的是能量以电磁波或粒子的形式向外扩散的现象。自然界中的一切物体,只要温度在绝对温度零度以上,都以电磁波和粒子的形式时刻不停地向外发射热量,这种传送能量的方式被称为辐射。热辐射是热的传播方式的一种,我们在第 3 章已经有所介绍。除热辐射以外的其他辐射,可依其能量的高低及电离物质的能力分类为电离辐射和非电离辐射。

一般没有专门指出的时候,普遍将辐射这个名词用在电离辐射。电离辐射具有足够的能量可以将原子或分子电离化。辐射活性物质是指可放射出电离辐射的物质。电离辐射主要有: α、β、γ、中子、X 射线辐射等。我们在这一章主要讨论的便是电离辐射的防护问题。

辐射防护(radiation protection)是研究预防电离辐射对人产生有害作用的应用性学科。在美国、日本和法国等国又称作保健物理,在独联体各国以及波兰、匈牙利等国则多称为放射卫生。辐射防护涉及防止电离辐射对人产生有害作用的所有问题,但不包括辐射安全的一切问题,如核反应堆工程安全就属于核安全,辐射效应的研究则属于放射医学。

辐射防护作为应用性学科,其基础学科有:辐射剂量学、放射生物学、放射生态学、辐射屏蔽学和辐射探测学等。

辐射防护的内容包括以下 5 个方面:①辐射防护基本原则和辐射防护标准;②辐射防护方法;③辐射监测;④辐射防护评价;⑤辐射事故应急。

12.1　辐射量和单位

描述辐射源或辐射场特征和辐射与物质相互作用特性的一些量,统称为辐射量。某些辐射量的概念、名称和单位经历了不少演变,同一名称在不同时期的含义不尽相同。早期应用的一些辐射量和单位,由于其概念含混或定义不确切、不严密或不便于应用而逐渐被淘汰,如生物当量伦琴、物理当量伦琴、克镭当量等。1925 年国际放射学大会决定成立一个专门研究辐射量和单位的组织,国际辐射量单位委员会,后来又加上"测量"二字,易名为国际辐射量单位与测量委员会(International Commission on Radiation Units and Measurements,ICRU)。ICRU 经过多年的研究发表了一系列报告,对促进辐射量和单位的统一和科学化,作出了重大贡献。目前辐射防护领域所用的辐射量和单位,绝大部分是 ICRU 定义和推荐的。

辐射量大致可分为描述辐射源和辐射场的量、辐射剂量学量、描述辐射与物质相互作用的量和辐射防护用量。

辐射量的单位应为 SI 单位,有专名的需注明,无专名的给出 SI 单位。

12.1.1　描述辐射源和辐射场的量

通常把能够发射电离辐射的物质或装置称为辐射源,把存在电离辐射的空间称为辐射场。描述辐射场和辐射源的量有十几种,最常用的有活度、粒子注量、粒子注量率、能量注量和能量注量率等。

活度(activity)

在给定时刻,处在特定能量状态的一定量的某种放射性核素的活度定义为 $\mathrm{d}N$ 除以 $\mathrm{d}t$ 而得的商

$$A = \frac{\mathrm{d}N}{\mathrm{d}t} \tag{12-1}$$

式中,$\mathrm{d}N$ 是在时间间隔 $\mathrm{d}t$ 内,该核素从激发态发生自发跃迁的原子核数量的期望值。活度的单位为 s^{-1},其专名为贝可(勒尔),becquerel,用 Bq 表示。1Bq 等于 $1\mathrm{s}^{-1}$。

粒子注量(particle fluence)

$$\phi = \frac{\mathrm{d}N}{\mathrm{d}a} \tag{12-2}$$

式中,$\mathrm{d}N$ 为射入截面面积 $\mathrm{d}a$ 的粒子数。ϕ 的单位是每平方米(m^{-2})。

粒子注量率(particle fluence rate)

$$\varphi = \frac{\mathrm{d}\phi}{\mathrm{d}t} \tag{12-3}$$

式中,ϕ 为单位时间穿过单位面积的粒子数量,单位是每平方米每秒($\mathrm{m}^{-2} \cdot \mathrm{s}^{-1}$)。

能量注量(energy fluence)

$$\psi = \frac{\mathrm{d}R}{\mathrm{d}a} \tag{12-4}$$

式中,$\mathrm{d}R$ 为射入截面面积 $\mathrm{d}a$ 的辐射能量。ψ 的单位是焦耳每平方米($\mathrm{J/m}^2$)。

能量注量率(energy fluence rate)

$$\dot{\psi} = \frac{\mathrm{d}\psi}{\mathrm{d}t} \tag{12-5}$$

式中,$\mathrm{d}\psi$ 是时间间隔 $\mathrm{d}t$ 内能量注量的增量;能量注量率的单位是瓦特每平方米($\mathrm{W/m}^2$)。

12.1.2　剂量学中常用的辐射量

辐射剂量学着眼于辐射与受体相互作用时所发生的能量沉积、能量转移和受体吸收能量的特性研究。在剂量学中常用的辐射量有吸收剂量、吸收剂量率、比释动能、比释动能率、照射量、照射量率等。

吸收剂量(absorbed dose)

辐射与受体相互作用时单位质量受体吸收辐射能量多少的量度,其定义为

$$D = \frac{\mathrm{d}E}{\mathrm{d}m} \tag{12-6}$$

式中,dE 是辐射授予质量为 dm 的受体物质的平均能量;吸收剂量的单位为焦耳每千克(J/kg);专用单位名称为戈瑞($1Gy=1J/kg$);曾用单位名称拉德(rad),$1Gy=100rad$。

吸收剂量率(absorbed dose rate)

$$\dot{D} = \frac{dD}{dt} \tag{12-7}$$

式中,dD 为某一时间间隔 dt 内吸收剂量的增量。吸收剂量率的单位为焦耳每千克每秒($J \cdot kg^{-1} \cdot s^{-1}$),专用单位名称为戈瑞每秒($Gy/s$)。

比释动能(Kerma)

不带电电离粒子与物质相互作用时首先把其能量传递给带电电离粒子,然后带电电离粒子再通过电离或激发过程把能量授予物质。比释动能就是描述这种能量传递过程的辐射量。定义为

$$K = \frac{dE_{tr}}{dm} \tag{12-8}$$

式中,dE_{tr} 为不带电电离粒子在质量为 dm 的某一物质内释放出来的全部带电电离粒子的初始动能的总和。比释动能的单位为焦耳每千克(J/kg),专用单位名称为戈瑞(Gy)。

比释动能率(Kerma rate)

$$\dot{K} = \frac{dK}{dt} \tag{12-9}$$

式中,dK 为在 dt 时间间隔内的比释动能的增量。比释动能率的单位为焦耳每千克每秒($J \cdot kg^{-1} \cdot s^{-1}$)。

照射量

X 或 γ 辐射使空气电离本领的量度,定义为 dQ 除以 dm 所得的商

$$x = \frac{dQ}{dm} \tag{12-10}$$

式中,dQ 为光子在质量为 dm 的空气中释放出来的全部电子(包括正电子和负电子)完全被空气所阻止时,在空气中产生任何一种符号离子总电荷的绝对值。照射量 x 的单位是库仑每千克(C/kg),曾用单位伦琴(R),但已不是法定单位。$1R=2.58\times10^{-4}C/kg$。

最早提出伦琴单位的是德国的本根(Bahnken)。1928 年,国际放射学大会把伦琴定义为 X 或 γ 射线的"量"或"剂量"的单位,但含义不清。1956 年,国际辐射量单位与测量委员会(ICRU)把伦琴定为"照射剂量"的单位,但仍易于与吸收剂量混淆;1962 年,ICRU 把照射剂量改称为照射量,仍用伦琴作单位。

照射量率

$$\dot{x} = \frac{dx}{dt} \tag{12-11}$$

式中,dx 是在时间间隔 dt 内照射量的增量。照射量率的单位是库仑每千克每秒($C \cdot kg^{-1} \cdot s^{-1}$),曾用专用单位伦琴每秒($R/s$)。

12.1.3 辐射防护中常用的辐射量

在辐射防护中,所用的量与辐射危害密切相关,主要用于辐射防护标准、辐射防护评价、

辐射监测和辐射防护最优化等方面,如当量剂量、有效剂量、集体当量剂量、周围剂量当量、定向剂量当量以及个人剂量当量等。

辐射权重因子和当量剂量

辐射照射的随机效应的概率不仅依赖于吸收剂量,而且与产生此吸收剂量的辐射类型和能量有关。为顾及这一事实,吸收剂量用一个与辐射品质有关的因子加权,权重因子称为辐射权重因子 w_R。在辐射防护中感兴趣的是某一组织或器官的吸收剂量的平均值(而不是某一点上的剂量)并按辐射权重因子加权,加权后的吸收剂量是在严格意义上的剂量,称为在组织或器官中的当量剂量(equivalent dose)。

在组织 T 中的当量剂量可表示为

$$H_T = \sum_R w_R D_{T,R} \tag{12-12}$$

式中,$D_{T,R}$ 为按组织或器官 T 平均计算的来自辐射 R 的吸收剂量。当量剂量的单位为焦[耳]每千克(J/kg),专用名称为希[沃特](Sv)。

组织权重因子和有效剂量

随机效应的概率与当量剂量的关系还与受辐照的组织或器官有关。因此定义一个由当量剂量导出的量,以表示几种不同组织受到不同剂量照射时某种意义上的综合,使之能大概与总的随机效应对应。对组织或器官 T 的当量剂量的加权因子称为组织权重因子 w_T,它反映了在全身均匀受照下各组织或器官对总危害的相对贡献。有效剂量 E 即为体内所有组织与器官的加权后的当量剂量之和,E 由下式给出

$$E = \sum_T w_T H_T \tag{12-13}$$

式中,H_T 为组织或器官 T 的当量剂量;w_T 为组织 T 的组织权重因子。有效剂量的单位为焦[耳]每千克(J/kg),专用名称为希[沃特](Sv)。

待积当量剂量

外部贯穿辐射产生的能量沉积是在组织暴露于该辐射的同时给出的。然而,进入体内的放射性核素对组织的照射在时间上是分散开的,能量沉积随放射性核素的衰变而逐渐给出。能量沉积在时间上的分布随放射性核素的理化形态及其后的生物动力学行为而变化。待积当量剂量计及了这种时间分布,是个人在单次摄入放射性物质之后,某一特定组织中接受的当量剂量率在时间 τ 内的积分。当没有给出积分时间期限 τ 时,对成年人 τ 为 50 年,对儿童 τ 为 70 年。待积当量剂量为

$$H_T(\tau) = \int_{t_0}^{t_0+\tau} \dot{H}_T(t)\,dt \tag{12-14}$$

对于 t_0 时刻单次摄入的辐射体 $\dot{H}_T(t)$ 是对应于器官或组织 T 在 t 时刻的当量剂量率,τ 是进行积分的时间期限,以年为单位。

待积有效剂量

如果将单次摄入放射性物质后产生的待积器官或组织当量剂量乘以相应的权重因子 w_T,然后求和,即为待积有效剂量,其表达式为

$$E(\tau) = \sum_T w_T H_T(\tau) \tag{12-15}$$

在确定 $E(\tau)$ 时,进行积分的时间 τ 以年为单位。

集体当量剂量

表示某一组人指定的组织或器官所受的总辐射照射的量。组织 T 的集体当量剂量定义为

$$S_T = \int_0^\infty H_T \frac{dN}{dH_T} dH_T \qquad (12\text{-}16)$$

式中，$(dN/dH_T) \cdot dH_T$ 是接受当量剂量在 H_T 到 $H_T + dH_T$ 间的人数。也可表示为

$$S_T = \sum_i H_{T,i} N_i \qquad (12\text{-}17)$$

式中 N_i 是接受的平均器官当量剂量为 $H_{T,i}$ 的第 i 组的人数。S_T 的单位为人·希沃特（人·Sv）。

集体有效剂量

表示某一人群所受的总的照射，其定义为

$$S = \int_0^\infty E \frac{dN}{dE} dE \qquad (12\text{-}18)$$

或

$$S = \sum_i \bar{E}_i N_i \qquad (12\text{-}19)$$

式中，$\bar{E}_i$ 是第 i 组人群接受的平均有效剂量，N_i 为第 i 组的人数。集体有效剂量的定义没有明确规定给出剂量所经历的时间。因此应当指明集体有效剂量求和或积分的时间间隔和什么样的人群。

人均当量剂量

在一定的照射群体中按人数平均的当量剂量，即

$$\bar{H} = \frac{S}{N} \qquad (12\text{-}20)$$

式中，S 为群体的集体当量剂量，人·Sv；N 是该群体的人数。从表面上看，人均当量剂量似乎是涉及个体剂量，实际上它是表征集体受照情况的量，因为只有在偶然的情况下，它才等于一个真正的个体所受的剂量。它是一群真正的个人当量剂量的平均值。

剂量负担

由于某一次的决策或实践，使特定群体受到持续性照射造成的人均剂量率（$\dot{H}_T$ 或 $\dot{E}$）在无限长时间内的积分

$$H_{CT} = \int_0^\infty \dot{H}_T(t) dt \qquad (12\text{-}21)$$

或

$$E_C = \int_0^\infty \dot{E}(t) dt \qquad (12\text{-}22)$$

剂量负担是一种计算工具，可对全世界居民进行估算，也可对某一关键群体进行估算。

周围剂量当量

在辐射防护监测中用于强贯穿辐射外照射监测的实用辐射量。辐射场中某一点的周围剂量当量 $H^*(d)$ 是该点相应的齐向扩展场在 ICRU 球内，逆向齐向场方向的半径上，深度为 d 处产生的剂量当量。这是一个有受体的表征辐射场性质的辐射量。ICRU 建议，对强贯穿辐射，d 为 10mm；而对弱贯穿辐射，d 为 0.07mm。所谓 ICRU 球是由密度为 1g·cm^{-3} 的组

织等效材料做成的直径为 30cm 的球。材料成分（按质量百分比）为氧 76.2%，碳 11.1%，氢 10.1%，氮 2.61%。$H^*(10)$ 大体上能反映处于该处的人体所受的有效剂量。对于 X 和 γ 辐射，测定的 $H^*(10)$ 只能用于安排、指导和控制工作人员的操作，而个人剂量仍以个人剂量计的测量为准。原则上，一个具有各向同性响应的探测器，若用 $H^*(10)$ 刻度过，即可在任意均匀的辐射场中用来测定周围剂量当量。

定向剂量当量

辐射场中某一点的定向剂量当量 $H'(d,\Omega)$ 即为该点相应的扩展场在 ICRU 球内指定方向 Ω 的半径上，深度为 d 处产生的剂量当量。ICRU 规定，$d=0.07$mm，而指定方向 Ω 可以用逆向入射场的半径与指定方向半径的夹角 α 表示。对于正向照射（AP 几何条件），$\alpha=0$，定向剂量当量 $H'(0.07,0)$ 可以写作 $H'(0.07)$。它反映了与皮肤垂直方向为指定方向的皮肤可能受到的剂量当量。如果一个探测器能够确定一个与指定方向垂直并由组织等效材料组成的平板内深度为 0.07mm 处的剂量当量，则该探测器就可以测量定向剂量当量 $H'(0.07)$。$H'(0.07,\alpha)$ 是有方向的，同一点不同方向的定向剂量当量可能不同，所以测量结果要标明参考点位置和参考方向。

个人剂量当量

用于个人外照射监测的实用辐射量。个人剂量当量 $H_P(d)$ 是指身体上指定点下面深度为 d 处的软组织的剂量当量。对于强贯穿辐射 d 取 10mm，而对弱贯穿辐射 d 取 0.07mm，通常能分别反映器官和皮肤剂量。$H_P(d)$ 可用挂在体表的个人剂量计测定，剂量计的探测元件应覆盖适当厚度的组织等效材料。个人剂量计一定要采用 ICRU 推荐的人体模型进行刻度。

12.2　辐射防护基本原则和辐射防护标准

12.2.1　辐射防护基本原则

这是为了保护工作人员和公众免受或少受辐射的危害而必须遵循的基本原则。辐射防护的目的在于既要对人及其环境提供恰当的防护，又要能促进核能和核科学技术的应用和发展。为了达到这个目的，必须首先确定辐射防护的基本原则，然后通过立法，将这些原则转化为法律和法规，从而去指导人们的实践活动。

辐射防护的基本原则由三个基本要素组成。

(1) 实践的正当性：在施行伴有辐射照射的任何实践之前，都必须经过正当性判断，确认这种实践具有正当的理由，即能够获得超过代价的正的纯利益。

(2) 辐射防护的最优化：应避免一切不必要的照射，在考虑到经济和社会因素的条件下，所有辐射照射都应保持在可合理达到的尽量低的水平。

(3) 个人剂量限制：用剂量限值对个人所受的照射加以限制。

在上述辐射防护三原则中，个人剂量限值规定了不可接受的剂量的下限，当实践的正当性判断和辐射防护最优化的结果与个人剂量限制原则相抵触时，应服从个人剂量限制原则。

上述辐射防护的基本原则是针对受控制源的辐射照射情况而言的，原则地说，它不适用于针对非受控制源的辐射防护(例如核事故的情况),因为在这些情况下,不能通过对辐射源施加控制的方法来限制或减少人们所遭受的辐射剂量。在事故情况下,只能遵循应急干预的基本原则来控制或减少人们所接受的辐射照射。

国际放射防护委员会(ICRP)在 1991 年发表的第 60 号出版物中推荐了一整套剂量限制体系,国际原子能机构(IAEA)采纳了这一体系,并反映在它与国际劳工组织(ILO)、经济合作与发展组织核能机构(NEA/OECD)和世界卫生组织(WHO)等联合制定的辐射防护基本安全标准中。中国的辐射防护规定中也采用了这个剂量限制体系。

实践的正当性

要求引入的任何实践都应有

$$利益 > 代价 + 危险 \tag{12-23}$$

利益指的是对整个社会的利益,它包括经济效益和社会效益、辐射危害的减少等。代价指的是所有消极方面的总和,包括经济代价、健康危害、不利的环境影响、心理影响和社会问题等。危险是承受的未来可能遭到损害的风险,是一种潜在的代价。

尽管实践的正当性判断主要是由主管部门作出的决策,但是从事该实践的管理人员和辐射防护人员应当为决策提供必要的资料,使得决策人员能够作出正确和恰当的决策。

个人剂量限制

为了避免发生辐射的确定性效应,并把随机性效应的发生率降至可接受的水平,必须对个人剂量加以限制。剂量限值使用的基本量是有效剂量。剂量限值不能直接用于设计和工作安排的目的,剂量限值中也不包括医疗照射和天然本底照射的贡献。

中国的"辐射防护规定"将个人剂量限值分为基本限值、导出限值、管理限值以及参考水平。

基本限值用有效剂量表示,所以有时也称为剂量限值,为了使用方便,依据基本限值规定次级限值和导出限值。内照射的次级限值用年摄入量限值(ALI)表示。辐射工作人员的年摄入量限值列于中国国家标准 GB 8703—1988《辐射防护规定》的附录 E 中。对于公众成员,一般取辐射工作人员年摄入量限值的 1/50。如果在一年中既接受外照射,又接受内照射,还应满足下式:

$$\frac{H_E}{50\text{mSv}} + \sum \frac{I_i}{(\text{ALI})_i} \leqslant 1 \tag{12-24}$$

式中,H_E 是外照射产生的有效剂量(mSv),I_i 是在这一年中放射性核素 i 的摄入量(Bq·a^{-1}),$(\text{ALI})_i$ 是对于放射性核素 i 的年摄入量限值(Bq·a^{-1})。

为了评价工作场所的空气污染状况,建立了导出限值:导出空气浓度(DAC),数值列于中国国家标准 GB 8703—1988《辐射防护规定》的附录 E 中。

辐射防护最优化

辐射防护最优化是辐射防护的一个重要原则,必须将其贯彻到伴有辐射照射的实践的全过程中去。通过选择最佳的防护水平和最优的防护方案来达到以最小的代价获得最大利益的目标。

辐射防护决策的一般步骤如图 12-1 所示。首先要明确所面临的防护问题,确定防护的目标。然后进行危险分析,找出危险的来源,评估各个危险来源的大小,明确防护的重点,为以后选择和确定防护方案提供依据。通过危险分析还可以确定与辐射防护有关的因素,排除与辐射防护无关的因素。针对所找出的危险来源,分析可能对各个来源实施防护的手段,从而列出所有可供选择的防护方案。在此阶段,除了明显不现实的方案之外,先不要急于排除任何方案。然后通过对各个方案的比较选出最优方案,确定最佳的防护水平。对于决策所依据的资料和假设的质量,必须认真地加以评价,分析这些资料和假设的不确定性和可变性对决策结果的影响,进行灵敏度分析。通过这一分析,了解哪些因素对决策结果的影响最大和当这些因素发生怎样的变化时应当改变决策,从而明确工作的重点。至此,已经可以得到辐射防护最优化决策了。然而,有些非辐射防护的考虑,例如经济的、政治的或社会的因素,也会影响决策的结果。因而,必须全面考虑所有这些因素之后才能做出更切合实际的最终决策。最后,将这个决策付诸实施。在实施的过程中收集反馈信息。这也是非常重要的,因为它不仅能对决策的各个环节进行检验,而且能够发现更为有效的防护途径。

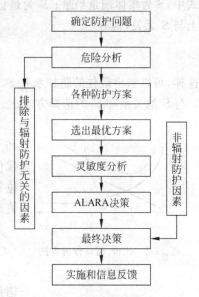

图 12-1　辐射防护最优化的
决策步骤

　　在各个防护方案之间进行比较并选出最优方案的方法有定性的和定量的两大类。

　　定性的方法依靠经验的判断,也可能辅以半定量的分析。在 ICRP 第 37 号出版物中称这种方法为多标准方法(multicriteria methods)。它是针对各判断标准,对各种可供选择的防护方案进行两两地比较。因为在比较的过程中要考虑多种判断标准,所以常常为各个标准规定相对权重。通过比较,舍弃较劣的方案,保留较优的方案,直到选出最优方案。一般来说,定性的方法可以预选出一些(而不是一个)较优的方案,不能完全排出优劣的顺序。在辐射防护工作所遇到的问题中,并不是各种判断标准都能定量加以表示,特别是在运行辐射防护问题中,定量化的程度通常较低。例如,在高辐射场中完成设备检修任务,那么事先需要就以下问题做出决策:为了减少检修人员所接受的辐射照射量,应当派遣具有什么知识和技能的人去完成这项任务?派遣几个人?他们应当携带什么工具?穿用什么防护衣具?配备什么仪器仪表?等。而这些问题中的很多问题是难以定量的,这时就只能采用定性的方法。

　　定量的方法不是两两地进行比较,而是把每一个方案所依据的各种判断标准定量地合并为单一的值,然后把各个方案所相应的值以优劣顺序排列,从而选出最优方案。在 ICRP 第 37 号出版物中称这种方法为总计法(aggregative methods)。代价-利益分析和代价-效能分析方法是得到广泛应用的定量方法。

　　代价-利益分析方法是通过选择能获得最大净利益的防护水平来实现最优化的。如果引入某种伴有辐射照射的实践对社会的净利益为

$$B = V - (P + X + Y) \tag{12-25}$$

式中,V 为毛利益;P 是除辐射防护代价之外所有的生产代价;X 是达到所选择的防护水平需花费的防护代价;Y 是这一防护水平所相应的辐射危害代价。为了获得最大的净利益,必须

$$\frac{\mathrm{d}B}{\mathrm{d}S}\bigg|_{S=S_0} = 0 \tag{12-26}$$

式中,S 为集体剂量当量;S_0 为最佳防护水平相应的集体剂量当量。一般认为 V 和 P 基本上与 S 无关,则有

$$\frac{\mathrm{d}(X+Y)}{\mathrm{d}S}\bigg|_{S=S_0} = 0 \tag{12-27}$$

这样,可以选出最佳的防护水平 S_0。图 12-2 是代价-利益分析方法的示意图,它给出了 X、Y 与 S 的关系和 S_0 的选择方法。

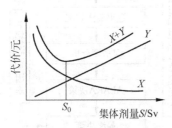

图 12-2　代价-利益分析方法
示意图

显然,为了完成上述计算,必须用相同的尺度来量度 X 和 Y,现在用得比较多的是用货币代价来量度它们。用货币代价来量度 X 似乎是很直接的,而量度 Y 却首先要确定单位集体剂量当量的辐射照射所相应的货币代价 α 的值。α 值通常由国家主管部门根据国情确定。

确定了 α 值以后,Y 可以表示为

$$Y = \alpha S \tag{12-28}$$

在上式的计算中,没有考虑个人剂量分布和一些主观因素对辐射危害代价的影响。

代价-效能分析方法是通过比较各个防护方案减少单位集体剂量当量的防护代价来确定各防护方案优劣的。例如,对于某伴有辐射照射的实践,如果采取第 i 种防护方案后的集体剂量当量为 S_i,那么实施 i 方案减少单位集体剂量当量的防护代价为

$$\alpha_i = \frac{X_i - X_{i-1}}{S_{i-1} - S_i} \tag{12-29}$$

α_i 越小的防护方案防护效能越高,从而可以在各种防护方案中选出最优方案。

使用代价-效能分析方法不需要建立防护代价和辐射危害的共同量度尺度,也不需要预先确定 α 值。这样,使用起来比较简单易行。

12.2.2　辐射防护标准

为了保障辐射工作人员和公众的健康和安全,根据剂量限制体系及其原则所制订的基本标准。用它来对正常照射加以控制,防止发生确定性效应,将随机性效应的发生率降低到可以接受的水平。在过去,通常讲的辐射防护标准实质上指的是剂量限值以及由它引出的各种导出水平。自从 1977 年国际放射防护委员会(ICRP)发布了第 26 号出版物后,辐射防护标准所涉及的内容扩大为整个剂量限制体系:实践的正当性、辐射防护最优化和个人剂量的限值。剂量限值的基本限值包括辐射工作人员的剂量限值,公众中个人的剂量限值和教学培训中接受照射的学生和学徒工的剂量限值。此外还有导出限值(包括内照射的导出限值用年摄入量限值 ALI,气载放射性浓度的导出限值用导出空气浓度 DAC),管理限值(为了管理的目的,主管部门或企业负责人根据最优化原则,对辐射防护有关的任何量制定的管理限值,它们严于基本限值或导出限值),参考水平(为有效地实施防护,辐射防护部门事先规定的确定行动的水平,它包括记录水平、调查水平和干预水平)等。

中国的原子能事业起步于 20 世纪 50 年代。为了适应原子能事业的发展，1960 年颁布了第一个辐射防护标准《放射性工作卫生防护暂行规定》。在此标准中，规定放射性工作人员的每日最大容许剂量（当时用的单位是伦琴或生物伦琴当量）：γ 射线、X 射线、β 粒子和电子为 0.05；α 粒子和质子为 0.005，多电荷离子和反冲核为 0.0025；热中子为 0.01；快中子为 0.005。由于工作需要或其他必要的原因，在周剂量不超过 0.3 生物伦琴当量的原则下，日剂量方可超过 0.05 生物伦琴当量。与放射性工作场所相邻的地区内不参加放射性工作的其他工作人员，电离辐射的外照射最大容许剂量不得超过上述规定标准的 1/10。在住宅和居民区，电离辐射的外照射最大容许剂量不得超过天然本底。

1974 年颁布了新的标准 GB J8—1974《放射防护规定》。在该规定中，将受照部位按器官分成四类。职业性放射性工作人员的第一类器官（性腺、全身、红骨髓、眼晶体）年最大容许剂量当量为 5rem，第二、三、四类器官的年最大容许剂量当量分别为 30rem、75rem、15rem。放射性工作场所相邻及附近地区工作人员和居民的四类器官年限值剂量当量皆为职业性放射性工作人员的 1/10。公众的第一类器官的剂量当量限值为职业性放射性工作人员年最大容许剂量当量的 1%，其他类器官为 1/30。

为了采纳 ICRP 第 26 号出版物中的关于辐射防护的新概念与原则，中国于 1984 年和 1988 年分别颁布了《放射卫生防护基本标准》和《辐射防护规定》。它们规定的辐射工作人员的年剂量当量是指一年工作期间所受外照射的有效剂量当量与这一年内摄入放射性核素所产生的待积有效剂量当量两者的总和，但不包括天然本底照射和医疗照射。对辐射工作人员，为了防止有害的确定性效应，眼晶体的年剂量当量限值为 150mSv(15rem)，其他单个器官或组织为 500mSv(50rem)。为了限制随机性效应，规定辐射工作人员受到全身均匀照射时的年剂量当量限值为 50mSv(5rem)。当长期持续受到电离辐射的照射时，公众成员的有效年剂量当量不得超过 1mSv(0.1rem)。如果按终生剂量平均的年有效剂量当量不超过 1mSv(0.1rem) 考虑，则在某些年份里允许以每年 5mSv(0.5rem) 作为剂量限值。公众成员的皮肤和眼晶体的年剂量限值为 50mSv(5rem)。

1991 年，ICRP 发布了第 60 号出版物《国际放射防护委员会建议书》(1990)，代替了第 26 号出版物。之后，联合国粮食及农业组织（FAO）、国际原子能机构（IAEA）、国际劳工组织（ILO）、经济合作与发展组织核能机构（NEA/OECD）、泛美卫生组织（PAHO）和世界卫生组织（WHO）共同倡议制定了《国际电离辐射防护和辐射源安全的基本安全标准》（以下简称 BSS），IAEA 于 1997 年出版安全丛书第 115 号代替其安全丛书第 9 号《辐射防护基本安全标准》(1982)。BSS 和 ICRP60 中对职业照射的剂量限值规定：①在监管部门规定的 5 年内有效剂量不超过 100mSv 情况下，平均每年不超过 20mSv；②要求任何一年内不超过 50mSv；③眼晶体的年当量剂量为 150mSv；④四肢（手和脚）或皮肤的年当量剂量为 500mSv。由于实践引起的有关关键居民组成员的估计的平均剂量限值为：①年有效剂量为 1mSv；②在特殊情况下，假若连续 5 年内的平均剂量不超过 1mSv/a，在单一年份的有效剂量可达 5mSv；③眼晶体的年当量剂量 15mSv；④皮肤的年当量剂量 50mSv。

目前，国内有关部门已联合组成编制组，正在根据 ICRP-60 的原则等效采用 BSS 修改中国辐射防护基本标准。

12.3 辐射防护方法

为达到防护标准所必须采取的措施,包括技术防护方法和管理防护方法。

技术防护方法可分为外照射防护和内照射防护。外照射防护的基本方法是:缩短受照时间;增大与辐射源的距离;在人与辐射源之间增加屏蔽。可以概括为时间、距离和屏蔽。内照射防护的基本方法是:对放射性物质"包容"和"稀释"。各种防护器械和设备实际上都是上述基本方法的具体化。

管理防护方法是防护方法的重要组成部分,但也是容易被忽视的方面。其中包括规章制度、人员培训、机构设置和经费管理等。

12.3.1 人的辐射效应

人的辐射效应指人受电离辐射照射后产生的各种效应。任何人都不可避免地会受到天然电离辐射的照射。此外,不少人还会在某些生产、医疗和其他社会实践的过程中受到人工电离辐射的照射。电离辐射对人的照射可分为外照射和内照射两种方式,前者是在人体之外的辐射源产生的电离辐射对人体的部分以至全部组织和器官的照射,后者则是进入体内的辐射源(放射性核素)发出的电离辐射对组织和器官的照射。当人体受到电离辐射的照射时,电离作用使组织中的原子和分子发生变化,如果这些分子是在活细胞中,细胞本身就有可能直接或间接受到损伤。国际放射防护委员会(ICRP)按照现代辐射防护概念对人的辐射效应划分为确定性效应和随机性效应,如图 12-3 所示。

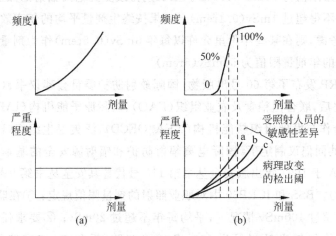

图 12-3 随机性效应和确定性效应的剂量-效应曲线

12.3.2 确定性效应

当器官或组织中有足够多的细胞被杀死或不能正常地增殖时,就会出现临床上能观察到的、反映器官或组织功能丧失的损害。在剂量比较小时,这种损伤不会发生,即发生的概率为 0;当剂量达到某一水平(阈剂量)以上时,发生的概率将迅速增加到 1(100%)。在阈剂量以上,损害的严重程度将随剂量的增加而增加,反映了受损伤的细胞越多,功能的丧失就越严重。就这种效应的发生来说,虽然单个细胞被辐射照射所杀死具有随机的性质,但当有大量细胞被杀死时,效应的发生就是必然的。因此这种效应被称为确定性效应,其特点就是上面提到的其严重程度在阈剂量以上随剂量的增加而增加。图 12-3(b)表示在一群包含有不同辐射敏感性的人群中,某一特定的确定性效应(临床上可确认的病理状态)的发生频度和严重程度与剂量的关系。曲线 a、b、c 分别表示三种不同程度的辐射敏感性。在最敏感的人群(曲线 a)中,严重程度随剂量的增加最为迅速,达到临床上病理改变检出阈值所需的剂量低于敏感程度较差的人群(曲线 b 和 c)。不同组织的辐射敏感性是不同的,但只要一次照射的吸收剂量小于几戈瑞(Gy),就很少有组织出现临床上明显的损伤。如果剂量是在若干年内陆续接受的,则在年剂量约小于 0.5Gy 时,绝大部分组织也不大可能出现严重的效应。但性腺、眼晶体和骨髓则具有较高的辐射敏感性。表 12-1 给出这些组织中某些确定性效应的阈剂量。可以看出,一般说来分次或迁延照射会提高阈剂量的数值。这里的阈剂量一词是指至少在 1%～5%受照射人员中引起一种特定效应所需的剂量。

表 12-1　成年人睾丸、卵巢、眼晶体和骨髓的确定性效应的阈剂量

组织与效应		阈 剂 量		
		一次短暂照射中所受的总剂量当量/Sv	在多次分次照射或迁延照射条件下所受的总剂量当量/Sv	在多次分次照射或迁延照射条件下多年中每年受照射的年剂量当量率/Sv
睾丸	暂时性不育	0.5		0.4
	永久性不育	3.5～6.0		2.0
卵巢	不育	2.5～6.0	6.0	>0.2
眼晶体	可检出的混浊	0.5～2.0	5	>0.1
	视力障碍(白内障)	5.0	>8	>0.15
骨髓	造血抑制	0.5		>0.4

确定性效应的出现有一个时间的进程,许多重要的确定性效应只在经过一段很长的潜伏期后才出现。通常将可能在照射后几周内出现的效应称为早期效应,照射后数月或几年才出现的效应称为晚期效应。在全身照射情况下,根据剂量的大小不同,可出现不同程度的早期效应,轻的如轻度血象变化;稍重的如轻度不适感;重的则为各型急性放射病。大体上,1～8Gy 的剂量将引起不同程度(轻度、中度、重度和极重度)的造血型急性放射病,当达到重度急性放射病时,如不予积极治疗,死亡率是很高的,导致死亡的原因是骨髓干细胞的丧失引起骨髓功能的衰竭。当剂量超过约 5Gy 时,将产生其他的效应,包括严重的胃肠道损伤,骨髓损伤,能在 1～2 周内引起死亡。10Gy 的剂量能引起肺炎而导致死亡。当剂量更大时,将使神经和心血管系统受到损伤而在几天内由于休克而引起死亡。发生死亡的大致时间和剂量如表 12-2 所示。表中指的是在很短时间(如几分钟)内受到大剂量 γ 射线照射的结果。如果照射时间持续几小时或更长,则产生所列效应的剂量需要更大一些。人的全身急性照射半数致死(60d 内)剂量(LD 50/60)是表示急性辐射效应的一个重要参数,但至

今还没有公认的肯定数值,估计是在 3～5Gy 之间。在只是身体局部受到照射的情况下,即使在短时间内接受了较大的剂量,一般也不至于引起死亡,但会出现一些其他的早期效应,例如皮肤红斑和干性脱皮的阈剂量 3～5Gy,症状约在 3 周后出现。任何核设施在正常运行条件下,通过良好的辐射防护措施,一般都不会对工作人员(更不用说对公众)产生能导致早期效应的照射。只有在事故情况下发生的较大剂量的异常照射才有可能引起明显的早期效应,但其发生的概率是很小的,特别是能引起致死效应的特大剂量的照射,其发生概率则更是极小的。晚期效应的损伤程度同样也与剂量的大小有关,剂量越大,损伤程度越重,但一般不会是致死性的,不过有可能引起伤残,某些器官的功能可能受到损害或可能引起其他非恶性变化,最为人熟悉的例子是白内障和皮肤的损伤。核设施在正常运行条件下,只要防护得当,同样也不会产生能导致晚期效应的照射。

表 12-2　人受 γ 射线全身急性照射后引起放射病的剂量范围和死亡时间

全身吸收剂量/Gy	引起死亡的主要效应	照后死亡时间/d
3～5	骨髓损伤(LD 50/60)	30～60
5～15	胃肠道和肺损伤	10～20
>15	神经系统损伤	1～5

12.3.3　随机性效应

如果受到照射的细胞不是被杀死而是仍然存活但发生了变化,则所产生的效应将与确定性效应有很大的不同。这种随机性效应有两种类型,一类是体细胞受到损伤而引起的。受到损伤的体细胞经过增殖所形成的克隆(clone),如果没有被身体的防御机制所消除,则在经过一段相当长的潜伏期以后,有可能发展成细胞增殖失控的恶性状态,通称为癌。辐射致癌是辐射引起的最主要的晚期效应。不同组织和器官对辐射致癌的敏感性是不同的。辐射敏感性还与年龄、性别等因素有关。另一类则是由于性腺受到照射而损伤其中的生殖细胞而引起的。生殖细胞具有将遗传信息传递给后代的功能。当损伤(突变和染色体畸变)发生后,就有可能作为错误的遗传信息被传递下去,而使受照射者的后代发生严重程度不等的各种类型遗传病,重的如早死和严重智力迟钝,轻的如皮肤斑点。

随机性效应的特点是其发生概率随剂量的增加而增加,但其严重程度则与剂量的大小无关。图 12-2(a)说明了随机性效应的这种特点。以癌为例,并不因剂量的小和大而使诱发的癌的严重程度有轻重之分,其严重程度只和癌的类型和部位有关。癌和遗传效应的发生可能起源于受到损伤的单个细胞,其过程具有随机的性质,随机性效应的名称即是由此而来的。随机性效应可能没有阈剂量,但迄今在科学上尚不能做出肯定的结论。为了辐射防护的目的,通常都假定不存在阈剂量,这就是说不论这种剂量如何之小,一定的剂量总是和一定的发生随机性效应的危险相联系的。这样,对随机性效应就不可能做到完全防止其发生,而只能是减少剂量以限制其发生的概率。在辐射防护上还假定,在日常辐射防护所涉及的剂量当量与剂量当量率的整个范围内,剂量与随机性效应发生率之间为线性关系。为了定量地表示随机性效应的危险,采用概率系数的概念,它指单位剂量当量照射诱发随机性效应的概率。随机性效应概率系数由致死性癌、非致死性癌和严重遗传效应三种效应的概率系数所构成,具体数值见表 12-3。

表 12-3　随机性效应概率系数名义值

受照射的群体	随机性效应概率系数名义值/(10^{-2} Sv^{-1})			
	致死性癌	非致死性癌	严重遗传效应	总计
成年工作人员	4.0	0.8	0.8	5.6
整个人群	5.0	1.0	1.3	7.3

致死性癌的概率系数主要是根据对日本广岛、长崎 1945 年受原子弹袭击后十多万幸存者所作的系统、长期的流行病学调查结果得出的。调查表明,在幸存者中某些癌瘤的发病率确实高于对照组人群,由此可以估计出辐射致癌的概率。但这是瞬间受大剂量照射的结果,而人们更为关心的是辐射防护上所涉及的很小剂量和剂量率照射条件下的致癌效应。后一条件下的致癌效应比前一条件下的要轻,因此根据广岛、长崎资料得出的结果需要除以适当的降低因子才能适用于小剂量、小剂量率的情况。目前 ICRP 根据放射生物学研究结果并参照广岛、长崎资料,建议这一降低因子取 2。表 12-3 中的有关数据就是这样得出的。

最近 ICRP 讨论了遗传因素对辐射致癌危险的影响,提出对具有强表达的抑癌基因突变的显性遗传的癌易感家族来说,辐射致癌的概率可能增加 5～100 倍,某些伴有 DNA 修复缺陷的疾患在照射后癌的危险也会增加。由于家族性癌症在人群的发生率仅为 1‰或更低,对人群的癌危险估算并不发生影响。

辐射的遗传效应一直是人们十分关心的,但迄今尚无肯定的证据表明由于天然或人工辐射的照射,人的后代发生了遗传损伤,即使对广岛、长崎幸存者的后代所作的大规模调查,也未发现遗传损伤有统计学上显著的增加。然而利用动、植物所作的大量实验研究显示,确实存在着辐射的遗传效应。因此,从辐射防护的观点,有必要假定在人类也存在着这种效应。表 12-3 中关于遗传效应的数据主要就是根据对实验动物(主要为小鼠)的研究结果推算出来的。

ICRP 在考虑辐射对遗传疾病的影响时,认为有必要考虑多因子疾病(如高血压、冠心病、先天性畸形等)及其发病有关的突变因素和环境因素。运用突变份额的概念探讨了辐射引起突变率增加时对发病率的影响,基本结论是低量辐射对诱发的突变对多因子疾病的发病率不会有明显的影响。

不同类型和能量的辐射诱发随机性效应的危险程度是不完全相同的。在辐射防护上,对几种常见的辐射类型做了如下的划分:γ 和 X 射线及电子为同一等级,如假定为 1,则中子为 5～20,具体数值视其能量而定;α 粒子则为 20。在表 12-3 中,由于概率系数是以单位剂量当量的概率表示,辐射的类型和能量对诱发随机性效应的影响实际上已做了考虑。

12.4　辐射监测

为评价和控制辐射或放射性物质的照射所作的测量和对测量结果的解释,可分场所监测、环境监测和流出物监测。场所监测又可分为个人剂量监测和工作场所辐射监测。辐射环境监测是对工作场所以外的环境辐射水平进行监测。环境监测可分为运行前的调查及运行和退役期间的监测,在环境监测中要特别注意识别和监测关键核素、关键途径和关键居民组。流出物监测的对象是场所和环境的连接处,其主要任务是:①检验排入环境的放射性物质量是否符合管理限值的要求;②检验放射性废物处理设施的效能,及时发现可能导致隐患的事故;③提供环境评价的源项。

为了做好辐射监测工作,对一切伴有辐射的实践和设施,都应按辐射防护最优化原则制定出相应的辐射监测计划。监测计划应包括:①监测对象的描述;②主要危害因素、途径和可能被危害人群的识别及分析;③监测对象和周期的选择;④监测方法和仪器的选择,其中包括监测灵敏度和不确定度的分析;⑤监测质量保证;⑥记录和报告制度等。

12.5　辐射防护评价

根据辐射防护原则和标准,对防护的质量与效能所作的评价。具体做法是,根据源项和辐射监测的结果,选择恰当的模式和参数,计算工作人员和公众所受个人剂量和集体剂量;根据辐射防护最优化的原则,综合分析防护方法和剂量数据,提出进一步改进辐射防护的方法及防护资源最佳分配方案,使工作人员和公众所受剂量达到可合理达到的尽量低水平。

辐射防护评价可分为工作人员辐射防护评价和公众辐射防护评价。公众辐射防护评价是核设施环境影响报告书的主要组成部分。在进行公众辐射防护评价时,应特别注意模式和参数的选择,并用实际的监测数据验证模式和参数的可用性。

12.6　辐射应急

由于核设施存在较大的潜在危险,所以辐射事故应急已发展为辐射防护的一个重要方面。对任何核设施,均应进行潜在危险分类、应急响应分类,据此制订事故应急响应计划。

事故应急响应计划主要应包括:①应急状态分类;②应急组织;③应急设施;④事故后果评价;⑤应急措施。

事故应急响应计划是辐射防护纲要的组成部分,在制订辐射防护纲要和辐射监测计划时,应兼顾到事故应急响应计划的要求,使事故应急响应与正常的辐射防护工作有机地结合在一起。

练习题

1. 简述辐射防护的时间、距离和屏蔽的应用方法。
2. 确定性效应和随机性效应的主要差别是什么?
3. 目前我国采用的辐射防护标准是什么?
4. 什么是活度?"有一放射性活度为 0.01 Ci 的源"是什么含意?

5. 什么是吸收剂量？吸收剂量的专用单位是什么？

6. 当量剂量和有效剂量有什么差别？

7. 集体剂量和个人剂量有什么差别？

8. 为了限制随机性效应，规定辐射工作人员受到全身均匀照射时的年剂量限值为 50mSv，这是当量剂量还是有效剂量？为什么？

符 号 表

符 号	物理量名称	值 或 单 位
A	放射性核素的活度	Bq
	质量数	—
	面积	m^2
	放大系数	—
B	磁感应强度	T
C	成本	\$
	先驱核子数密度	$1/cm^3$
	光速	$2.998 \times 10^8 \, m/s$
	丰度	—
	电荷	C
	电容	F
C_p	热容	$J/(kg \cdot ℃)$
C_R	计数率	n/s
c	声速	m/s
D	吸收剂量	Gy
	直径	m
	中子扩散系数	cm
d	内直径	m
E	有效剂量	Sv
	平均年供电量	$kW \cdot h$
	能量	J
	杨氏模量	MPa
e	感生电压	V
	电子的电荷	$1.602 \times 10^{-19} \, C$
F	进料质量流量	kg/s
	磁动势	At
	热管因子	—
	辐射角系数	—
	力	N
f	热中子利用因数	Hz
	频率	Hz
	摩擦系数	—

续表

符　号	物理量名称	值 或 单 位
G	质量流密度	kg/(m² · s)
	剪切模量	MPa
g	重力加速度	9.81m/s²
H	当量剂量	Sv
	磁场强度	At/m
	高度,扬程	m
	焓	J
h	比焓	J/kg
	对流换热系数	W/(m² · ℃)
	高度	m
I	电流	A
	发光强度	Cd
J	中子流密度	n/(cm² · s)
K	比释动能	Gy
	平衡常数	—
	局部阻力系数	—
	体积模量	MPa
	相对介电常数	—
	增殖因数	—
k	热导率	W/(m · ℃)
	库仑常数	9.0×10⁹Nm²/C²
L	长度	m
	不泄漏概率	—
	电感	H
M	源倍增因子	—
	蒸气含水率	—
	摩尔质量	g/mol
m	质量	kg
N	碰撞次数	—
	线圈匝数	—
	核子数密度	1/m³
n	折射系数	—
	物质的量	mol
	转速	rpm
P	价格	$ /kg
	出料产品流量	kg/s
	功率	W
	湿周	m

续表

符　　号	物理量名称	值 或 单位
p	压力或压强	Pa
	概率	—
	首炉核燃料费	$
Q	热量	J
	无功功率	VAR
	慢化密度	$n/(m^3 s)$
q	热流密度	W/m^2
	电荷量	C
q_m	质量流量	kg/s
	体积释热率	W/m^3
q_V	体积流量	m^3/s
	裂变率	$1/(cm^3 \cdot s)$
	磁阻	At/wb
R	热阻	℃/W
	电阻	Ω
	理想气体常数	$J/(mol \cdot K)$
r	半径	m
	集体当量剂量	人·Sv
	分离功	kg 分离功单位
	源强度	$n/(cm^3 s)$
S	直观功率	VA
	位移	m
	熵	J
s	比熵	$J/(kg \cdot K)$
	转差率	—
	半衰期	s
T	热力学温度 t_K	℉
	扭矩	N·m
t	时间	s
	温度	℃
U	内能	J
u	比内能	J/kg
	价值函数	—
	断面平均速度	m/s
V	电压	V
	体积	m^3

续表

符　　号	物理量名称	值 或 单 位
v	速率,速度	m/s
	比体积	m³/kg
W	功	J
	尾料流量	kg/s
w	比功	J/kg
X	阻抗	Ω
x	照射量	C/kg
	富集度	—
Z	阻抗	Ω
	质子数	—
α	系数	—
β	缓发中子份额	—
χ_e	平衡态含汽率	—
	蒸气干度	χ
	年折旧率	—
	快裂变因子	—
ε	发射率	—
	应变	—
	介电常数	F/m
Φ	磁通量	Wb
ϕ	粒子注量	m^{-2}
ϕ^2	两相压降倍数	—
η	效率	—
	增殖因子	—
φ	中子注量率,粒子注量率	n/(cm² · s)
Λ	中子一代的平均时间	s
λ	衰变常数	1/s
μ	黏度系数	Pa · s
	泊松比	—
	磁导率	H/m
θ	角度	度或弧度
ρ	反应性	$\Delta k/k$
	密度	kg/m³
	电阻率	Ω · m
Σ	宏观截面	—

符 号	物理量名称	值 或 单 位
	微观截面	b
σ	Stefan-Boltzmann 常数	$5.67 \times 10^{-8} \mathrm{W/(m^2 \cdot K^4)}$
	应力	Pa
	反应堆周期	s
τ	平均寿命	s
	费米年龄	$\mathrm{m^2}$
ω	角频率	
ψ	能量注量	$\mathrm{J/m^2}$
z	平均对数能降	—

参 考 文 献

[1] ZEIGLER E,HACKBUSCH W,SCHWARZ H R. 数学指南:实用数学手册[M]. 李文林,等译. 北京:科学出版社,2012.

[2] 亚历山大洛夫 A B,等. 数学:它的内容方法和意义[M]. 秦元勋,王光寅,等译. 北京:科学出版社,2008.

[3] 卢丁. 数学分析原理[M]. 赵慈庚,蒋铎,译. 3 版. 北京:机械工业出版社,2004.

[4] 梁福军. 科技论文规范写作与编辑[M]. 2 版. 北京:清华大学出版社,2014.

[5] 张常山. 国际单位制与基本物理常数[M]. 南京:东南大学出版社,2014.

[6] 王竹溪. 热力学[M]. 2 版. 北京:北京大学出版社,2014.

[7] 俞冀阳,贾宝山. 反应堆热工水力学[M]. 北京:清华大学出版社,2011.

[8] HOLMAN J P. 传热学(英文版. 原书第 10 版)[M]. 北京:机械工业出版社,2011.

[9] OZISIK M N. Heat Conduction[M]. New York:Wiley,1980.

[10] TONG L S,et al. Thermal Analysis of Pressurized Water Reactors[M]. 2nd ed. lillinious:ANS,1979.

[11] 任功祖. 动力反应堆热工水力分析[M]. 北京:原子能出版社,1982.

[12] 吴望一. 流体力学(上、下册)[M]. 北京:北京大学出版社,2011.

[13] 珀塞尔 E M(Edward M. Purcell)伯克利物理学教程(SI 版). 第 2 卷:电磁学[M]. 2 版. 北京:机械工业出版社,2014.

[14] DOE Fundamentals Handbook Electrical Science. U. S. Department of Energy[M]. Washington,D. C. DOE-HDBK-1011/3-92,1992.

[15] 胡翔骏. 电路分析[M]. 2 版. 北京:高等教育出版社,2007.

[16] 刘国发,郭文琪. 核电厂仪表与控制[M]. 北京:原子能出版社,2014.

[17] 哈勒 J M,贝克利 J G. 核动力反应堆仪表和控制系统手册(上册)[M]. 郑福裕,罗征培,罗经宇,译. 北京:原子能出版社,1983.

[18] 龚敏,余祖孝,陈琳. 金属腐蚀理论及腐蚀控制[M]. 北京:化学工业出版社,2009.

[19] DOE Fundamentals Handbook. Chemistry. U. S. Department of Energy[M]. Washington,D. C. DOE-HDBK-1015/1-93,1993.

[20] 李冠兴,武胜. 核燃料[M]. 北京:化学工业出版社,2007.

[21] DOE Fundamentals Handbook. Material Science. U. S. Department of Energy[M]. Washington,D. C. DOE-HDBK-1017/2-93,1993.

[22] GLASTONES S,SESONSKE A. Nuclear Reactor Engineering[M]. 3rd ed. Van Nostand Reinthold Company,1981.

[23] DOE Fundamentals Handbookmechanical Science[M]. Volume 1 of 2. DOE-HDBK-1018/1-93,1993.

[24] 李飞鹏. 内燃机构造与原理[M]. 2 版. 北京:中国铁道出版社,2006.

[25] 《中国电力百科全书》编辑委员会. 中国电力百科全书[M]核能发电卷. 3 版. 北京:中国电力出版社,2014.

[26] 杨福家,王炎森,陆福全. 原子核物理[M]. 2 版. 上海:复旦大学出版社,2006.

[27] WEINBERG A M,WIGNER B. The Physics Theory of Neutron Chain Reactor[M]. Chicago:The University of Chicago Press,1985.

[28] MARION J B,FOWLER J L. Fast Neutron physics[M]. Interscience,New York,1963.

[29]　谢仲生,吴宏春,张少泓.核反应堆物理分析[M].西安:西安交通大学出版社,2004.

[30]　NUCLEAR ENGINEERING international. World Nuclear Industry Handbook[M]. Special Nucl. Eng. Int. Publications,1997.

[31]　DE GROOT S R, MAZUR P. Non-equilibrium thermodynamics[M]. Amsterdam: North Holland Publishing Company,1962.

[32]　刘广均.价值函数的物理意义[J].清华大学学报(自然科学版),1994,34(6).

[33]　IAEA. International Nuclear Fuel Cycle Evaluation. Final Report of Working Group[M]. Vienna: IAEA,1980.

[34]　IAEA. Nuclear Power and Fuel Cycle: Status and Trends[M]. Vienna: IAEA,1988.

[35]　INFCE. Reprocessing, Plutonium handling, Recycle Report of INFCE Working Group 4[M]. Vienna: IAEA,1980.

[36]　捷姆利亚努欣 В П,等.核电站燃料后处理[M].黄昌泰,等译.北京:原子能出版社,1996.

[37]　李德平,潘自强.辐射防护手册 第三分册.辐射安全[M].北京:原子能出版社,1990.

[38]　ICRU report 39 Determination of Dose Equivalent Resulting from External Radiation Sources[M]. Betheda,Maryland,1985.

[39]　ICRP publication 74 Conversion Coefficients for Use in Radiological Protection against External Radiation[M]. Oxford Pergamon Press,1995.